Q03UDE, GX Work2, GT Designer3를 이용한

| 조 [illegible] |

멜섹 PLC 기초실습

멜섹 PLC 기초부터 실습까지!

● 멜섹 PLC의 기본명령어에 대한 설명과 프로그래밍 방법 및 실습 회로 구성 방법을 상세히 기술 ●

구민사 Technology Computer
www.kuhminsa.co.kr

머리말

PLC(Programmable Logic Controller)는 산업 전반의 자동화 추세에 따라, 산업 현장의 자동화에 가장 중요한 요소가 되었습니다. 또한, 초기의 기본 입출력 제어 및 간단한 시퀀스 논리 제어 기능에서 벗어나 반도체 및 통신기술의 발달로 아날로그 제어, PID 제어, 로봇 제어, 위치 제어를 비롯하여 컴퓨터 및 다른 제어기기와 통신을 통해 산업용 제어의 전 분야에 걸쳐 막강한 영향력을 발휘하고 있는 기기입니다.

산업자동화 분야의 핵심 기기인 PLC는 IT 기술과의 융합으로 소형화, 고신뢰성, 고속화, 네트워크화 및 소프트화로 발전하고 있습니다. PLC기기 제조회사들은 자체 통신기능이나 모션 컨트롤러 기능을 추가한 신제품들을 출시하고 있으며, PLC, CNC, 모션컨트롤러 및 휴먼머신인터페이스(HMI) 등의 기능을 탑재한 PAC(Programmable Automation Controller)가 대표적입니다.

본 책은 한국폴리텍대학 부산캠퍼스 메카트로닉스과의 PLC실습장치인 미쓰비시사의 PLC CPU기종 중에 Q시리즈 Q03UDE, 프로그래밍 툴 GX Work2 그리고 HMI기기인 GOT1000 시리즈의 그래픽 툴인 GT Designer3를 이용하여 프로그래밍하는 방법과 에이원 테크놀리지사의 PLC 트레이닝 키트를 이용하여 실습회로 구성 방법에 대하여 설명하였습니다.

멜섹 PLC 이용자들이 쉽게 PLC를 이해할 수 있도록 PLC의 개요와 멜섹 PLC CPU QnUPCPU의 구조 및 특성을 설명하였고, 프로그래밍 툴인 GX-Work2의 사용법과 그래픽 툴인 GT Designer3에 대하여 설명하였습니다.

끝으로 멜섹 PLC의 기본 명령어에 대한 설명과 프로그래밍 방법 및 실습 회로 구성에 대한 설명을 상세히 기술하였습니다.

이 책이 나오기까지 도움을 주신 도서출판 구민사 조규백 대표님과 지인 여러분들에게 감사의 말씀을 드립니다.

저자 씀

CONTENTS

차례

CHAPTER 01 PLC의 개요

01 PLC의 정의 및 발전 과정 14

1. PLC의 정의 14
2. PLC의 발전 과정 14
3. PLC의 적용 분야 15

02 PLC의 분류 16

1. 조립형(Built-in type) PLC 16
2. 일체형 PLC 16

03 PLC의 구성 19

1. PLC의 전체 구성 19
2. PLC의 CPU 19
3. PLC의 입 · 출력부 20
4. 소프트웨어 구조 23

04 CPU 연산처리 27

1. 연산 처리 방식 27

05 PLC 프로그램 29

1. PLC 프로그램의 구성 29
2. PLC 프로그래밍 언어 30
3. PLC 동작 이해 31

CHAPTER

02

Q03UDE CPU 기초

01 개요 36

1. CPU 모듈의 처리 순서 36
2. 프로그램의 저장과 실행 37
3. 특징 37

02 CPU 모듈의 동작 40

1. 초기화 처리 40
2. 입출력 모듈의 리프레시 처리 40
3. 프로그램 연산 41
4. END 처리 41
5. RUN 상태, STOP 상태, PAUSE 상태의 연산 처리 41
6. 순간 정전 시의 연산 처리 42

03 베이스 모듈과 입출력 번호 할당 43

1. 베이스 모듈 할당 43
2. 입출력 번호 할당 44

04 디바이스 설명 45

1. 내부 사용자 디바이스 45
2. 내부 시스템 디바이스 49
3. 링크 다이렉트 디바이스(J□₩□) 51
4. 모듈 액세스 디바이스(U□₩G□) 51
5. 인덱스 레지스터(Z)와 범용 연산 레지스터(Z) 51
6. 네스팅(N) 52
7. 포인터(P) 52
8. 인터럽트 포인터(P) 52
9. 상수 53

CONTENTS

05 시스템 구성 54

1. 전체 구성 54

06 CPU 모듈 56

1. Q03UDE CPU와 PC 연결 56
2. 주요 하드웨어 사양 56
3. 주요 구성품 이름 58
4. 프로그램 쓰기 후 스위치 동작 60
5. RESET 동작 61
6. 래치 클리어 동작 61

07 CPU 모듈의 통신기능 62

1. GX Work2와 직결 접속 62
2. GX Work2와 허브를 통한 접속 65

08 I/O 모듈 74

1. INPUT 모듈(QX41) 74
2. OUTPUT 모듈(QY10) 75

CHAPTER 03

GX Work2 사용법

01 개요 78

1. 제품 개요 78
2. 특징 81

02 화면 구성과 기본 조작 86

1. 시작과 종료 86
2. 전체화면 구성과 기본 조작 88

03 프로젝트 관리 89

1. 프로젝트 새로 만들기 89
2. 기존의 프로젝트 열기 93
3. 프로젝트를 다른 이름으로 저장 95
4. 프로젝트 저장 97
5. 프로젝트 닫기 98
6. 프로젝트의 PLC 타입 변경 99

04 프로그램 편집 100

1. 화면 표시 100
2. 화면 확대 및 축소 101
3. 편집 화면의 문자 크기 변경 102
4. 코멘트/노트/스테이트먼트의 표시 및 숨기기 전환 102
5. 디바이스 코멘트의 표시 행수 및 열수 전환 103
6. 래더 프로그램의 표시 접점수 전환 107

05 프로그램 작성 108

1. 프로그램 작성 순서 108
2. 덮어쓰기와 삽입 모드 109
3. 명령 입력 110
4. 외곽선 작화 114
5. 접점/코일/응용 명령 삭제 116
6. 외곽선 삭제 116
7. 행 · 열 삽입/삭제 117
8. 래더 잘라내기/복사/붙여넣기 123
9. 프로그램 변환/컴파일 128
10. 모니터 131
11. 시뮬레이션 139

CONTENTS

CHAPTER 04

프로그래밍

01 접점 명령, 아웃 명령 146

1. 연산 시작(LD), 아웃 명령(OUT) 146
2. LOAD NOT 156
3. AND, ANI 161
4. OR, ORI 169
5. 접점 명령 응용회로 176

02 결합 명령 192

1. 펄스 연산 시작(LDP, LDF) 192
2. 연산 결과 펄스화(MEP, MEF) 198
3. 펄스 출력(PLS, PLF) 201
4. 펄스 예제 프로그램 204
5. 연산 결과 반전(INV) 217

03 출력 명령 219

1. 디바이스 세트/리셋(SET/RST) 219
2. 비트 디바이스 출력 반전(FF) 223

04 마스터 콘트롤 명령 225

1. 마스터 콘트롤 세트/리셋(MC/MCR) 225

05 타이머 명령 234

1. 저속타이머/고속타이머(OUT T/OUTH T) 234
2. 저속 적산타이머/고속 적산타이머(OUT ST/OUTH ST) 244

06 카운터 명령 248

1. 카운터(OUT C) 248

07 시프트 명령 250

1. 비트 디바이스 시프트(SFT(P)) 250

08 데이터 비교 명령 254

1. BIN 16비트 데이터 비교(=, 〈〉, 〉, 〉=, 〈, 〈=) 254

09 데이터 전송 명령 259

1. 16비트/32비트 데이터 전송(MOV(P), DMOV(P)) 259
2. 블록 16비트 데이터 전송(BMOV(P)) 263
3. 동일 16비트 데이터 블록 전송(FMOV(P)) 265
4. 16비트/32비트 데이터 교신(XCH(P), DXCH(P)) 267
5. 상하 바이트 교환(SWAB(P)) 268

10 데이터 변환 명령 270

1. 2진(BIN) 데이터 → BCD 데이터 변환(BCD(P)) 270
2. BCD 데이터 → 2진(BIN) 데이터 변환(BIN(P)) 271

11 산술 연산 명령 273

1. BIN 16비트 덧셈/뺄셈(+(P), −(P)) 273
2. BIN 16비트 곱셈/나눗셈(×(P), /(P)) 275
3. BCD 4자리 덧셈/뺄셈(B+(P), B−(P)) 277
4. BCD 4자리 곱셈/나눗셈(B×(P), B/(P)) 279
5. 2진(BIN) 데이터 인크리먼트, 디크리먼트(INC(P), DEC(P)) 280

CONTENTS

CHAPTER 05

GOT1000 (GT Designer3) 기초

01 개요 284

02 시작하기 285

1. PLC 통신 285
2. 접속 설정 296

03 도형 303

1. 직선 303
2. 연속 직선 305
3. 직사각형 306
4. 다각형 308
5. 원 309
6. 원호 310
7. 부채꼴 원호 311
8. 눈금 312
9. 배관 314
10. 채우기 315

04 터치 스위치 317

1. 스위치 설정 317
2. Action 탭 318
3. Style 탭 322
4. Text 탭 323

05 램프 325

1. 비트 램프 설정 325
2. 워드 램프 설정 328

06 수치 표시/수치 입력 331

1. 수치 표시 설정 331
2. 수치 입력 설정 334

07 날짜 표시/시간 표시 336

1. 날짜 표시 설정 336
2. 시간 표시 설정 337

08 GT Designer3 활용 339

1. 스위치 작성 339
2. 램프 작성 350
3. 수치 표시 작성 356
4. 문자열 표시 작성 361
5. GOT 쓰기 364

CHAPTER 01

01 : PLC의 정의 및 발전 과정

02 : PLC의 분류

03 : PLC의 구성

04 : CPU 연산처리

05 : PLC 프로그램

PLC의 개요

01 PLC의 정의 및 발전 과정

01 : PLC의 정의

PLC(Programmable Logic Controller)란 시퀀스 제어 시스템에서 사용하던 제어반 내의 릴레이, 타이머, 카운터 등의 기능을 집적회로(IC), 트랜지스터 등의 반도체 소자로 대체시켜, 기본적인 논리 연산 기능에 수치 연산 기능을 추가하여 프로그램 제어가 가능하도록 한 제어 장치이다.
일반적으로 PLC는 "논리연산, 순서조작, 시한, 계수 및 산술연산 등의 제어동작을 실행시키기 위해 제어 순서를 일련의 명령어 형식으로 기억하는 메모리를 가지고, 이 메모리의 내용에 따라 기계와 프로세서의 제어를 디지털 혹은 아날로그 입·출력을 통해서 행하는 디지털 조작형의 공업용 전자장치"로 정의하고, 미국 전기 공업 협회(NEMA : National Electrical Manufactrurers Association) 규격에서는 "디지털 또는 아날로그 입출력 모듈을 통하여 로직, 시퀀싱, 타이밍, 카운팅, 연산과 같은 특수한 기능을 수행하기 위하여 프로그램 가능한 메모리를 사용하고 여러 종류의 기계나 프로세서를 제어하는 디지털 동작의 전자 장치"로 정의하고 있다.

02 : PLC의 발전 과정

1969년 미국의 GM사가 자동차 조립 라인에 적용할 새로운 장치의 조건을 제시한 것이 PLC의 시작이 되었다. 1970년대 마이크로프로세서의 적용으로 기능이 다양하게 발전하였고, 그 뒤에 PLC라 불리게 되었다.
미국의 컴퓨터 회사들은 IC와 반도체 소자를 이용하여 마이크로프로세서 기능을 갖는 새로운 형태의 컨트롤러를 개발하기 시작하였다. 그 결과 미국의 알렌브레들리나 모디건사 등에서 프로그래머블 로직 컨트롤러(Programmable Logic Controller)라고 불리우는 최초의 제품이 나왔고, 70년대에 일본, 유럽 등지에서 제품이 나왔으며, 80년대에 전 산업분야에 일반화되어 대형·고기능의 시스템 제어장치로 이용되었다.
우리나라에서는 일반적으로 PLC라 불리우지만 정식 명칭은 PC(Programmable Controller)이고, 이 밖에도 시퀀서(Sequencer), 시퀀스 컨트롤러(Sequence Controller), 공정논리 제어기라 불리운다.

03 : PLC의 적용 분야

설비의 자동화와 고능률화의 요구에 따라 PLC의 적용 범위는 확대되고 있다. 특히, 공장자동화와 FMS(Flexible Manufacturing System)에 따른 PLC의 요구는 과거 중규모 이상의 릴레이 제어반 대체 효과에서 현재 고기능화, 고속화의 추세로 소규모 공작 기계에서 대규모 시스템 설비에 이르기까지 적용되고 있다.

| 표 1-1 | PLC의 적용 분야

분야	제어 대상
자동차 산업	전송라인 제어, 자동조립 제어, 도장라인 제어, 용접기 제어
제철·제강산업	작업장 하역 제어, 원료수송 제어, 압연라인 제어
섬유·화학공업	원료수입 출하 제어, 컨베이어 제어, 직조 염색라인 제어
식료 산업	컨베이어 총괄제어, 생산라인 자동제어

02 PLC의 분류

01 : 조립형(Built-in type) PLC

조립형 PLC는 |그림 1-1|과 |그림 1-2|에서 보는 바와 같이 전원 모듈과 CPU 모듈을 기본으로 하여 입력 모듈, 출력 모듈, D/A 변환 모듈, A/D 변환 모듈, 고속 카운터 모듈, 위치 결정 모듈, 열전대 모듈, 통신 모듈 등의 특수 모듈을 조합하여 베이스에 설치하여 운영한다.

조립형 PLC는 PLC링크나 컴퓨터 링크 등 필요에 따라 여러 가지 기능을 부가할 수 있는 장점이 있다.

02 : 일체형 PLC

일체형 PLC는 |그림 1-3|에서 보는 바와 같이 비교적 소형의 PLC에 적용되는 방식으로 비교적 소형의 자동화 기기에 사용되고 있다.

일체형 PLC는 |그림 1-4|에서와 같이 1개의 케이스에 전원부, CPU부, 입력부, 출력부, 통신부가 들어있고 취급이 조립형보다 비교적 간단하다. 그러나 일체형 PLC는 조립형 PLC에 비해 한번 기종이 선정되면 발휘할 수 있는 기능이 제한되는 단점이 있다.

일체형 PLC에서도 입・출력 접점수의 확장이 가능하고 고속카운터, AD, DA, 통신 기능 등을 추가할 수 있는 기종도 있다.

PLC 본체에 공급하는 전원전압은 기종에 따라 고정되어 있다. 소형 PLC는 단독으로 자동화 기계를 제어하는 것이 주목적이며, 선정 시점에서 단독 제어일지라도 장래에 다른 PLC와의 접속 가능성을 고려하여 PLC의 기종을 선정할 필요가 있다.

|그림 1-1| 조립형 PLC

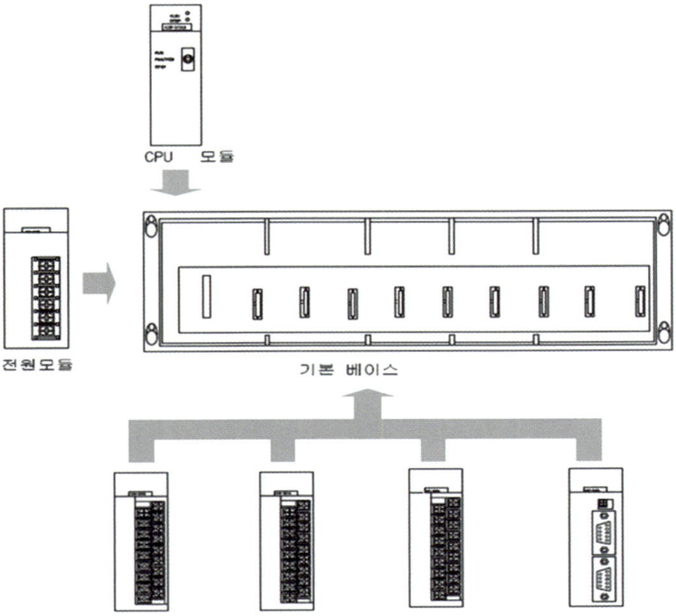

|그림 1-2| 조립형 PLC의 시스템 구성

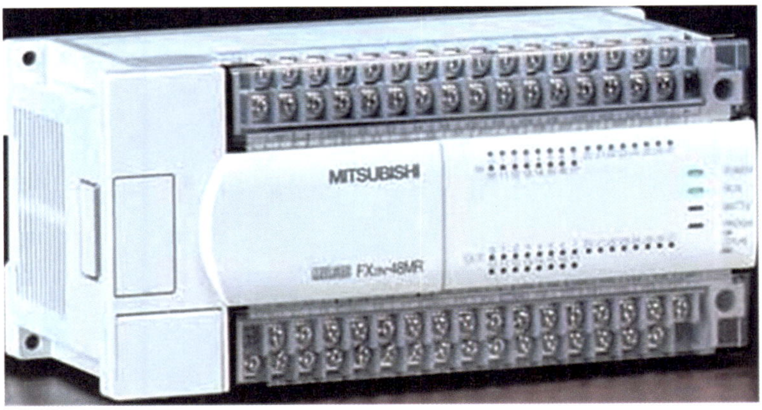

|그림 1-3| 일체형 PLC

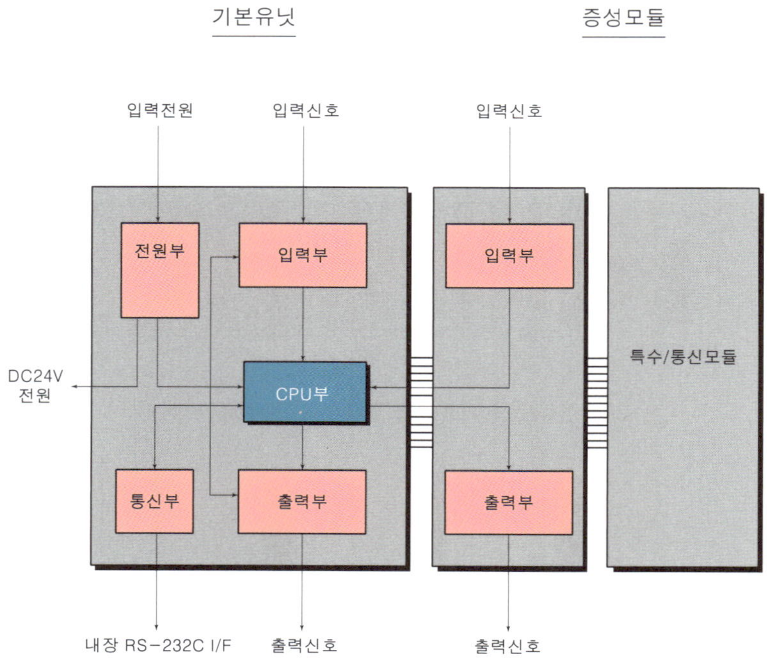

|그림 1-4| 일체형 PLC의 시스템 구성

03 PLC의 구성

01 : PLC의 전체 구성

PLC는 |그림 1-5|에서 보는 바와 같이 마이크로프로세서(Microprocessor) 및 메모리를 중심으로 중앙처리장치(CPU), 외부 기기와의 신호를 연결시켜 주는 입·출력부, 각 부에 전원을 공급하는 전원부, PLC내의 메모리에 프로그램을 기록하는 주변 장치로 구성되어 있다.

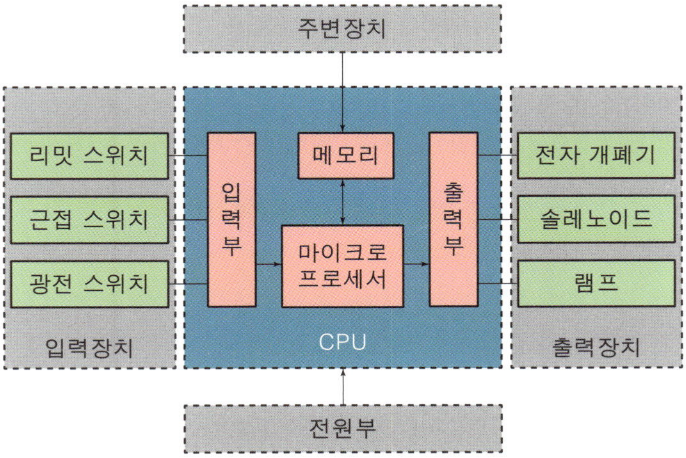

|그림 1-5| PLC의 전체 구성도

02 : PLC의 CPU

1 연산부

PLC의 두뇌에 해당하는 부분으로서 메모리에 저장되어 있는 프로그램을 해독하여 처리내용을 실행한다. 이 절차는 매우 빠른 속도로 반복되며 모든 정보는 2진수로 처리된다.

2 메모리

PLC의 메모리는 사용자 프로그램 메모리, 데이터 메모리, 시스템 메모리 등의 3가지로 구분된다. 사용자 프로그램 메모리는 제어하고자 하는 시스템 규격에 따라 사용자가 작성한 프로그램이 저장되는 영역으로, 제어 내용이 프로그램 완성 전이나 완성 후에도 바뀔 수 있으므로 RAM이 사용된다. 프로그램이 완성되어 고정되면, ROM에 써 넣어 ROM 운전을 할 수 있다.

데이터 메모리는 입·출력 릴레이, 보조 릴레이, 타이머와 카운터의 접점 상태 및 설정값, 현재값 등의 정보가 저장되는 영역으로 정보가 수시로 바뀌므로 RAM 영역이 사용된다.
시스템 메모리는 PLC 제작 회사에서 작성한 시스템 프로그램이 저장되는 영역이다. 이 시스템 프로그램은 PLC의 기능이나 성능을 결정하는 중요한 프로그램으로 ROM 영역이 사용된다. 이 시스템 프로그램은 PLC 제작 회사에서 PLC 제작 시 직접 ROM에 써 넣는다.

03 : PLC의 입·출력부

PLC의 입·출력부는 현장의 외부 기기에 직접 접속하여 사용한다. PLC 내부는 DC +5V의 전원(TTL 레벨)을 사용하지만 입·출력부는 다른 전압 레벨을 사용하므로 PLC 내부와 입·출력의 접속(Interface)은 시스템 안정에 결정적인 요소가 된다.

PLC의 입·출력부는 다음의 사항이 요구된다.

① 외부 기기와 전기적 규격이 일치해야 한다.
② 외부 기기로부터의 노이즈가 CPU 쪽에 전달되지 않도록 해야 한다.(포토 커플러(Photocoupler) 사용)
③ 외부 기기와의 접속이 용이해야 한다.
④ 입출력의 각 접점 상태를 감시할 수 있어야 한다.(LED 부착)

입력부는 외부 기기의 상태를 검출하거나 조작 판넬(Panel)을 통해 외부 장치의 움직임을 지시하고 출력부는 외부기기를 움직이거나 상태를 표시한다.

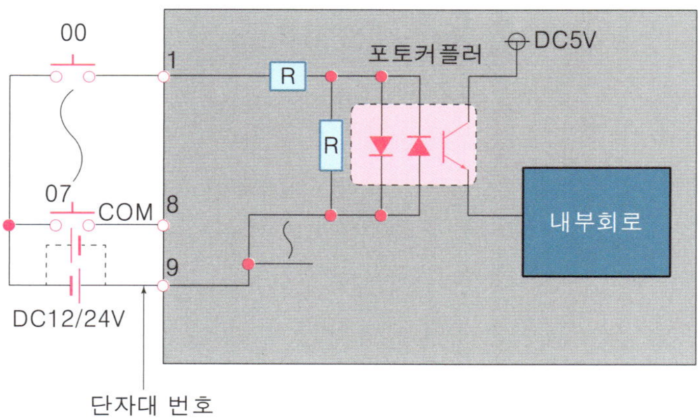

|그림 1-6| PLC의 입력부 회로

1 입력부

외부 기기로부터의 신호를 CPU의 연산부로 전달해 주는 역할을 한다. 입력의 종류로는 DC24[V], AC110[V] 등이 있고, 그 밖의 특수 입력 모듈로는 아날로그 입력(A/D) 모듈, 고속 카운터(High Speed Counter) 모듈 등이 있다.
|그림 1-6|에 입력부 회로의 예를 나타내었다.

2 출력부

내부 연산의 결과를 외부에 접속된 전자 접촉기나 솔레노이드에 전달하여 구동시키는 부분이다. 출력의 종류에는 릴레이 출력, 트라이액 출력, 트랜지스터 출력 등이 있고, 그 밖의 출력 모듈로는 아날로그 출력(D/A) 모듈, 위치 결정 모듈 등이 있다.

1) 릴레이 출력형

릴레이 출력의 기본 구성의 예는 |그림 1-7|과 같다. 릴레이 접점형 출력은 교류, 직류 모두 사용할 수 있다. 그러나 릴레이 소자 자체의 전기적, 기계적 수명에 한계가 있으며 접촉 불량에도 주의해야 한다.

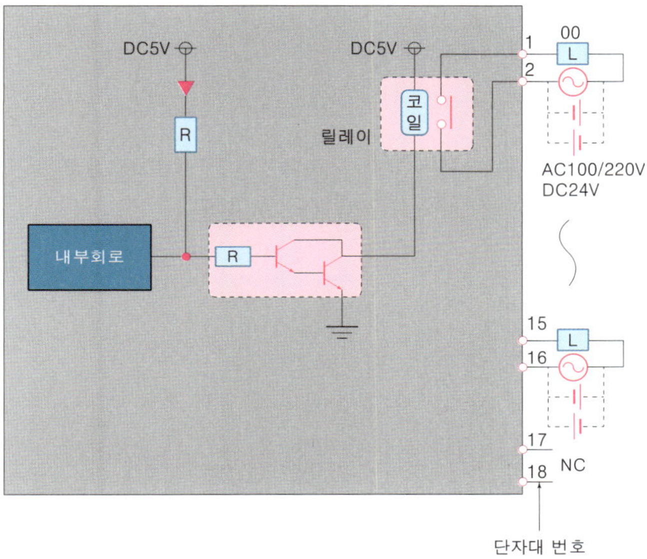

|그림 1-7| 릴레이 출력부

2) 트랜지스터 출력형

트랜지스터 출력의 기본 구성의 예는 |그림 1-8|과 같다.

트랜지스터 출력 모듈은 릴레이 출력형에 비하여 수명이 길고, 고빈도의 동작이 용이하다. 그러나 신호변환 요소로 반도체 소자인 트랜지스터를 이용한 것이기 때문에 출력기기의 전원이 직류로 한정되고 릴레이 출력이나 트라이액 출력에 비해 개폐 전류도 작다.

또한, 트랜지스터 출력 회로는 포토 커플러에 의하여 내부 회로와 출력 트랜지스터 간을 절연하고 있기 때문에 외부에 접속한 솔레노이드나 릴레이의 ON/OFF 동작이 내부회로에 영향을 미치지 않는다.

특히 트랜지스터 출력 모듈의 경우에는 출력전류의 돌입전류에 대해 세심한 주의를 기울여야 하며, 내부에 스파크 킬러용 보호 다이오드가 내장되어 있다.

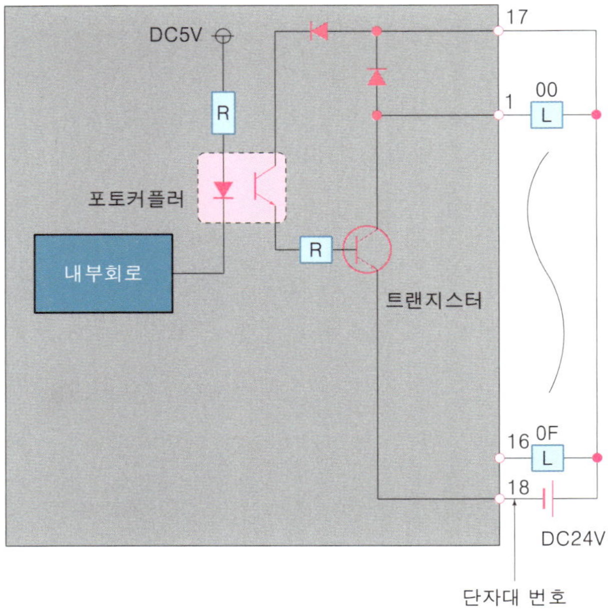

|그림 1-8| 트랜지스터 출력부

3) 트라이액 출력형

트라이액 출력의 기본 구성의 예는 |그림 1-9|와 같다.

트라이액 출력은 출력 증폭 요소로 트라이액을 사용한 것으로 응답속도가 통상 1ms 이하로 릴레이 출력에 비하여 10배 이상의 고속이며, 구동 개폐 부하 용량도 비교적 크다. 따라서 개폐 빈도가 큰 부하나 전자 솔레노이드 등의 코일 부하로 대용량 부하인 경우는 트라이액 출력 모듈을 사용하는 것이 좋다.

이것은 릴레이 출력의 경우 부하 전류의 크기가 증가함에 따라 수명이 대폭적으로 단축되는 원인이 되기 때문이다.

또한, 트라이액 출력 회로는 트랜지스터 출력회로와 마찬가지로 포토커플러에 의해 내부회로와 외부회로가 절연된 상태이다

트라이액의 특성상 트라이액 출력의 외부 전원은 교류이어야만 한다.

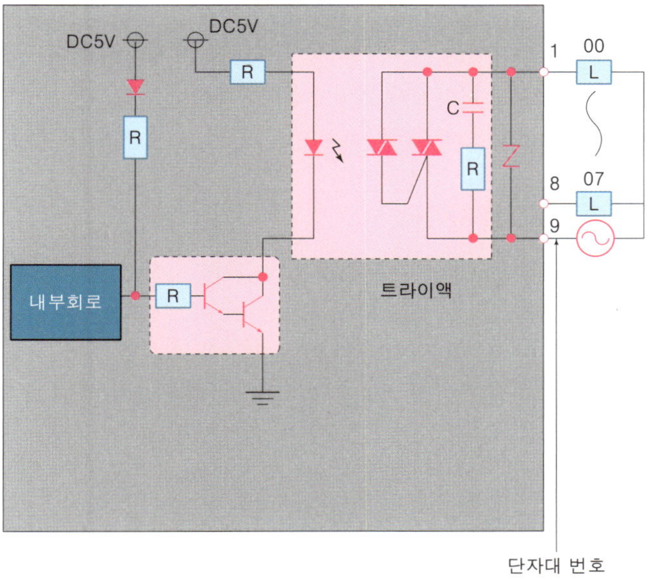

|그림 1-9| 트라이액 출력부

그리고 출력 신호와 개폐 소자에 따른 출력 모듈을 다시 정리하여 분류하면 |표 1-2|와 같다.

|표 1-2| 출력 모듈의 종류

출력 신호 종류	개 폐 소 자	
	유접점	무접점(반도체)
직류(DC)	릴레이 출력	트랜지스터 출력
교류(AC)	릴레이 출력	트라이액 출력

|표 1-2|에서와 같이 릴레이 출력은 직류와 교류 모두 사용할 수 있으나, 기계적 수명의 한계 때문에 접점의 개폐가 빈번할 경우는 교류 전원 전용인 트라이액 출력이나 직류 전원 전용인 트랜지스터 출력을 사용하는 것이 좋다.

04: 소프트웨어 구조

1 하드와이어드와 소프트와이어드

종래의 릴레이 제어 방식은 일의 순서를 회로도에 전개하여 그곳에 필요한 제어 기기를 결합하여 리드선으로 배선 작업을 해서 요구하는 동작을 실현한다. 이 같은 방식을 하드와이어드 로직(Hardwired logic)이라고 한다.

하드와이어드 로직 방식에서는 하드웨어(기기)와 소프트웨어가 한 쌍이 되어 있어, 사양이 변경되면 하드웨어와 소프트웨어를 모두 변경해야 하므로, 여러 가지 문제를 발생시키는 원인이 된다. 따라서, 하드웨어와 소프트웨어를 분리하는 연구 끝에 컴퓨터 방식이 개발되었다.

컴퓨터는 하드웨어만으로는 동작할 수 없다. 하드웨어 속에 있는 기억 장치에 일의 순서를 넣어야만 비로소 기대되는 일을 할 수가 있다. 이 일의 순서를 프로그램이라 하며, 기억 장치인 이 메모리에 일의 순서를 넣는 작업을 프로그래밍이라 한다.

이 방식을 소프트와이어드 로직(Softwired logic)이라 하며, PLC는 이 방식을 취하고 있다.

2 릴레이 시퀀스와 PLC 프로그램 차이점

PLC는 릴레이 시퀀스와 같은 접점이나 코일은 존재하지 않으며, 접점이나 코일을 연결하는 동작은 소프트웨어로 처리되므로 실제로 눈에 보이는 것이 아니다.

또, 동작도 코일이 여자되면 접점이 닫혀 회로가 활성화되는 릴레이 시퀀스와는 달리 메모리에 프로그램을 기억시켜 놓고 순차적으로 내용을 읽어서 그 내용에 따라 동작하는 방식이다.

1) 직렬 처리와 병렬 처리

PLC 시퀀스와 릴레이 시퀀스의 가장 근본적인 차이점은 |그림 1-10|에 나타낸 것과 같이 "직렬 처리"와 "병렬 처리"라는 동작상의 차이에 있다.

PLC는 메모리에 있는 프로그램을 순차적으로 연산하는 직렬 처리 방식이고 릴레이 시퀀스는 여러 회로가 전기적인 신호에 의해 동시에 동작하는 병렬 처리 방식이다. 따라서 PLC는 어느 한 순간을 포착해 보면 한 가지 일 밖에 하지 않는다.

실제 동작의 차이점을 |그림 1-11|의 시퀀스도에 나타나 있다.

|그림 1-11(a)|의 시퀀스도의 릴레이 시퀀스에서는 전원이 투입되어 접점 A와 B, 그리고 접점 D와 E가 동시에 닫히면, 출력 C와 F는 동시에 ON되고, 어느 한쪽이 빠를수록 먼저 동작한다. 이에 비하면 PLC는 연산 순서에 따라 C가 먼저 ON되고 다음에 F가 ON된다.

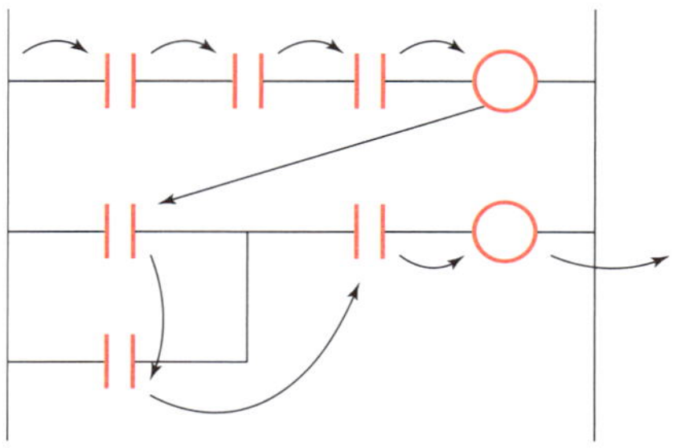

(a) 직렬 처리 방식

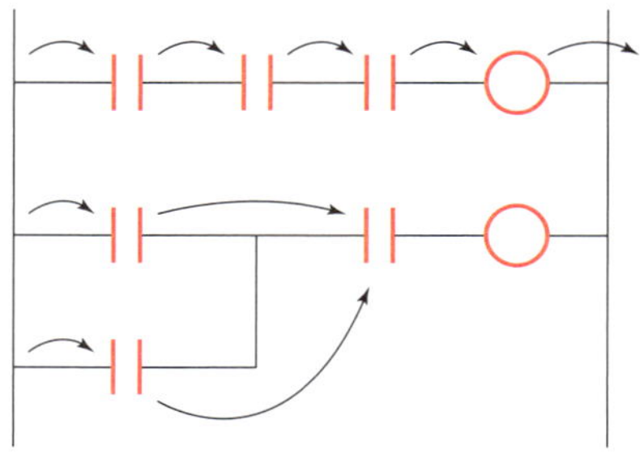

(b) 병렬 처리 방식

|그림 1-10| 연산 처리 방식

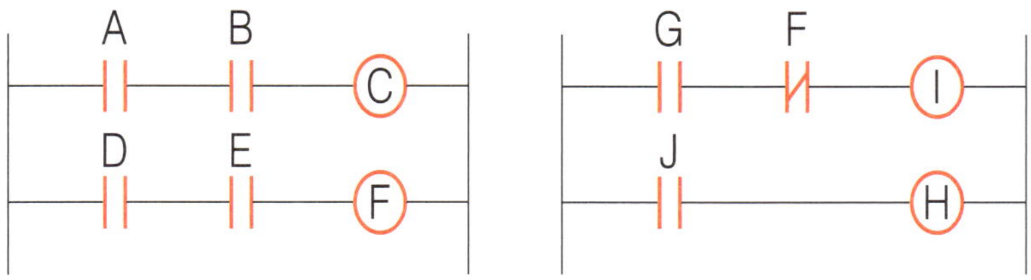

(a) 예1 (b) 예2

|그림 1-11| 시퀀스도

그리고 |그림 1-11(b)|의 경우에서 살펴보면 먼저 릴레이 시퀀스에서는 전원이 투입되고 점점 G와 J가 동시에 닫힐 때, 접점 J가 닫힘과 동시에 H가 ON되어 출력 I는 동작될 수 없다.

그러나 PLC는 직렬 연산 처리되므로 최초의 연산 때 G가 닫히면 I가 ON되고 J가 닫히면 H가 ON된다. H가 ON되면 다음 프로그램 동작 순서에서 b접점 H에 의해 I는 OFF된다.

2) 사용 접점 수의 제한

릴레이는 일반적으로 1개당 가질 수 있는 접점 수에 한계가 있다. 따라서, 릴레이 시퀀스를 작성할 때에는 사용하는 접점 수는 시스템의 크기를 고려하여 가능한 최대한 줄여야 한다.

이에 비하여 PLC는 동일 접점에 대한 정보(ON/OFF)를 정해진 메모리에 저장해 놓고, 연산할 때 메모리에 있는 정보를 읽어서 처리하기 때문에 동일 접점 대하여 사용 회수에 제한을 받지 않는다.

3) 접점이나 코일 위치의 제한

PLC 시퀀스에서는 출력 코일을 반드시 오른쪽 모선에 붙여서 작성해야 한다.

또, PLC 시퀀스에서는 항상 신호가 왼쪽에서 오른쪽으로 전달되도록 구성되어 있다. 따라서, PLC 시퀀스는 릴레이 시퀀스와는 다르게 |그림 1-12(a)|의 위와 같이 상하로 흐르는 회로 구성이나, |그림 1-12(b)|의 위와 같이 오른쪽에서 왼쪽으로 흐르는 회로 구성을 금지하고 있다.

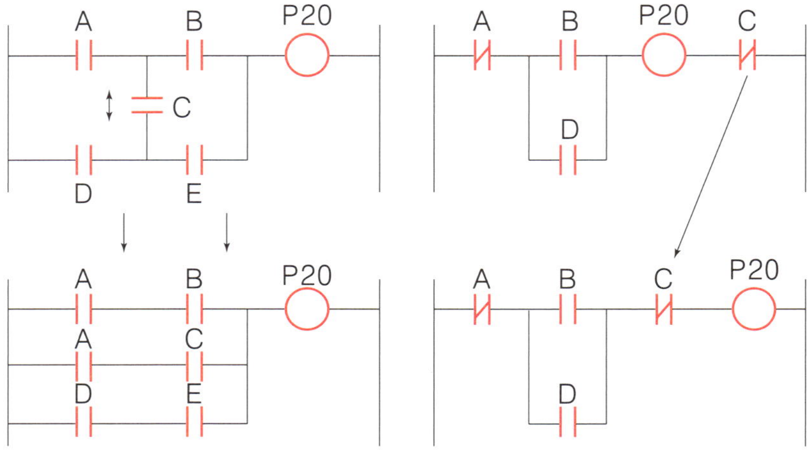

(a) 상하흐름 금지

(b) 오른쪽에서 왼쪽 흐름 금지

|그림 1-12| PLC 시퀀스의 약속 사항

04 CPU 연산처리

01 : 연산 처리 방식

1 반복연산방식

PLC 프로그램은 작성한 순서대로 처음부터 마지막 스텝까지 반복적으로 연산을 수행하며 이 과정을 스캔이라 한다. 이와 같이 수행되는 일련의 처리를 반복연산방식이라 한다.
PLC의 반복연산은 프로그램 수행중 인터럽트 등의 처리를 위한 조건의 변화가 지속된다. 이 과정을 단계별로 구분하면 |그림 1-13|과 같다.

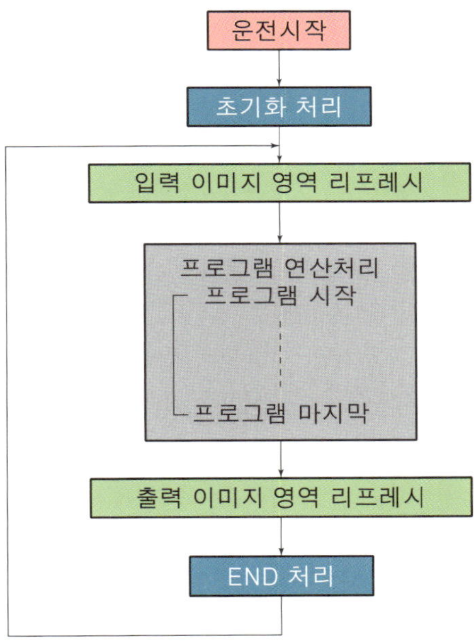

|그림 1-13| PLC의 반복연산 방식

1) 초기화 처리

스캔처리를 시작하기 위한 단계로 전원을 투입한 경우 또는 리셋을 실행한 경우에 한번 수행하며 다음과 같은 처리를 수행한다.

① 입출력 모듈 리셋
② 자기진단 실행

③ 데이터 클리어
④ 입출력 모듈의 번지할당 및 종류 등록

2) 입력 이미지 영역 리프레쉬(Refresh)

프로그램의 연산을 시작하기 전에 입력 모듈의 상태를 읽어 입력 이미지 영역에 저장한다.

3) 프로그램 연산처리

프로그램의 시작부터 마지막 스텝까지 순서대로 연산을 수행한다.

4) 출력 이미지 영역 리프레쉬

프로그램의 연산이 종료되면 출력이미지 영역에 저장되어 있는 내용을 출력모듈에 출력한다.

5) END 처리

CPU 모듈이 1스캔 처리를 종료한 후 처음 스텝으로 돌아가기 위한 처리 단계로 다음과 같은 처리를 수행한다.

① 자기진단 실행
② 타이머, 카운터 등의 현재 값 갱신
③ 컴퓨터 링크, 통신 모듈과의 데이터 전송처리
④ 모드 설정 키스위치 상태 점검

6) 스캔(Scan)

프로그램을 수행하기 전에 입력 모듈에서 입력 Data를 읽어 들여 데이터 메모리의 입력용 영역(X)에 일괄 저장 후 프로그램 0번 스텝부터 END까지 수행하고 자기진단, 타이머, 카운터 등의 처리를 한 후 데이터 메모리의 출력용 영역(Y)의 데이터를 출력 모듈에 일괄 출력하는 일련의 동작이다.

05 PLC 프로그램

PLC는 사용자의 프로그램에 의하여 본체에 연결된 외부 입출력기기를 제어한다. 따라서 정확한 동작을 위해서는 입출력기기의 올바른 배선과 프로그램 및 PLC 제어 특성에 대한 이해가 필요하다.

01 : PLC 프로그램의 구성

프로그램은 특정한 제어를 실행하는데 필요한 모든 기능요소로 구성되며 CUP 모듈의 내장 RAM 또는 메모리 모듈의 플래시 메모리에 프로그램이 저장된다. 전원을 투입하거나 CPU모듈의 키 스위치가 RUN 상태인 경우에 실행하는 프로그램 수행방식은 |그림 1-14|와 같은 구성에 따라 연산처리를 수행한다.

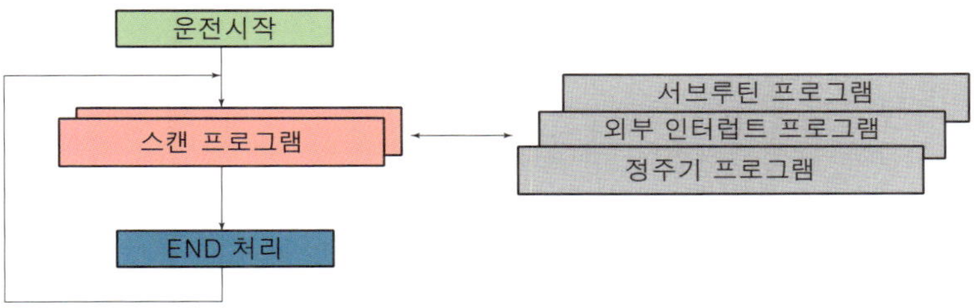

|그림 1-14| PLC 프로그램의 수행방식

1 스캔 프로그램

스캔마다 일정하게 반복되는 신호를 처리하기 위하여 프로그램이 작성된 순서대로 0번 스텝에서 마지막 스텝까지 반복적으로 연산을 수행한다.
스캔 프로그램의 실행 중 정주기 인터럽트 또는 인터럽트 모듈에 의한 인터럽트는 인터럽트의 실행조건이 성립한 경우는 현재 실행중인 프로그램을 일단 중지하고 해당되는 인터럽트의 프로그램을 수행한다.

2 인터럽트 프로그램

비주기적으로 발생하는 내외부 신호를 처리하기 위하여 스캔 프로그램의 연산을 일단 중지시킨 후 해당되는 기능을 우선적으로 처리한다.

1) 정주기 인터럽트

다음과 같이 시간 조건 처리가 요구되는 경우에 설정된 시간 간격에 따라 프로그램을 수행한다.

① 1 스캔 평균 처리 시간 보다 빠른 처리가 필요한 경우
② 1 스캔 평균 처리 시간 보다 긴 시간 간격이 필요한 경우
③ 지정된 시간간격으로 처리를 해야하는 경우

2) 외부 인터럽트

외부 인터럽트 신호에 대해 신속한 처리를 수행한다.

3 서브루틴 프로그램

어느 조건이 만족할 경우만 수행한다.(CALL 명령의 입력조건이 On인 경우)

02 : PLC 프로그래밍 언어

현재 사용중인 프로그래밍 언어로 니모닉(Mnemonic), 래더(Ladder), SFC(Sequential Function Chart) 등이 있다.

1 니모닉(Mnemonic)

|그림 1-15|와 같이 어셈블리언어 형태의 문자 기반 언어로 휴대용 프로그램 입력기(Handy Loader)를 이용한 간단한 로직의 프로그래밍에 주로 사용된다.

```
LOAD        P0000
AND NOT     P0001
OR          P0002
OUT         P0020
```

|그림 1-15| 니모닉 프로그램의 예

2 래더(Ladder) : 사다리도

사다리 형태로 전원을 생략하여 로직을 표현하는 릴레이 로직과 유사한 도형기반의 언어로, 현재 가장 널리 사용되고 있으며 |그림 1-16|과 같이 표현된다.

|그림 1-16| 래더 프로그램의 예

03 : PLC 동작 이해

1 PLC 기본 약호(명령어)

릴레이 로직과 유사한 형태의 스위치 형태의 입력과 출력 코일이 있다.

1) A접점

PLC의 외부 접점 입력과 내부 릴레이 출력의 ON/OFF 상태를 입력한다.
릴레이 시퀀스에서는 평상시 개방(Open)되어 있는 접점으로 N.O.(Normally Open)접점이라고 불리운다.
|그림 1-17|에 PLC A접점의 기호를 나타내었다.

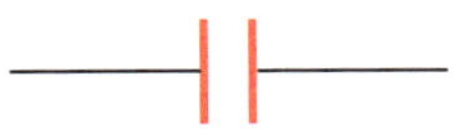

|그림 1-17| PLC A접점의 기호

2) B접점

PLC의 외부 접점 입력과 내부 릴레이 출력의 ON/OFF 상태를 반전하여 입력한다.
릴레이 시퀀스에서는 평상시 폐쇄(Closed)되어 있는 접점으로 N.C.(Normally Closed)접점이라고 불리운다.
|그림 1-18|에 PLC B접점의 기호를 나타내었다.

|그림 1-18| PLC B접점의 기호

3) 출력코일

PLC 프로그램에서 이전까지의 연산 결과를 접점 출력한다.
|그림 1-19|에 PLC 출력코일의 기호를 나타내었다.

|그림 1-19| PLC 출력코일의 기호

4) 응용명령

PLC 프로그램의 응용명령을 수행한다.
|그림 1-20|에 PLC 응용명령의 기호를 나타내었다.

|그림 1-20| PLC 응용명령의 기호

2 기초 용어 정의

1) 점(Point)

입력 8점, 출력 6점의 PLC는 스위치나 센서 등 입력기기를 최대 8개, 램프나 릴레이 등 출력기기를 6개를 연결할 수 있다. PLC의 입출력 용량을 표시할 때 사용한다.

2) 스텝(Step)

PLC 명령어의 최소 단위로 A 접점, B 접점, 출력 코일 등의 명령이 1 스텝에 해당하는 명령이고 기타 응용 명령어의 경우 하나의 명령어가 다수의 스텝을 점유한다. 프로그램 용량 및 CPU 속도를 표시하는 단위로 사용된다.(용량 : 30k step, 속도 : sec/step)

3) 스캔타임(Scan Time)

사용자 작성 프로그램의 1회 수행에 걸리는 시간을 의미한다. 스텝수가 많은 프로그램의 경우 스캔 타임은 증가한다.

4) WDT(Watch Dog Timer)

프로그램 연산 폭주나 CPU 기능고장에 의하여 출력을 하지 못할 경우 설정한 시간(WDT)대기 후 에러를 발생시키는 시스템 감시 타이머이다. 기본 200ms로 설정되어 있으며 파라미터 지정에 의해 변경시킬 수 있다.

5) 파라미터(Parameter)

프로그램과 함께 PLC에 저장되는 운전 데이터로 통신, 시스템 환경 등을 지정한다.

CHAPTER 02

01 : 개요

02 : CPU 모듈의 동작

03 : 베이스 모듈과 입출력 번호 할당

04 : 디바이스 설명

05 : 시스템 구성

06 : CPU 모듈

07 : CPU 모듈의 통신기능

08 : I/O 모듈

Q03UDE CPU 기초

01 개요

01 : CPU 모듈의 처리 순서

CPU 모듈은 프로그램 실행을 |그림 2-1|의 순서로 처리한다.

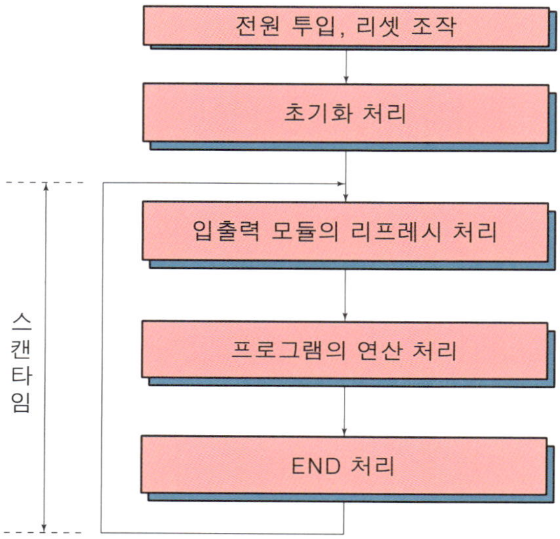

|그림 2-1| CPU 모듈의 명령 처리 순서

1 초기화 처리

프로그램을 연산하기 위한 사전처리를 한다. 전원 투입이나 리셋 조작시 한번만 실행된다.

2 입출력 모듈의 리프레시 처리

입력 모듈이나 인텔리전트 기능 모듈에서 CPU 모듈에 ON/OFF 데이터의 입력과 CPU 모듈에서 출력 모듈 또는 인텔리전트 기능 모듈에 대한 ON/OFF 데이터의 출력을 실행된다.

3 프로그램의 연산 처리

CPU 모듈에 저장되어 있는 프로그램의 스텝 0에서 END/FEND 명령까지 순차적으로 실행한다.

4 END 처리

네트워크 모듈 등과의 리프레시 처리나 외부 기기와의 교신 등을 실행한다.

02 : 프로그램의 저장과 실행

1 프로그램 작성

GX Work2에서 프로그램을 작성한다.

2 프로그램 저장

작성한 프로그램이나 파라미터는 아래의 CPU 모듈 메모리에 저장한다.

- 프로그램 메모리
- 표준 ROM(파라미터만)
- 메모리 카드

3 프로그램 실행

프로그램 메모리에 저장되어 있는 프로그램을 연산한다.

03 : 특징

1 제어 가능한 많은 I/O 점수

베이스 유닛에 장착하는 I/O 모듈에 실질적으로 접속할 수 있는 I/O점수가 4096점(X/Y 0~7FF)까지 가능하다.

2 대용량의 프로그램 사이즈

30K 스텝의 프로그램 사이즈까지 지원 가능하다.

3 빠른 처리 속도

기본 연산 처리 속도(LD 명령)가 20ns로 빨라져 초고속 처리가 가능하다.

4 GX WORK2와 초고속 통신을 통한 디버깅 효율 증가

USB의 지원으로 12Mbps의 초고속 통신이 가능하여 프로그램과 모니터링의 쓰기와 읽기에 필요한 시간이 줄어들었고, 디버깅의 통신 시간 효율이 증대하였다.

5 소형화에 의한 공간 절약

AnS 시리즈에 비하여 60% 정도로 소형화 되었다.

6 AnS/A 시리즈의 I/O모듈과 특수기능모듈 이용가능

AnS 시리즈 호환 확장베이스 유닛을 이용하면 고성능 모델인 QCPU에서 AnS/A 시리즈의 I/O 모듈과 특수기능 모듈 사용이 가능하게 된다.

7 7개의 확장 베이스유닛까지 연결

Q 시리즈 CPU 모듈은 7개의 확장 베이스 유닛을 연결할 수 있고, 전체 확장 케이블의 길이는 13.2m(43.31feet)이다.

8 메모리 카드를 이용한 메모리 확장 가능

메모리 카드 설치 컨넥터가 내장되어 있어 최대 32Mbytes의 메모리 카드를 연결할 수 있다.

9 기본 ROM에 자동 쓰기 가능

GX WORK를 사용하지 않고 CPU 모듈의 기본 ROM에 파라미터와 프로그램의 쓰기가 가능하다. 부팅 동작이 기본 ROM에 의하여 조작된다면, CPU 모듈의 기본 ROM에 쓰여지고 메모리 카드에 저장된 파라미터와 프로그램을 수정하기 위하여 GX WORK를 사용하지 않아도 된다. Q 시리즈 CPU 모듈은 GX WORK를 사용하지 않고 메모리 카드에 저장된 파라미터와 프로그램을 CPU 모듈의 기본 ROM에 쓸 수 있다.

10 외부 I/O의 강제 ON/OFF 가능

CPU 모듈이 돌아가고 있거나 프로그램이 수행중일 때 GX WORK를 이용하여 외부 입력과 출력을 강제로 ON/OFF 할 수 있다. 또한, I/O의 강제 ON/OFF에 의한 CPU 모듈의 정지없이 선 테스트와 동작 테스트를 수행할 수 있다.

11 리모트 비밀번호 세팅 가능

QCPU에 내장된 이더넷 포트가 외부와 연결되어 있으면, CPU 모듈의 접근을 통한 리모트 비밀번호 세팅 제어가 가능하다.

12 멀티 CPU 시스템 지원 가능

CPU 모듈, 모션 CPU 모듈 그리고 PC CPU 모듈의 조합으로 멀티 CPU 시스템이 가능하다.

13 2중 전력 공급 시스템 지원

2중 베이스 유닛과 2중 전력 공급 모듈을 사용하여 2중 전력 공급 시스템의 구성이 가능하다. 전력 공급 모듈중의 하나가 고장이 나더라도 다른 하나가 전력을 공급하여 주기 때문에 시스템은 연속해서 작동한다.

14 이더넷과 직결 접속 가능

QCPU에 내장된 이더넷 포트가 이더넷과 직결접속을 가능하게 한다.

02 CPU 모듈의 동작

01 : 초기화 처리

1 시퀀스 프로그램을 연산하기 위한 사전 처리이다. |표 2-1|에 초기화 처리가 시행되는 CPU 모듈의 상태와 처리 항목들을 나타내었다.

|표 2-1| 초기화 처리 일람

초기화 처리 항목	CPU 모듈 상태		
	전원투입시	리셋조작시	STOP → RUN 시
입출력 모듈의 초기화	O	O	X
메모리 카드에서의 부트	O	O	X
PLC 파라미터 체크	O	O	O
멀티 CPU 시스템 파라미터의 동일성 체크	O	O	O
래치 범위를 벗어나는 디바이스의 초기화	O	O	X
장착 모듈 입출력 번호의 자동 할당	O	O	O
CC-Link IE 컨트롤러 네트워크, MELSECNET/H 정보 세트	O	O	X
인텔리전트 기능 모듈의 스위치 설정	O	O	X
CC-Link 정보 세트	O	O	X
Ethernet 정보 세트	O	O	X
디바이스 초기값 세트	O	O	O
시리얼 커뮤니케이션 기능 설정	O	O	X

2 초기화 처리가 완료되면, CPU 모듈은 RUN/STOP/RESET 스위치로 설정한 동작 상태가 된다.

02 : 입출력 모듈의 리프레시 처리

시퀀스 프로그램의 연산 시작 전에 실행하는 기능으로 입력 모듈 또는 인텔리전트 기능 모듈에서 CPU 모듈에 ON/OFF 데이터를 입력하고, CPU 모듈에서 출력 모듈 또는 인텔리전트 기능 모듈에 ON/OFF 데이터를 출력하는 처리를 한다.

03 : 프로그램 연산

CPU 모듈에 저장되어 있는 프로그램의 스텝 0부터 END/FEND 명령까지 순차적으로 실행한다.

04 : END 처리

프로그램 연산을 완료하면 CPU 모듈은 네트워크 모듈 등과 리프레시 처리를 하거나 외부 기기와 교신을 한다.

주요 내용은 다음과 같다.

- 네트워크 모듈의 리프레시
- 인텔리전트 기능 모듈의 자동 리프레시
- 인텔리전트 기능 모듈 전용 명령 처리
- 디바이스 데이터의 래치 처리
- 서비스 처리
- WDT 리셋
- 멀티 CPU 간 자동 리프레시
- 샘플링 트레이스 기능에 의한 디바이스 내용 수집
- 자기 진단 처리
- 특수 릴레이/특수 레지스터에 대한 값 세트

05 : RUN 상태, STOP 상태, PAUSE 상태의 연산 처리

1 RUN 상태의 연산 처리

RUN 상태에서 시퀀스 프로그램의 연산을 스텝 0 → END(FEND) 명령 → 스텝 0의 순서로 반복해서 연산한다.

2 STOP 상태의 연산 처리

RUN/STOP/RESET 스위치의 STOP 상태 또는 리모트 STOP에 의해 시퀀스 프로그램의 연산을 중지하고 있는 상태이거나 정지 에러가 발생한 경우에도 STOP 상태가 된다.
STOP 상태가 되면 출력(Y) 상태를 임시 저장하고 출력을 모두 OFF한다. 출력 이외의 디바이스 메모리값은 유지된다.

3 PAUSE 상태의 연산 처리

PAUSE 상태는 리모트 PAUSE에 의해 1 스캔 실행 후에 출력 및 디바이스 메모리의 상태를 유지한 채로 시퀀스 프로그램의 연산을 중지하고 있는 상태이다.

4 스위치 조작 시 CPU 모듈의 연산 처리

1) RUN → STOP

- END 명령까지 실행하고 정지한다.
- STOP 상태가 되기 직전의 출력(Y) 상태를 임시 저장하고 모든 접점을 OFF한다.
- STOP 상태가 되기 직전의 디바이스 메모리 상태를 유지한다.

2) STOP → RUN

- 스텝 0부터 시퀀스 프로그램의 연산처리를 시작한다.
- STOP 상태가 되기 직전의 디바이스 메모리 상태를 유지한다. 다만 디바이스 초기값이 설정되어 있는 경우, 디바이스 초기값을 세트한다.

06: 순간 정전 시의 연산 처리

1 허용 순간 정전 시간 이하의 순간 정전이 발생한 경우

순간 정전이 발생하면, 에러 이력을 등록하고 나서 연산처리를 중단한다. 다만 타이머 디바이스의 계측은 계속한다. 이때, 출력 상태는 유지된다. 그리고 순간 정전이 해제되면, 연산 처리를 속행한다.

2 허용 순간 정전 시간을 초과하는 정전이 발생한 경우

CPU 모듈은 초기화 스타트한다.

03 베이스 모듈과 입출력 번호 할당

01 : 베이스 모듈 할당

1 베이스 모드

기본 베이스 모듈, 증설 베이스 모듈에 장착할 수 있는 슬롯수를 할당하는 모드이다. 베이스 모드에는 자동모드와 상세모드가 있다.

1) 자동 모드 : 사용하는 베이스 모듈의 실제 슬롯수로 베이스 모듈을 할당하는 모드
2) 상세 모드 : 베이스 모듈마다 설정하는 모드이다. 슬롯수는 사용하는 베이스 모듈의 실제 슬롯수에 관계없이 설정할 수 있다.

2 베이스 모듈 할당 설정

|그림 2-2|와 같이 PLC 파라미터의 I/O 할당 설정의 베이스 모드에서 설정한다.

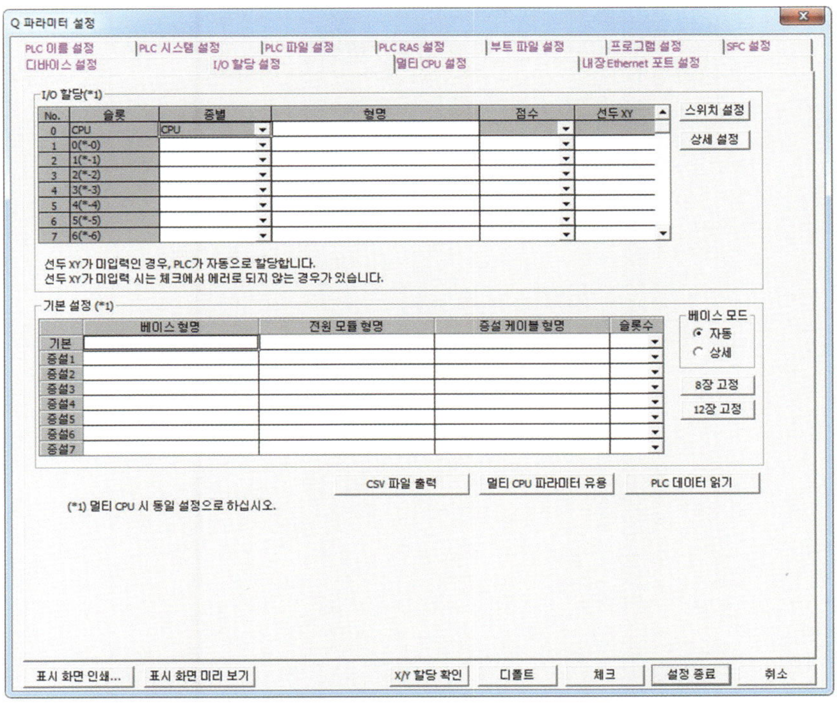

|그림 2-2| I/O 할당 설정

02 : 입출력 번호 할당

1 ON/OFF 데이터 수신과 출력

CPU 모듈의 ON/OFF 데이터 수신은 입력(X)로, CPU 모듈에서 ON/OFF 데이터 출력은 출력(Y)로 실행한다.

2 입출력 번호 표현

입출력 번호는 16진수로 표현한다. 16점의 입출력 모듈을 사용하는 경우 입출력 번호는 |그림 2-3|과 같이 1슬롯이 □□0 ~ □□F의 16점으로 연번이 된다.
입력 모듈의 경우 입력 번호의 선두에 "X"를, 출력 모듈의 경우 출력 번호의 선두에 "Y"를 붙인다.

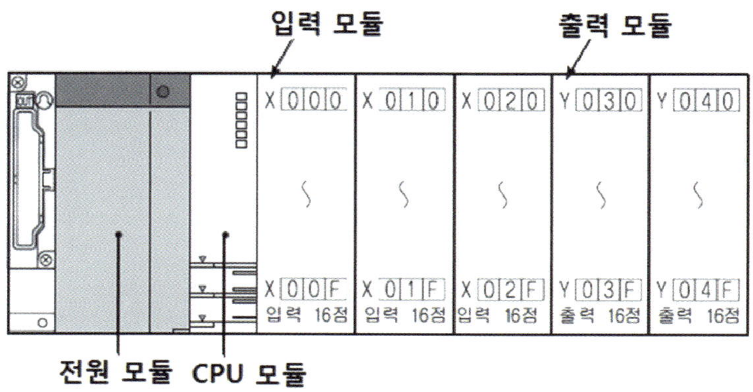

|그림 2-3| 입출력 번호 설정

04 디바이스 설명

01 : 내부 사용자 디바이스

1 입력(X)

푸시 버튼 스위치, 전환 스위치, 리미트 스위치, 디지털 스위치 등의 외부 기기에서 CPU 모듈에 명령이나 데이터를 보내기 위한 디바이스이다.
프로그램 내에서 입력의 a접점과 b접점의 사용수는 프로그램 용량의 범위 내라면 제한이 없다.

2 출력(Y)

프로그램 제어 결과를 외부의 신호등 디지털 표시기, 전자 개폐기, 솔레노이드 등에 출력하는 디바이스이다. a접점을 사용하는 것처럼 외부에 출력할 수 있다.
프로그램 내에서 출력의 a접점과 b접점의 사용수는 프로그램 용량의 범위 내라면 제한이 없다.
입력 모듈을 장착한 영역 및 모듈 미장착 영역에 대응하는 출력(Y)를 내부 릴레이(M) 대신으로 사용할 수 있다.

3 내부 릴레이(M)

CPU 모듈 내부에서 사용하는 보조 릴레이이다. 내부 릴레이는 정전 유지 기능이 없고, 프로그램 내에서 a접점과 b접점의 사용수는 프로그램 용량의 범위 내라면 제한이 없다.
시퀀스 프로그램의 연산 결과를 외부에 출력하는 경우에는 출력(Y)를 사용한다.

4 래치 릴레이(L)

CPU 모듈 내부에서 사용하는 정전 유지(래치)가 가능한 보조 릴레이이다. 정전 중에는 래치 릴레이의 내용을 CPU 모듈 본체의 배터리에 의해 유지하고 있다. 전원을 OFF → ON하거나 CPU 모듈을 리셋하더라도 연산결과를 유지한다.
래치 클리어 조작으로 OFF가능하다. 프로그램 내에서 a접점과 b접점의 사용수는 프로그램 용량의 범위 내라면 제한이 없다.

5 어넌시에이터(F)

1) 사용자가 제작한 설비에 대해 이상이나 고장 검출용 프로그램에 사용하면 편리한 내부 릴레이이다. 어넌시에이터를 ON하면 특수 릴레이(SM62)가 ON되고 특수 레지스터(SD62~79)에 ON한 어넌시에이터의 개수와 번호가 저장된다.

– 특수 릴레이 : SM60 – 어넌시에이터 1개라도 ON하면 ON
– 특수 레지스터
● SD62 : 최초로 ON한 어넌시에이터 번호를 저장
● SD63 : ON되어 있는 어넌시에이터의 개수를 저장
● SD64 ~ 79 : ON한 순서로 어넌시에이터 번호를 저장

2) 어넌시에이터 ON 방법

– SET F□ 명령
SET F□ 명령은 입력 조건의 상승펄스 시(OFF → ON)만 어넌시에이터를 ON한다. 입력조건이 OFF되어도 어넌시에이터는 ON상태를 유지한다.
– OUT F□ 명령
OUT F□ 명령을 사용하여 어넌시에이터의 ON/OFF할 수 있지만, 매스캔 처리하므로 SET F□ 명령을 사용하는 것보다 스캔타임이 늘어난다.

3) 어넌시에이터 OFF 방법

– RST F□ 명령
SET F□ 명령으로 ON한 어넌시에이터 번호를 OFF하는 경우에 사용한다.
– LEDR 명령
SD62, SD64에 조장되어 있는 어넌시에이터 번호를 OFF하는 경우에 사용한다.
– BKRST 명령
지정 범위의 어넌시에이터 번호를 일괄로 OFF하는 경우에 사용한다.

6 에지 릴레이(V)

래더 블록의 선두부터 접점의 ON/OFF 정보를 기억하는 디바이스이다. 접점으로만 사용할 수 있고, 코일으로는 사용할 수 없다.
인덱스 수실을 사용한 프로그램에서 상승펄스(OFF → ON)를 검출하여 실행하도록 하는 경우에 사용한다.

7 링크 릴레이(B)

MELSECNET/H 네트워크 모듈 등의 링크 릴레이(LB)를 CPU 모듈에 리프레시하거나 CPU 모듈 내의 데이터를 MELSECNET/H 네트워크 모듈 등의 링크 릴레이(LB)에 리프레시하는 경우에 사용하는 CPU 모듈측 릴레이이다.
네트워크 파라미터의 설정이 필요하다. 네트워크 파라미터가 설정되어 있지 않은 범위는 내부 릴레이 또는 래치 릴레이로 사용할 수 있다.

8 링크 특수 릴레이(SB)

CC–Link IE 컨트롤러 네트워크 모듈 및 MELSECNET/H 네트워크 모듈 등의 인텔리전트 기능 모듈의 통신 상태 및 이상 상태 검출을 나타내는 릴레이이다.

데이터 링크 시에 발생하는 다양한 요인에 의해 ON/OFF된다. 링크 특수 릴레이를 모니터하여 데이터의 통신 상태 및 이상 상태를 파악할 수 있다.
CPU 모듈의 링크 특수 릴레이 점수는 2048점(SB0~7FF)이다. 다만 PLC 파라미터의 디바이스 설정에서 변경할 수 있다.
CC-Link IE 컨트롤러 네트워크 모듈 및 MELSECNET/H 네트워크 모듈 등의 인텔리전트 기능 모듈이 가지고 있는 링크 특수 릴레이는 512점이다.

9 스텝 릴레이(S)

SFC 프로그램용 디바이스이다.

10 타이머(T)

1) 타이머의 코일이 ON되면 카운터를 시작하고, 현재값이 설정값과 동일한 값을 가지게 되면 타임 업하여접점이 ON된다.

2) 타이머의 종류

- 코일이 OFF되었을 때 현재값이 0이 되는 타이머
  - ● 저속 타이머(OUT T□)
  - ● 고속 타이머(OUTH T□)
- 코일이 OFF되어도 현재값을 유지하는 적산 타이머
  - ● 저속 적산 타이머(OUT ST□)
  - ● 고속 적산 타이머(OUTH ST□)
  - ● 현재값의 클리어는 접점의 OFF는 [RST ST□] 명령으로 실행한다.

3) 저속 타이머

- 계측 단위가 1 ~ 1000ms인 타이머
- 계측 단위 설정
  - ● PLC 파라미터의 PLC 시스템 설정에서 설정
  - ● 디폴트 값 : 100ms
  - ● 1ms 단위로 변경 가능

4) 고속 타이머

- 계측 단위가 0.01 ~ 100ms인 타이머
- 계측 단위 설정
  - ● 디폴트 값 : 10.0ms
  - ● 0.01ms 단위로 변경가능

⑪ 카운터(C)

1) 시퀀스 프로그램에서 입력 조건의 상승펄스 횟수를 카운트하는 디바이스이다. 카운트값과 설정값이 동일한 값을 가지게 되면 카운트업하여 접점이 ON된다.

2) 카운터의 종류
   - 시퀀스 프로그램에서 입력 조건의 상승펄스 횟수를 카운트하는 카운터
   - 인터럽트 요인의 발생 횟수를 카운트하는 인터럽트 카운터

3) 카운터 처리
   - OUT C□ 명령의 실행 시
   - ● 카운터 코일의 ON/OFF, 현재값 경신(카운터 + 1) 및 접점의 ON을 실행
   - 현재값 경신(카운터 + 1)
   - ● OUT C□ 명령의 상승펄스 시(OFF → ON)에 실행
   - ● OUT C□ 명령의 OFF, ON → ON 및 ON → OFF시는 현재값을 경신하지 않는다.
   - 카운터 리셋
   - ● 카운터의 현재값은 OUT C□ 명령이 OFF되어도 클리어되지 않는다.
   - ● 카운터의 현재값 클리어(리셋)와 접점의 OFF는 RST C□ 명령으로 실행
   - ● RST C□ 명령을 실행한 시점에서 카운터값은 클리어되고 접점도 OFF 된다.

⑫ 데이터 레지스터(D)

1) 수치 데이터(-32768 ~ 32767 또는 0000H ~ FFFFH)를 저장할 수 있는 메모리이다.

2) 데이터 레지스터의 비트 구성
   - 비트 구성과 읽기 및 쓰기 단위
   - ● 데이터 레지스터는 1점 16비트로 구성되며 16비트 단위로 읽거나 쓸 수 있다.
   - 32비트 명령으로 데이터 레지스터를 사용할 때
   - ● 연속된 2점의 데이터 레지스터(Dn과 Dn+1)가 처리 대상이 된다. 시퀀스 프로그램에서 지정하고 있는 데이터 레지스터 번호(Dn)가 하위 16비트가 되고, 시퀀스 프로그램에서 지정하고 있는 데이터 레지스터 번호 +1의 데이터 레지스터가 상위 16비트가 된다.

3) 입력 데이터 유지

   데이터 레지스터에 저장되어 있는 데이터는 다른 데이터를 저장할 때까지 유지된다. 다만 CPU 모듈을 OFF하거나 리셋하면 초기화된다.

⑬ 링크 레지스터(W)

1) MELSECNET/H 네트워크 모듈 등의 인텔리전트 기능 모듈의 링크 레지스터(W)의 데이터를 CPU 모듈에 리프레시하는 경우에 사용하는 CPU 모듈측 메모리이다.

2) 수치 데이터(−32768 ~ 32767 또는 0000H ~ FFFFH)를 저장할 수 있다.

3) 데이터 레지스터의 비트 구성

– 비트 구성과 읽기 및 쓰기 단위

● 데이터 레지스터는 1점 16비트로 구성되며 16비트 단위로 읽거나 쓸 수 있다.

– 32비트 명령으로 링크 레지스터를 사용할 때

● 연속된 2점의 링크 레지스터(Wn과 Wn+1)가 처리 대상이 된다. 시퀀스 프로그램에서 지정하고 있는 링크 레지스터 번호(Wn)가 하위 16비트가 되고, 시퀀스 프로그램에서 지정하고 있는 링크 레지스터 번호 +1의 데이터 레지스터가 상위 16비트가 된다.

4) 입력 데이터 유지

링크 레지스터에 저장되어 있는 데이터는 다른 데이터를 저장할 때까지 유지된다. 다만 CPU 모듈을 OFF하거나 리셋하면 초기화된다.

5) 네크워크 시스템에서 사용하는 경우

네트워크 파라미터의 설정이 필요하며, 네트워크 파라미터에 설정되어 있지 않은 범위는 데이터 레지스터의 대용으로 사용할 수 있다.

14 링크 특수 레지스터(SW)

1) CC-Link IE 컨트롤러 네트워크 모듈 및 MELSECNET/H 네트워크 모듈 등의 인텔리전트 기능 모듈의 통신상태 및 이상 내용을 저장하는 레지스터이다.

2) 데이터 링크 시의 정보가 수치로 저장되므로, 링크 특수 레지스터를 모니터하여 이상 위치 및 원인을 파악할 수 있다.

3) CPU 모듈의 링크 특수 릴레이 점수는 2048점(SW0 ~ 7FF)이다. 다만 PLC 파라미터의 디바이스 설정에서 변경할 수 있다.

4) CC-Link IE 컨트롤러 네트워크 모듈 및 MELSECNET/H 네트워크 모듈 등 인텔리전트 기능 모듈이 가지고 있는 링크 특수 레지스터는 512점이다.

02 : 내부 시스템 디바이스

1 특수 릴레이(SM)

1) PLC 내부에서 사양이 정해져 있는 내부 릴레이로, CPU 모듈의 상태가 저장된다.

2) 사용가능한 특수 릴레이의 일람표를 |표 2-2|에 나타내었다.

|표 2-2| 사용가능한 특수 릴레이 일람

분류	특수 릴레이
진단 정보	SM0 ~ 199
시리얼 커뮤니케이션 기능	SM100 ~ 115(03H에서는 사용불가)
시스템 정보	SM200 ~ 399
시스템 클록/시스템 카운터	SM400 ~ 499
스캔 정보 및 I/O 리프레시	SM500 ~ 599
드라이브 정보	SM600 ~ 699
명령관련	SM700 ~ 799
디버그	SM800 ~ 899
래치 영역	SM900 ~ 999
A → QnA 변환 대응	SM1000 ~ 1299
이중화 전원 모듈 정보	SM1780 ~ 1799

2 특수 레지스터(SD)

1) PLC 내부에서 사양이 정해져 있는 내부 레지스터로, CPU 모듈의 상태(고장 진단이나 시스템 정보 등)가 저장된다.

2) 사용가능한 특수 레지스터의 일람표를 |표 2-3|에 나타내었다.

|표 2-3| 사용가능한 특수 레지스터 일람

분류	특수 레지스터
진단 정보	SD0 ~ 199
시리얼 커뮤니케이션 기능	SD100 ~ 115(03H에서는 사용불가)
시스템 정보	SD200 ~ 399
시스템 클록/시스템 카운터	SD400 ~ 499
스캔 정보 및 I/O 리프레시	SD500 ~ 599
드라이브 정보	SD600 ~ 699
명령관련	SD700 ~ 799
디버그	SD800 ~ 899
래치 영역	SD900 ~ 999
A □ QnA 변환 대응	SD1000 ~ 1299
이중화 전원 모듈 정보	SD1780 ~ 1799

03 : 링크 다이렉트 디바이스(J□₩□)

1 CC-Link IE 컨트롤러 네트워크 또는 MELSECNET/H의 네트워크 모듈 내의 링크 디바이스를 직접 액세스하는 디바이스이다.

2 CPU 모듈의 링크 리프레시에 관계없이 시퀀스 프로그램에 의해 CC-Link IE 컨트롤러 네트워크 또는 MELSECNET/H의 네트워크 모듈 내의 링크 디바이스를 직접 읽거나 쓸 수 있다.

3 지정 방법

네트워크 No.와 디바이스 번호를 지정한다.

- J□ : 네트워크 No.
- ₩□ : 디바이스 번호

04 : 모듈 액세스 디바이스(U□₩G□)

1 기본 베이스 모듈 및 증설 베이스 모듈에 장착되어 있는 인텔리전트 기능 모듈의 버퍼메모리에 CPU 모듈에서 직접 액세스하는 디바이스이다.

2 지정 방법

인텔리전트 기능 모듈의 입출력 번호와 버퍼메모리 어드레스를 지정한다.

- U□ : 인텔리전트 기능 모듈의 선두 입출력 번호
- ₩G□ : 버퍼메모리 어드레스

05 : 인덱스 레지스터(Z)와 범용 연산 레지스터(Z)

1 인덱스 레지스터(Z)

1) 시퀀스 프로그램에서 사용하는 디바이스의 간접 설정(인덱스 수식)에 사용하는 디바이스이다.

2) 인덱스 레지스터의 비트 구성

- 비트 구성과 읽기 및 쓰기 단위
  - 데이터 레지스터는 1점 16비트로 구성되며 16비트 단위로 읽거나 쓸 수 있다.
- 32비트 명령으로 인덱스 레지스터를 사용할 때
  - 연속된 2점의 데이터 레지스터(Zn과 Zn+1)가 처리 대상이 된다. 시퀀스 프로그램에서 지정하고 있는 인덱스 레지스터 번호(Zn)가 하위 16비트가 되고, 시퀀스 프로그램에서 지정하고 있는 인덱스 레지스터 번호 +1의 인덱스 레지스터가 상위 16비트가 된다.

2 범용 연산 레지스터(Z)

1) 레지스터 연산 간에 인덱스 레지스터를 사용하여 연산을 보다 고속으로 실행할 수 있다. 이때 사용하는 인덱스 레지스터를 범용 연산 레지스터라고 한다.
2) 범용 연산 레지스터는 인덱스 레지스터와 같은 디바이스이므로, 인덱스 수식 시는 범용 연산 레지스터의 디바이스 번호와 겹치지 않게 한다.

06 : 네스팅(N)

1 마스트 컨트롤 명령(MC 명령, MCR 명령)을 사용하여 동작 조건을 네스트 구조로 프로그래밍하기 위한 디바이스이다.

2 마스트 컨트롤 명령에서의 지정방법

1) 래더의 공통 모선의 개폐에 의해 회로를 전환하는 명령
2) 네스팅은 네스트 구조의 바깥쪽부터 작은 번호(N0에서 N14의 순서)로 지정

07 : 포인터(P)

1 포인터 분기 명령(CJ, SCJ, JMP)이나 서브 루틴 호출 명령(CALL 등)에서 사용하는 디바이스이다.

2 용도

1) 포인터 분기 명령(CJ, SCJ, JMP)의 점프 위치 지정과 라벨(점프 위치의 선두 지정)
2) 서브 루틴 호출 명령(CALL, CALLP)의 호출 위치 지정과 라벨(서브 루틴 프로그램의 선두 지정)

3 종류

1) **로컬 포인터** : 각 프로그램에서 독립하여 사용하는 포인터
2) **공통 포인터** : 실행하고 있는 모든 프로그램이 서브 루틴 호출 명령으로 호출할 수 있는 포인터

4 사용 가능한 포인터의 점수 : 4096점

08 : 인터럽트 포인터(P)

1 인터럽트 프로그램 선두의 라벨로 사용하는 디바이스이다.

2 사용 가능한 인터럽트 포인터의 점수 : 256점

09 : 상수

1 10진 상수(K)

1) 시퀀스 프로그램에서 10진수 데이터를 지정하는 디바이스이다. K[..]로 지정한다.

2) CPU 모듈 내부에서는 2진수(BIN)로 저장된다.

3) 지정 범위

- 워드 데이터(16비트) 사용시 : K-32768~32767
- 2워드 데이터(32비트) 사용시 : K-2147483648~2147483647

2 16진 상수(H)

1) 시퀀스 프로그램에서 16진수 또는 BCD 데이터를 지정하는 디바이스이다. H[..]로 지정한다.

2) 지정 범위

- 워드 데이터(16비트) 사용시 : H0~FFFF(BCD : H0~9999)
- 2워드 데이터(32비트) 사용시 : H0~FFFFFFFF(BCD : H0~99999999)

3 실수(E)

1) 시퀀스 프로그램에서 실수를 지정하는 디바이스이다. E[..]로 지정한다.

2) 지정 범위

- 단정밀도 부동 소수점 데이터의 경우
- ● 2128 〈 디바이스 ≤ -2-126, 0, 2-126 ≤ 디바이스 〈 2128
- 배정밀도 부동 소수점 데이터의 경우
- ● 21024 〈 디바이스 ≤-2-1022, 0, 2-1022 ≤ 디바이스 〈 21024

3) 지정 방법

- 일반적인 방법 : 예) 10.2345 : E10.2345
- 지수 표현 : 예) 1234 : E1.234 +3

4 문자열(" ")

1) 시퀀스 프로그램에서 문자열을 지정하는 디바이스이다. "　"에 둘러싸인 반각 문자로 지정한다.

2) 지정 문자수 : 최대 32문자

05 시스템 구성

01 : 전체 구성

1 기본 시스템

기본 시스템은 |그림 2-4|와 같이 기본 베이스 유닛과 확장 베이스 유닛을 확장 케이블로 연결하여 구성되는 시스템이다.
기본 시스템은 전원부가 가장 좌측에 위치하며, 다음에 CPU부, 이후에 입출력부가 위치하게 된다. 각각의 구성품은 베이스 위에 장착되며 베이스의 슬롯 수는 전원부와 CPU를 제외한 슬롯 수로 표시한다.

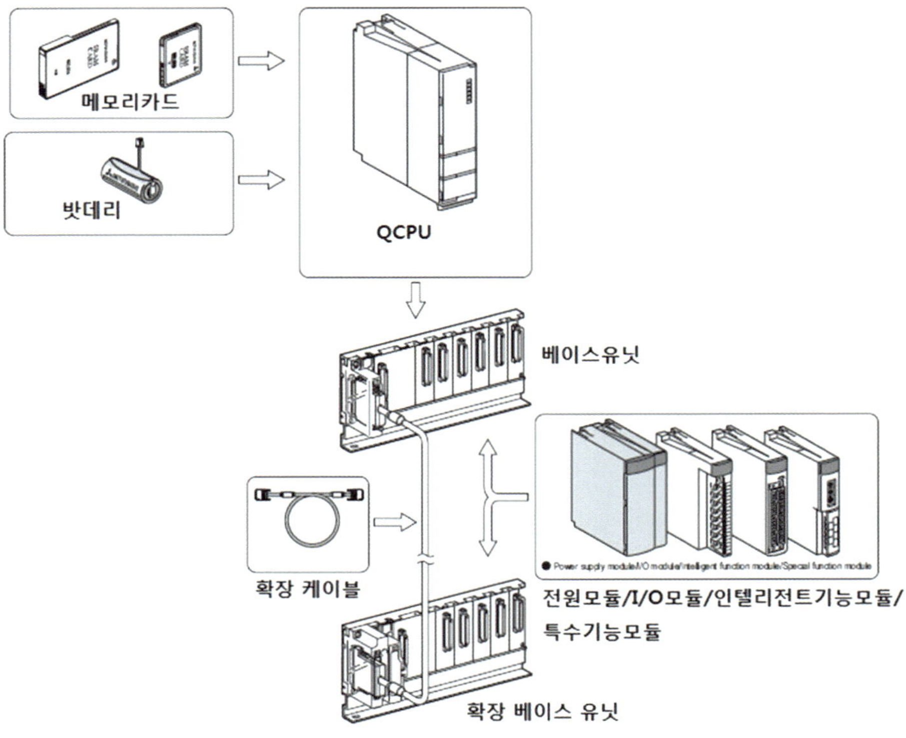

|그림 2-4| 전체 시스템 구성

입출력 모듈은 슬롯 위치에 관계없이 사용자 설계 사양에 맞추어 장착할 수 있다. 이때, 각 입출력 모듈은 CPU가 자동으로 인식하게 된다.

빈 슬롯의 경우 16점(1 워드)로 할당되고 32점, 64점 모듈의 경우 자동으로 할당된다. 특수모듈의 장착위치 및 사용 갯수에는 제한이 없다.

Q03UDE의 경우 최대 증설 단수는 7단, 최대 입출력 모듈 장착수는 64모듈, 그리고 최대 확장 케이블의 길이는 13.2m이다.

CPU가 장착된 베이스를 기본 베이스 유닛이라고 하며 전원, CPU, 입출력이 장착되고 확장 케이블 취부용 Connector 1 개를 포함하며, 확장 베이스 유닛에는 CPU없이 전원, 입출력으로만 구성되고 증설 케이블 취부용 Connector 2개를 포함한다.

06 CPU 모듈

01 : Q03UDE CPU와 PC 연결

Q03UDE CPU와 PC와의 연결 방법은 |그림 2-5|에서와 같이 이더넷 케이블이나 USB 케이블을 이용하는 방법이 있다.

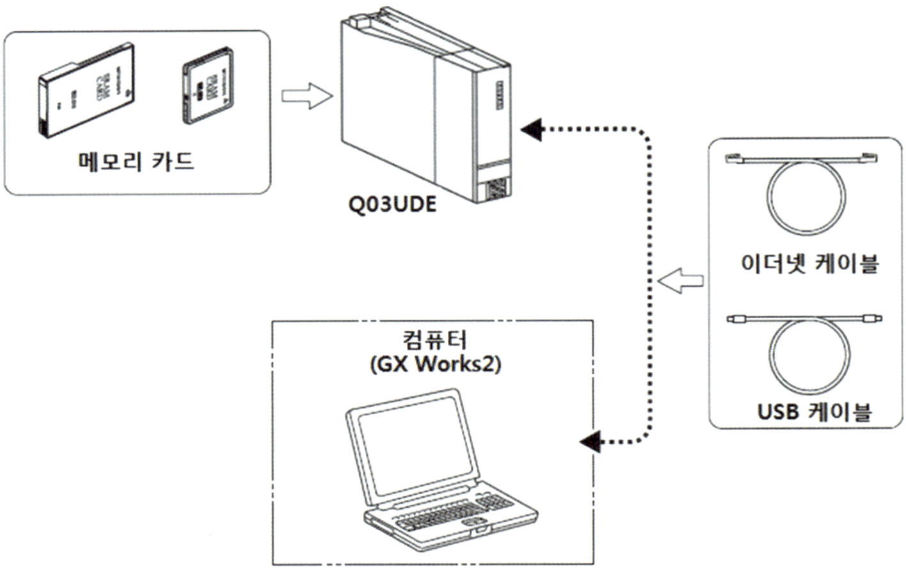

|그림 2-5| Q03UDE CPU와 PC연결 구조

02 : 주요 하드웨어 사양

1 제어방법

– 저장된 프로그램의 무한 반복 동작에 의한 제어

2 프로그램 언어

– 래더(라벨), SFC

3 처리 속도

- LD X0 : 20ns
- MOV D0 D1 : 40ns

4 프로그램 크기

- 30K 스텝(120K 바이트)

5 메모리 크기

- 프로그램 메모리 : 120K 바이트
- 메모리 카드(RAM) : 최대 8M 바이트
- 메모리 카드(ROM) : 플래쉬 카드(최대 4M 바이트), ATA 카드(최대 23M 바이트)
- 기본 RAM : 192K 바이트
- 기본 ROM : 1024K 바이트
- CPU 내부 메모리 : 8K 바이트

6 I/O 접점 갯수

- 프로그램에서 사용 가능한 접점수 : 8192점(X/Y0~1FFF)
- I/O모듈에서 연결 가능한 접점수 : 4096점(X/Y0~FFF)

7 디바이스 접점 갯수

- 내부 릴레이(M) : 8192점(M0~8191)
- 래치 릴레이(L) : 8192점(L0~8191)
- 링크 릴레이(B) : 8192점(B0~1FFF)
- 타이머(T) : 2048점(T0~2047)
- 카운터(C) : 1024점(C0~1023)
- 데이터 레지스터(D) : 12288점(D0~12287)
- 링크 레지스터(W) : 8192점(W0~1FFF)
- 어넌시에이터(F) : 2048점(F0~2047)
- 엣지 릴레이(V) : 2048점(V0~2047)
- 스텝 릴레이(S) : 8192점(S0~8191)
- 인덱스 레지스터(Z) : 20점(Z0~19)
- 포인터(P) : 4096점(P0~4095)
- 인터럽트 포인터(I) : 256점(I0~255)
- 특수 릴레이(SM) : 2048점(SM0~2047)
- 특수 레지스터(SM) : 2048점(SD0~2047)

03 : 주요 구성품 이름

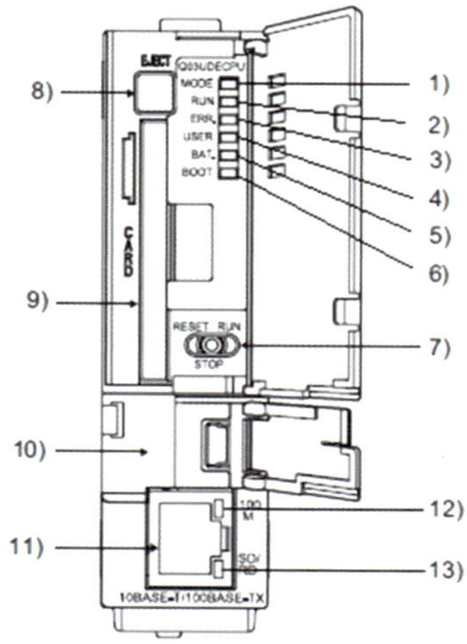

(a)

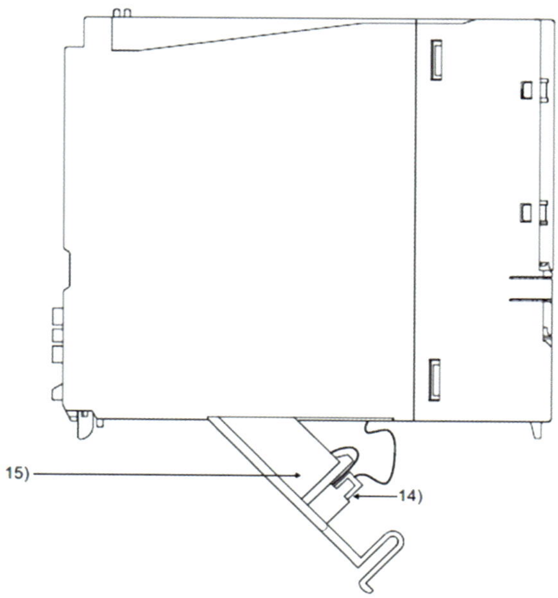

(b)

|그림 2-6| Q03UDE CPU의 주요 구성품 이름

❶ MODE LED

CPU 모드의 모드를 나타낸다.

- ON : Q mode

❷ RUN LED

- ON : RUN/STOP/RESET 스위치가 "RUN"으로 셋 동작 중일 때
- OFF : RUN/STOP/RESET 스위치가 "STOP"으로 셋 정지 중일 때
- Flash : RUN/STOP/RESET 스위치가 "STOP"으로 셋하고 파라미터나 프로그램을 쓴다. 그리고 나서 RUN/STOP/RESET 스위치를 "STOP"에서 "RUN"으로 변경한다.

❸ ERR. LED

- ON : 밧데리 에러가 아닌 자가 진단 에러가 감지되었을 때
- OFF : 정상동작 중일 때
- Flash : 에러가 감지되면 동작을 정지한다. RUN/STOP/RESET 스위치를 통하여 리셋동작을 한다.

❹ USER LED

- ON : 어넌시에이터(F)가 On 되었을 때
- OFF : 정상동작 중일 때

❺ BAT. LED

- ON(노랑) : 메모리 카드의 밧데리 전압강하에 의한 밧데리 에러가 발생했을 때
- Flash(노랑) : CPU 모듈의 밧데리 전압강하에 의한 밧데리 에러가 발생했을 때
- ON(녹색) : 래치 데이터 백업에 의해 표준 ROM에 데이터 백업이 완료되면 5초동안 ON
- OFF : 정상동작 중일 때

❻ BOOT LED

- ON : 부팅 동작이 시작될 때
- OFF : 부팅 동작이 실행되지 않을 때

❼ RUN/STOP/RESET 스위치

- RUN : 프로그램 동작을 실행시킴
- STOP : 프로그램 동작을 정지시킴
- RESET : 하드웨어 리셋, 에러 리셋, 초기화 동작을 실행시킴

❽ 메모리 카드 적출 버튼

- 메모리 카드를 CPU모듈로부터 적출할 때 사용

9 메모리 카드 컨넥터

- 메모리 카드를 CPU 모듈에 설치할 때 사용하는 컨넥터

10 USB 컨넥터

- USB를 통하여 주변기기를 연결하는 컨넥터

11 이더넷 컨넥터

- 이더넷 기기를 연결하는 컨넥터

12 100M LED

- ON : 100Mbps로 연결되었을 때
- OFF : 연결되지 않거나 10Mbps로 연결되었을 때

13 SD/RD LED

- ON : 데이터를 보내거나 받을 때
- OFF : 데이터를 보내거나 받지 않을 때

14 밧데리 연결 핀

- 밧데리 리드선을 연결할 때

15 밧데리

- 표준 RAM, 시계를 사용할 때 백업용

04: 프로그램 쓰기 후 스위치 동작

GX Work2를 이용하여 프로그램 쓰기가 끝난 후 스위치 동작을 설명한다.

1 CPU 모듈을 "STOP"으로 셋한 후 프로그램 쓰기를 할 때

1) 디바이스 메모리를 클리어하고 난 후 "RUN" 상태로 셋 하는 방법

- RUN/STOP/RESET 스위치를 RESET 위치로 약 1초정도 변경한 후 다시 STOP위치로 되돌린다.
- RUN/STOP/RESET 스위치를 RUN 위치로 돌린다.
- CPU 모듈이 RUN 상태에 위치한다(RUN LED : ON).

2) 디바이스 메모리를 클리어하고 하지 않고 "RUN" 상태로 셋 하는 방법

- RUN/STOP/RESET 스위치를 RUN 위치로 변경한다.
- RUN LED가 깜빡인다.

- RUN/STOP/RESET 스위치를 STOP 위치로 변경한다.
- RUN/STOP/RESET 스위치를 RUN 위치로 다시 변경한다.
- CPU 모듈이 RUN 상태에 위치한다(RUN LED : ON).

2 CPU 모듈이 동작중일 때 프로그램 쓰기를 할 때

CPU 모듈의 RUN/STOP/RESET 스위치 필요하지 않다. 이 경우 디바이스 메모리 데이터는 클리어되지 않는다.

05 : RESET 동작

CPU 모듈의 RUN/STOP/RESET 스위치는 CPU의 상태를 "RUN" 상태, "STOP" 상태 변경, 그리고 "RESET" 동작을 할 때 사용된다.
RUN/STOP/RESET 스위치를 가지고 CPU모듈을 RESET할 때, RUN/STOP/RESET 스위치를 리셋 위치에 셋팅하더라도 즉각적으로 리셋되지 않는다.
RUN/STOP/RESET 스위치를 가지고 리셋 동작을 수행하는 방법은 다음과 같다.

1 RUN/STOP/RESET 스위치를 "RESET" 위치에 유지시킨다.

- ERR. LED가 몇 번(3내지 4번) 빠르게 깜박인다.
- ERR. LED가 꺼진다.
- 리셋 동작이 완료됨

2 RUN/STOP/RESET 스위치를 "STOP" 위치로 되돌린다.

06 : 래치 클리어 동작

래치 클리어 동작은 GX Work2의 리모트 래치 클리어 동작에 의하여 실행되어 지고, CPU 모듈의 스위치 동작을 통하여 실행되지 않는다.

07 CPU 모듈의 통신기능

01 : GX Work2와 직결 접속

이더넷 포트 내장 QCPU와 GX Work2와의 접속 시에는 **|그림 2-7|**과 같이 이더넷 케이블 1개만 사용하여 QCPU와 GX Work2 사이에 허브 연결없이 간단히 직결 접속할 수 있다. 직결 접속 시에는 IP 어드레스를 설정하지 않고 연결 대상만 지정하면 간단히 통신이 가능하다.

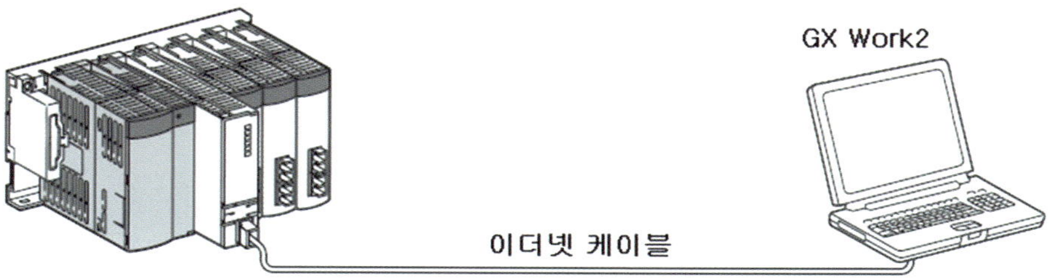

|그림 2-7| Q03UDE CPU와 GX Work2와 직결 접속

1 GX Work2에서 통신 설정

GX Work2에서 왼쪽 네비게이션 하단의 접속대상을 클릭하면 **|그림 2-8(a)|**와 같이 접속대상을 선택할 수 있는 창이 나타난다. **|그림 2-8(a)|**의 현재 접속 대상 창에서 connection 1을 더블 클릭하면 **|그림 2-8(b)|**의 접속 대상 설정 창이 나타난다.
통신 설정을 위한 순서는 다음과 같다.

1) [PC측 I/F(인터페이스)]에서 [Ethernet board]를 선택하면 **|그림 2-9|**와 같이 PC측 IF Ethernet 보드 상세 설정 창이 나타난다. 네트워크 No.와 국번은 할당하지 않고 프로토콜은 UDP방식을 선택한다.
2) [PLC측 I/F(인터페이스)]에서 [PLC module]를 선택하면 **|그림 2-10|**과 같이 PLC측 I/F CPU 모듈 상세 설정 화면이 나타난다. **|그림 2-10|**의 화면에서 직결접속을 선택하고 확인 버튼을 클릭하면 **|그림 2-11|**과 같이 IP 어드레스/호스트명에 Ethernet 포트 직결 접속이라고 뜬다.
3) [다른 국 지정]에서는 다른 네트워크 통신을 하지 않으므로 [No Specification]을 선택한다. 더블 클릭하면 **|그림 2-12|**와 같이 자국 상세 설정 화면이 나타난다. PLC와 PC와의 교신 횟수와 시간을 설정한다.

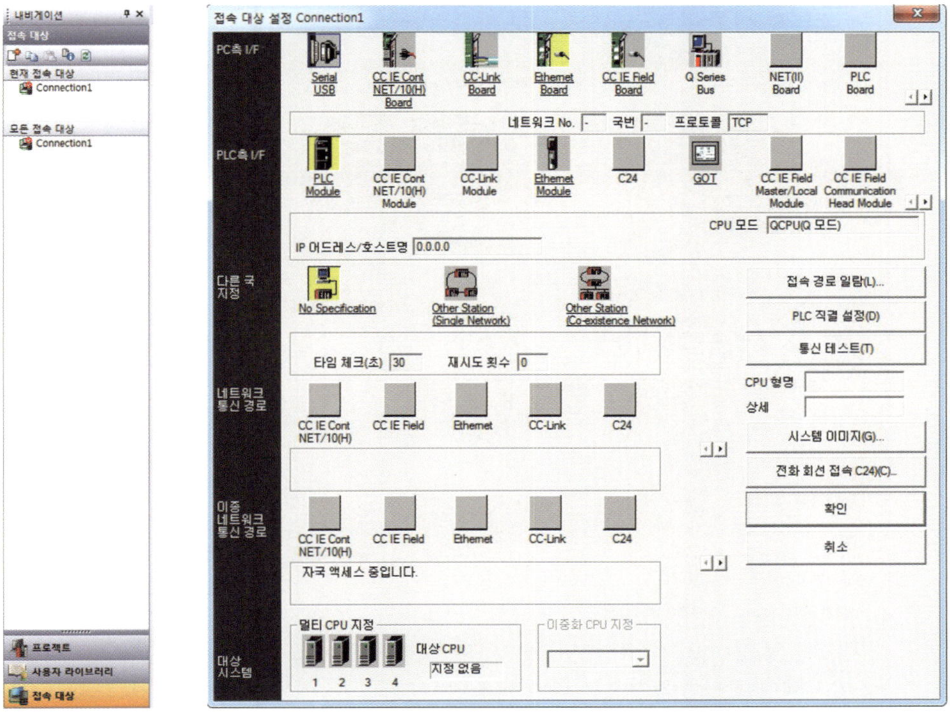

(a) 접속대상 선택 (b) 접속 대상 설정 창

|그림 2-8| 연결대상 지정 화면

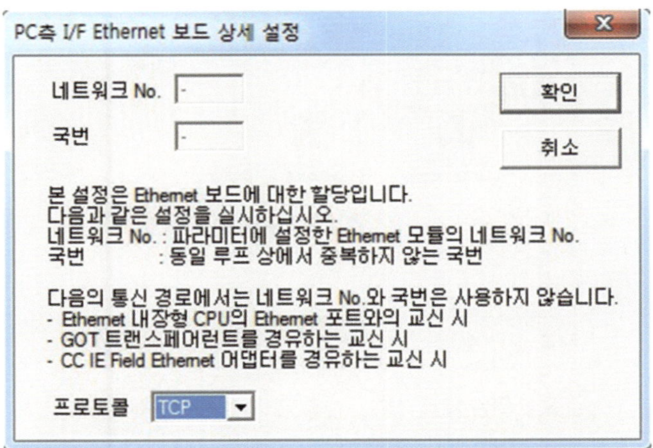

|그림 2-9| PC측 Ethernet 보드 설정 화면

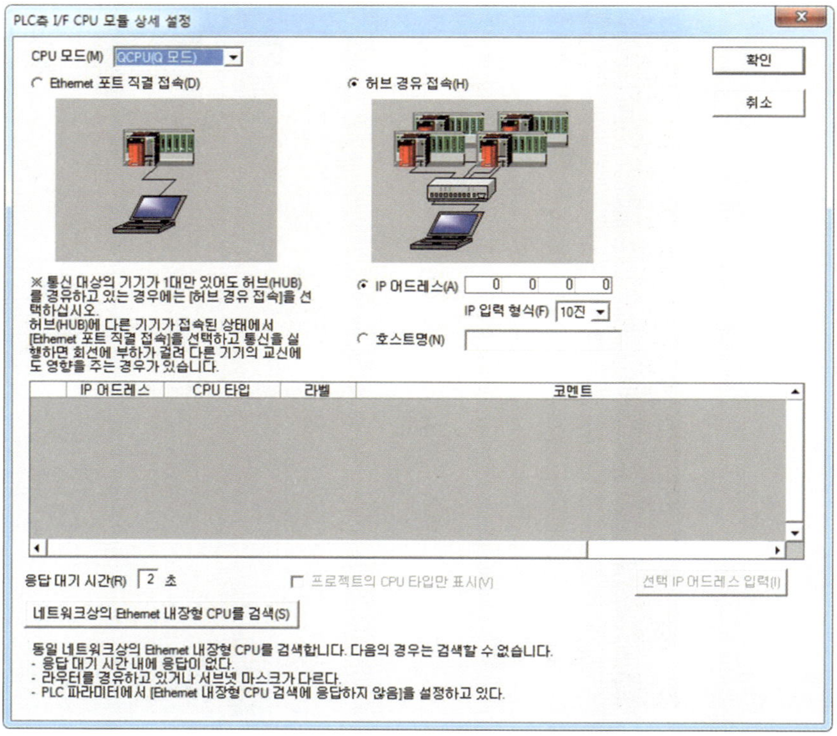

|그림 2-10| PLC측 CPU 모듈 설정 화면

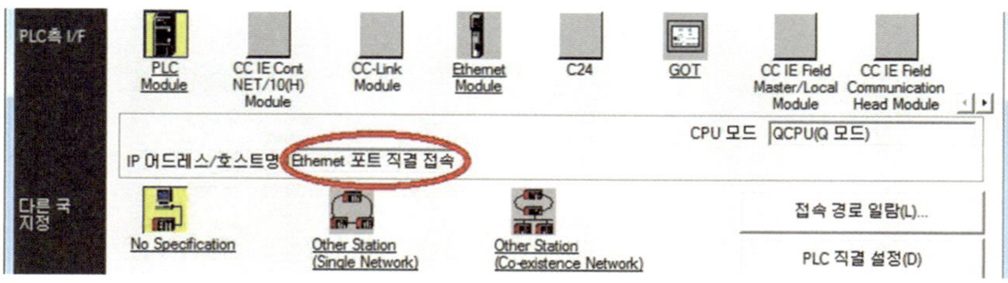

|그림 2-11| PLC측 CPU 모듈 설정 후 화면

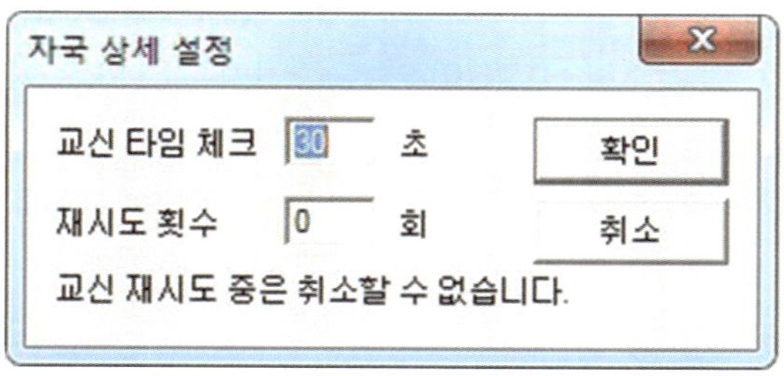

|그림 2-12| 자국 상세 설정 화면

2 주의사항

1) LAN 회선과 접속

LAN 회선에 접속하여 직결접속을 하면 회선에 부하가 걸려 다른 기기의 교신에 영향을 준다.

2) 직결 접속이 불가능한 접속

|그림 2-13|과 같이 허브에 접속하여 직결 접속하지 않는다. PC측 네트워크 접속에서 이더넷 포트가 2개 이상 연결되어 있는 경우 직결 접속으로 교신할 수 없다.

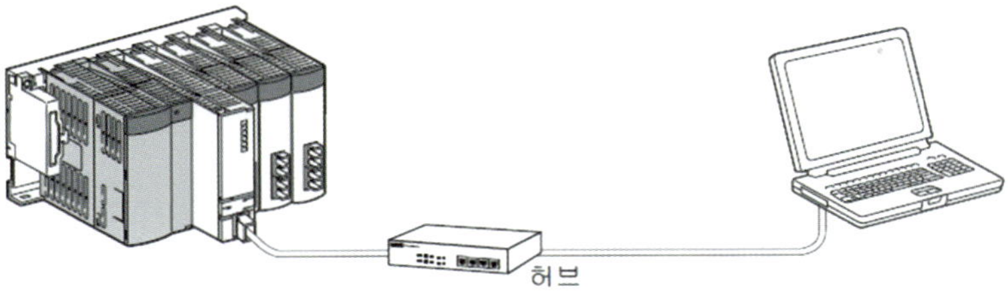

|그림 2-13| 허브를 통한 직결접속

02 : GX Work2와 허브를 통한 접속

CPU 내장 이더넷 포트를 사용하여 |그림 2-14|와 같이 허브를 통하여 GX Work2와 접속하기 위한 방법을 설명한다.

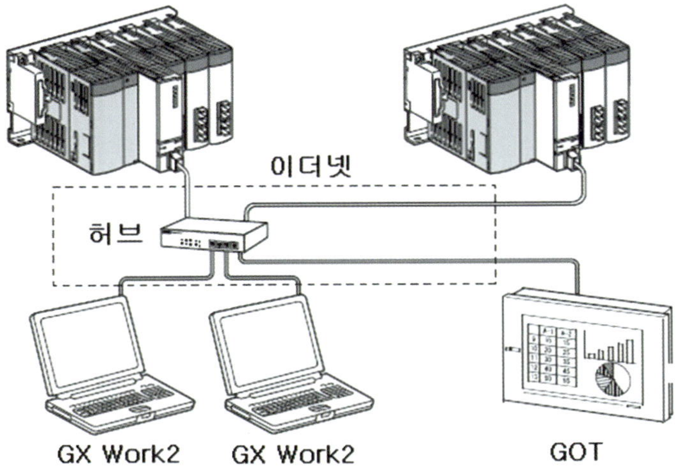

|그림 2-14| 허브를 사용한 접속 예

1 CPU 모듈 측 설정

1) PLC 파라미터 설정

|그림 2-15(a)|와 같이 네비게이션 창의 하단에서 프로젝트를 선택하고, 파라미터를 클릭하면 |그림 2-15(b)|와 같은 PLC 파라미터 선택화면이 뜬다. |그림 2-15(b)|에서 PLC 파라미터를 클릭하면 |그림 2-16|의 Q 파라미터 설정 창이 나타난다.

|그림 2-16|의 Q 파라미터 설정 창에서 내장 Ethernet 설정을 선택하면 |그림 2-17|과 같이 IP 어드레스 설정, 교신 데이터 코드 설정 등을 할 수 있는 창이 뜬다.

설정하는 방법은 다음과 같다.

① CPU 모듈 측 IP 어드레스를 설정한다.

② GX Work2를 접속하는 [오픈 설정]을 |그림 2-18|과 같이 설정한다.

- 프로토콜 : 사용하고자 하는 프로토콜을 상대기기에 맞추어 TCP 또는 UDP 중에서 선택한다. 통신의 신뢰성을 중시하는 겨우 TCP를 선택한다.
- 오픈 방식 : [MELSOFT 접속]을 선택한다.

(a) 프로젝트 설정　　(b) 파라미터 설정

|그림 2-15| PLC 파라미터 설정 창

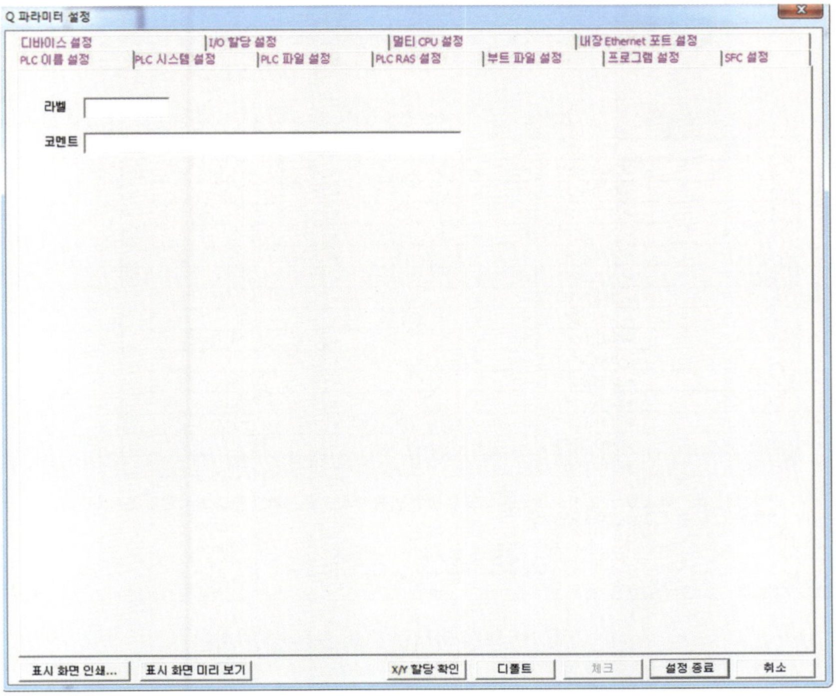

|그림 2-16| Q 파라미터 설정 창

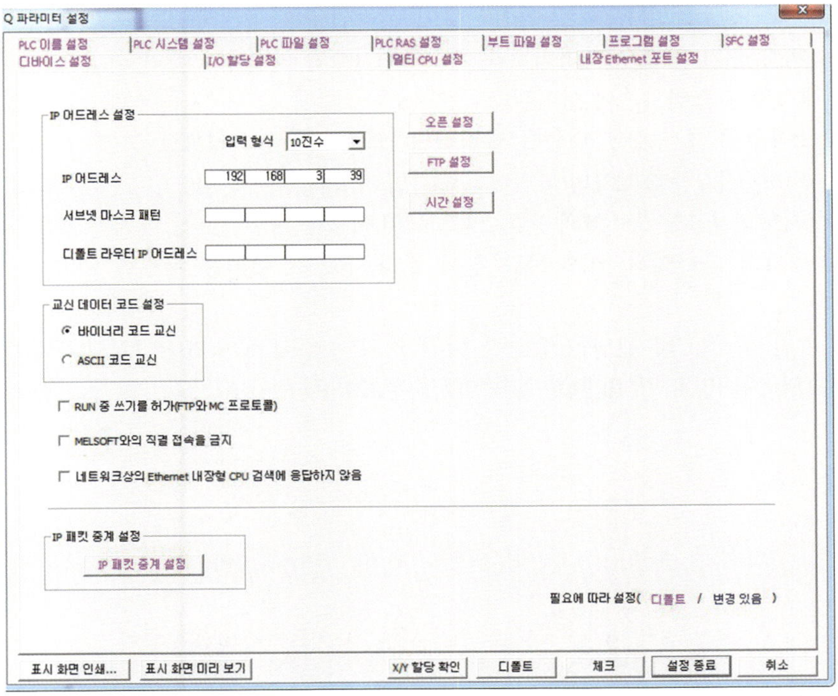

|그림 2-17| PLC 파라미터의 내장 이더넷 포트 설정 창

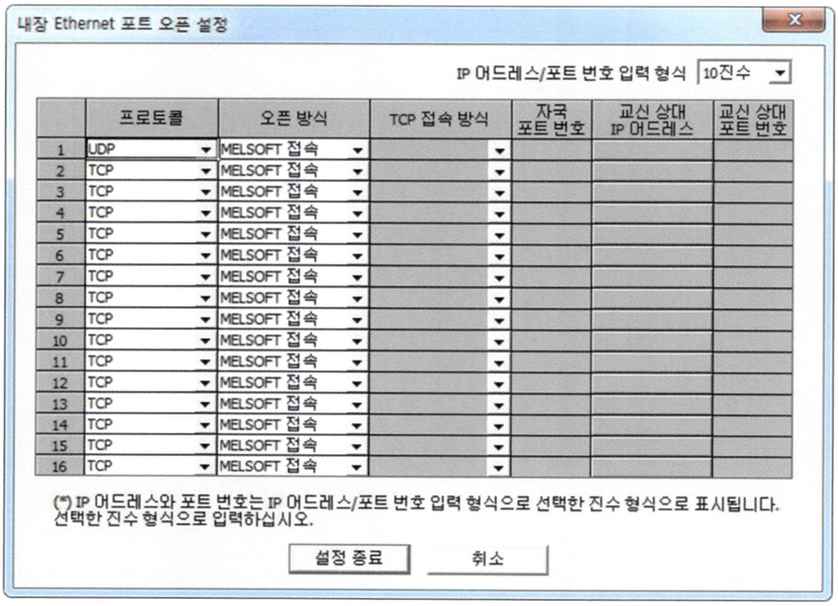

|그림 2-18| 내장 이더넷 포트 오픈 설정 화면

2) 파라미터의 유효화

파라미터의 설정이 끝난 후, 이더넷 직결 접속 또는 USB 접속을 통하여 메뉴바의 [온라인] □ [PLC 쓰기]를 선택하면 **|그림 2-19|**와 같이 온라인 PLC 쓰기를 할 수 있는 창이 뜬다. **|그림 2-19|**의 PLC 쓰기 창에서 파라미터를 체크하면 **|그림 2-20|**과 같이 파라미터-PLC/네트워크/리모트 패스워드/스위치...이 선택된다.

|그림 2-20|의 창에서 실행 버튼을 클릭하면 **|그림 2-21|**의 리모트 STOP 쓰기 선택창이 뜬다. [예]를 클릭하면 **|그림 2-22|**의 파라미터 덮어쓰기 선택창이 뜬다.

[예]를 클릭하면 **|그림 2-23|**의 PLC 리모트 RUN 선택창이 뜬다. 마지막으로 [예]를 클릭하면 **|그림 2-24|**의 파라미터 쓰기 완료 창이 뜬다. [확인] 버튼을 누르면 PLC 파라미터 쓰기가 완료된다.

쓰기를 마친 후 PLC의 전원을 껐다가 다시 켜거나 CPU 모듈의 RUN/STOP/RESET 스위치를 이용하여 PLC를 RESET하면 PLC 파라미터가 유효화된다.

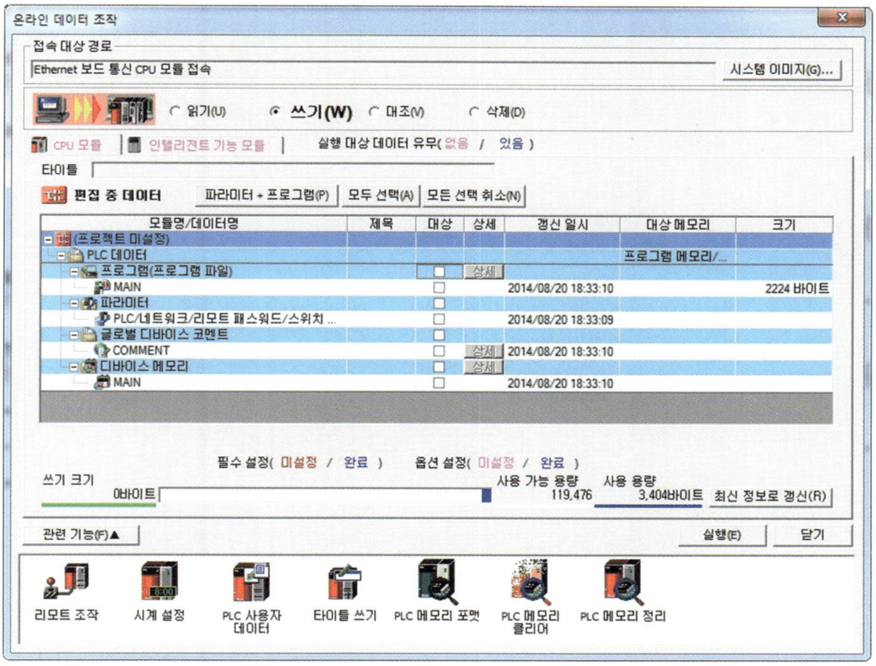

|그림 2-19| PLC 쓰기 창

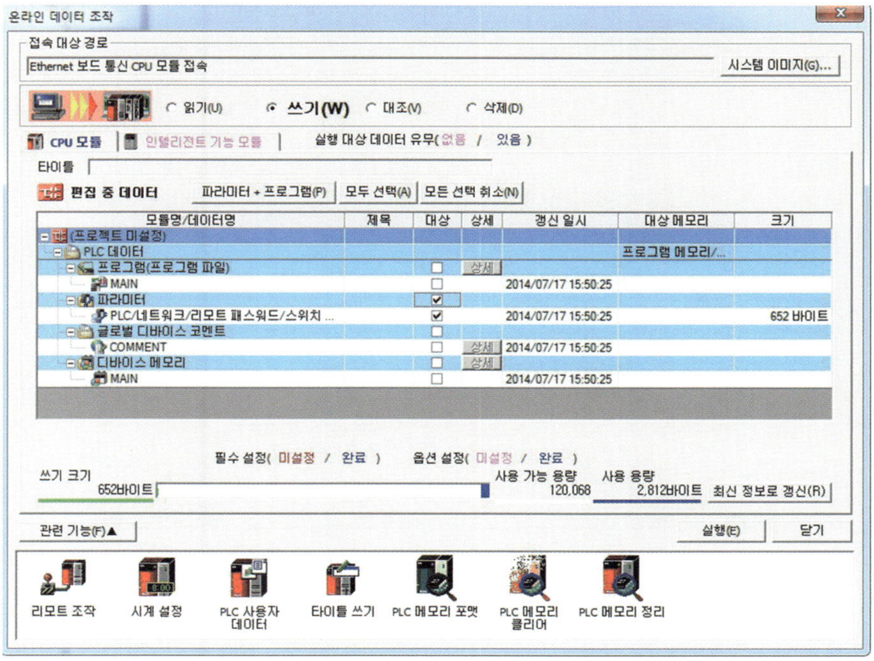

|그림 2-20| PLC 파라미터 선택 창

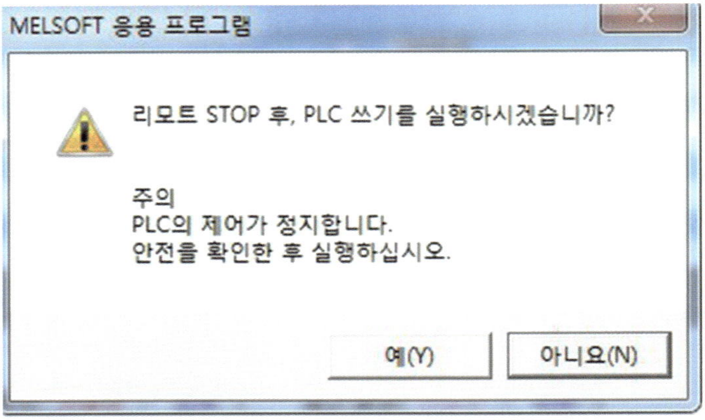

|그림 2-21| 리모트 STOP 쓰기 선택 창

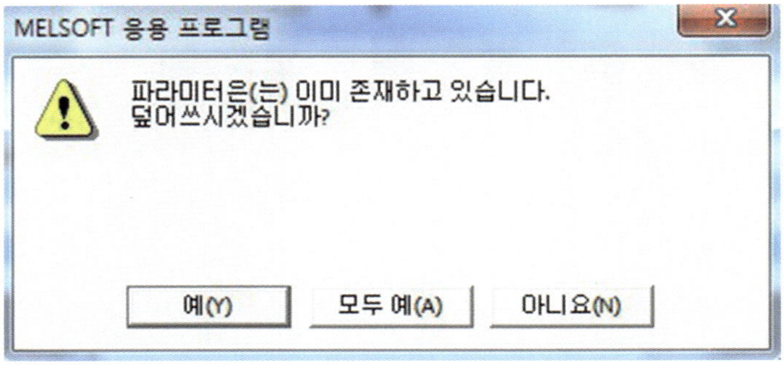

|그림 2-22| 파라미터 덮어쓰기 선택 창

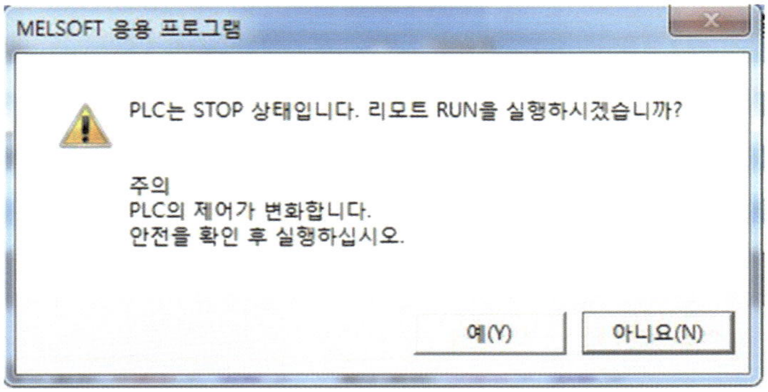

|그림 2-23| PLC 리모트 RUN 선택 창

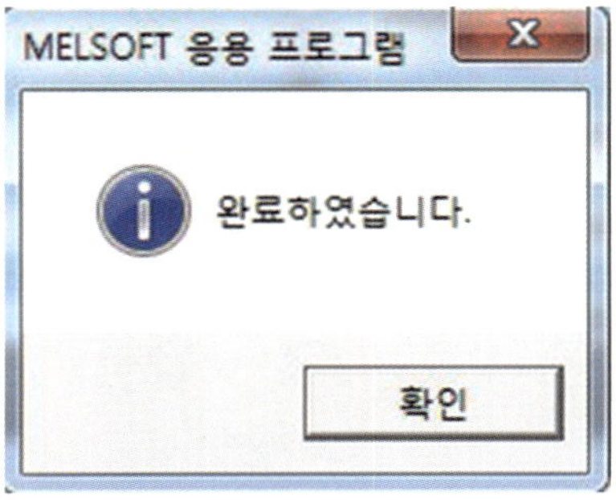

|그림 2-24| PLC 파라미터 쓰기 완료 창

2 GX Work측 설정

|그림 2-8|의 접속대상 설정창에서 다음과 같이 설정한다.

① PC측 I/F를 [Ethernet Board]로 설정한다.

- 상세 설정화면에서 사용하는 프로토콜을 |그림 2-25|와 같이 선택한다.
- 네트워크 No., 국번은 사용하지 않는다.
- 프로토콜 : |그림 2-18|의 프로토콜과 같이 TCP 또는 UDP 중에서 선택한다.

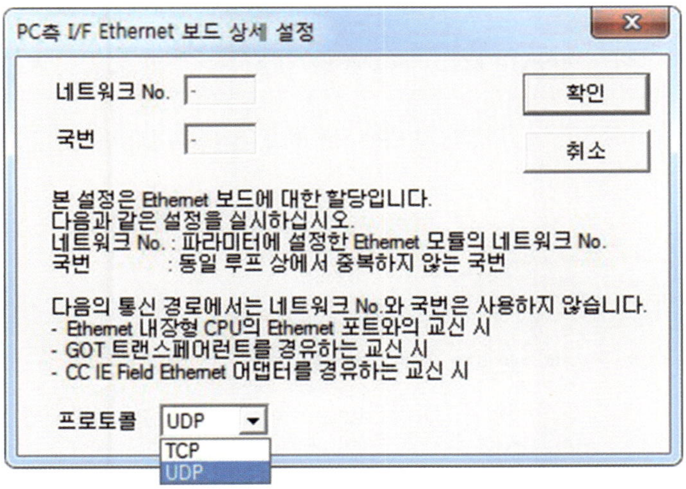

|그림 2-25| PC측 이더넷보드 상세 설정 화면

② PLC측 I/F를 [PLC module]로 설정한다.

- |그림 2-10|의 PLC측 CPU 모듈 상세 설정 화면에서 허브 경유 접속을 선택하고, IP 어드레스를 |그림 2-17|의 PLC 파라미터 내장 이더넷 포트 설정 창의 IP 어드레스와 같은 번호를 |그림 2-26|과 같이 입력한다.
- 만약에 |그림 2-17|의 PLC 파라미터 내장 이더넷 포트 상세 설정 창의 IP 어드레스가 생각나지 않으면 |그림 2-27|과 같이 [네트워크상의 Ethernet 내장형의 CPU를 검색(S)]을 클릭하면, |그림 2-28|과 같이 네트워크상에 있는 PLC CPU를 검색하여 IP와 CPU 타입을 나타낸다.

- |그림 2-28|에서 접속하고자 하는 PLC CPU를 선택하여 더블클릭하고 확인버튼을 누른다.

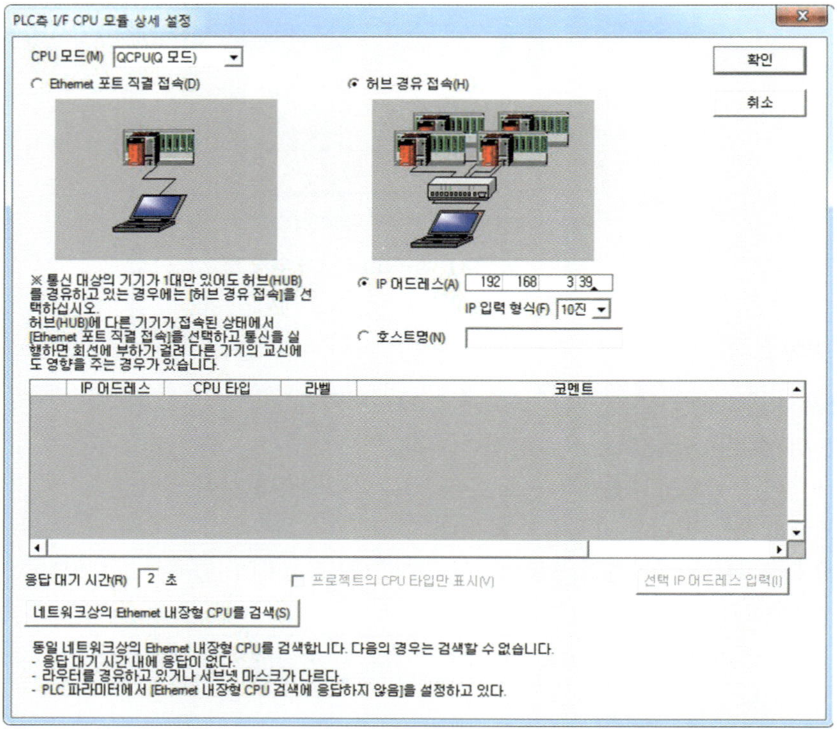

|그림 2-26| PLC측 CPU 모듈 허브 경유접속 설정화면

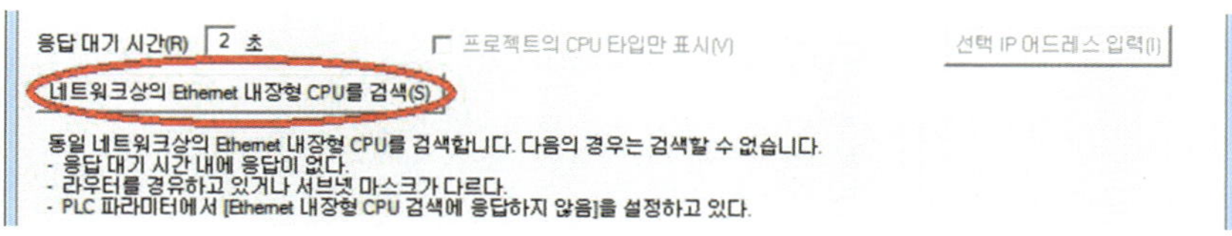

|그림 2-27| 네트워크 상의 Ethernet 내장형 CPU 검색 선택 화면

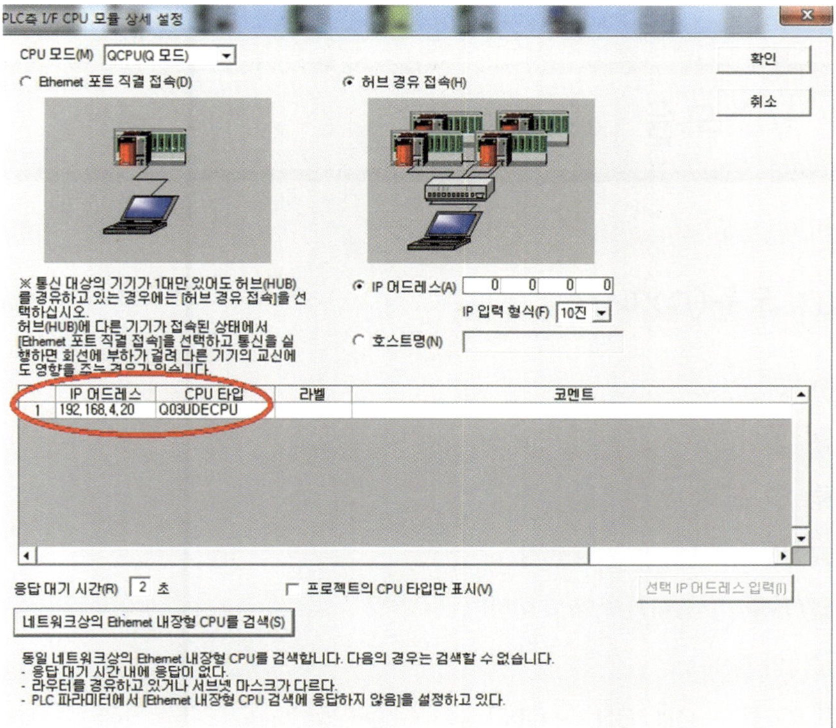

|그림 2-28| 네트워크 상의 Ethernet 내장형 CPU 검색 리스트 화면

③ [Other Station]을 설정한다.

08 I/O 모듈

01 : INPUT 모듈(QX41)

1. **입력 점수** : 32점
2. **입력 전압** : 24VDC
3. **입력 전류** : 약 3mA
4. **ON 전압/전류** : 19V 이상/3mA 이상
5. **OFF 전압/전류** : 11V 이하/1.7mA 이하
6. **입력 저항** : 약 5.6KΩ
7. **응답시간 (OFF → ON, ON → OFF)** : 기본 10ms(GX Work2에서 설정에 따라 1ms/5ms/10ms/20ms/70ms으로 변경할 수 있다.)
8. **입력 모듈의 외형과 연결방법** : |그림 2-29(a)|에 입력모듈 QX41의 외형을 |그림 2-29(b)|에 입력 모듈에 외부 기기를 연결하는 방법을 설명하였다.

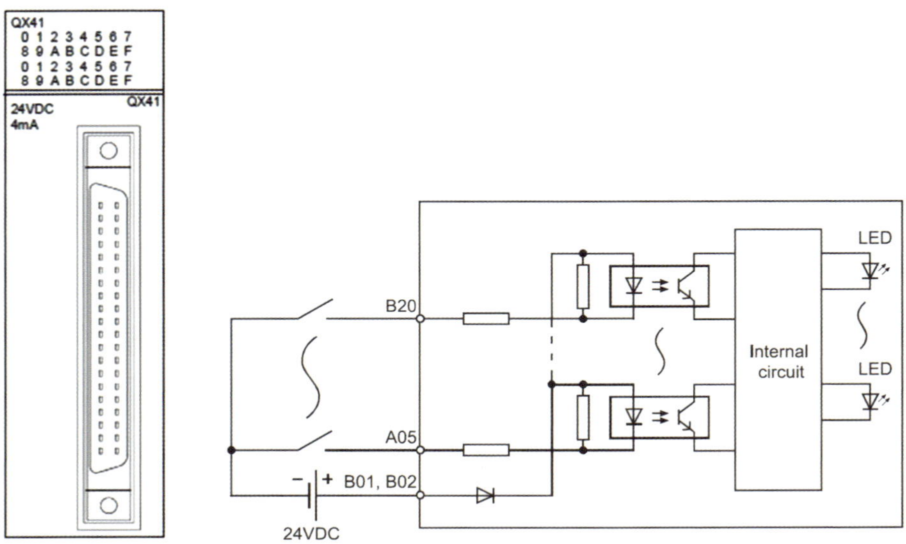

(a) 외형 (b) 외부 연결

|그림 2-29| 입력 모듈의 외형과 외부 연결 방법

02 : OUTPUT 모듈(QY10)

1. **출력 점수** : 16점
2. **출력 방식** : 릴레이
3. **정격 스위칭 전압/전류** : 24VDC 2A/점, 240VAC 2A/점, 8A/common
4. **최소 스위칭 부하** : 5VDC(1mA)
5. **최대 스위칭 부하** : 264VAC/125VDC
6. **응답시간 (OFF → ON)** : 10ms 이하
7. **응답시간 (ON → OFF)** : 12ms 이하
8. **기계적 수명** : 2천만번 이상
9. **전기적 수명** : 10만번 이상
10. **최대 스위칭 주파수** : 3600번/1시간
11. **출력 모듈의 외형과 연결방법** : |그림 2-30(a)|에 출력 모듈 QY10의 외형을 |그림 2-30(b)|에 출력모듈에 외부 기기를 연결하는 방법을 설명하였다.

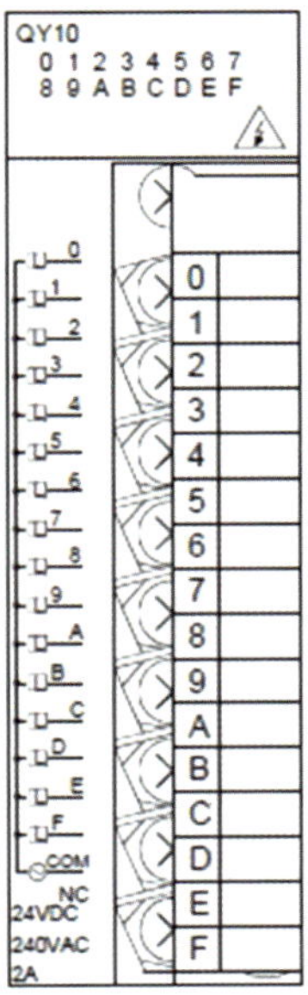

(a) 외형

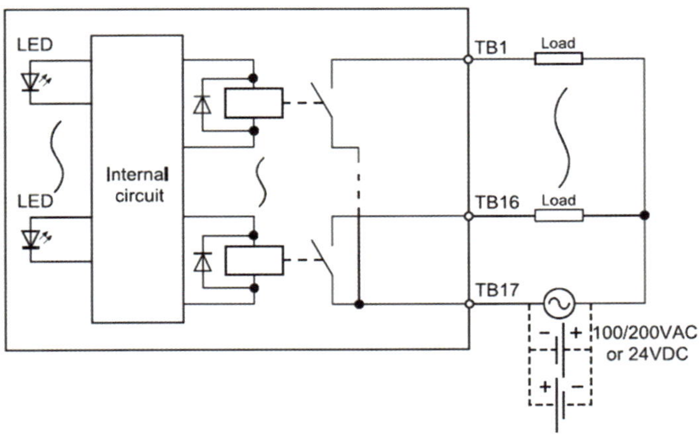

(b) 외부 연결

|그림 2-30| 출력 모듈의 외형과 외부 연결 방법

01 : 개요

02 : 화면 구성과 기본 조작

03 : 프로젝트 관리

04 : 프로그램 편집

05 : 프로그램 작성

GX Work2 사용법

01 개요

01 : 제품 개요

GX Work2에서는 프로젝트 단위로 PLC CPU 별로 프로그램이나 파라미터를 관리한다. GX Work2의 주요 기능은 다음과 같다.

1 프로그램 작성

심플 프로젝트에 의한 기존의 GX Developer와 같은 프로그래밍이나 구조화 프로젝트에 의한 구조화 프로그램을 ❙그림 3-1❙과 같이 작성할 수 있다.

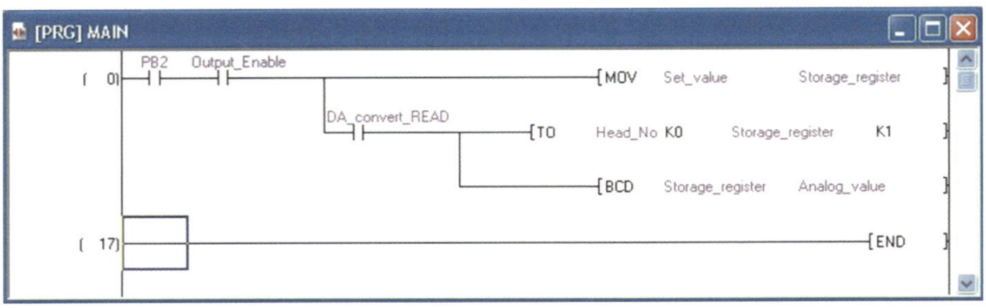

❙그림 3-1❙ 프로그램 작성

2 파라미터 설정

PLC CPU의 파라미터나 네트워크 파라미터를 ❙그림 3-2❙와 같이 설정할 수 있고, 또한, 아날로그 모듈, 온도조절 모듈, 위치제어결정모듈 등과 같은 인텔리전트 기능 모듈의 파라미터도 설정할 수 있다.

3 PLC CPU에 대한 읽기/쓰기 기능

GX Work2에서 작성한 시퀀스 프로그램을 ❙그림 3-3❙과 같이 PLC CPU에 쓰기할 수 있고, PLC에 저장된 시퀀스 프로그램을 GX Work2로 읽기를 할 수 있다. 또한, RUN 중 쓰기 기능으로 PLC CPU가 RUN중에 시퀀스 프로그램을 변경할 수 있다.

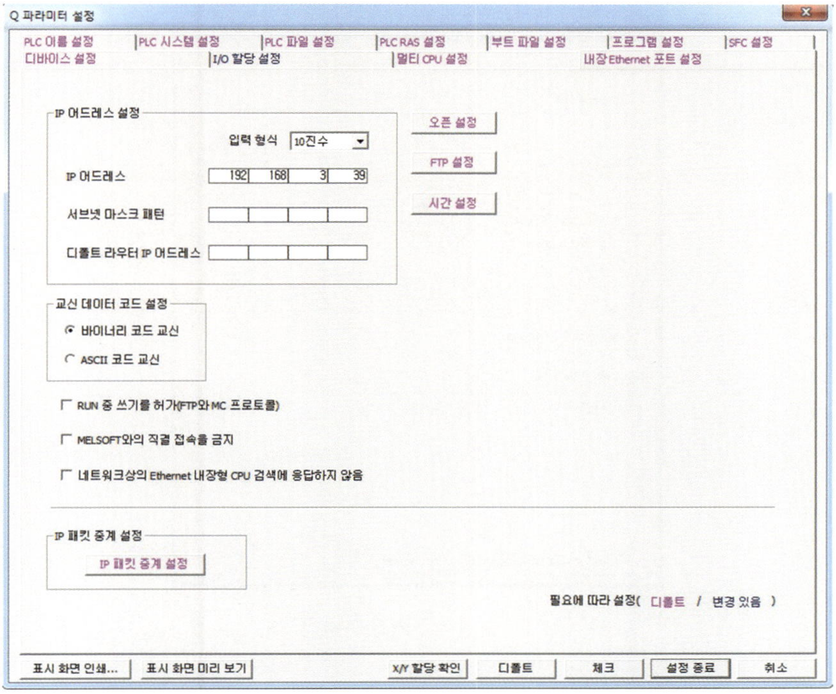

|그림 3-2| 파라미터 설정

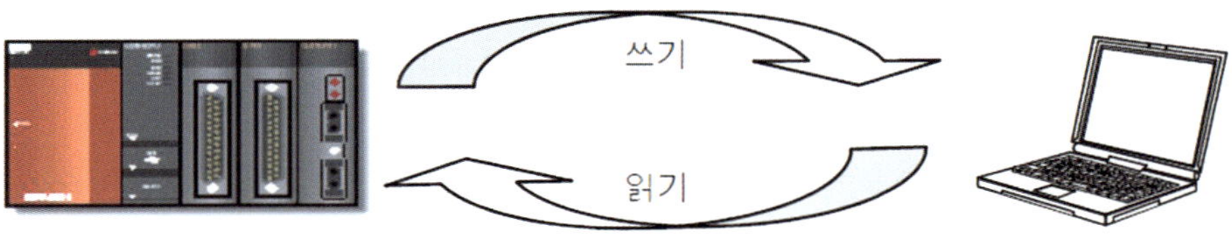

|그림 3-3| PLC 읽기/쓰기

4 모니터/디버그

작성한 시퀀스 프로그램을 PLC CPU에 쓰기하여 동작시켰을 때의 디바이스값 등을 **|그림 3-4|**와 **|그림 3-5|**와 같이 오프라인이나 온라인에서 모니터링과 디버깅을 할 수 있다.

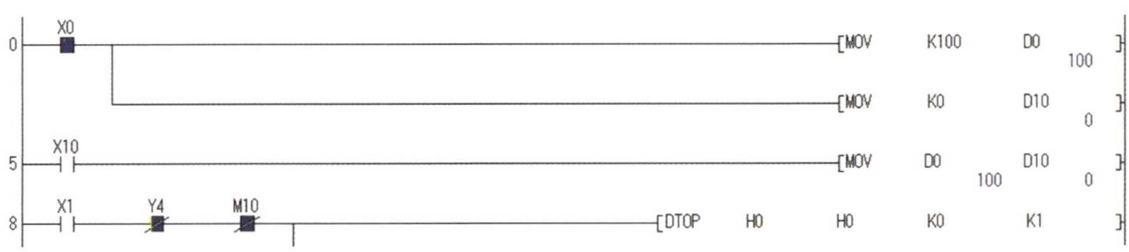

|그림 3-4| PLC 모니터링

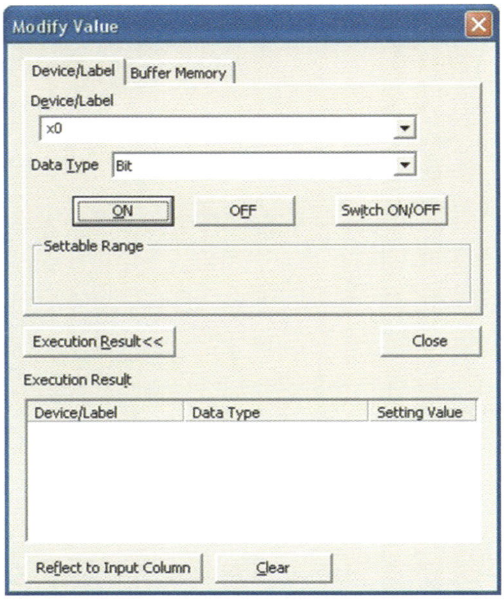

|그림 3-5| PLC 디버깅

5 진단

PLC CPU의 현재 에러 상태나 고장 이력 등을 **|그림 3-6|**과 같이 간단히 진단할 수 있다. 그리고 진단 기능을 통하여 단기간에 복구 작업을 할 수 있다. 또한, 시스템 모니터에 의해 인텔리전트 기능 모듈 등에 관한 상세한 정보를 확인할 수 있다. 따라서 에러가 발생한 경우 복구 작업을 더욱 빠르게 할 수 있다.

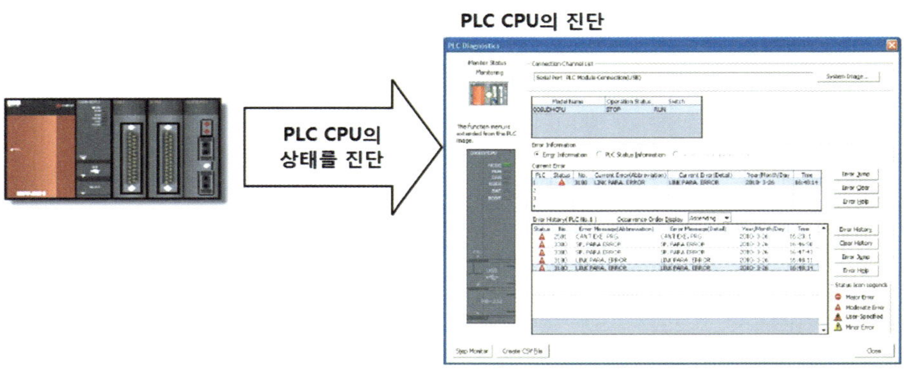

|그림 3-6| PLC CPU 진단

02 : 특징

1 프로젝트 종류

1) 심플 프로젝트

미쓰비시 PLC CPU의 명령을 사용하여 시퀀스 프로그램을 작성한다. 라벨을 사용하지 않는 프로그래밍과 라벨 프로그래밍으로 나누어진다.

① 라벨을 사용하지 않는 프로그래밍

라벨을 사용하지 않는 프로그래밍은 기존의 시퀀스 프로그램 방식인 **|그림 3-7|**과 같이 디바이스 번호를 직접 사용한 프로그램 방식이다

② 라벨 프로그래밍

라벨 프로그래밍은 **|그림 3-8|**과 같이 디바이스 번호를 신경쓰지 않고 프로그램을 작성할 수 있다. 라벨 프로그래밍에서 작성한 프로그램은 컴파일하면 자동으로 디바이스를 할당하기 때문에 프로그램에서 많이 사용된다.

글로벌 라벨에서 작성한 라벨은 다른 프로그램에서 유용하게 사용될 수 있다. 또한, 글로벌 라벨을 시스템 라벨로 등록하면 (GX Work2, MT Developer2, GT Designer3)에서 공유할 수 있다.

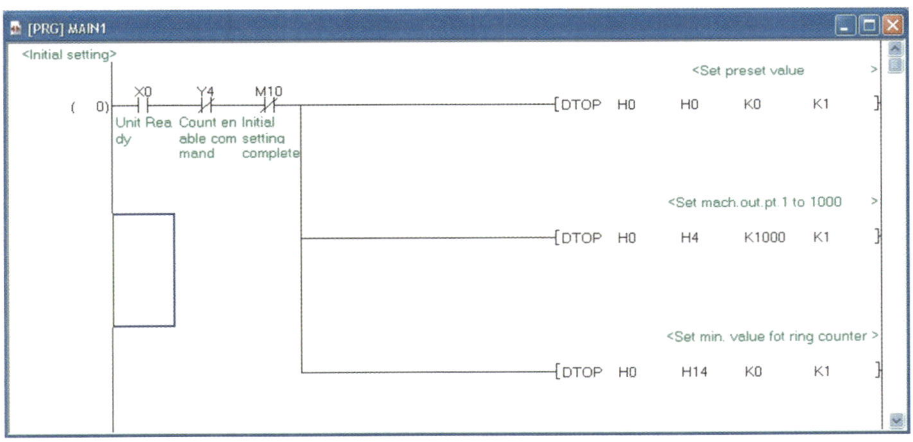

|그림 3-7| 라벨을 사용하지 않은 프로그램

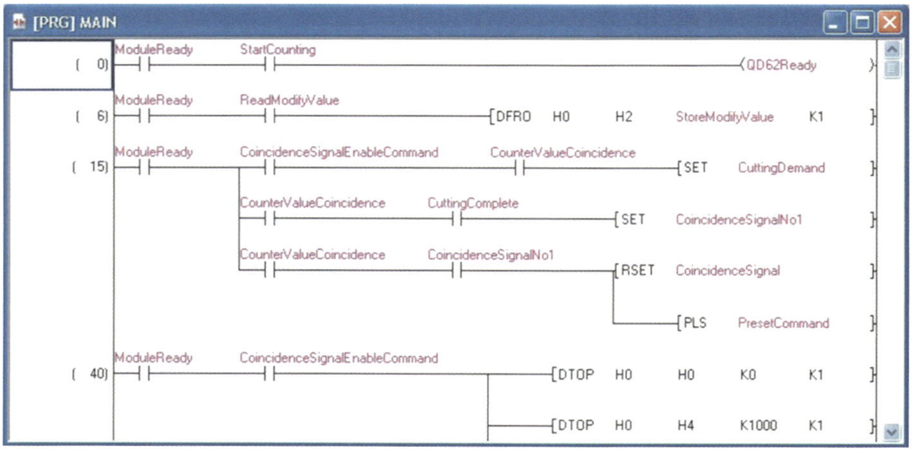

|그림 3-8| 라벨 프로그램

2) 구조화 프로젝트

구조화 프로젝트는 구조화 프로그래밍에 의한 프로그램 작성이 가능하다. |그림 3-9|와 같이 제어를 세분화하여 프로그램의 공통부분을 부품화하면 보기 좋고 유용성 높은 프로그램 작성이 가능하다. 단, 라벨 프로그래밍만 가능하다.

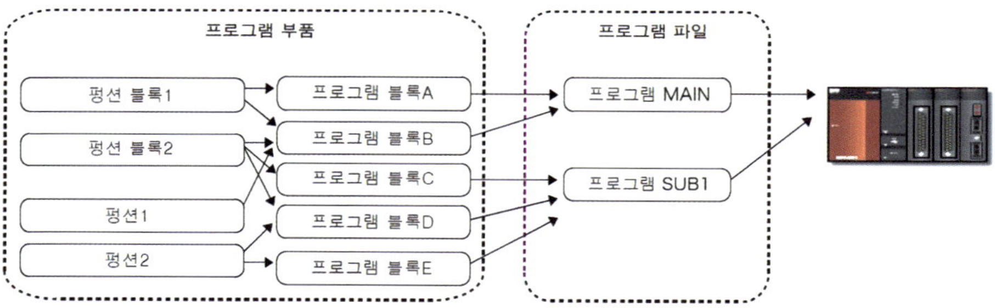

|그림 3-9| 구조화 프로그램

2 구 버전의 프로그램 자산의 활용

심플 프로젝트에서는 기존의 GX Developer에서 작성된 프로젝트가 사용 가능하다.

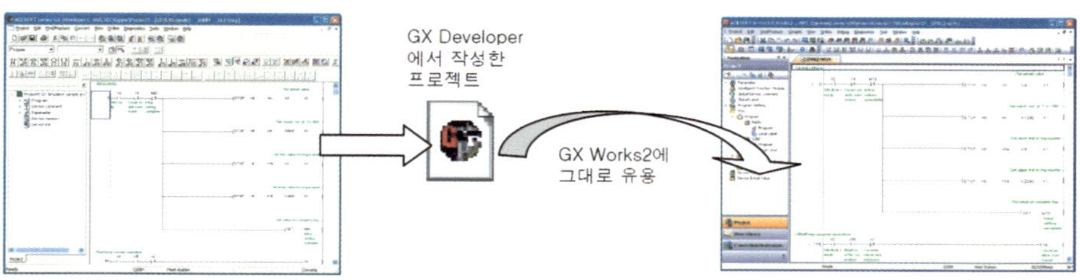

|그림 3-10| GX Developer에서 작성한 프로그램 활용

❸ 라이브러리화에 의한 프로그램 부품의 공용

구조화 프로젝트에서는 자주 사용하는 프로그램이나 글로벌 라벨, 구조체를 사용자 라이브러리로 등록할 수 있다. 이 사용자 라이브러리를 활용하면 프로그램 작성 시간을 단축할 수 있다.

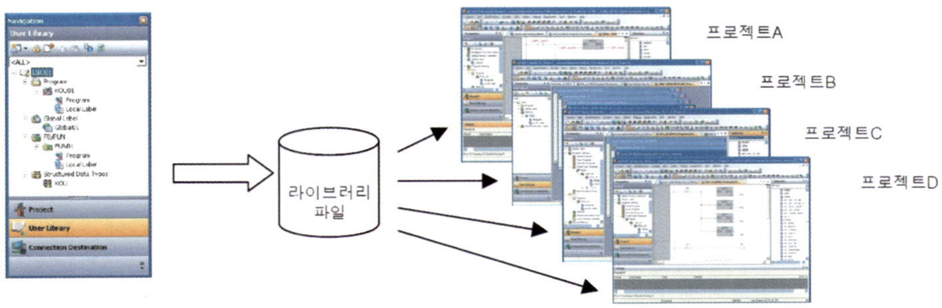

|그림 3-11| 유저 라이브러리

❹ 다양한 프로그램 언어

1) 래더

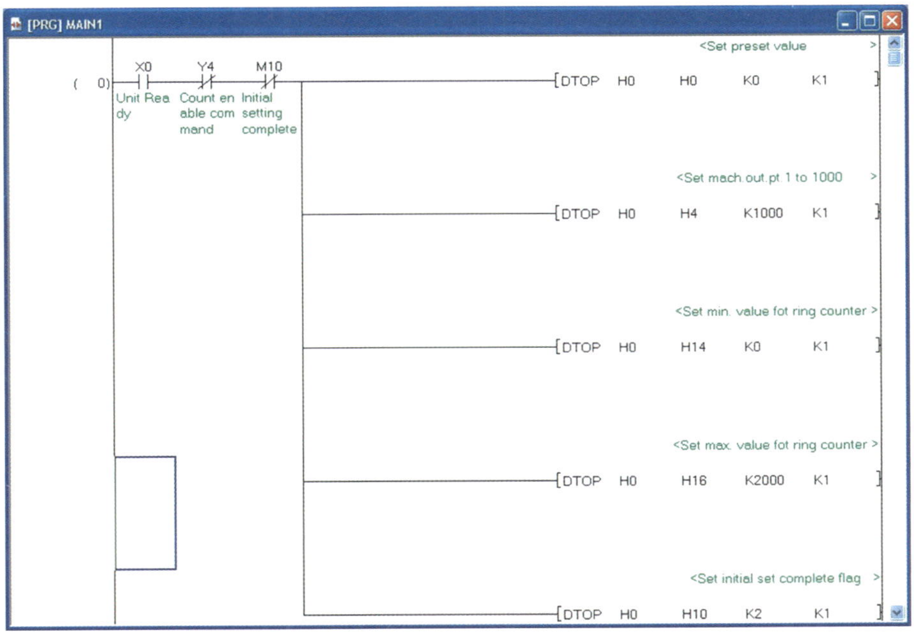

|그림 3-12| 래더 프로그래밍

2) SFC

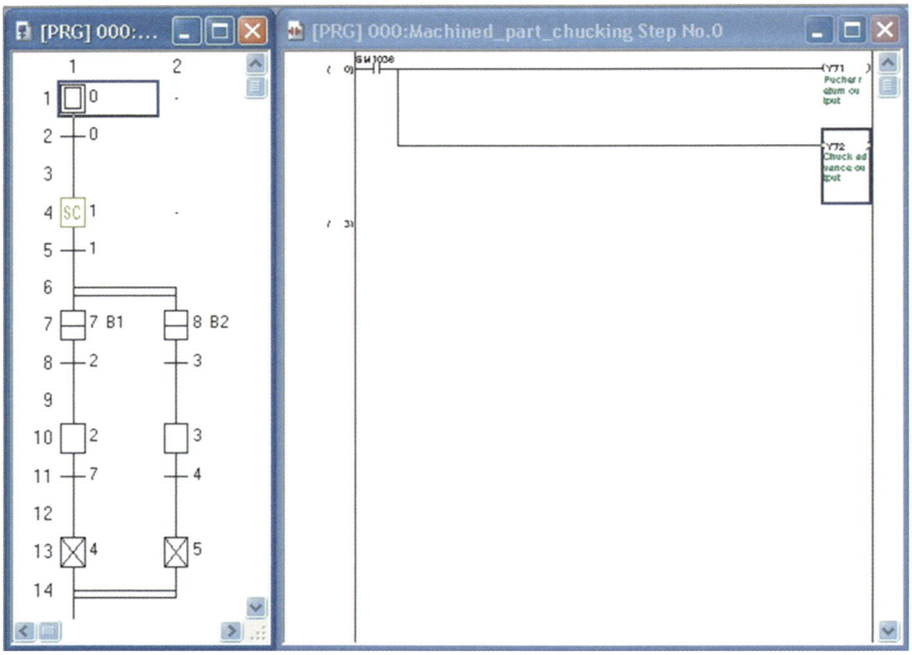

|그림 3-13| SFC 프로그래밍

3) 구조화 래더

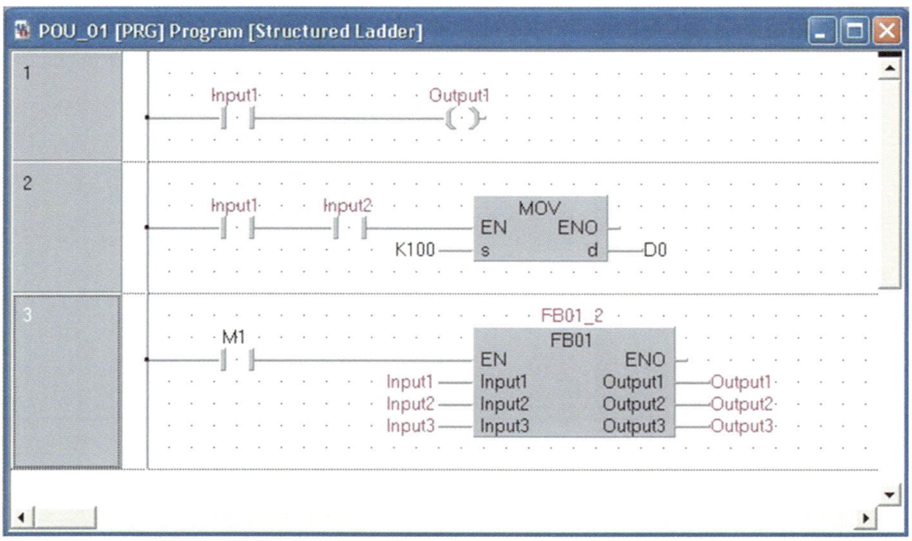

|그림 3-14| 구조화 래더 프로그래밍

4) ST

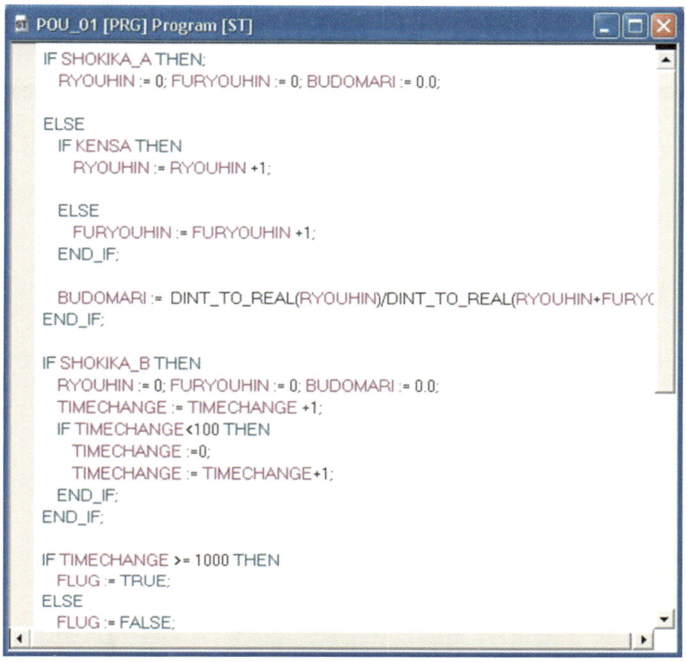

|그림 3-15| ST 프로그래밍

02 화면 구성과 기본 조작

01 : 시작과 종료

1 시작

1) |그림 3-16(a)|에서와 같이 [시작] → [모든 프로그램] → [MELSOFT 응용 프로그램] → [GX Work2] → [GX Work2]를 선택한다.

2) |그림 3-16(b)|에서와 같이 바탕화면에서 [GX Work2] 아이콘을 찾아 클릭한다.

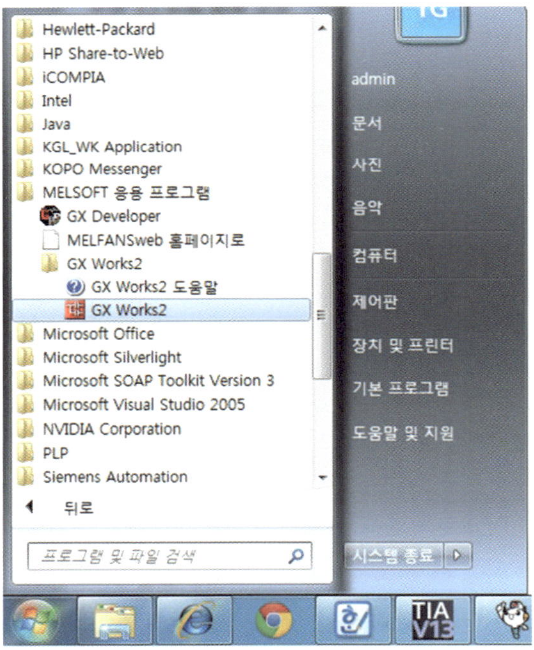

(a)

(b)

|그림 3-16| GX Work2 시작

3) **|그림 3-17|**의 화면이 뜬다.

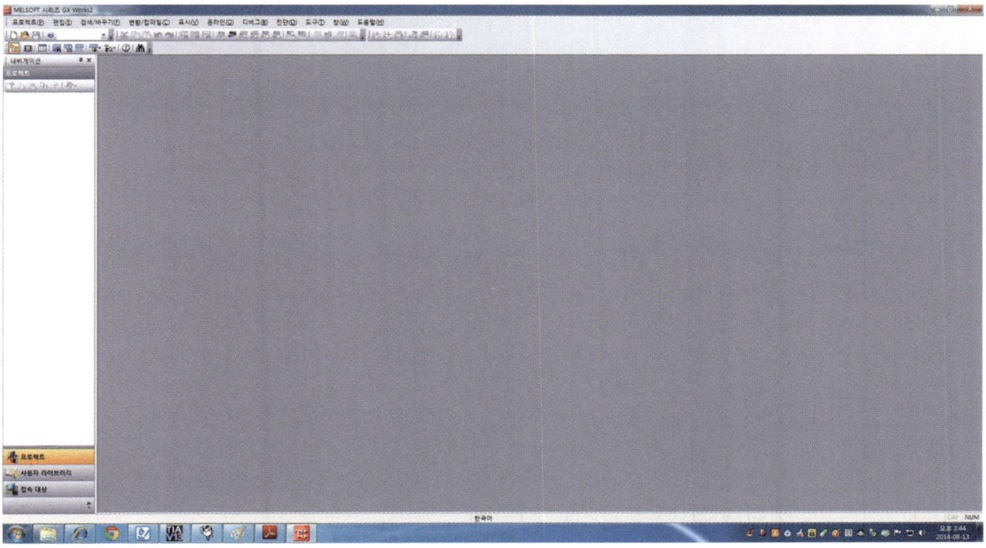

|그림 3-17| GX Work2 화면

2 종료

1) GX Work2의 메뉴바에서 **|그림 3-18|**과 같이 [프로젝트] → [GX Work2 끝내기]를 선택한다.

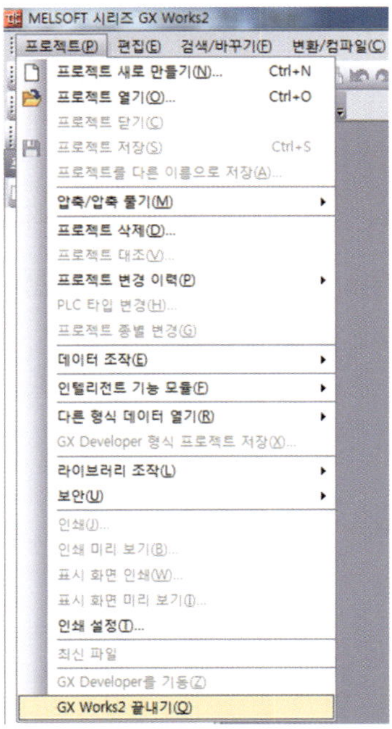

|그림 3-18| GX Work2 끝내기

02 : 전체화면 구성과 기본 조작

전체 화면 구성은 **|그림 3-19|**와 같다.

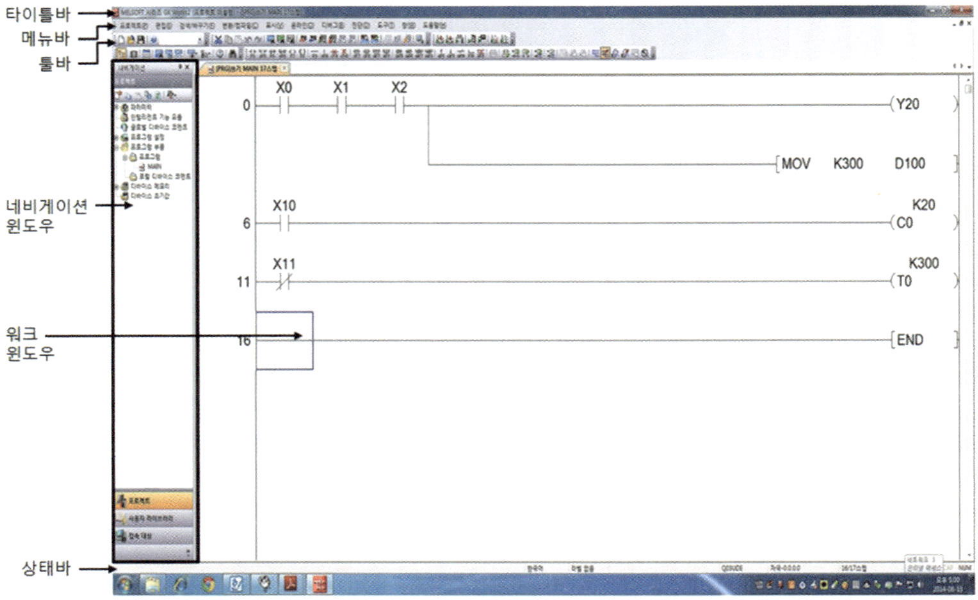

|그림 3-19| GX Work2 전체화면

1. **타이틀 바** : 프로젝트명 등이 표시된다.
2. **메뉴 바** : 각 기능을 실행하는 메뉴가 표시된다.
3. **툴 바** : 각 기능을 실행하는 툴 버튼이 표시된다.
4. **네비게이션 윈도우** : 프로젝트의 내용이 트리 형식으로 표시된다.
5. **워크 윈도우** : 프로그래밍, 파라미터 설정, 모니터 등을 실행하는 메인이 되는 화면이다.
6. **상태 바** : 화면의 최하부에서 현재 편집중인 프로젝트에 관한 정보가 표시된다.

03 프로젝트 관리

01 : 프로젝트 새로 만들기

1. |그림 3-20|과 같이 메뉴바에서 [프로젝트] → [프로젝트 새로 만들기(N)]을 클릭한다.
2. 툴바에서 을 찾아 클릭한다.
3. 키보드에서 [Ctrl + N]을 친다.

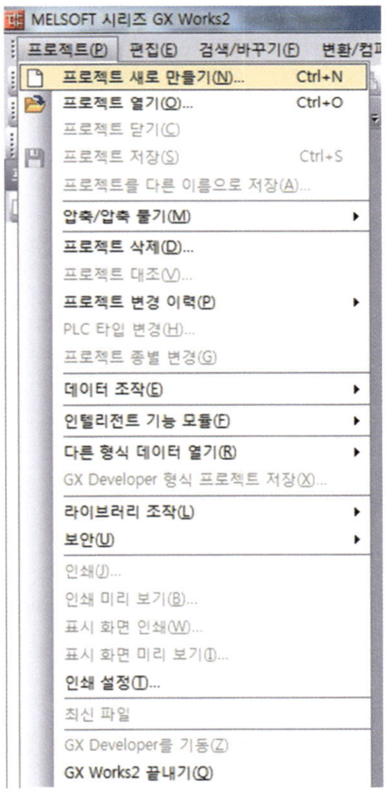

|그림 3-20| 프로젝트 새로 만들기

4. |그림 3-21|과 같은 프로젝트 새로 만들기 대화 상자가 나타난다.

5 **|그림 3-21|**의 대화상자에서 프로젝트 종별(P), PLC 시리즈(S), PLC 타입(T) 및 프로그램 언어(G)를 선택한다.

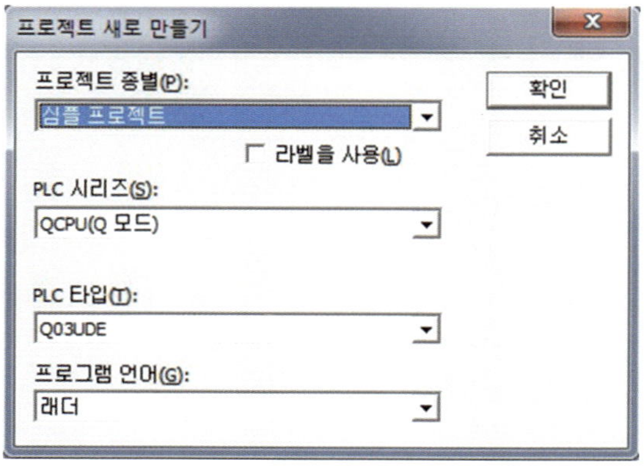

|그림 3-21| 프로젝트 새로 만들기 대화 상자

1) 프로젝트 종별

- 새로 작성하는 프로젝트의 종류를 선택한다. 프로젝트 종류에는 **|그림 3-22|**와 같이 심플 프로젝트와 구조화 프로젝트가 있다.

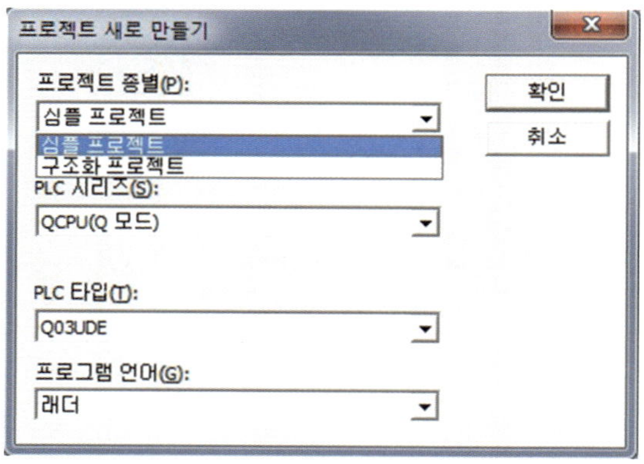

|그림 3-22| 프로젝트 종별 선택

- 본 교재에서는 심플 프로젝트를 선택한다.
- 심플 프로젝트에서 라벨을 사용하여 프로그래밍을 하는 경우 [라벨을 사용] 체크란에 체크한다.

2) PLC 시리즈

- 프로젝트의 PLC 시리즈를 선택한다. 선택 가능한 PLC 시리즈에는 **|그림 3-23|**과 같이 QCPU(Q 모드), LCPU, FXCPU가 있다.
- 본 교재에서는 실습에 사용될 CPU 모델이 Q03UDE이므로 QCPU(Q모드)를 선택한다.

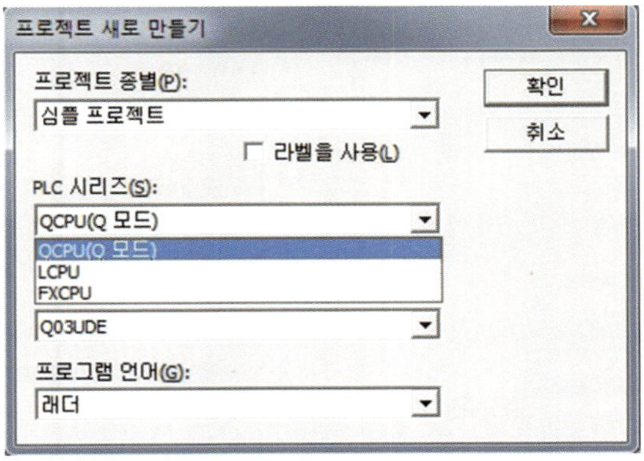

|그림 3-23| PLC 시리즈 선택

3) PLC 타입

- 프로젝트에서 사용하는 PLC 타입(PLC CPU의 형명)을 선택한다.
- 본 교재에서는 실습에 사용될 PLC CPU 모델이 Q03UDE이므로 |그림 3-24|에서와 같이 Q03UDE를 선택한다.

4) 프로그램 언어

- 프로젝트에서 작성하는 프로그램 데이터의 프로그램 언어를 선택한다.
- 사용 가능한 언어에는 라벨을 사용하지 않은 경우에는 |그림 3-25(a)|와 같이 래더와 SFC가 있고, 라벨을 사용하는 경우에는 |그림 3-25(b)|와 같이 래더, ST 및 SFC가 있다.
- 본 교재에서는 래더를 선택한다.

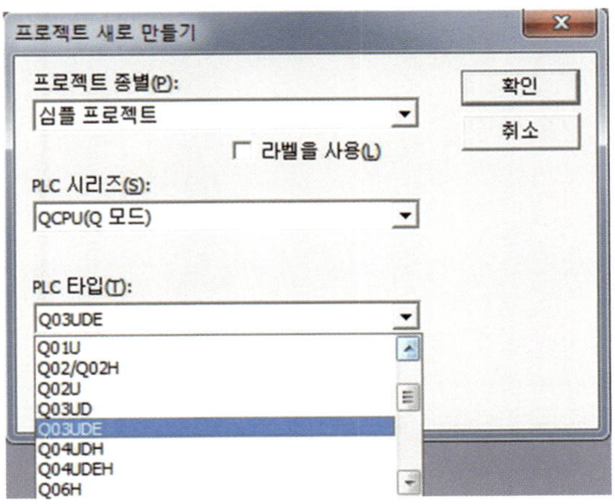

|그림 3-24| PLC 타입 선택

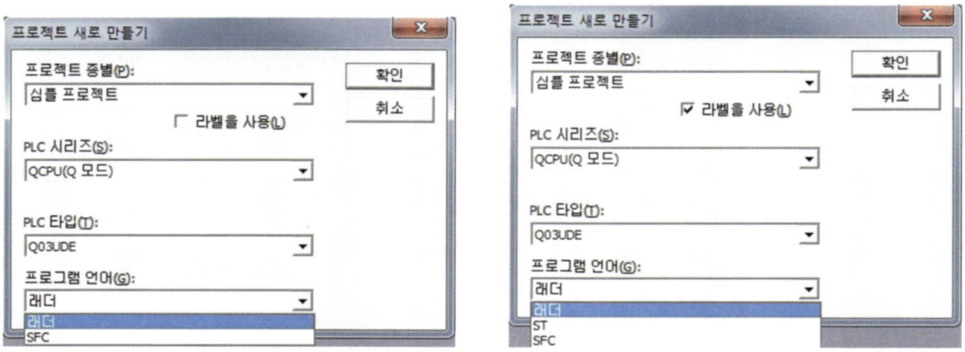

(a) 라벨을 사용하지 않은 경우 (b) 라벨을 사용하는 경우

|그림 3-25| 프로그램 언어 선택

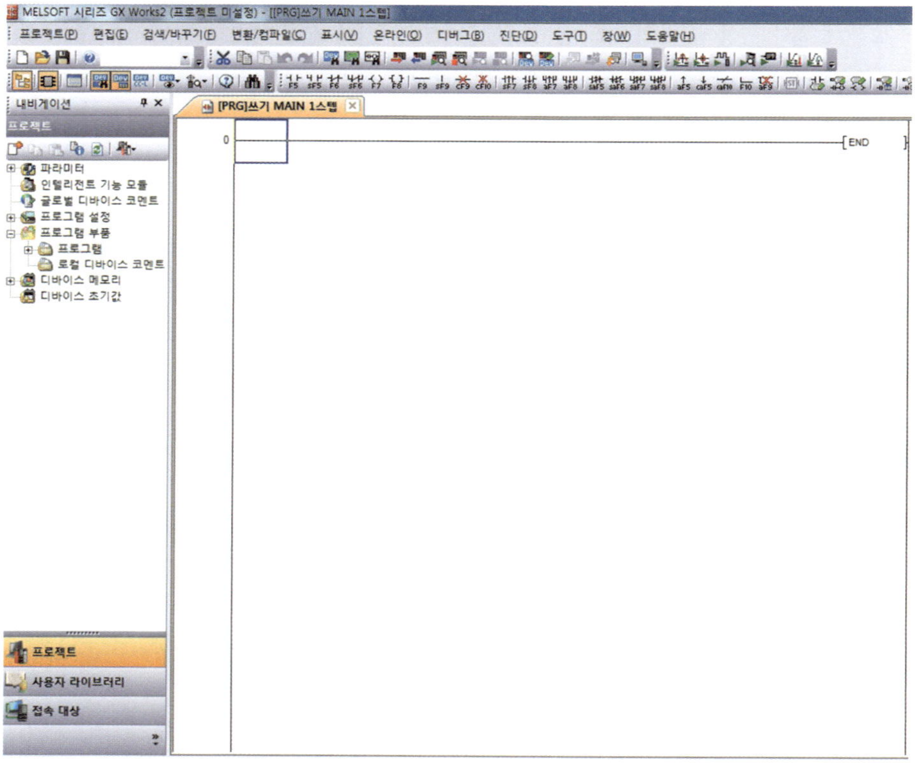

|그림 3-26| 프로젝트 시작

6 프로젝트 종별(P), PLC 시리즈(S), PLC 타입(T) 및 프로그램 언어(G)를 선택하고 확인을 클릭하면 |그림 3-26|과 같이 프로젝트를 시작할 화면이 나타난다.

7 본 교재에서는 라벨을 사용하지 않는 경우에 대하여 설명하기로 한다.

8 프로젝트뷰에 트리 형식으로 표시되는 프로젝트의 내용은 |그림 3-27|과 같다.

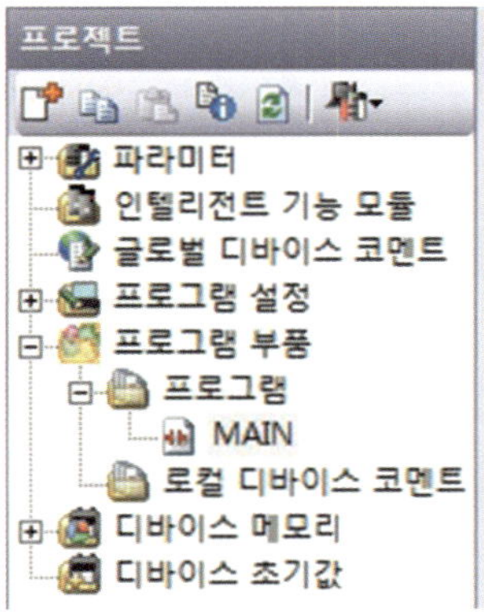

|그림 3-27| 프로젝트의 내용

02 : 기존의 프로젝트 열기

1 |그림 3-28|과 같이 메뉴바에서 [프로젝트] → [프로젝트 열기(O)]를 클릭한다.

2 툴바에서 을 찾아 클릭한다.

3 키보드에서 [Ctrl + O]를 친다.

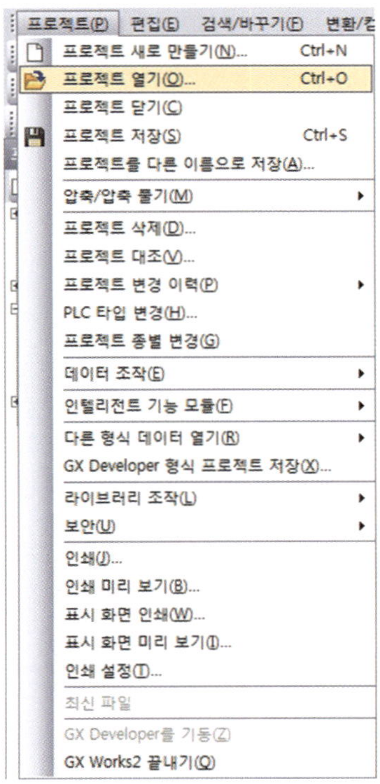

|그림 3-28| 기존 프로젝트 열기

4 |그림 3-29|와 같은 프로젝트 열기 대화 상자가 나타난다.

5 원하는 프로젝트를 선택하여 더블 클릭한다.

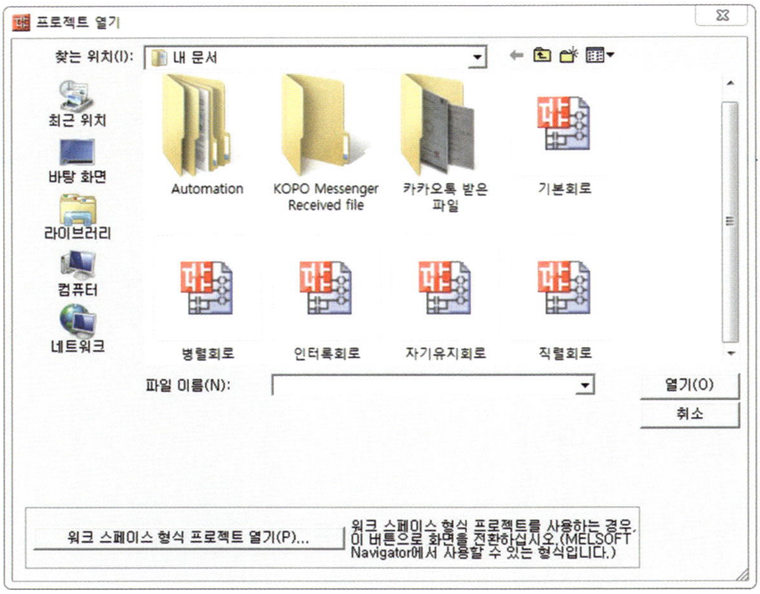

|그림 3-29| 프로젝트 열기 대화상자

03 : 프로젝트를 다른 이름으로 저장

1 |그림 3-30|과 같이 메뉴바에서 [프로젝트] → [프로젝트를 다른 이름으로 저장(A)]를 클릭한다.

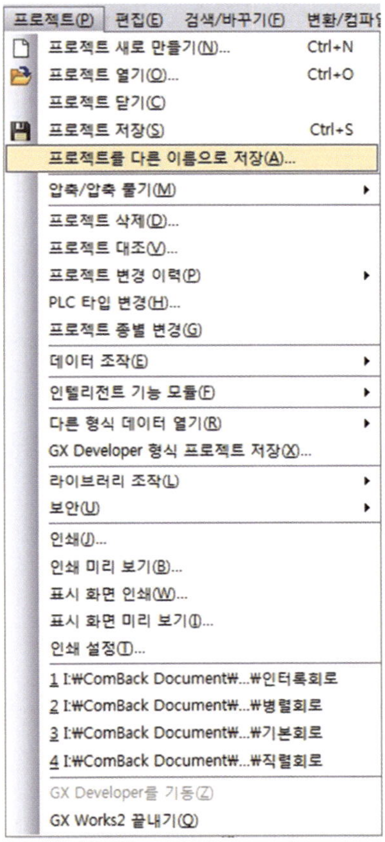

|그림 3-30| 프로젝트를 다른 이름으로 저장

2 |그림 3-31|과 같은 프로젝트를 다른 이름으로 저장 대화 상자가 나타난다.

3 저장 위치와 프로젝트 파일 이름을 적고 저장 버튼을 클릭한다.

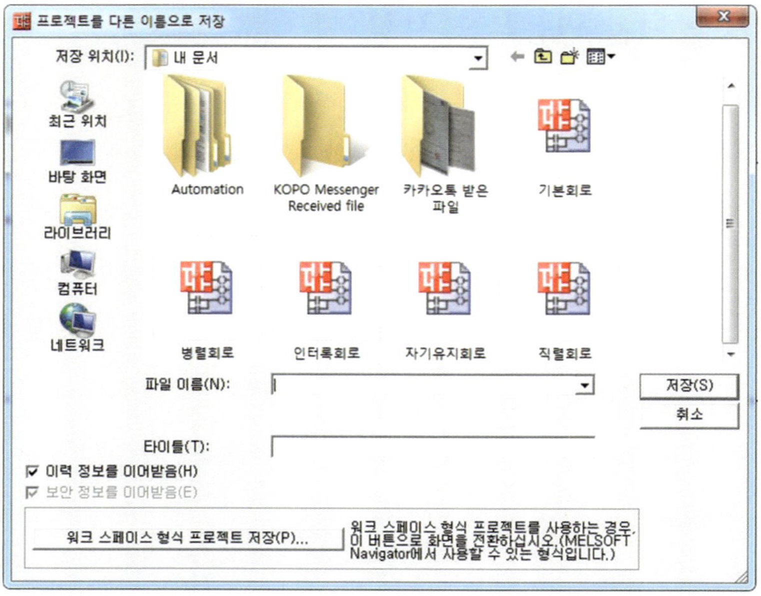

|그림 3-31| 프로젝트를 다른 이름으로 저장 대화 상자

04: 프로젝트 저장

1 |그림 3-32|와 같이 메뉴바에서 [프로젝트] → [프로젝트 저장(S)]를 클릭한다.

2 툴바에서 을 찾아 클릭한다.

3 키보드에서 [Ctrl + S]를 친다.

4 새 프로젝트의 경우에는 프로젝트 다른 이름으로 저장과 같은 형식으로 저장이 실행되고, 기존의 프로젝트의 경우에는 바로 저장이 실행된다.

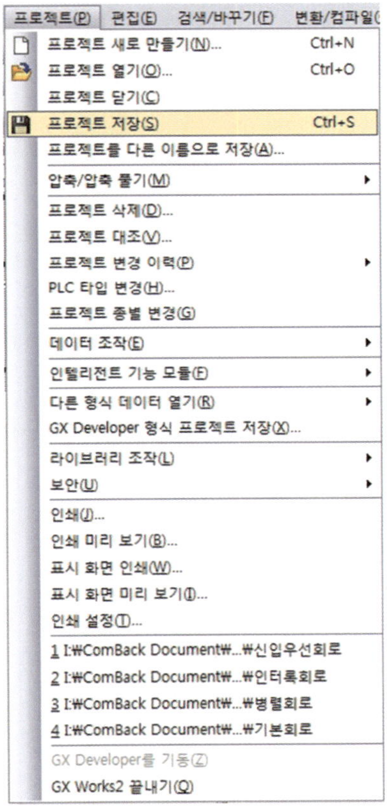

|그림 3-32| 프로젝트 저장

05 : 프로젝트 닫기

1 |그림 3-33|과 같이 메뉴바에서 [프로젝트] → [프로젝트 닫기(C)]를 클릭한다.

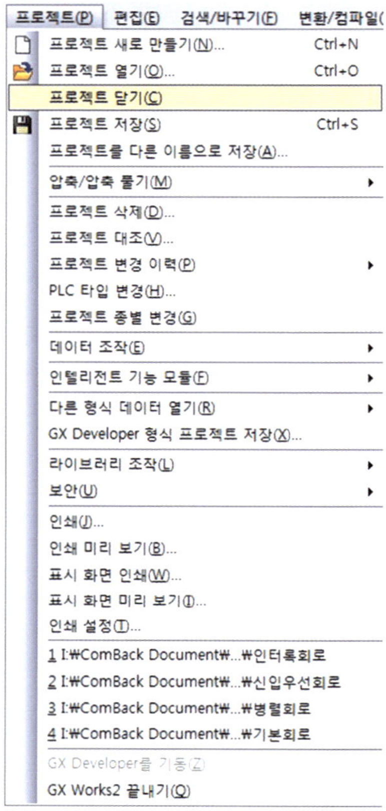

|그림 3-33| 프로젝트 닫기

2 |그림 3-34|와 같이 현재 프로젝트를 닫을 것인가를 묻는 대화 상자가 나타난다.

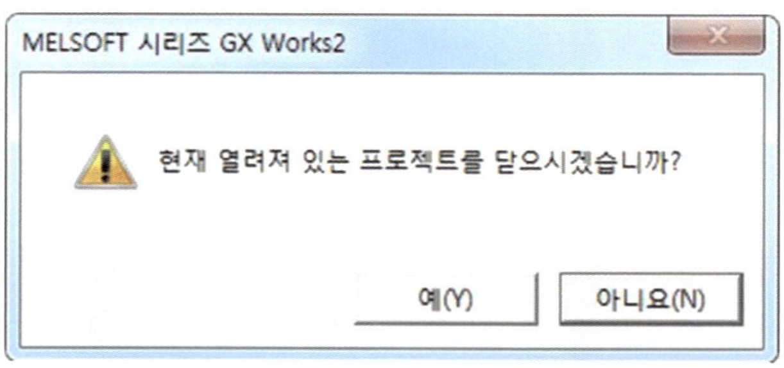

|그림 3-34| 프로젝트 닫기 대화상자

06 : 프로젝트의 PLC 타입 변경

1 |그림 3-35|와 같이 메뉴바에서 [프로젝트] → [PLC 타입 변경(H)]를 클릭한다.

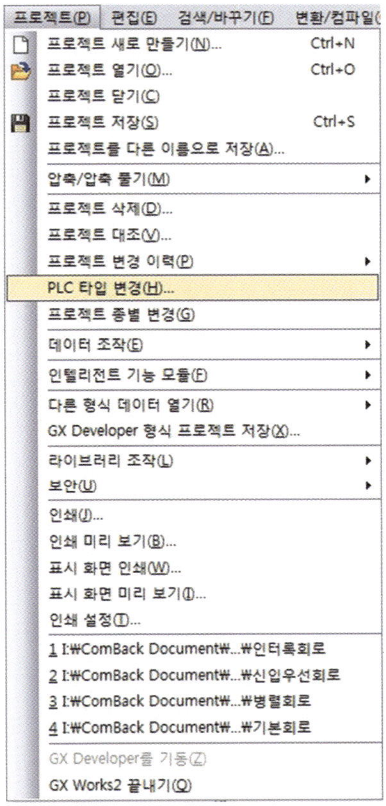

|그림 3-35| PLC 타입 변경

2 |그림 3-36|과 같이 변경할 PLC 타입을 선택할 대화 상자가 나타난다.

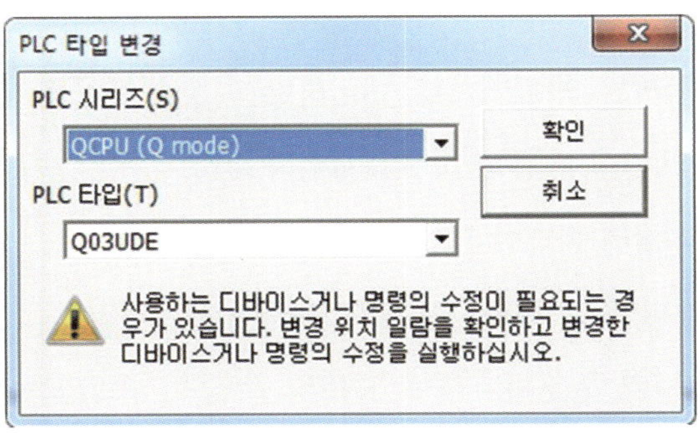

|그림 3-36| PLC 타입 변경 대화상자

04 프로그램 편집

GX Work2 래더 에디터의 화면 표시 및 편집에 대하여 설명한다.

01 : 화면 표시

|그림 3-37|의 래더 에디터를 이용하여 프로그램을 작성하는 편집 화면에 대하여 설명한다.

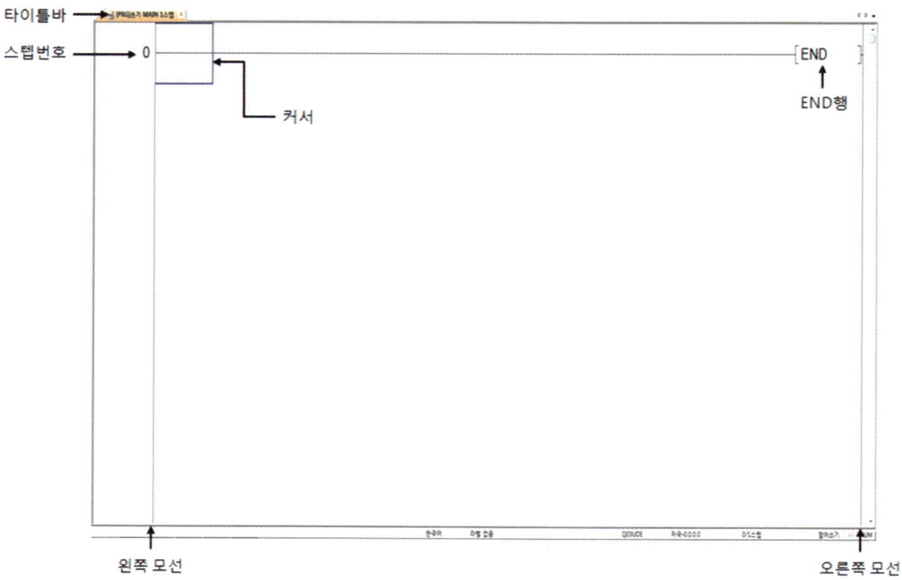

|그림 3-37| 래더 프로그램 작성 화면

1. **타이틀 바** : 열려 있는 데이터의 데이터형, 데이터명 및 상태 등이 표시된다.
2. **스텝 번호** : 래더 블록의 선두 스텝 번호가 표시된다.
3. **커서** : 커서의 현재 위치를 나타내며 편집의 대상이 된다.
4. **모선(왼쪽, 오른쪽)** : 래더 프로그램의 모선을 나타낸다.
5. **END 행** : 래더 프로그램의 끝을 나타내며, END행 이후로는 프로그램을 작성할 수 없다.

02 : 화면 확대 및 축소

편집 화면의 표시 비율을 변경한다.

1 |그림 3-38|과 같이 메뉴바에서 [표시] → [확대/축소(Z)]를 클릭한다.

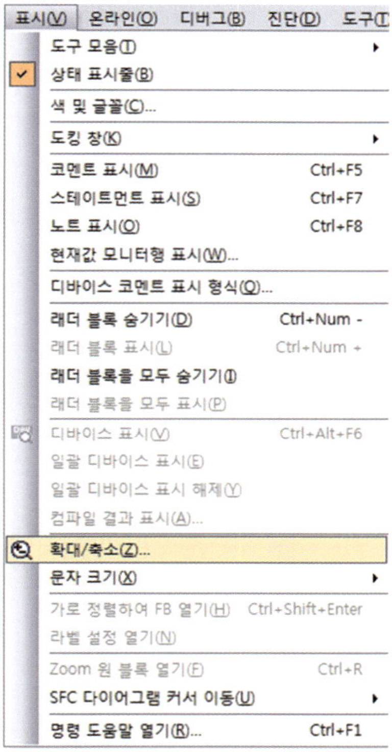

|그림 3-38| 화면 확대/축소

2 |그림 3-39|와 같이 화면 확대/축소 대화 상자 창이 나타난다.

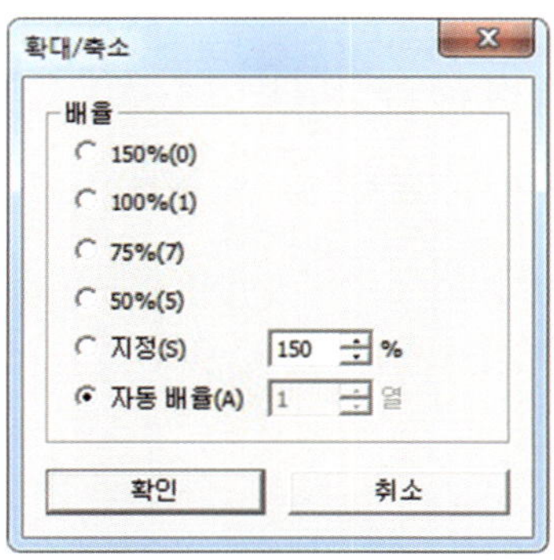

|그림 3-39| 화면 확대/축소 대화 상자

03 : 편집 화면의 문자 크기 변경

편집 화면의 문자의 크기를 변경할 수 있다.

|그림 3-40|과 같이 메뉴바에서 [표시] → [문자크기(X)] → [크게 하기(B)] 또는 [작게 하기(M)]을 클릭한다.

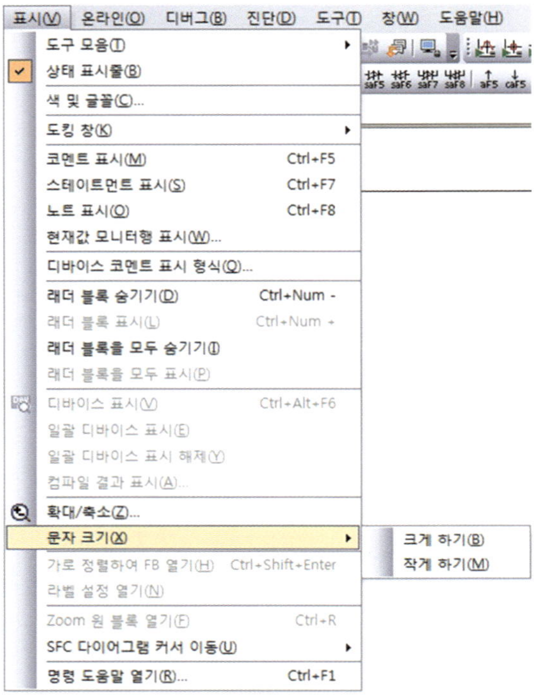

|그림 3-40| 화면 확대/축소 대화 상자

04 : 코멘트/노트/스테이트먼트의 표시 및 숨기기 전환

디바이스 코멘트/노트/스테이트먼트의 표시 및 숨기기를 전환할 수 있다.

1 코멘트 표시 및 숨기기 전환

|그림 3-41(a)|와 같이 메뉴바에서 [표시] → [코멘트 표시(M)]을 클릭하거나 [Ctrl + F5] 키를 누른다.

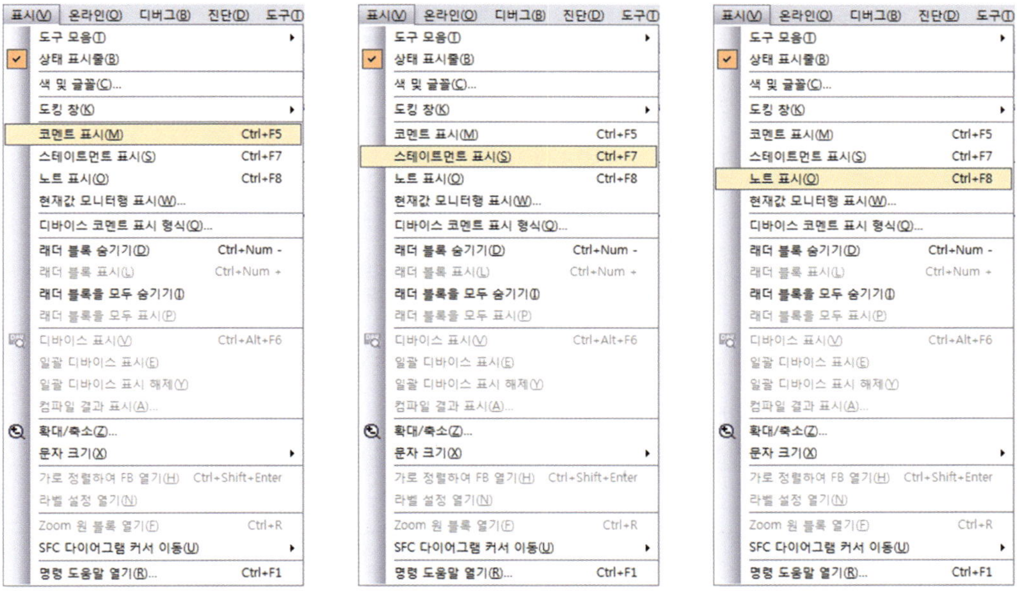

(a) 코멘트 표시 전환　　(b)스테이트먼트 표시 전환　　(c) 노트 표시 전환

|그림 3-41| 코멘트/노트/스테이트먼트의 표시 및 숨기기 전환

2 스테이트먼트 표시 및 숨기기 전환

|그림 3-41(b)|와 같이 메뉴바에서 [표시] → [스테이트먼트 표시(S)]을 클릭하거나 [Ctrl + F7] 키를 누른다.

3 노트 표시 및 숨기기 전환

|그림 3-41(c)|와 같이 메뉴바에서 [표시] → [노트 표시(O)]을 클릭하거나 [Ctrl + F8] 키를 누른다.

05 : 디바이스 코멘트의 표시 행수 및 열수 전환

옵션의 설정에서 디바이스 코멘트의 표시 행수 및 열수를 전환할 수 있다.
|그림 3-42|와 같이 래더 입력창에서 디바이스를 입력하고, 디바이스/라벨 코멘트를 계속하여 입력(💬)을 클릭한 후 확인 버튼을 누르면 |그림 3-43|과 같이 디바이스/라벨 코멘트를 입력할 수 있는 창이 나타난다. |그림 3-44|와 같이 디바이스/라벨 코멘트 입력창에 "디바이스 코멘트 행수/열수 전환"이라고 적고 확인 버튼을 클릭하고, 메뉴바에서 [표시] → [코멘트 표시]를 클릭하면 |그림 3-45|와 같이 프로그램 편집창에 디바이스명과 디바이스 코멘트가 함께 표시된다.
코멘트의 표시 행수와 열수를 변경하고자 할 때에는 메뉴바에서 [도구] → [옵션] → [프로그램 에디터] → [래더] → [코멘트]를 선택하고, |그림 3-46|과 같이 코멘트 표시 옵션창에서 원하는 행수와 열수를 선택하면 된다.

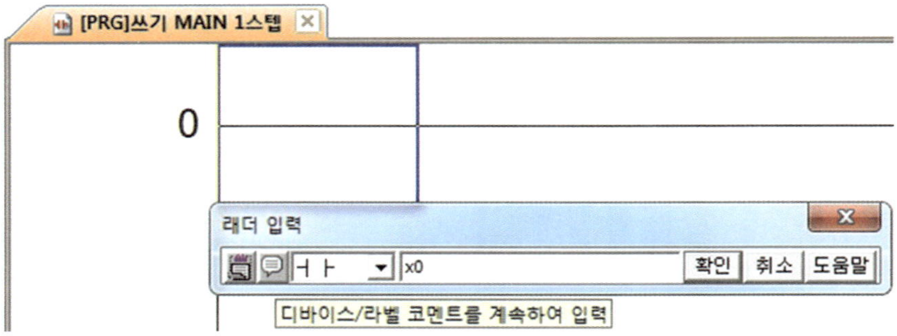

|그림 3-42| 디바이스/라벨 코멘트 입력

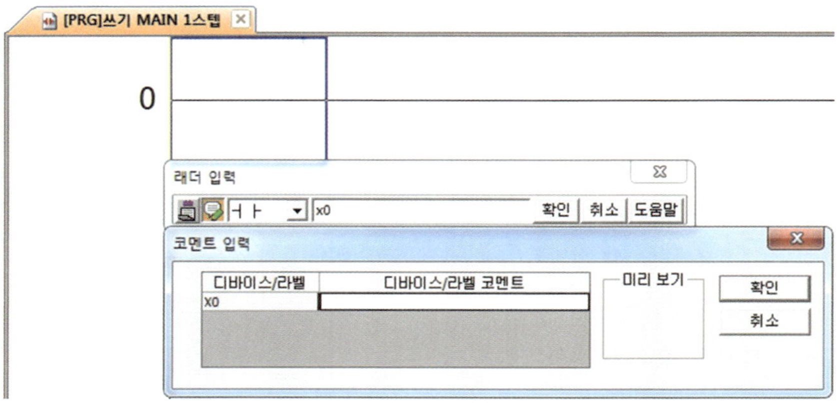

|그림 3-43| 디바이스/라벨 코멘트 입력창

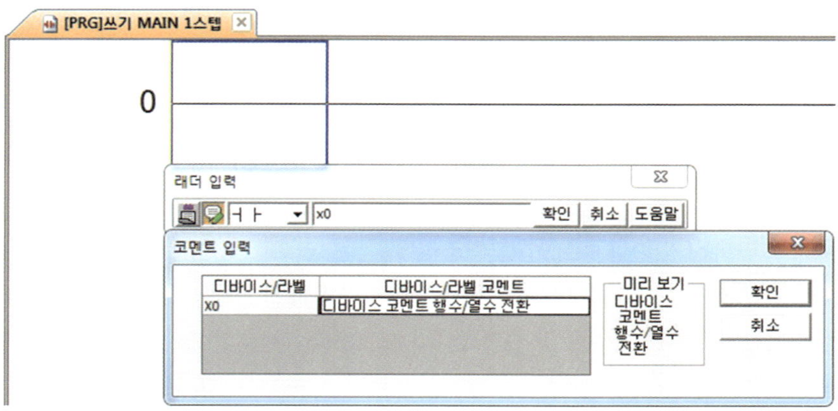

|그림 3-44| 디바이스/라벨 코멘트 입력 예

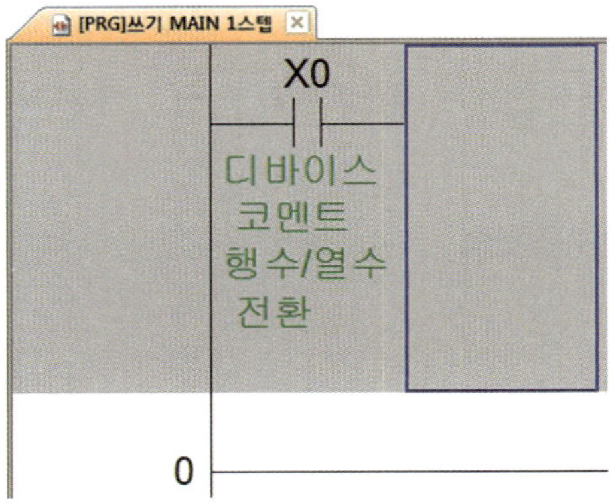

|그림 3-45| 디바이스/라벨 코멘트 표시

디바이스 코멘트의 표시 형식은 **|**그림 3-47(a)**|**와 **|**그림 3-47(b)**|**에서 보는바와 같이 행수는 [1, 2, 3, 4]에서 선택할 수 있고, 열수는 [5, 8]에서 선택할 수 있다. 표시할 수 있는 최대 문자수는 행수 4, 열수 8일 때 32문자까지 가능하다.

디바이스 코멘트 행수2, 열수 5로 했을 때의 표시되는 코멘트는 **|**그림 3-48**|**과 같이 코멘트 전체가 표시되는 것이 아니고 10문자만 표시된다.

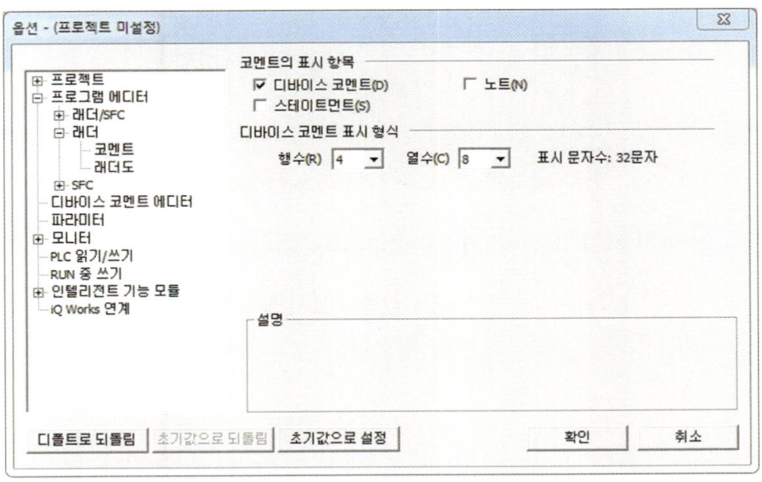

|그림 3-46| 코멘트 표시 옵션 창

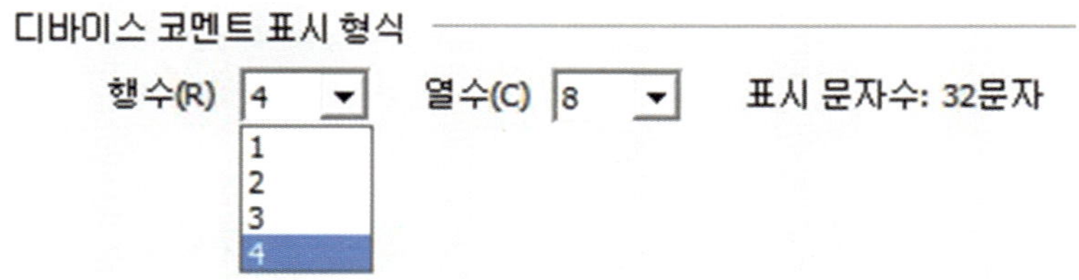

(a) 행수

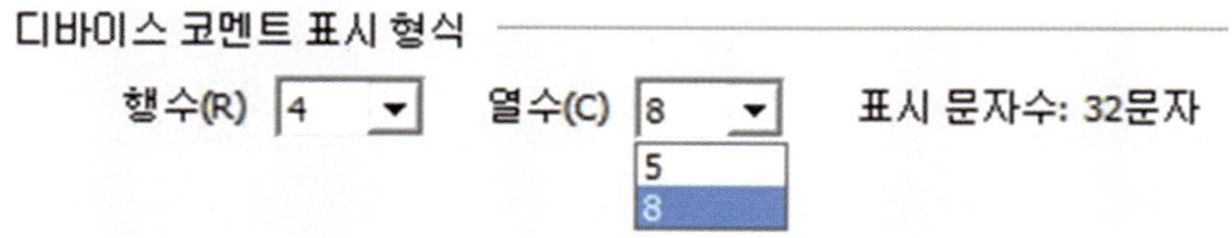

(b) 열수

|그림 3-47| 코멘트 표시 형식

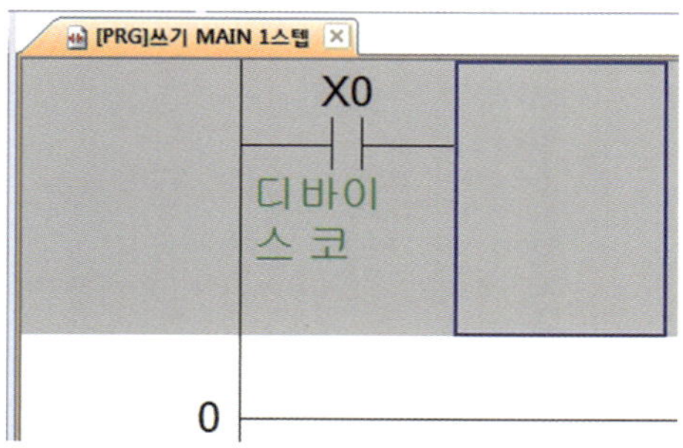

|그림 3-48| 디바이스 코멘트 표시(행수 2, 열수 5)

06 : 래더 프로그램의 표시 접점수 전환

래더 프로그램의 옵션의 설정에서 1행에 표시되는 접점수를 전환할 수 있다.
메뉴바에서 [도구] → [옵션] → [프로그램 에디터] → [래더] → [래더도]를 선택하면 **|그림 3-49|**의 표시 접점수 전환 옵션창이 나타난다.

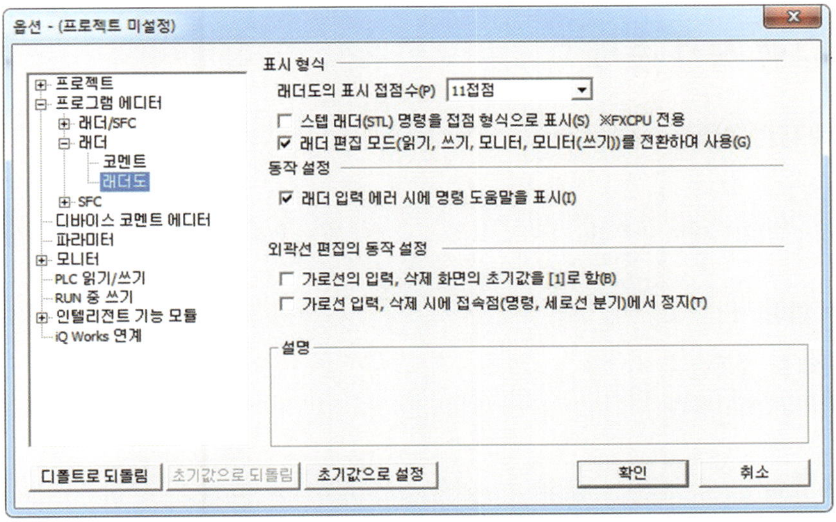

|그림 3-49| 표시 접점수 전환 옵션

래더도의 표시 접점수는 **|그림 3-50|**과 같이 9접점, 11접점, 13접점, 17접점, 21접점 중에서 선택하게 되어 있다.

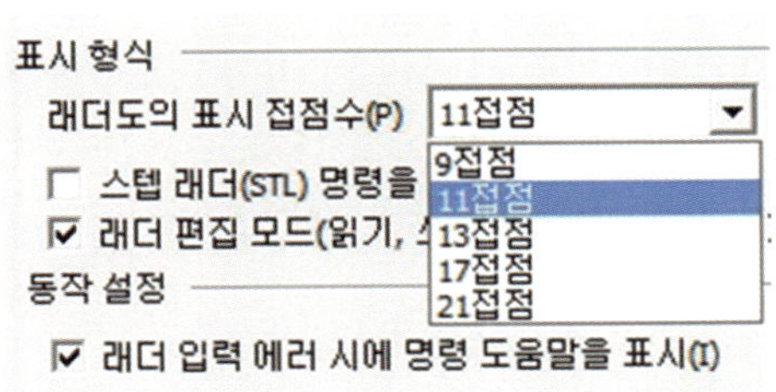

|그림 3-50| 표시 접점수 선택

05 프로그램 작성

01 : 프로그램 작성 순서

1 프로젝트 새로 만들기

- GX Work2를 기동한다.
- 심플 프로젝트를 새로 만든다. 기존의 심플 프로젝트를 활용하는 경우에는 기존의 프로젝트를 연다.

2 파라미터 설정

- 파라미터를 설정한다.
- 파라미터를 체크한다.

3 프로그램 편집

- 래더 프로그램을 편집한다.

4 프로그램 변환 및 컴파일

- 프로그램을 변환한다.
- 프로그램을 체크한다.

5 PLC CPU에 접속

- PC를 PLC CPU에 접속한다.
- 접속 대상을 설장한다.

6 PLC CPU에 쓰기

- PLC CPU에 파라미터를 쓴다.
- PLC CPU에 시퀀스 프로그램을 쓴다.

7 동작확인

- 시퀀스 프로그램의 실행 상태를 모니터링한다.

8 프로젝트 종료

- 프로젝트를 저장한다.
- GX Work2를 종료한다.

02 : 덮어쓰기와 삽입 모드

래더 프로그램 편집시에 [덮어쓰기 모드]와 [삽입 모드] 중에서 선택할 수 있다. 키보드에서 [Insert]키를 누르면 [덮어쓰기] ↔ [삽입]으로 전환할 수 있다. 편집 화면의 커서의 색과 상태바에 [덮어쓰기]/[삽입] 글자가 바뀌는 것을 확인할 수 있다.

1 덮어쓰기 모드

덮어쓰기 모드에서는 |그림 3-51|의 예에서와 같이 커서의 위치(X1)에 새로 입력된 접점/코일/응용명령(X10)이 덮어쓰기 된다.

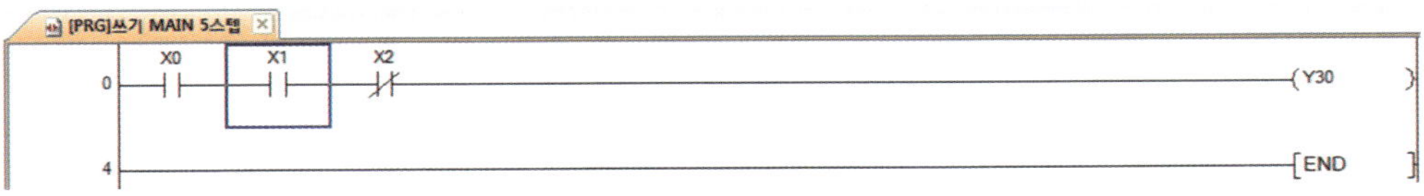

(a) 덮어쓰기 전

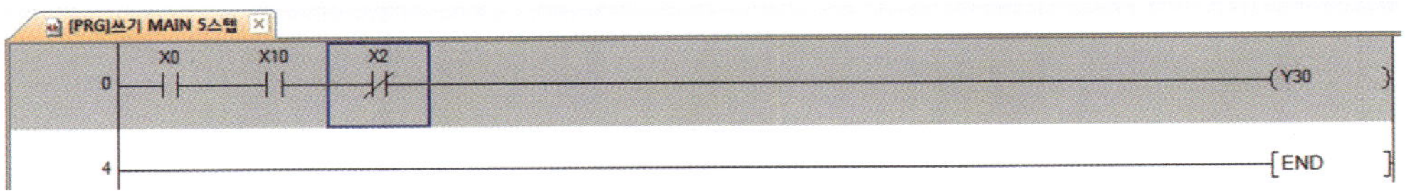

(b) 덮어쓰기 후

|그림 3-51| 덮어 쓰기 예([X1]을 [X10]으로 변경)

2 삽입 모드

삽입 모드에서는 **|그림 3-52|**의 예에서와 같이 커서의 위치(X1)에 새로 입력된 접점/코일/응용명령(X10)이 삽입되고 기존의 접점/코일/응용명령(X1)은 뒤로 물러난다.

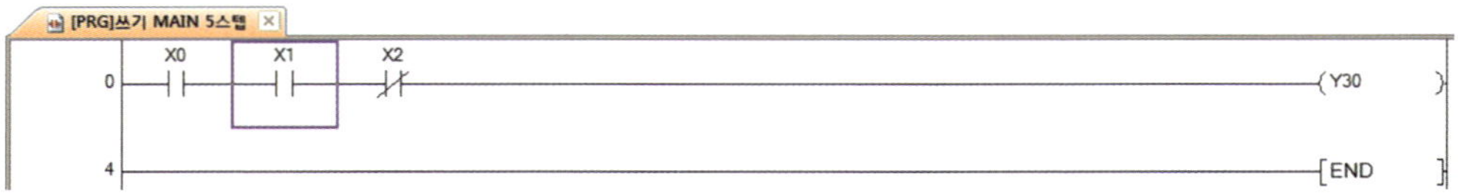

(a) 삽입 전

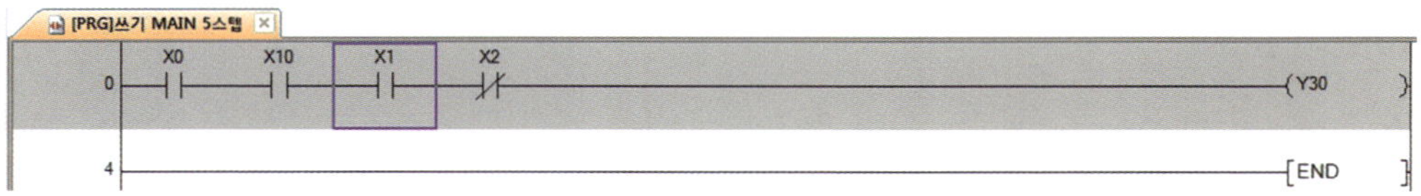

(b) 삽입 후

|그림 3-52| 삽입 예([X1]위치에 [X10]삽입)

03 : 명령 입력

1 접점/코일/응용 명령

접점/코일/응용명령은 **|표 3-1|**과 같다.

- 커서를 **|그림 3-53|**과 같이 래더의 입력을 원하는 위치로 이동한다.

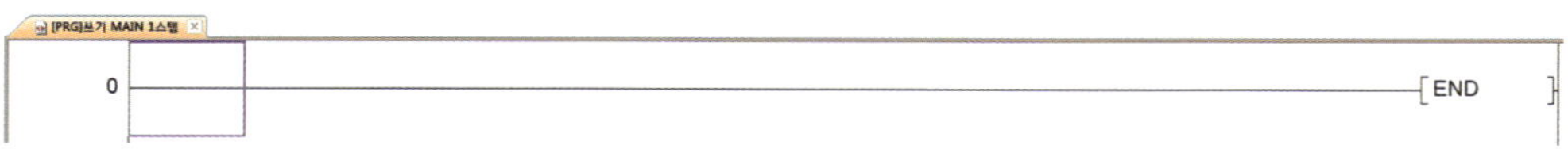

|그림 3-53| 명령입력_커서 이동

|표 3-1| 접점/코일/응용명령 일람표

편집	툴바	단축키
a 접점		F5
a 접점 OR		Shift + F5
b 접점		F6
b 접점 OR		Shift + F6
코일		F7
응용명령		F8
상승펄스		Shift + F7

하강펄스	sF8	Shift + F8
상승펄스 OR	aF7	Alt + F7
하강펄스 OR	aF8	Alt + F8
상승펄스 부정	saF5	Shift + Alt + F5
하강펄스 부정	saF6	Shift + Alt + F6
상승펄스 부정 OR	saF7	Shift + Alt + F7
하강펄스 부정 OR	saF8	Shift + Alt + F8
연산 결과 상승 펄스화	aF5	Alt + F5
연산 결과 하강 펄스화	caF5	Alt + Ctrl + F5
연산 결과 반전	caF10	Alt + Ctrl + F10

● 마우스의 왼쪽버튼을 더블 클릭하면 **|그림 3-54|**의 래더 입력창이 표시된다.

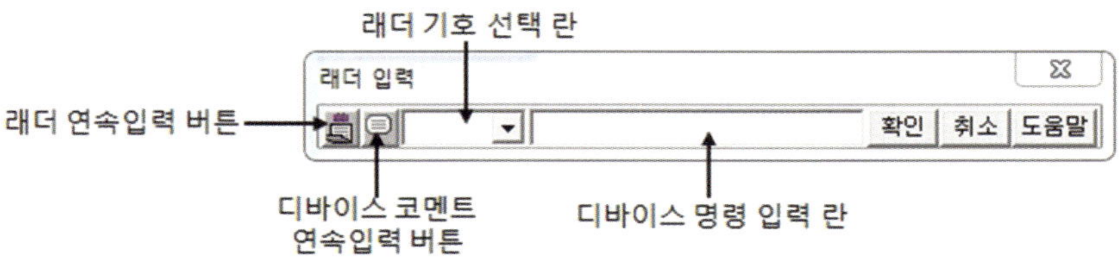

|그림 3-54| 명령입력_래더 입력창

● 래더 연속 버튼 입력 : 연속해서 래더를 입력할 수 있다.
● 디바이스 코멘트 연속 입력 버튼 : 래더 입력에 이어 디바이스 코멘트를 바로 입력할 수 있다.
● 디바이스 선택란 : 래더 기호 설정을 변경할 수 있다.
● 디바이스 명령 입력란 : 디바이스 및 명령을 입력한다.
● **|그림 3-55|**와 같이 디바이스 및 명령을 입력한다.

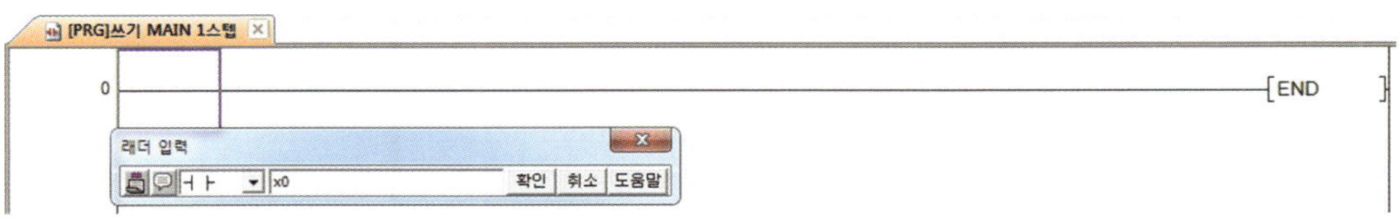

|그림 3-55| 디바이스 및 명령 입력창

● 확인을 클릭하면 **|그림 3-56|**과 같이 입력된 래더가 화면에 표시된다.

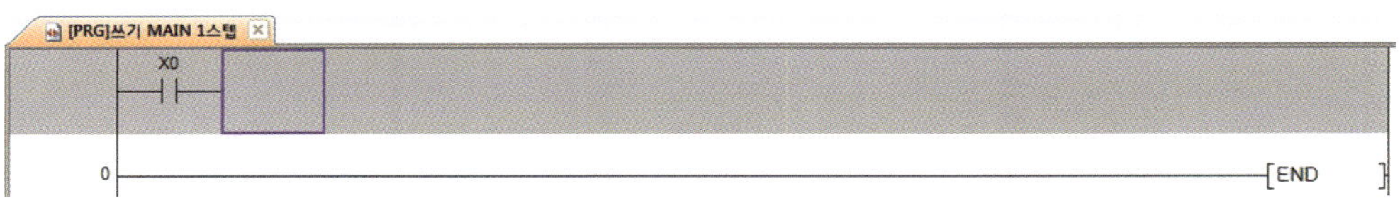

|그림 3-56| 래더 입력

2 명령 도움말 사용

1) **|그림 3-55|**의 명령입력_래더 입력창 도움말을 클릭하면 **|그림 3-57|**의 명령 도움말 창이 표시된다.

2) 종별 일람에서 원하는 명령의 종류를 선택하고, 명령 일람에서 명령을 선택하면 명령 상세란에 명령의 설명이 나타난다.

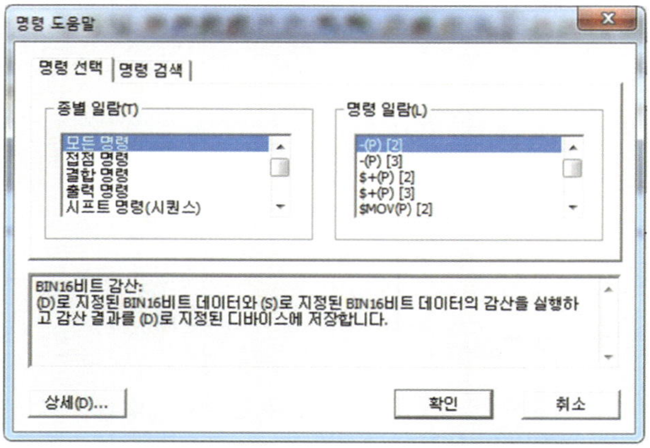

|그림 3-57| 명령 도움말 창

3) [상세(D)...] 버튼을 클릭하면 **|그림 3-58|**의 명령 도움말 상세창이 표시된다.

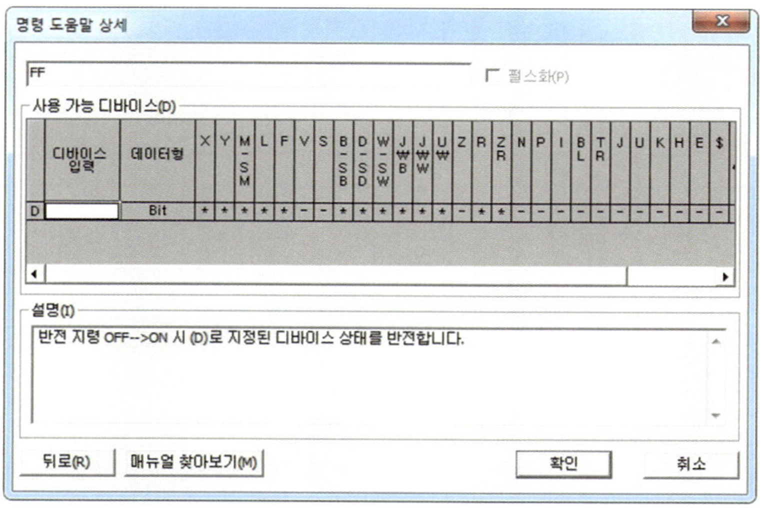

|그림 3-58| 명령 도움말 상세 창

❸ 포인터 번호/인터럽트 포인터 번호 입력

1) 키보드를 이용하여 |그림 3-59|와 같이 포인터 번호/인터럽트 포인터 번호를 입력할 위치로 커서를 이동한다.

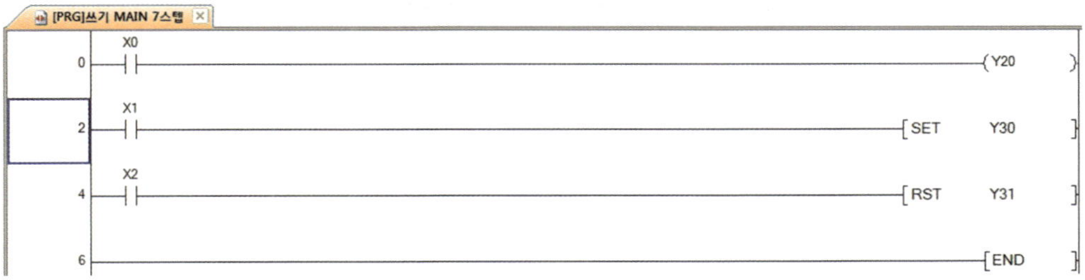

|그림 3-59| 포인터 번호 입력 커서 위치

2) 키보드의 엔터키를 누르면 래더 입력화면이 표시된다.

3) 명령 입력란에 |그림 3-60|과 같이 포인터 번호 또는 인터럽트 포인터 번호를 입력한다.

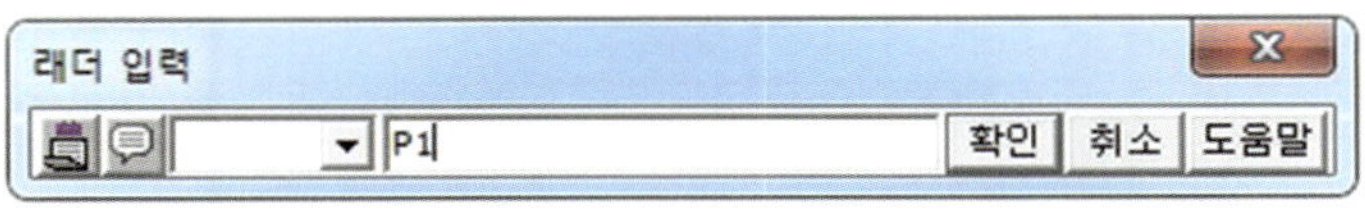

|그림 3-60| 포인터 번호 입력

4) 확인 버튼을 클릭하면, |그림 3-61|과 같이 포인터 번호 또는 인터럽트 포인터 번호가 편집 화면에 표시된다.

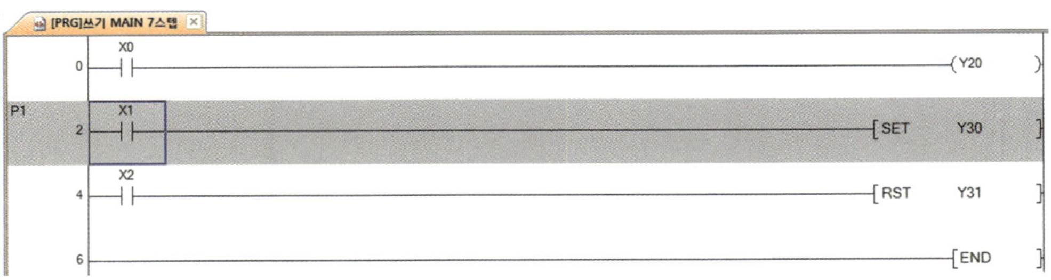

|그림 3-61| 포인터 번호 표시

04 : 외곽선 작화

외곽선 작화 명령 일람표는 |표 3-2|와 같다.

|표 3-2| 외곽선 작화 명령 일람표

편집	툴바	단축키
외곽선 쓰기	F10	F10
세로선 입력	sF9	Shift + F9 Ctrl + ↓/↑
가로선 입력	F9	F9 Ctrl + ←/→
가로선 연속 입력		Ctrl + Shift + ←/→

1 외곽선 작화

1) |그림 3-62|에서와 같이 커서를 작성하고자 하는 외곽선의 시작 위치로 이동한다.

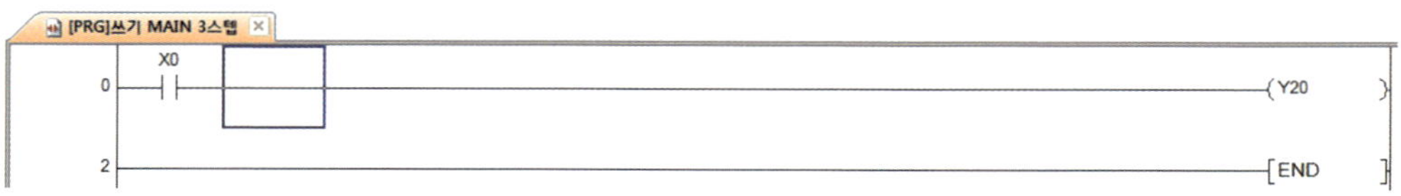

|그림 3-62| 외곽선 작화 시작

2) 메뉴바의 [편집] → [외곽선 쓰기(F10)]를 선택하거나 툴바의 F10을 클릭한다.

3) 커서를 외곽선의 작성 방향으로 드래그하면 |그림 3-63|과 같이 된다.

4) 드래그를 종료하면 외곽선이 작성된다.

5) 외곽선의 작성을 종료하는 경우에는 메뉴바의 [편집] → [외곽선 쓰기(F10)]를 선택하거나 툴바의 F10을 다시 한번 클릭한다.

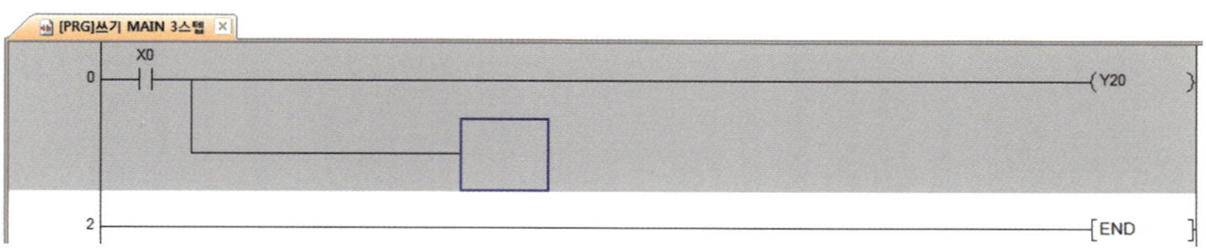

|그림 3-63| 외곽선 작화

2 세로선/가로선 입력

1) |그림 3-64|에서와 같이 커서를 입력하고자 하는 세로선/가로선의 시작 위치로 이동한다.

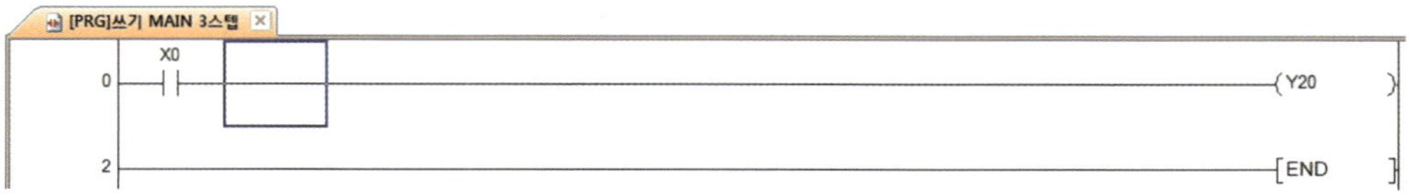

|그림 3-64| 세로선/가로선 작화 시작

2) 메뉴바의 [편집] → [래더 기호] → [세로선 입력(Shift + f9)]/[가로선 입력(F9)]를 선택하거나 툴바의 sF9/F9 를 클릭하면 |그림 3-65|와 같이 세로선(가로선) 입력화면이 표시된다.

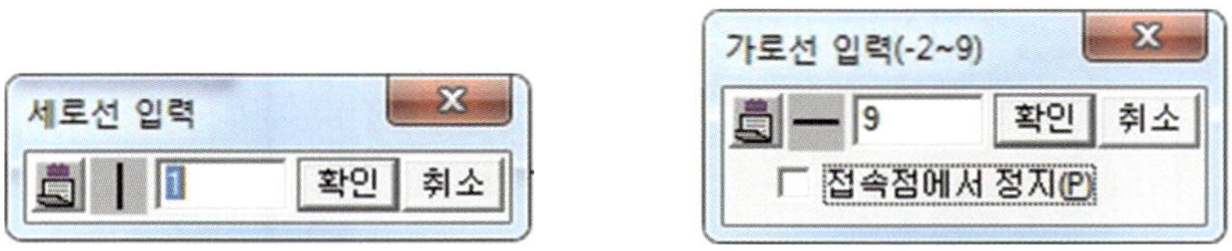

(a) 세로선 입력화면 (b) 가로선 입력화면

|그림 3-65| 세로선/가로선 입력화면

3) 확인 버튼을 클릭하면 |그림 3-66|과 같이 세로선/가로선이 편집된다.

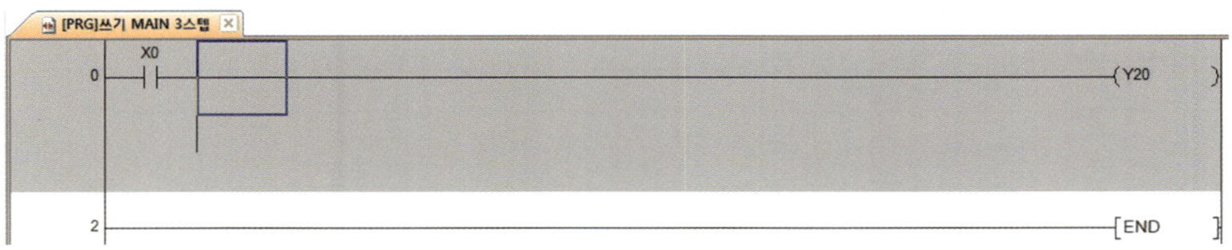

|그림 3-66| 세로선 입력

05 : 접점/코일/응용 명령 삭제

1 |그림 3-67|과 같이 삭제하고자 하는 명령의 위치로 커서를 이동한다.

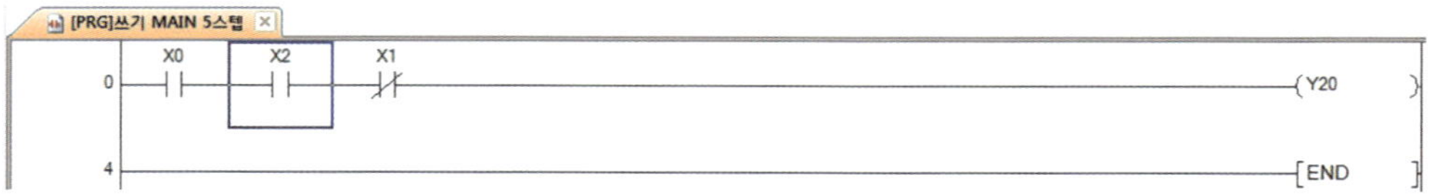

|그림 3-67| 접점/코일/응용 명령 삭제 시작

2 Delete키를 누르면 |그림 3-68|과 같이 접점/코일/응용 명령이 삭제된다.

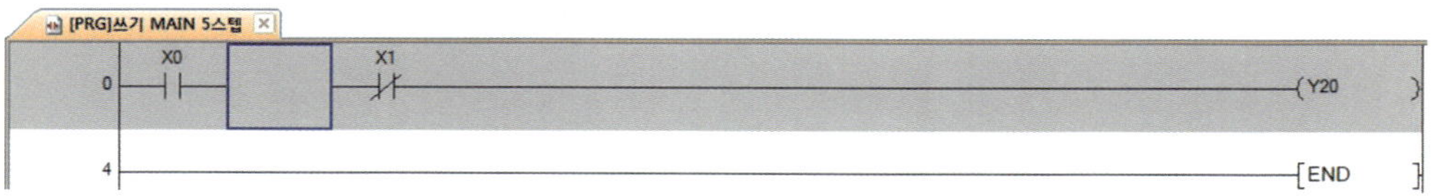

|그림 3-68| 접점/코일/응용 명령 삭제

06 : 외곽선 삭제

1 |그림 3-69|와 같이 삭제하고자 하는 외곽선의 위치로 커서를 이동한다.

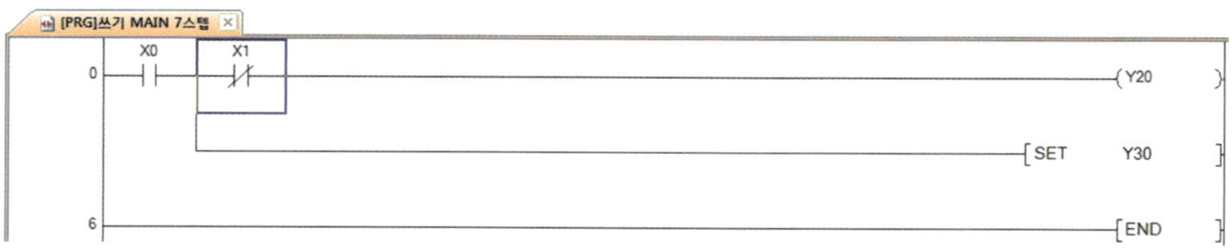

|그림 3-69| 외곽선 삭제 시작

2 [편집] → [외곽선 삭제(Alt+f9)]를 선택하거나 툴바의 를 클릭한 후, 드래그하면 **|그림 3-70|**과 같이 외곽선의 색이 변화되는 것을 알 수 있다.

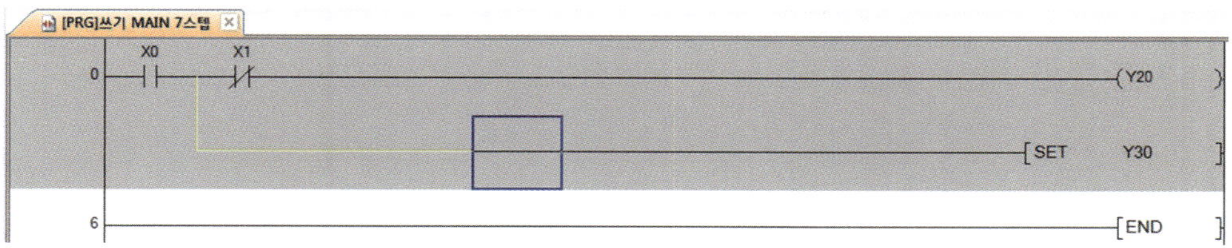

|그림 3-70| 외곽선 삭제 중

3 마우스의 드래그를 멈추면 **|그림 3-71|**과 같이 외곽선이 삭제된다.

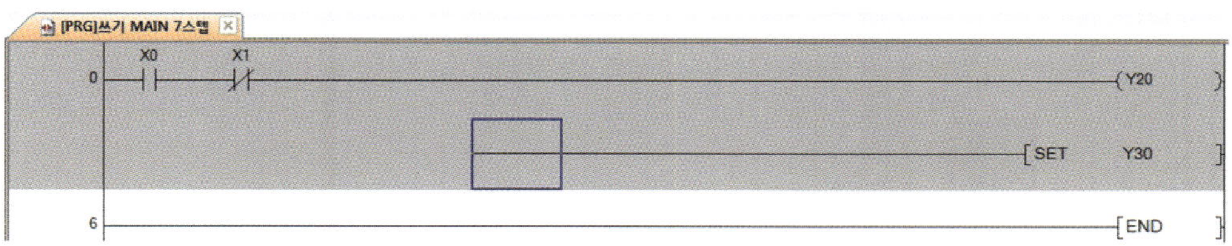

|그림 3-71| 외곽선 삭제 완료

07 행 · 열 삽입/삭제

행 · 열 삽입/삭제 명령 일람표는 **|표 3-3|**과 같다.

|표 3-3| 행 · 열 삽입/삭제 명령 일람표

편집	단축키
행 삽입	Shift + Insert
행 삭제	Shift + Delete
열 삽입	Ctrl + Insert
열 삭제	Ctrl + Delete

1 행 삽입

1) **|그림 3-72|**와 같이 삽입하고자 하는 행의 위치로 커서를 이동한다.

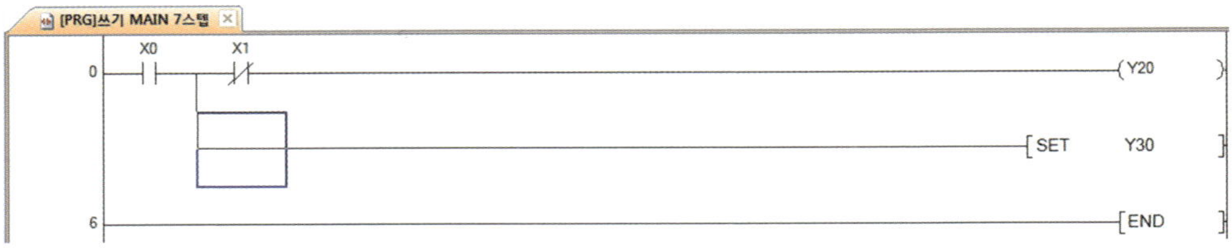

|그림 3-72| 행삽입 시작

2) **|그림 3-73|**과 같이 삽입하고자 하는 행의 수만큼 마우스로 드래그한다.

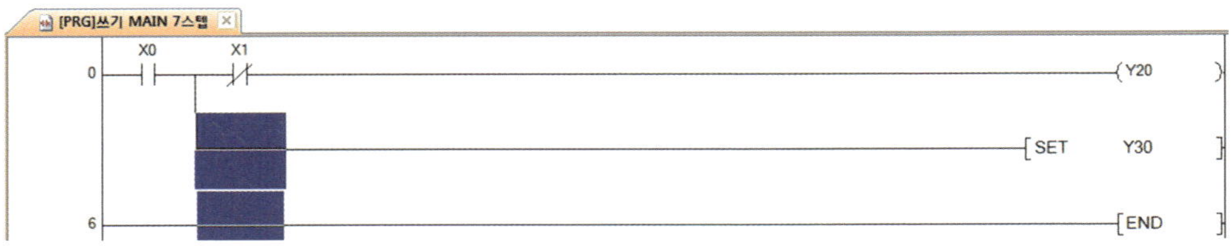

|그림 3-73|] 삽입 행수 결정

3) [편집] → [행 삽입]을 선택하거나 [Shift] + [Insert]키를 누르면 **|그림 3-74|**와 같이 행이 삽입된다.

|그림 3-74| 행 삽입 완료

2 행 삭제

1) **|그림 3-75|**와 같이 삭제하고자 하는 행의 위치로 커서를 이동한다.

|그림 3-75| 행 삭제 시작

2) **|그림 3-76|**과 같이 삭제하고자 하는 행의 수만큼 마우스로 드래그한다.

|그림 3-76| 행 삭제 범위 지정

3) [편집] → [행 삭제]를 선택하거나 [Shift] + [Delete]키를 누르면 **|그림 3-77|**과 같이 선택된 행이 삭제된다.

|그림 3-77| 행 삭제 완료

3 열 삽입

1) **|그림 3-78|**과 같이 삽입하고자 하는 열의 위치로 커서를 이동한다.

|그림 3-78| 열 삽입 시작

2) **|그림 3-79|**와 같이 삽입하고자 하는 열의 수만큼 마우스로 드래그한다.

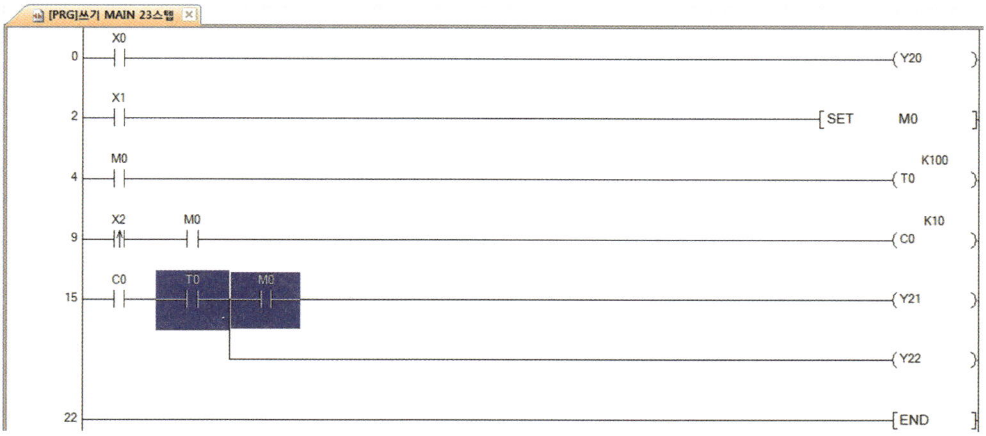

|그림 3-79| 열 삽입 범위 지정

3) [편집] → [열 삽입]를 선택하거나 [Ctrl] + [Insert]키를 누르면 **|그림 3-80|**과 같이 열이 삽입된다.

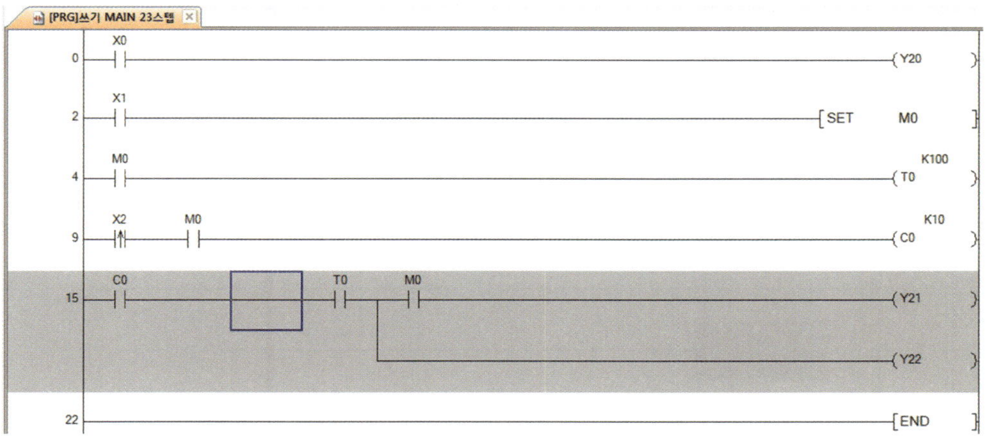

|그림 3-80| 열 삽입 완료

4 열 삭제

1) **|그림 3-81|**과 같이 삭제하고자 하는 열의 위치로 커서를 이동한다.

|그림 3-81| 열 삭제 시작

2) **|그림 3-82|**와 같이 삭제하고자 하는 열의 수만큼 마우스로 드래그한다.

|그림 3-82| 열 삭제 범위 지정

3) [편집] → [열 삭제]를 선택하거나 [Ctrl] + [Delete]키를 누르면 **|그림 3-83|**과 같이 열 삭제 여부를 묻는 창이 나타난다.

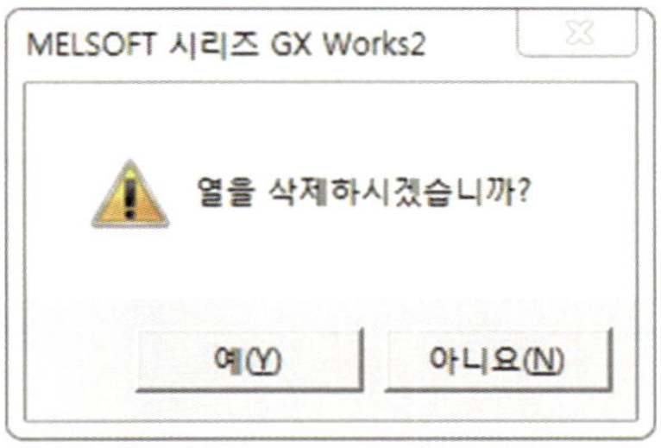

|그림 3-83| 열 삭제 여부 창

4) 예를 클릭하면 **|그림 3-84|**와 같이 선택된 열이 삭제된 화면이 나타난다.

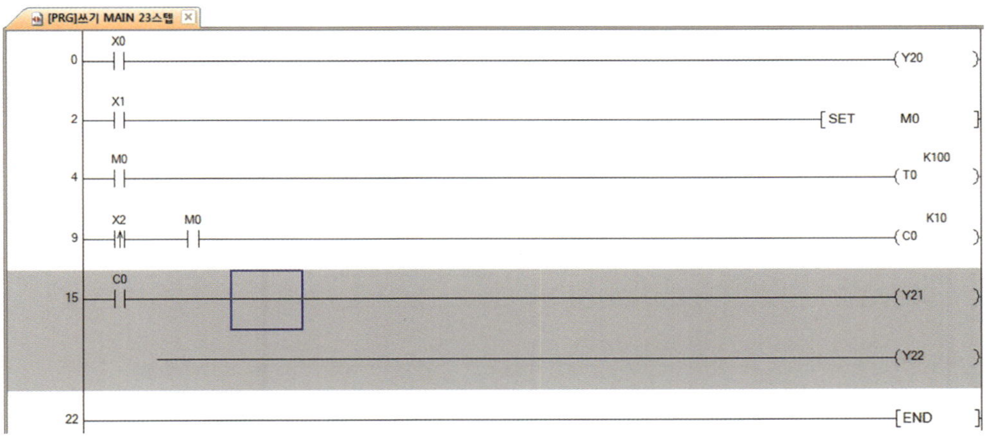

|그림 3-84| 열 삭제 완료

08 : 래더 잘라내기/복사/붙여넣기

기존의 래더를 잘라내기, 복사 및 붙여넣기의 명령 일람표는 **|표 3-4|**와 같다.

|표 3-4| 잘라내기, 복사 및 붙여넣기 명령 일람표

편집	툴바	단축키
잘라내기		Ctrl + X
복사		Ctrl + C
붙여넣기		Ctrl + V

1 명령 단위로 잘라내기/복사한 래더 붙여넣기

1) |그림 3-85|와 같이 잘라내기 또는 복사하고자 하는 위치로 커서를 이동한다.

2) [편집] → [잘라내기(Ctrl + X)] 또는 [복사(Ctrl + C)]를 선택하거나 툴바에서 또는 를 클릭한다.

3) [잘라내기(Ctrl + X,)]를 선택한 경우에는 커서가 위치한 명령은 삭제된다.

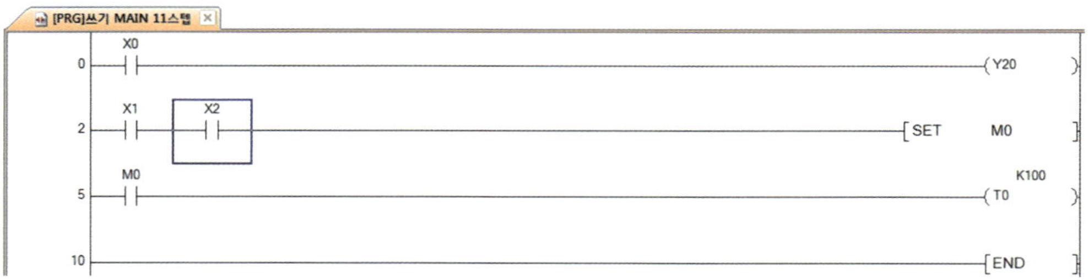

|그림 3-85| 복사하기 시작

4) |그림 3-86|과 같이 붙여 넣을 위치로 커서를 이동한다.

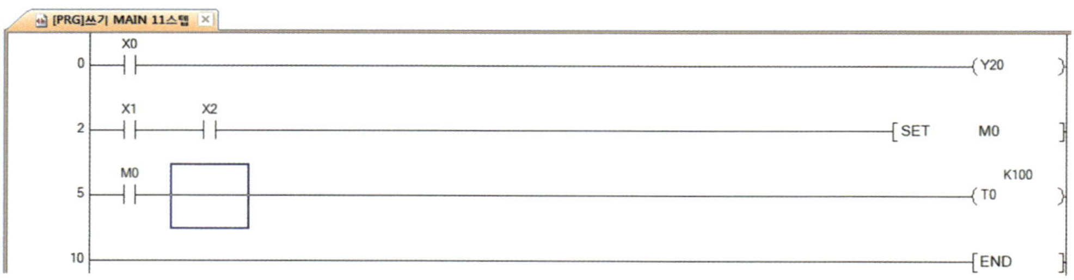

|그림 3-86| 붙여 넣을 위치로 이동

5) [편집] → [붙여넣기]를 선택하거나 툴바에서 를 클릭하면 |그림 3-87|과 같이 복사된 명령이 붙여진다.

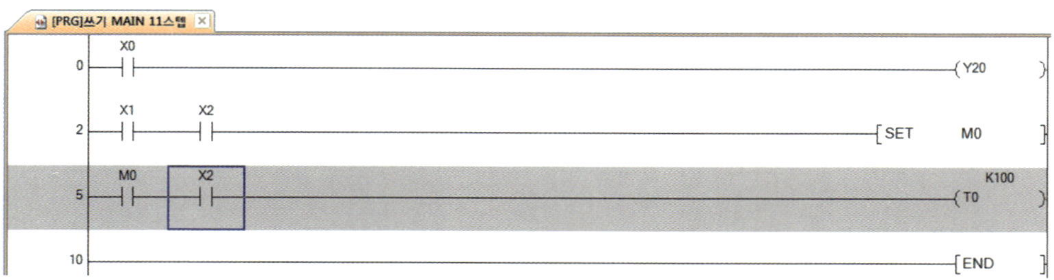

|그림 3-87| 붙여 넣기 완료

❷ 범위를 설정하여 잘라내기/복사한 래더 붙여넣기

1) **|**그림 3-88**|**과 같이 잘라내기 또는 복사하고자 하는 범위의 시작 위치로 커서를 이동한다.

|그림 3-88| 블록 복사하기 시작

2) **|**그림 3-89**|**와 같이 잘라내기 또는 복사하고자 하는 범위만큼 마우스로 드래그한다.

3) [편집] → [잘라내기(Ctrl + X)] 또는 [복사(Ctrl + C)]를 선택하거나 툴바에서 ✂ 또는 📋를 클릭한다.

|그림 3-89| 블록 복사하기 범위 설정

4) **|**그림 3-90**|**과 같이 붙여 넣을 위치로 커서를 이동한다.

|그림 3-90| 블록 붙여 넣을 위치로 이동

5) [편집] → [붙여넣기]를 선택하거나 툴바에서 를 클릭하면 **|그림 3-91|**과 같이 복사된 명령이 붙여진다.

|그림 3-91| 블록 붙여 넣기 완료

3 래더 블록을 잘라내기/복사하여 붙여넣기

1) **|그림 3-92|**와 같이 잘라내기 또는 복사하고자 하는 래더 블록의 시작 위치로 커서를 이동한다.

|그림 3-92| 래더 블록 복사하기 시작

2) **|그림 3-93|**과 같이 잘라내기 또는 복사하고자 하는 범위만큼 마우스로 아래로 드래그한다.

3) [편집] → [잘라내기(Ctrl + X)] 또는 [복사(Ctrl + C)]를 선택하거나 툴바에서 또는 를 클릭한다.

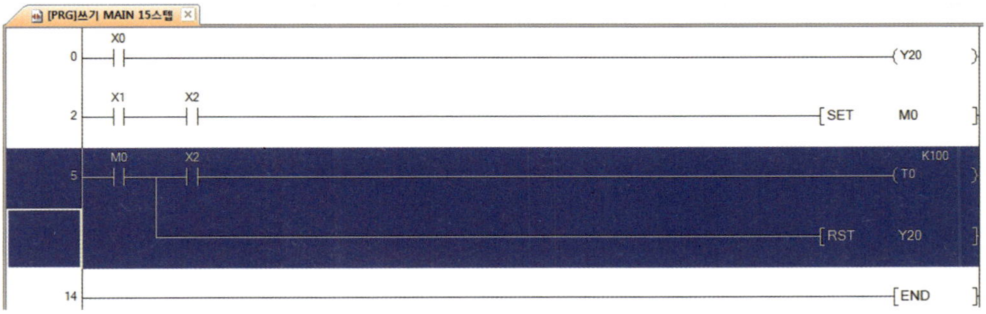

|그림 3-93| 블록 복사하기 범위 설정

4) **|그림 3-94|**와 같이 붙여 넣을 위치로 커서를 이동한다.

|그림 3-94| 래더 블록 붙여 넣을 위치로 이동

5) [편집] → [붙여넣기]를 선택하거나 툴바에서 를 클릭하면 **|그림 3-95|**와 같이 복사된 래더 블럭이 붙여진다.

|그림 3-95| 래더 블록 붙여 넣기 완료

09 : 프로그램 변환/컴파일

1 변환

1) 프로그램 작성이 끝나거나 프로그램의 수정이 완료되면 **|그림 3-96|**과 같이 변환이 되지 않은 부분은 회색으로 표시된다.

|그림 3-96| 작성이나 수정 완료된 래더 프로그램

2) ❙그림 3-97❙과 같이 메뉴바에서 [변환/컴파일] → [변환(B)]을 선택하거나 키보드의 [F4] 버튼을 누른다.

❙그림 3-97❙ 래더 프로그램 변환

3) 변환이 완료된 래더 프로그램은 ❙그림 3-98❙과 같다.

❙그림 3-98❙ 변환 완료된 래더 프로그램

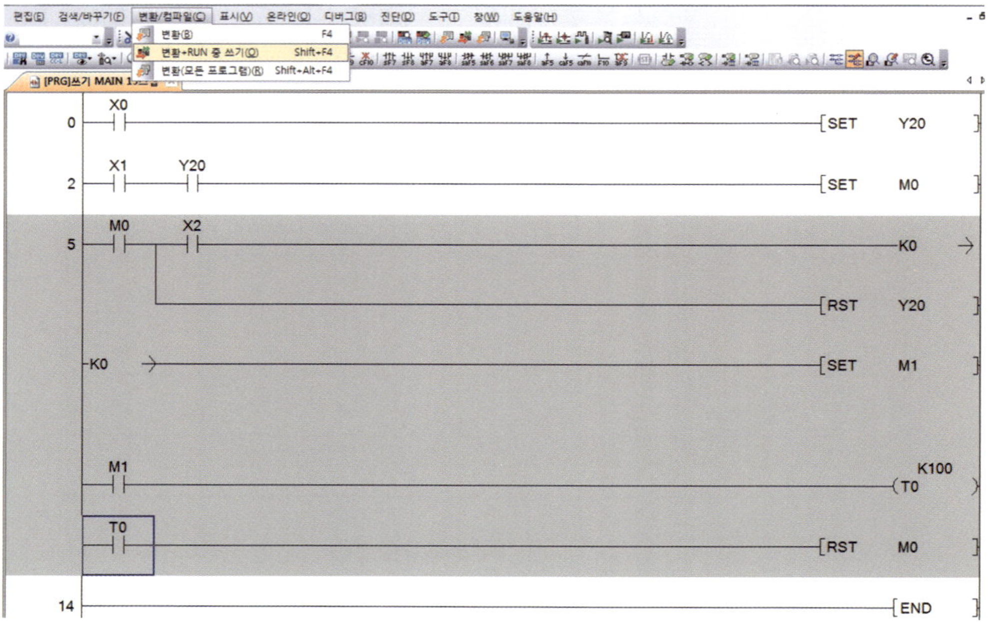

|그림 3-99| RUN 중인 프로그램 수정 후 화면

2 변환 + 런 중 쓰기

1) 런 중인 프로그램을 수정하면 **|**그림 3-99**|**와 같이 변환이 되지 않은 부분은 회색으로 표시된다.

2) 메뉴바에서 [변환/컴파일] → [변환 + RUN 중 쓰기(O)]를 선택하거나 키보드의 [Shift] + [F4] 버튼을 누르면 **|**그림 3-100**|**과 같은 RUN 중 쓰기의 주의창이 나타난다.

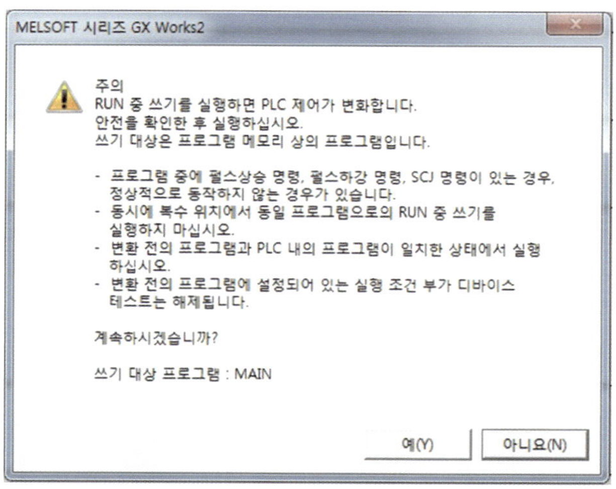

|그림 3-100| RUN 중 쓰기의 주의사항

3) 예(Y) 버튼을 클릭하면, 잠시 후 **|그림 3-101|**과 같은 완료창이 나타난다.

|그림 3-101| RUN 중 쓰기 완료 창

4) 확인 버튼을 클릭하면 **|그림 3-102|**와 같이 컴파일과 동시에 PLC 쓰기가 완료된 화면이 나타난다.

|그림 3-102| RUN 중 쓰기 완료된 프로그램 창

10 : 모니터

PLC CPU의 상태를 모니터링 하는 방법을 설명한다.

1 모니터 시작

1) **|그림 3-103|**과 같이 메뉴바의 [온라인] → [모니터] → [모니터 모드(R)]나 [모니터 시작(모든창)]을 클릭하거나 키보드에서 [F3]버튼을 누르면 **|그림 3-104|**와 같이 PLC의 CPU 디바이스 값을 체크할 수 있는 모니터링 화면이 나타난다.

2) 커서의 위치는 **|그림 3-104|**에서와 파란색 박스로 나타나고, 디바이스의 접점이 초록색으로 나타난 것은 디바이스의 접점이 현재 ON 상태임을 나타낸다.

3) 타이머, 카운터 또는 데이터 메모리 등 디바이스의 현재값은 숫자로 표시된다.

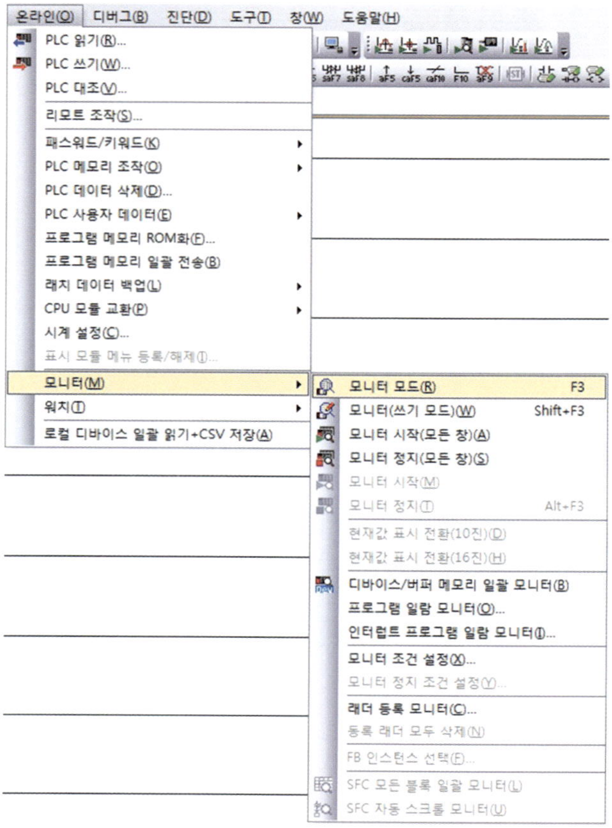

|그림 3-103| 모니터 모드 선택

|그림 3-104| 모니터 모드 시작

2 모니터 정지

1) |그림 3-105|에서 [온라인] → [모니터] → [모니터 정지(모든창)]을 클릭하면, |그림 3-106|와 같이 모니터링이 정지된 화면이 나타난다.

2) |그림 3-106|에서와 모니터링은 정지되었지만 프로그램은 읽기모드로 되어 있어 프로그램의 수정이 되지 않는다. 그러므로 래더 프로그램을 다시 수정하고자 한다면 |그림 3-107|과 같이 메뉴바에서 [편집] → [래더 편집 모드] → [쓰기 모드]를 클릭하거나, 키보드에서 [F2]키를 누르면 |그림 3-108|과 같이 PLC 프로그램의 수정이 가능한 화면이 나타난다.

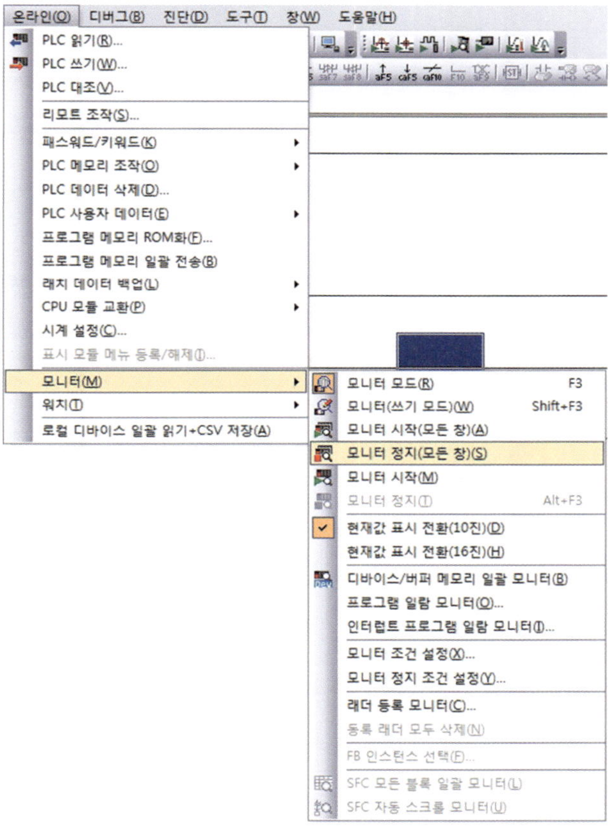

|그림 3-105| 모니터 정지 선택창

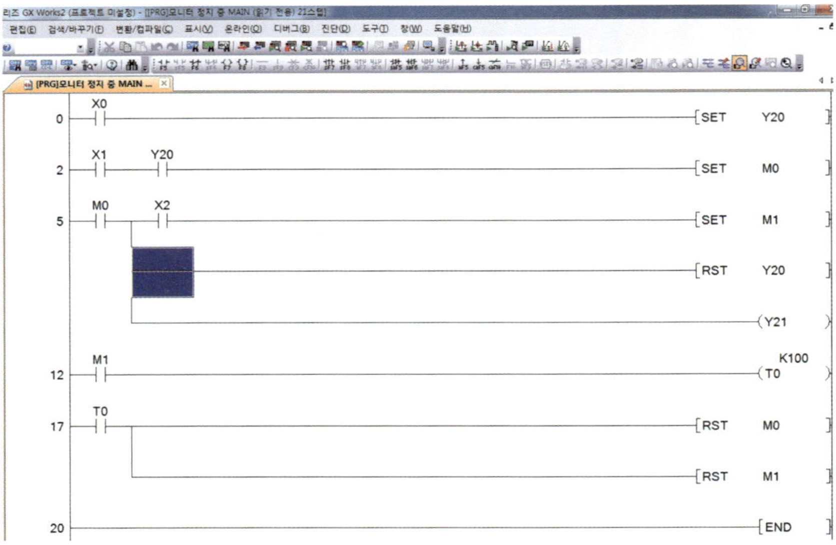

|그림 3-106| 모니터 정지

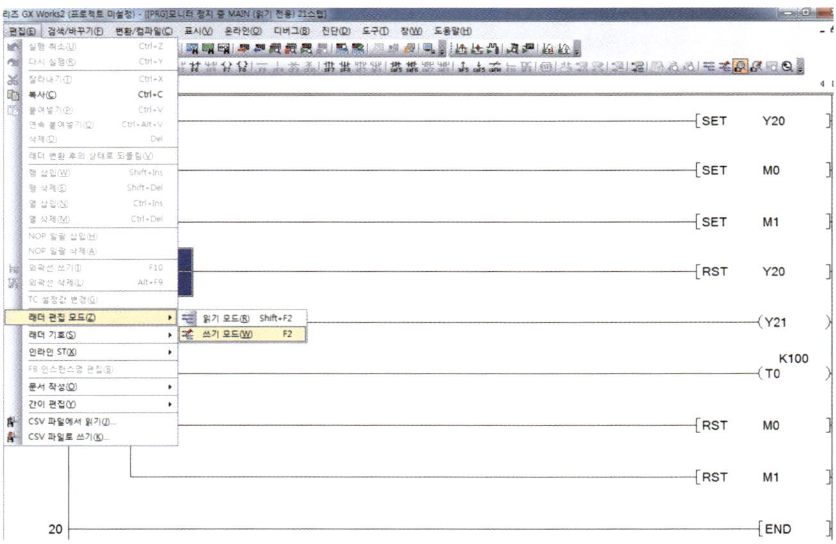

|그림 3-107| 래더 쓰기모드 선택창

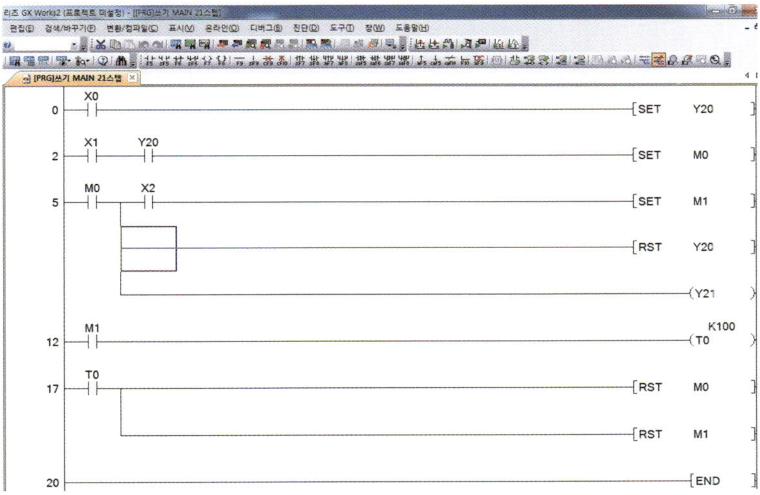

|그림 3-108| 래더 쓰기모드

❸ 모니터 쓰기모드

1) 모니터링 중에 프로그램을 편집하고자 하면, |그림 3-109|와 같이 메뉴바의 [온라인] → [모니터] → [모니터 쓰기모드]을 클릭하거나 키보드에서 [Shift] + [F3]키를 누르면 |그림 3-110|과 같이 모니터 쓰기모드의 진행상의 동작을 알려주는 창이 나타난다.

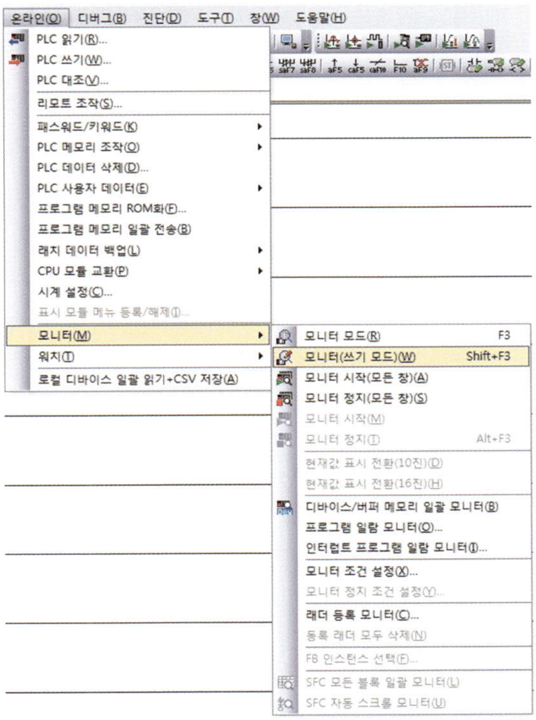

|그림 3-109| 모니터 쓰기모드 선택창

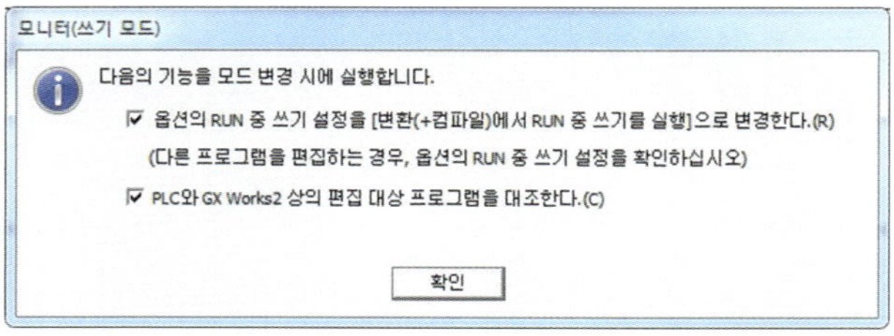

|그림 3-110| 모니터 쓰기모드 진행 확인창

2) 확인 버튼을 누르면 **|그림 3-111|**과 같이 모니터링과 프로그램 편집이 동시에 가능한 화면이 나타난다.

|그림 3-111| 모니터 쓰기모드 창

3) 모니터링 중에 **|그림 3-112|**와 같이 프로그램을 수정할 수 있다.

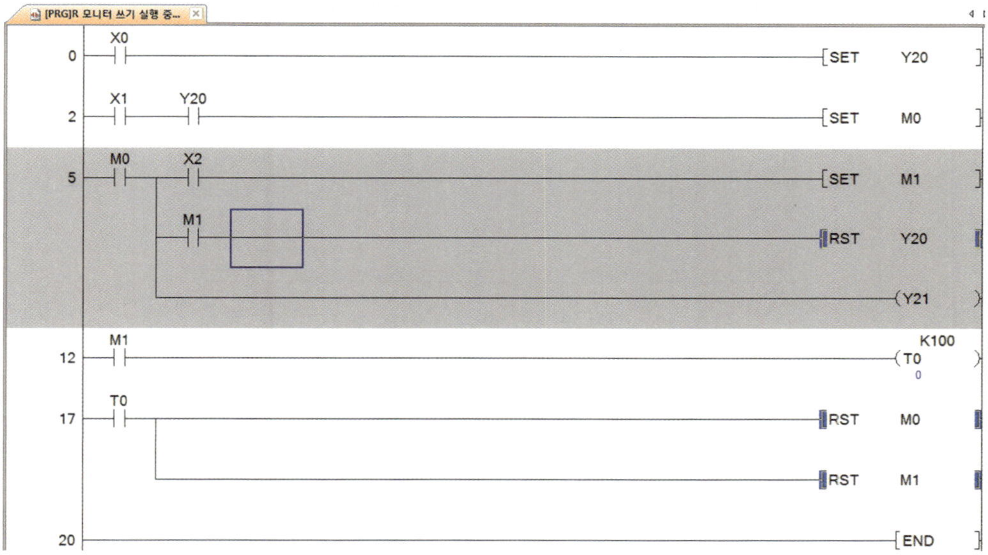

|그림 3-112| 모니터 쓰기모드 중 프로그램 수정

4) 수정된 프로그램을 변환시키면 **|그림 3-113|**과 같이 주의 창이 나타난다.

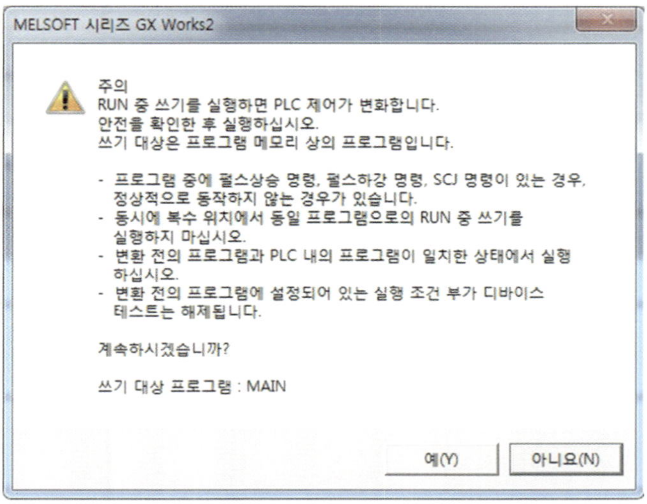

|그림 3-113| 모니터 쓰기모드 중 변환시 주의 창

5) [예]를 클릭하면 **|**그림 3-114**|**와 같이 RUN 중 쓰기 처리가 완료되었다는 창이 나타난다.

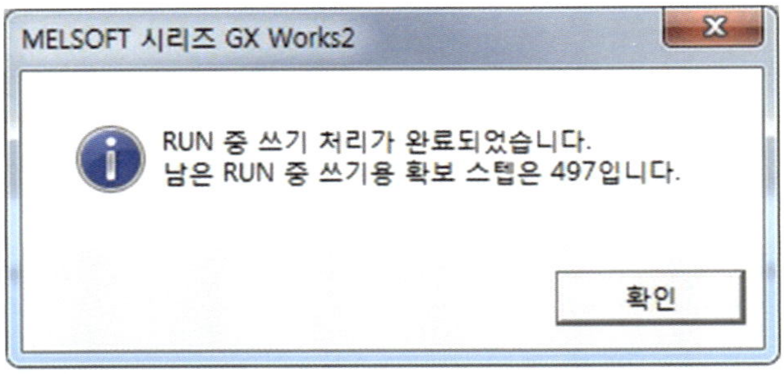

|그림 3-114| 모니터 쓰기모드 중 RUN 중 쓰기 완료 창

6) [확인] 버튼를 클릭하면 **|**그림 3-115**|**와 같이 다시 수정된 프로그램의 모니터 쓰기모드 창이 나타난다.

|그림 3-115| 모니터 쓰기모드 수정 완료 창

II : 시뮬레이션

1 시뮬레이션 시작

1) 실제의 PLC CPU를 시뮬레이션하여 작성한 시퀀스 프로그램을 디버그하는 용도로 사용한다.

2) 시뮬레이션용 메모리를 사용하여 입출력 모듈이나 인텔리전트 기능 모듈에 대한 데이터의 입출력을 실행한다.

3) 일부의 명령, 함수나 디바이스 메모리를 지원하지 않는다. 그러므로 가상 PLC에서의 연산결과는 PLC CPU에서의 연산 결과와 다른 경우도 있다.

4) 시뮬레이션에서 사용할 수 있는 기능 일람표

- PLC 쓰기 : 파라미터 파일과 프로그램 파일을 가상 PLC에 쓴다.
- RUN 중 쓰기 : RUN 중에 가상 PLC에 프로그램을 쓴다.
- PLC 대조 : 가상 PLC와 프로젝트의 데이터를 대조한다.
- PLC 데이터 삭제 : QCPU(Q모드)/LCPU에 대하여 가상 PLC의 데이터를 삭제한다.
- 래더 모니터 : 연산 처리 상태를 모니터한다.
- 모니터 스테이터스 : 가상 PLC의 모니터 상태를 표시한다.
- 감시 : 가상 PLC의 디바이스 등을 등록하여 모니터한다.
- 디바이스 메모리/버퍼메모리 일괄 모니터 : 가상 PLC의 디바이스 메모리/버퍼메모리를 일괄로 모니터한다.
- 프로그램 알람 모니터 : QCPU(Q모드)/LCPU에서 가상 PLC로 실행중인 프로그램의 처리 시간을 모니터한다.
- 로컬 디바이스 일괄 읽기 +SCV 저장 : 로컬 디바이스의 데이터를 읽고, PC에 저장한다.
- 시뮬레이션 내의 디바이스 메모리의 백업 : 가상 PLC의 디바이스 메모리/버퍼메모리의 저장 및 읽기를 실행한다.
- 현재값 변경 : 가상 PLC의 현재값을 변경한다.
- 강제 입출력 등록 및 해제 : QCPU(Q모드)/LCPU에서 가상 PLC의 X/Y 디바이스의 강제 입출력을 등록 및 해제한다.
- 실행 조건부 디바이스 테스트 : QCPU(Q모드)/LCPU에서 가상 PLC의 디바이스를 실행 조건부 디바이스 테스트에 등록한다.
- 샘플링 트레이스 : QCPU(Q모드)/LCPU에서 가상 PLC의 디바이스 값을 트레이스한다.
- 리모트 조작 : 가상 PLC의 실행 상태를 STOP 상태, PAUSE 상태 등으로 전환한다.
- PLC 메모리 조작 : 가상 PLC 상태 및 에러를 확인한다.
- I/O 시스템 설정 : 가상 PLC로 외부 기기의 동작을 시뮬레이션한다.

5) 시뮬레이션 시작

● **|그림 3-116|**과 같이 메뉴바에서 [디버그] → [시뮬레이션 시작/정지]를 클릭하면 **|그림 3-117|**과 같이 시뮬레이션을 실행하는 CPU의 상태를 나타내는 창이 나타난다.

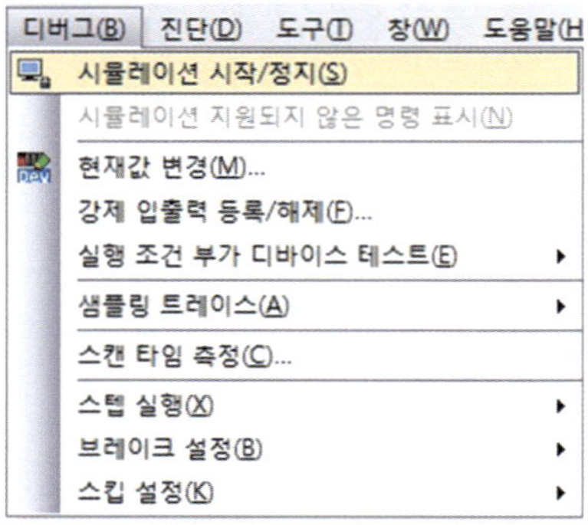

|그림 3-116| 시뮬레이션 시작/정지

|그림 3-117| 시뮬레이션 CPU 상태 표시창

● RUN 중인 래더 프로그램을 모니터링하면 **|그림 3-118|**과 같이 실제 PLC에 연결된 것과 같이 모니터링 창이 나타난다.

|그림 3-118| 시뮬레이션 모니터링 창

- |그림 3-119|와 같이 접점의 현재값을 변경을 선택하면 |그림 3-120|과 같이 현재값 변경 창이 나타난다.

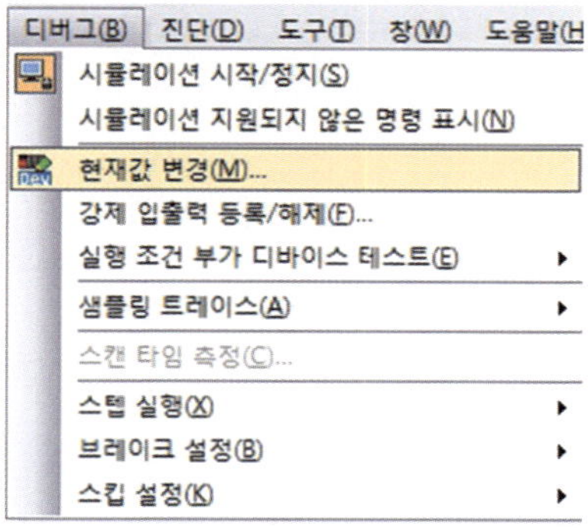

|그림 3-119| 현재값 변경 선택

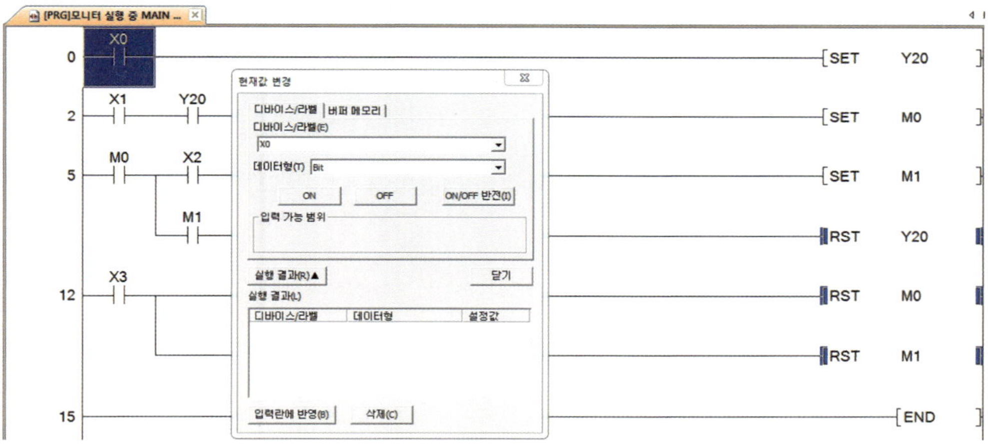

|그림 3-120| 현재값 변경 창

● 현재값 변경 창에서 디바이스 명을 X0를 선택하고 ON 버튼을 클릭하면 **|그림 3-121|**과 같이 디바이스 X0와 출력접점 Y20의 색이 청색으로 바뀌어 ON되었다는 것을 모니터링 할 수 있다.

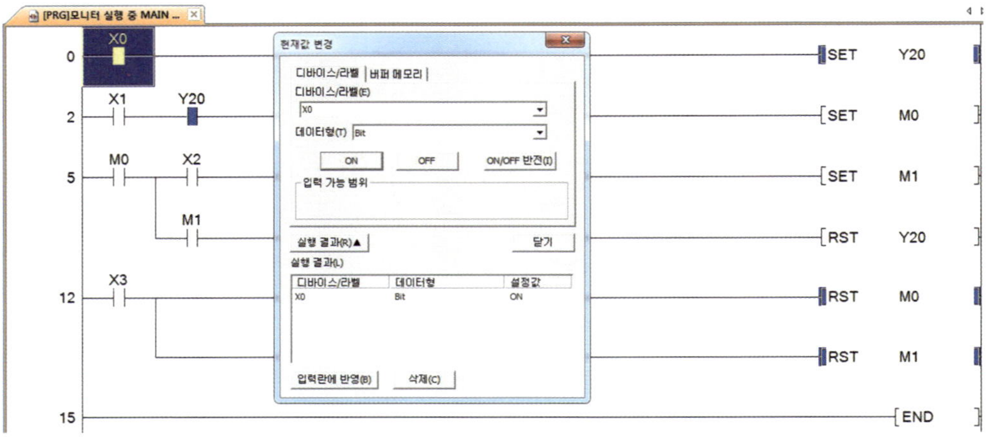

|그림 3-121| 디바이스 현재값 변경 모니터링 결과

2 시뮬레이션 정지

1) 시뮬레이션을 정지하려면 **|그림 3-116|**과 같이 메뉴바에서 [디버그] → [시뮬레이션 시작/정지]를 클릭하면 시뮬레이션이 정지된다.

CHAPTER 04

01 : 접점 명령, 아웃 명령

02 : 결합 명령

03 : 출력 명령

04 : 마스터 콘트롤 명령

05 : 타이머 명령

06 : 카운터 명령

07 : 시프트 명령

08 : 데이터 비교 명령

09 : 데이터 전송 명령

10 : 데이터 변환 명령

11 : 산술 연산 명령

프로그래밍

01 접점 명령, 아웃 명령

01 : 연산 시작(LD), 아웃 명령(OUT)

1 LD(Load)

LD는 한 회로의 a접점 연산시작을 나타내며, 지정 디바이스의 ON/OFF(워드 디바이스의 비트 지정시는 지정 비트의 I/O)정보를 수신하여 연산결과로 한다.

2 OUT

OUT 명령까지의 연산결과를 지정한 디바이스로 출력한다.

3 LD, OUT(시퀀스 YES 회로)

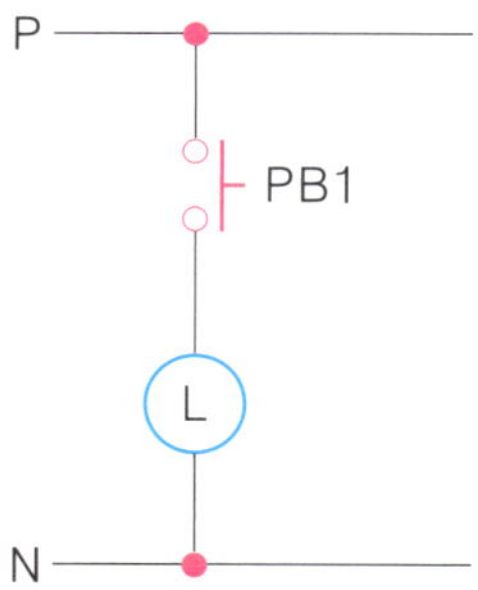

|그림 4-1| 시퀀스 YES 회로

1) I/O 메모리 할당과 하드웨어 구성

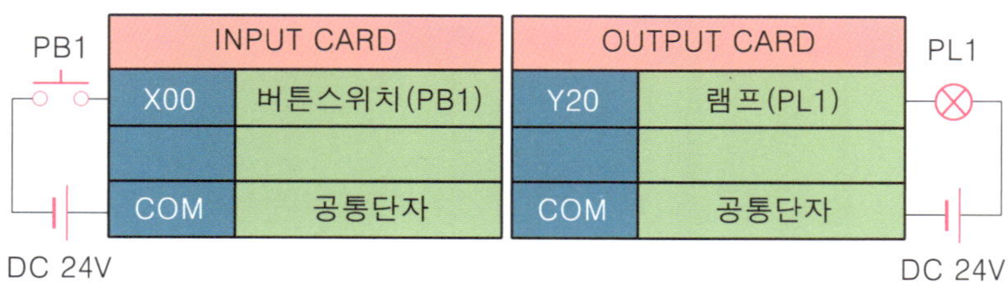

|그림 4-2| YES 회로 PLC 입력 및 출력 모듈 연결

2) 프로젝트 작성

① 메뉴바에서 [프로젝트] → [프로젝트 새로 만들기]를 클릭하거나, 툴바에서 클릭하거나 키보드에서 [Ctrl + N] 키를 치면 **|그림 4-3|**과 같은 프로젝트 새로만들기 창이 뜬다.

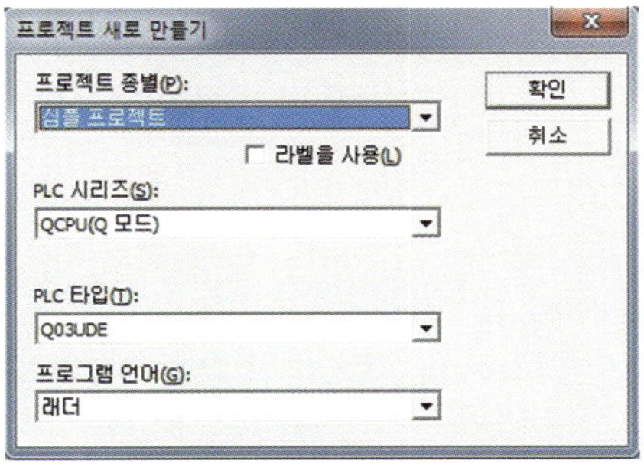

|그림 4-3| **프로젝트 새로 만들기 창**

② 프로젝트 종별은 [심플 프로젝트], PLC 시리즈는 QCPU(Qmode), PLC 타입은 Q03UDE, 프로그래밍 언어는 래더, 라벨을 사용은 선택하지 않고 확인 버튼을 클릭하면 **|그림 4-4|**와 같이 프로젝트를 시작할 수 있는 창이 뜬다.

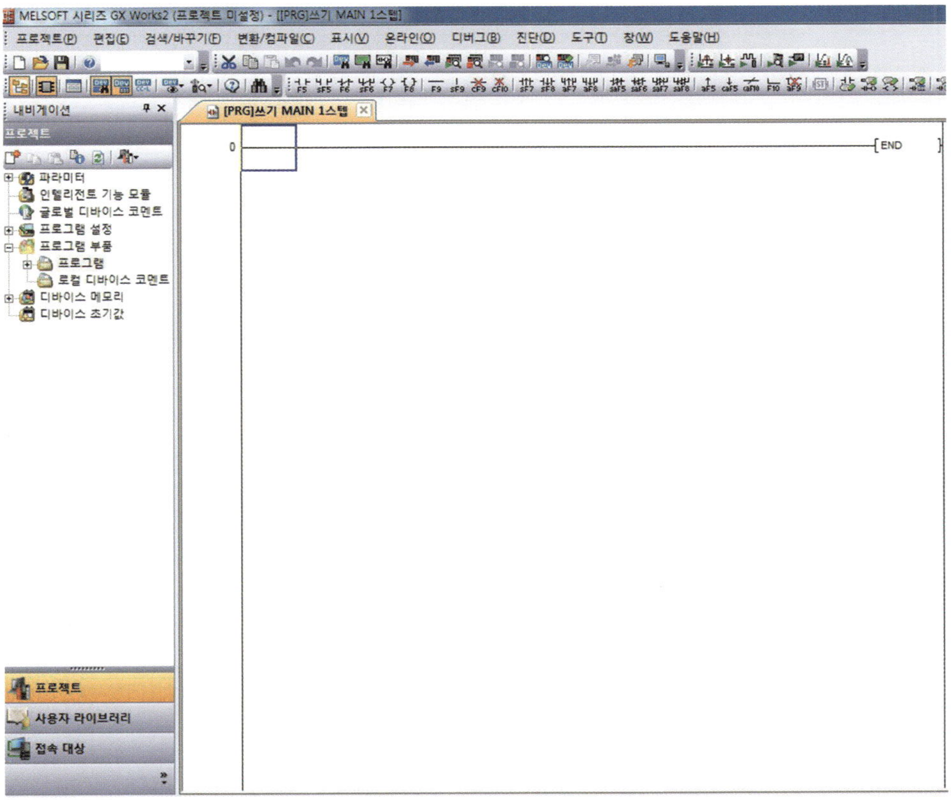

|그림 4-4| **프로젝트 시작 창**

③ 입력 스위치(PB1)를 PLC의 a접점으로 나타내기 위하여 먼저 커서를 프로그램창의 왼쪽상단에 놓고 **|그림 4-5|**의 PLC 래더 도구바에서 상시열린접점을 클릭하거나 키보드에서 F5버튼을 누르면 **|그림 4-6|**과 같이 a접점 래더 입력창이 뜬다.

|그림 4-5| 래더 도구바(a 접점)

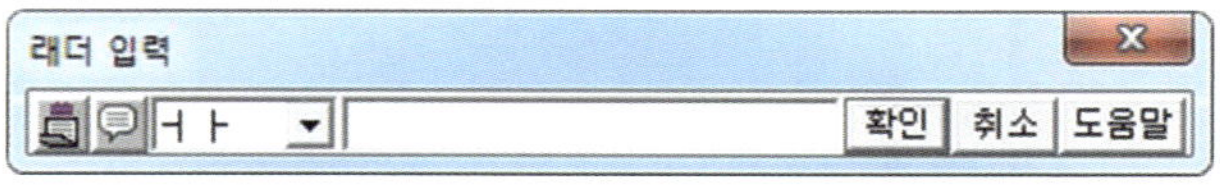

|그림 4-6| a접점 래더 입력창

④ 래더 입력창에서 X0을 입력하고 확인 버튼을 클릭하면 **|그림 4-7|**과 같이 프로그램 창 왼쪽 상단에 a접점(디바이스명 X0)이 나타난 것을 확인할 수 있다.

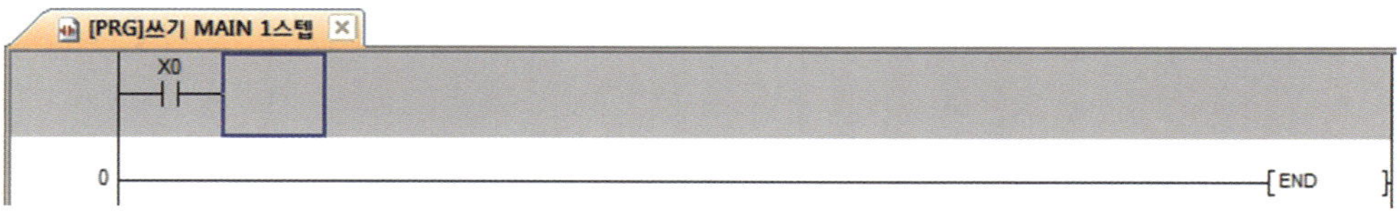

|그림 4-7| a접점 입력확인 프로그램 창

⑤ 그리고 램프를 제어하기 위한 출력 코일을 입력하기 위하여 현재 상태에서 **|그림 4-8|**과 같이 래더 도구바의 출력코일을 선택하거나, 키보드에서 F7버튼을 누르면 **|그림 4-9|**와 같이 출력 코일 래더 입력 창이 나타난다.

|그림 4-8| 래더 도구바(출력 코일)

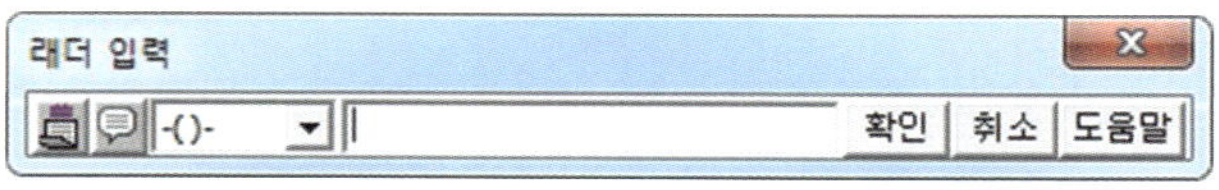

|그림 4-9| 출력 코일 래더 입력창

⑥ 출력 코일 래더 입력창에 램프의 출력 디바이스명(Y20)을 입력하고 확인 버튼을 클릭하면 **|그림 4-10|**과 같이 출력코일이 입력되어 YES회로의 PLC 프로그램이 완성된다. 출력 코일은 자동적으로 프로그램창의 오른쪽 모선에 위치하게 된다.

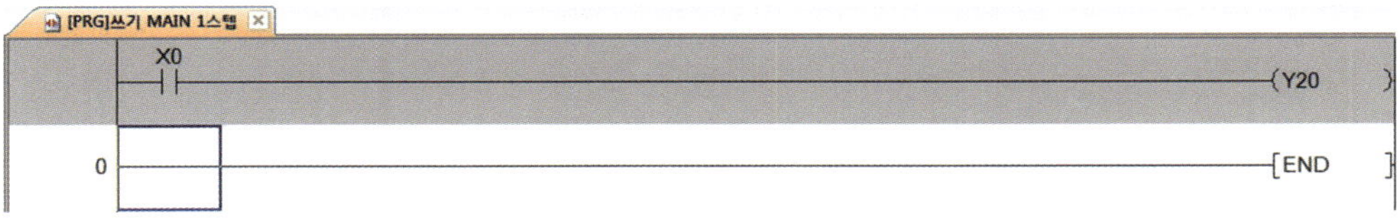

|그림 4-10| YES회로 프로그램 완료 창

⑦ PLC 래더 프로그램이 완성되면 메뉴바의 [변환/컴파일] → [변환]을 선택하거나 키보드에서 [F4]키를 치면 **|**그림 4-11**|**과 같이 PLC 래더 프로그램이 변환이 완료된다. 새로 입력한 프로그램의 색이 바뀌었다는 것을 확인할 수 있다.

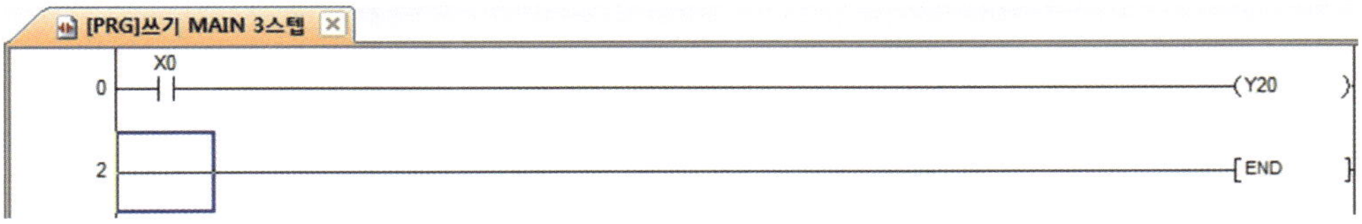

|그림 4-11| YES 회로 컴파일 완료 창

⑧ 프로그램의 변환이 완료되면 메뉴바의 [온라인] → [PLC 쓰기]를 선택하거나 툴바에서 를 클릭하면 **|**그림 4-12**|**와 같이 PLC 쓰기 대화 상자가 나타난다. PLC 쓰기 대화상자에서 프로그램(프로그램 파일)을 체크하면 **|**그림 4-13**|**과 같이 프로그램(프로그램 파일)과 MAIN만 체크되어 있는 것을 확인할 수 있다. 실행 버튼을 누르고 계속 진행시키면 PLC 쓰기가 완료된다.

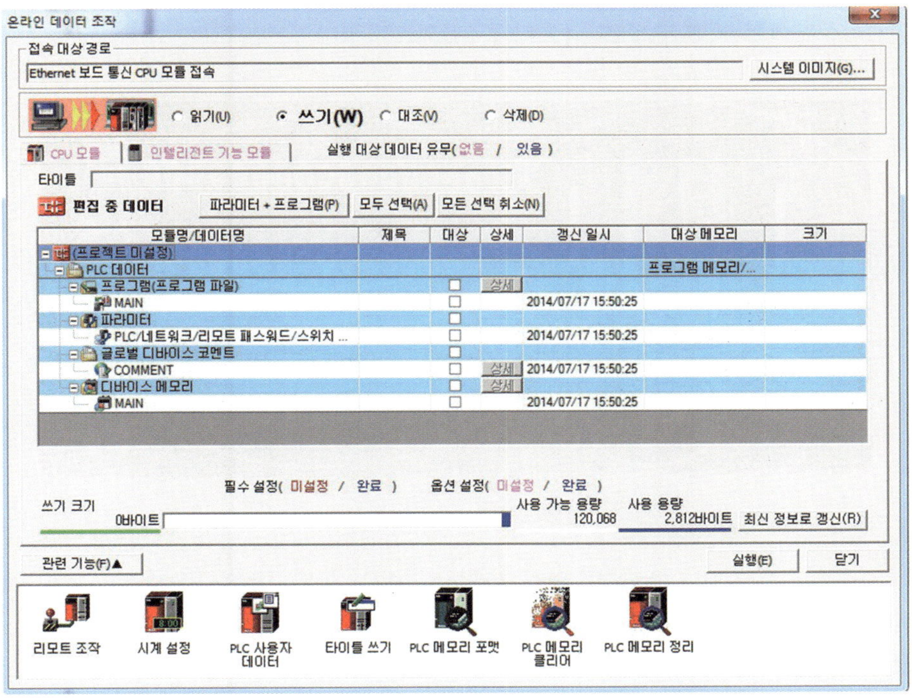

|그림 4-12| PLC 쓰기 대화상자

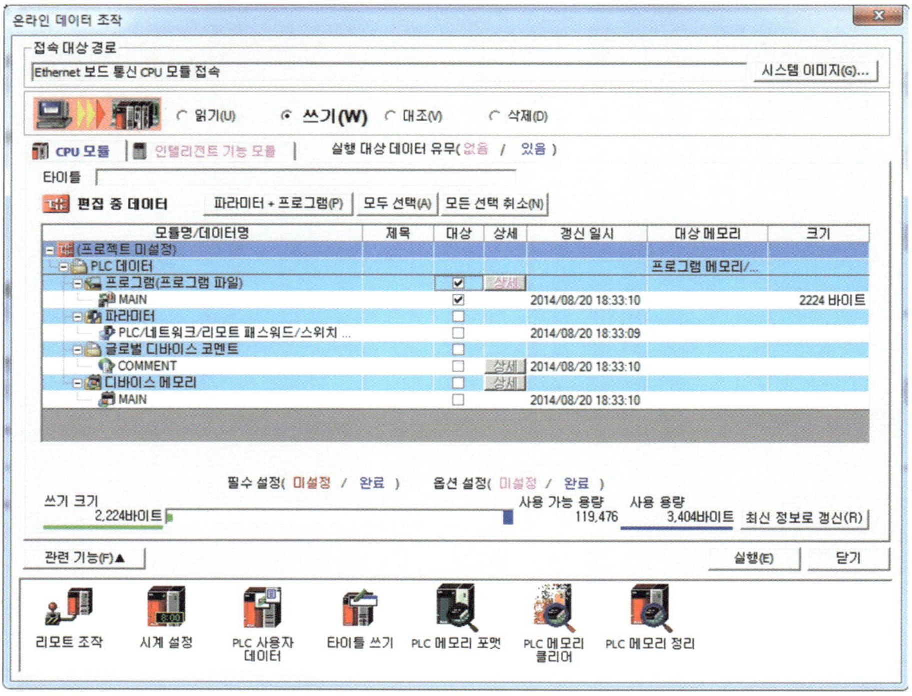

|그림 4-13| PLC 쓰기 대화상자(프로그램 체크)

3) 하드웨어 구성

① PLC실습장치의 전체 구성도는 |그림 4-14|와 같다.

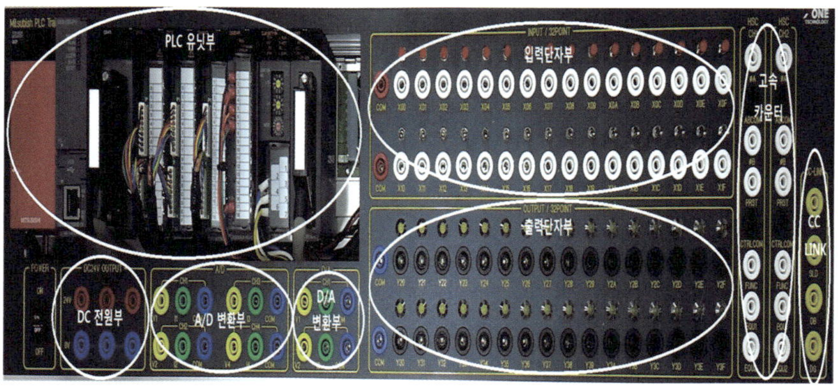

|그림 4-14| PLC실습장치

② PLC실습장치는 PLC유닛부, 입력단자부, 출력단자부, 고속카운터부, CC-LINK부, A/D 변환부, D/A 변환부 및 DC전원부로 구성되어 있다.

③ PLC유닛부는 |그림 4-15|와 같이 전원모듈, CPU모듈, 입력모듈, 출력모듈 2개, A/D모듈, D/A모듈, 고속카운터모듈 및 CC-LINK모듈로 구성되어 있다.

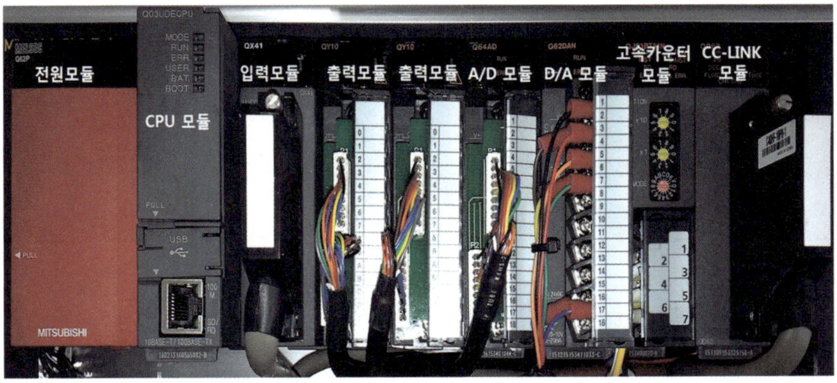

|그림 4-15| PLC 유닛 구성

④ PLC의 입력모듈은 QX41로 입력 전압이 DC 24V인 32점의 입력 점수와 1COM을 갖는 모델이다. COM은 싱크타입을 갖고 입력이 ON시에는 LED가 점등된다. 외형도와 외부 접속도는 **|그림 4-16|**과 같다.

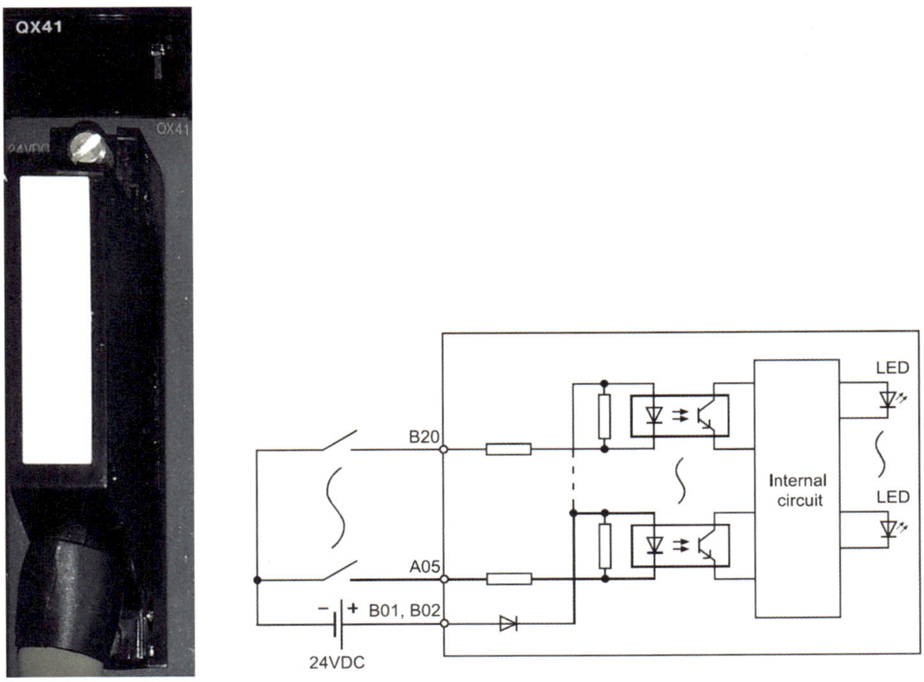

(a) 외형도 (b) 외부 접속도

|그림 4-16| PLC 입력 모듈

⑤ PLC의 입력은 입력모듈에 직접 연결하지 않고 **|그림 4-17|**의 입력단자부를 통하여 연결한다. 입력단자부의 각 단자는 PLC 입력모듈의 각 단자와 전기적으로 연결되어 있다.

|그림 4-17| PLC 실습장치의 입력단자부

⑥ 입력 모듈의 입력 32점은 입력단자부의 32POINT에 연결되어 있으며, 입력 모듈의 COM은 입력단자부의 2개의 COM에 함께 연결되어 있다.

⑦ PLC의 출력모듈은 GY10으로 1점당 DC 24V, AC 220V의 정격 스위칭전압과 2A의 정격 스위칭전류를 갖고 있고 출력 점수는 16점이고, 출력 8점당 1COM을 갖는 모델이다. COM은 소스/싱크타입을 모두 갖는 무극성으로 출력이 ON시에는 LED가 점등된다. 외형도와 외부 접속도는 **|그림 4-18|**과 같다.

(a) 외형도

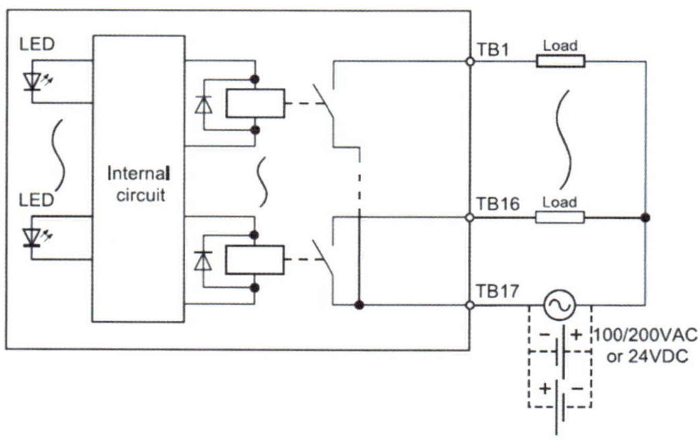

(b) 외부 접속도

|그림 4-18| PLC 출력 모듈

⑧ PLC의 출력은 출력모듈에 직접 연결하지 않고 PLC 실습장치의 출력단자부를 통하여 연결한다. 출력단자부의 각 단자는 PLC 출력모듈의 각 단자와 전기적으로 연결되어 있고, 2개의 COM은 싱크타입으로 내부적으로 연결되어 있다. 출력단자부는 **|그림 4-19|**와 같다.

|그림 4-19| PLC 실습장치의 출력단자부

⑨ PLC의 첫 번째 출력 모듈은 출력연결장치의 Y20~Y2F, 두 번째 출력 모듈은 Y30~Y3F에 연결되어 있다.

⑩ PLC 실습장치의 입력스위치/출력램프부는 |그림 4-20|과 같이 푸시버튼스위치 2개(PB SW1, PB SW2)와 락스위치(LOCK SW)의 입력부와 파이롯램프(PL1, PL2) 2개와 부저(BZ1)의 출력부로 나누어져 있다.

|그림 4-20| PLC 실습장치의 입력스위치/출력램프부

4) 실습 회로 연결

① 회로 구성

- 입력단자 : X00, 출력단자 : Y20
- 입력 COM : 소스(+), 출력 COM : 싱크(–)

② 입력 및 출력 COM 연결

PLC 실습장치의 입력단자부의 COM이 2개 있으나 입력모듈의 32점 입력단자는 1개의 COM을 가지고 있고, 실습장치에서도 2개의 COM이 내부적으로 연결되어 있어 둘 중에 한곳만 연결하면 된다.

또한, 출력단자부의 2개의 COM은 2개의 PLC 출력모듈의 COM과 각각 연결되어 있어 Y20에서 Y2F까지는 위쪽 COM에, Y30에서 Y3F는 아래쪽 COM에 연결하여야 한다. 그러나 출력단자부의 2개의 COM은 실습장치를 제작하면서 내부적으로 연결시켜 놓았기 때문에 출력단자번호에 상관없이 둘 중에 한곳에 연결하면 된다.

그러므로 입력단자 X00의 COM은 입력단자부의 COM 2개중의 한 곳에, 출력단자 Y20의 COM은 출력단자부의 COM 2개중의 한 곳에 연결한다. 그리고 입력 COM은 소스(+), 출력 COM은 싱크(−)연결을 하여야하므로 **|그림 4-21|**과 같이 DC전원부의 +단자를 입력단자부의 COM에 연결하고, DC전원부의 −단자를 출력단자부의 COM에 연결한다.

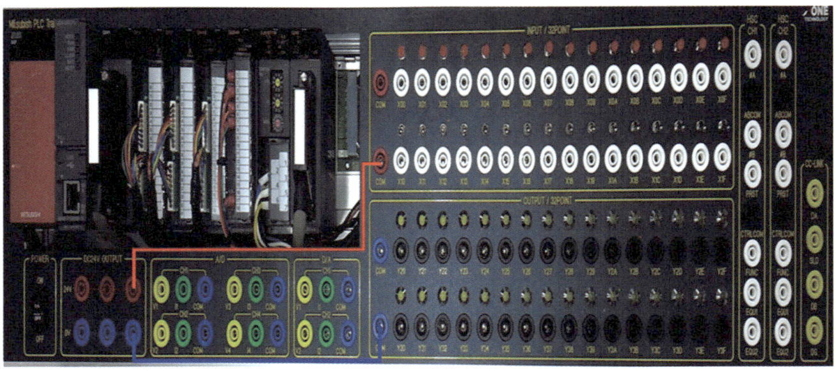

|그림 4-21| PLC 실습장치의 입력 COM과 출력 COM 연결

③ 입력 연결

입력이 소스 연결이므로 PLC의 입력으로 −전압을 연결하여 입력단자로 전류가 흘러나오도록 회로를 연결한다. 그러므로 DC전원부의 −단자에서 푸시버튼스위치(PB1)를 거쳐 입력단자 X00에 연결되도록 배선한다.

|그림 4-22|와 같이 DC전원부의 −단자를 PB1의 아래쪽 COM 단자에 연결한다. 그리고 PB1의 위쪽 단자중에 a접점 출력인 흰색 단자를 입력의 X00 단자에 연결하면 입력 연결이 완성된다.

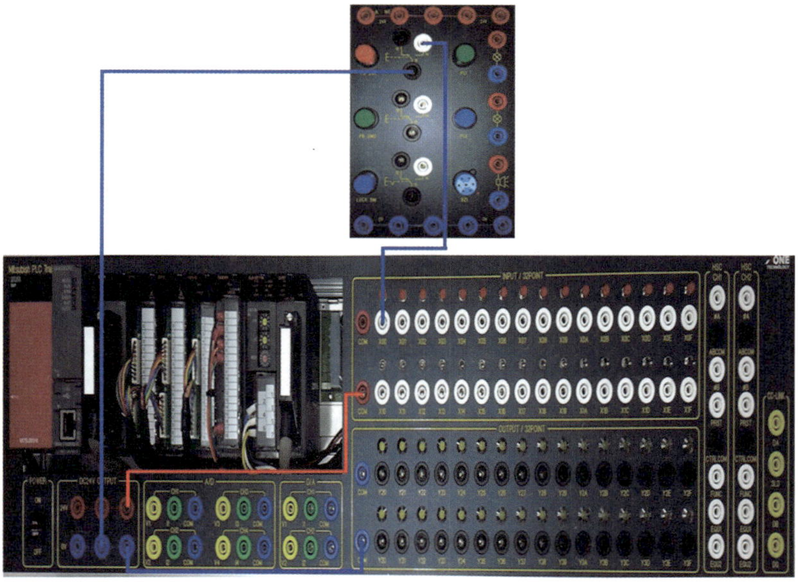

|그림 4-22| PLC 실습장치의 입력 단자 연결

④ 출력 연결

출력이 싱크 연결이므로 DC전원부 +전압을 부하의 +단자에 연결하고 부하의 −단자를 출력단자에 연결하여 출력단자로 전류가 흘러들어가도록 회로를 연결한다. 그러므로 DC전원부의 +단자에서 파이롯램프(PL1)을 거쳐 출력단자 Y20에 연결되도록 배선한다.

|그림 4-23|과 같이 DC전원부의 +단자를 PL1의 위쪽 적색 단자에 연결하고, 아래쪽 청색 단자 단자를 출력의 Y20 단자에 연결하면 출력 연결이 완성된다.

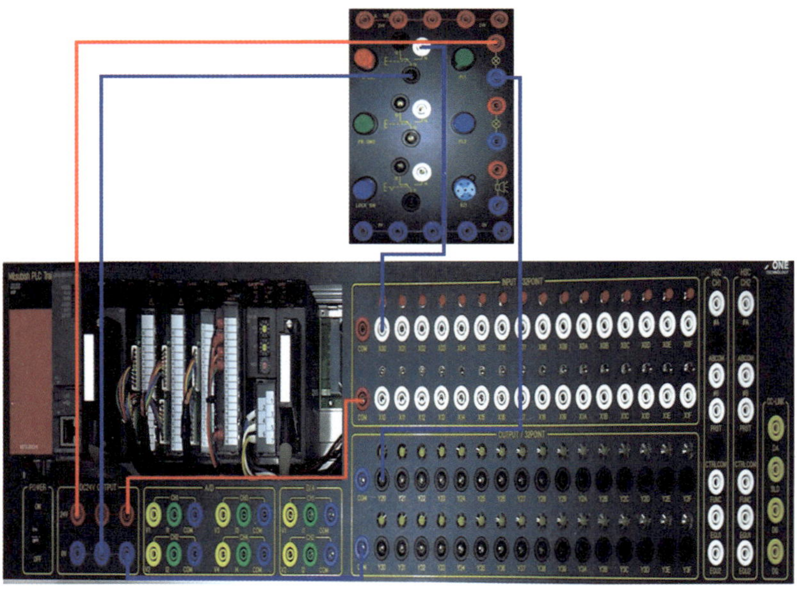

|그림 4-23| PLC 실습장치의 출력 단자 연결

4 실습과제(4-1)

I/O할당 및 메모리 구성이 **|그림 4-24|**와 같을 때, 시퀀스 YES회로의 PLC 프로그램을 작성하고 시스템을 완성하라.

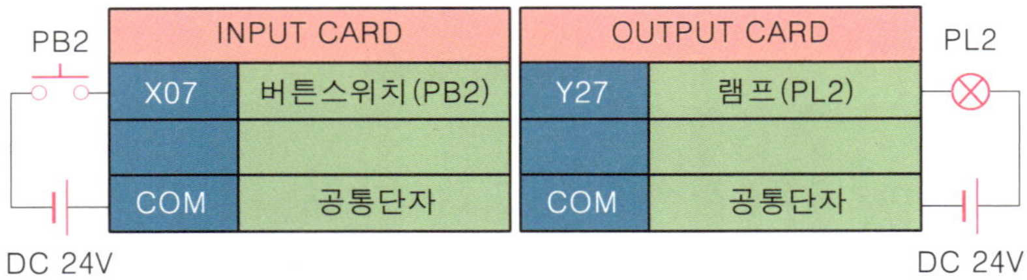

|그림 4-24| 실습과제 4-1

02 : LOAD NOT

1 LDI(Load Inverse)

LDI는 b접점 연산시작을 나타내며, 지정 디바이스의 OFF(워드 디바이스의 비트 지정시는 지정 비트의 I/O) 정보를 수신하여 연산결과로 한다.

2 프로그램(시퀀스 NOT 회로)

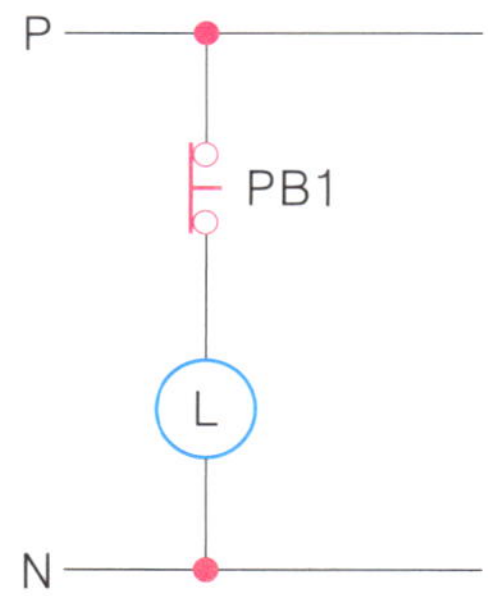

|그림 4-25| NOT 회로

1) I/O 메모리 할당과 하드웨어 구성

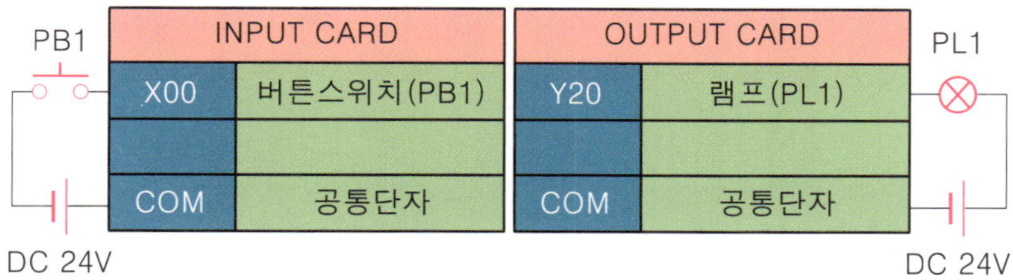

|그림 4-26| NOT 회로 메모리 할당 및 하드웨어 구성

2) 프로그램

① 메뉴바에서 [프로젝트] → [프로젝트 새로 만들기]를 클릭하거나, 툴바에서 클릭하거나 키보드에서 [Ctrl + N] 키를 친다

② 프로젝트 종별은 [심플 프로젝트], PLC 시리즈는 QCPU(Qmode), PLC 타입은 Q03UDE, 프로그래밍 언어는 래더, 라벨을 사용은 선택하지 않고 확인 버튼을 클릭하면 프로젝트를 시작할 수 있는 창이 뜬다.

③ 입력 스위치(PB1)를 PLC의 b접점으로 나타내기 위하여 먼저 커서를 프로그램창의 왼쪽상단에 놓고 **|그림 4-27|**의 PLC 래더 도구바에서 상시닫힌접점을 클릭하거나 키보드에서 [F6]버튼을 누르면 **|그림 4-28|**과 같이 b접점 래더 입력창이 뜬다.

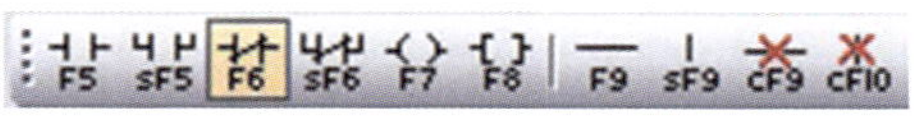

|그림 4-27| 래더 도구바(b 접점)

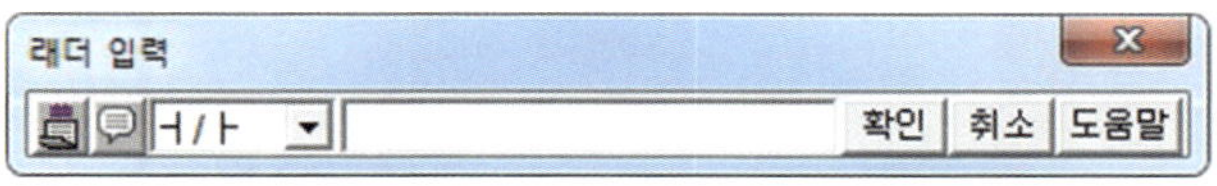

|그림 4-28| b접점 래더 입력창

④ 래더 입력창에서 X0을 입력하고 확인 버튼을 클릭하면 **|그림 4-29|**와 같이 프로그램 창 왼쪽 상단에 b접점(디바이스명 X0)이 나타난 것을 확인할 수 있다.

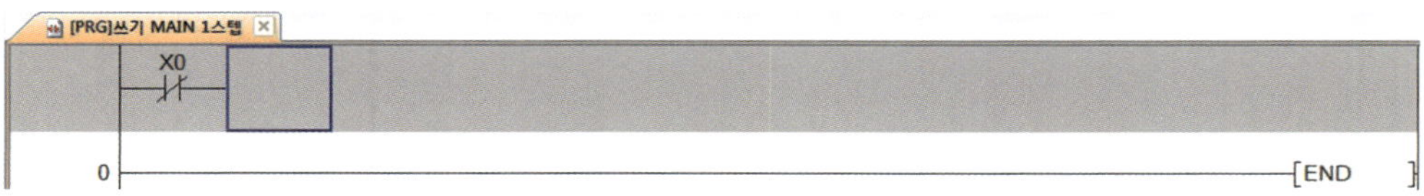

|그림 4-29| b접점 입력 프로그램 창

⑤ 그리고 램프를 제어하기 위한 출력 코일을 입력하기 위하여 현재 상태에서 래더 도구바의 출력코일을 선택하거나, 키보드에서 [F7]버튼을 누른다. 출력 코일 래더 입력창에 램프의 출력 디바이스명(Y20)을 입력하고 확인 버튼을 클릭하면 **|**그림 4-30**|**과 같이 출력코일이 입력되어 NOT회로의 PLC 프로그램이 완성된다.

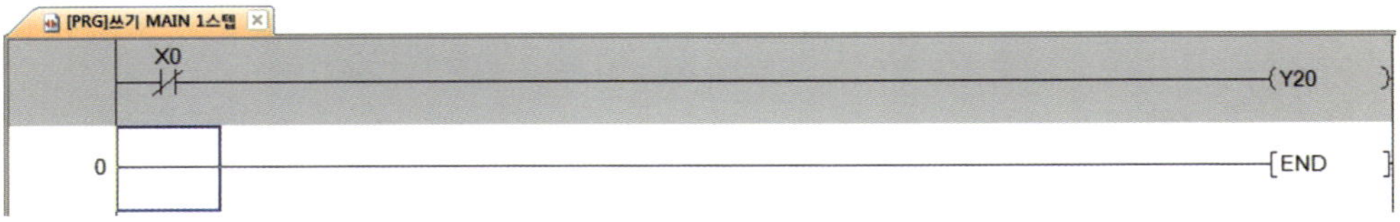

|그림 4-30**|** NOT회로 프로그램 완료 창

⑥ PLC 래더 프로그램이 완성되면 메뉴바의 [변환/컴파일] → [변환]을 선택하거나 키보드의 [F4]키를 치면 **|**그림 4-31**|**과 같이 PLC 래더 프로그램이 변환이 완료된다.

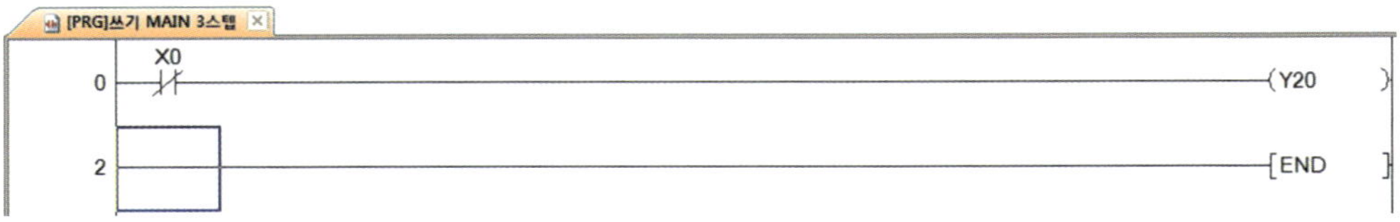

|그림 4-31**|** NOT회로 컴파일 완료 창

⑦ 프로그램의 변환이 완료되면 메뉴바의 [온라인] → [PLC 쓰기]를 선택하거나 툴바에서  를 클릭한다. PLC 쓰기 대화 상자가 나타나면, PLC 쓰기 대화상자에서 프로그램(프로그램 파일)을 체크한다. 그리고 실행 버튼을 클릭하고 계속 진행시키면 PLC 쓰기가 완료된다.

3 하드웨어 구성

1) 회로 구성

- 입력단자 : X00, 출력단자 : Y20
- 입력 COM : 소스(+), 출력 COM : 싱크(−)

2) 입력 및 출력 COM 연결

NOT 회로의 입력 및 출력 COM은 PLC 실습장치에서 입력 COM과 출력 COM의 연결을 고정했기 때문에 **|**그림 4-21**|**과 같이 YES회로의 입력 및 출력 COM 연결하는 방법과 같다.

3) 입력 연결

입력이 소스 연결이고 입력 단자가 X00이므로 YES회로의 **|**그림 4-22**|**와 같이 DC전원부의 +단자에서 푸시버튼스위치(PB1)를 거쳐 입력단자 X00에 입력되도록 회로를 구성한다.
그러나 일부에서는 NOT회로의 입력스위치가 b접점으로 되어 있다고 입력스위치의 연결을 **|**그림 4-32**|**와 같이 DC전원부의 −단자를 PB1의 아래쪽 COM 단자에 연결하고, PB1의 b접점 출력인 흑색 단자를 입력의 X00 단자에 연결하는 경우가 있다.

이렇게 연결하면 입력단자 X00에 b접점 신호가 들어가고 PLC 프로그램에서도 b접점 동작을 하게 되어 결국 PLC 프로그램의 출력은 a접점 연산결과가 된다.

입력 스위치가 b접점으로 되어 있더라도 PLC의 입력연결은 항상 a접점 입력으로 연결하고, b접점 동작은 PLC 프로그램에서 수행하도록 한다.

만약 입력 단자의 입력 연결을 b접점으로 할 경우에는 PLC 프로그램에서는 a접점으로 프로그램 한다.

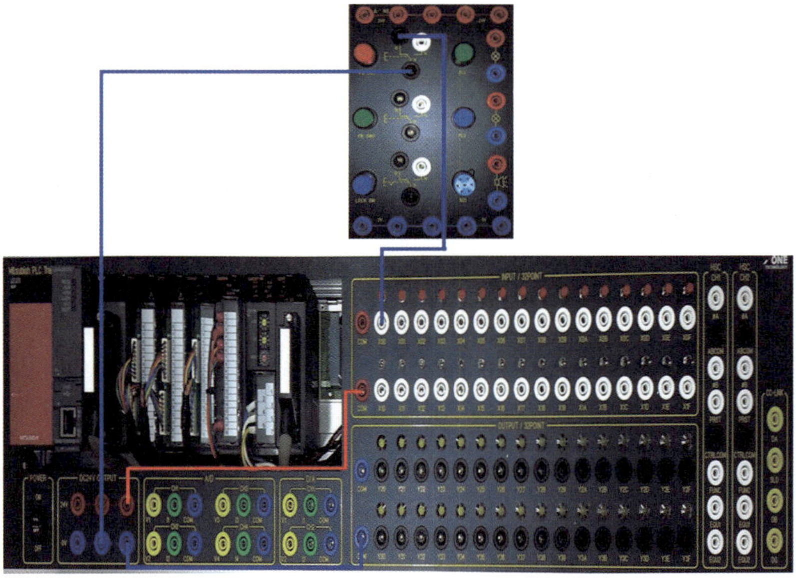

|그림 4-32| NOT회로 잘못된 입력 연결

4) 출력 연결

출력의 경우는 YES회로와 같기 때문에 YES 회로 연결과 같은 방법으로 연결한다. 결국 입출력의 회로연결은 **|그림 4-33|**과 같이 YES회로와 동일하다.

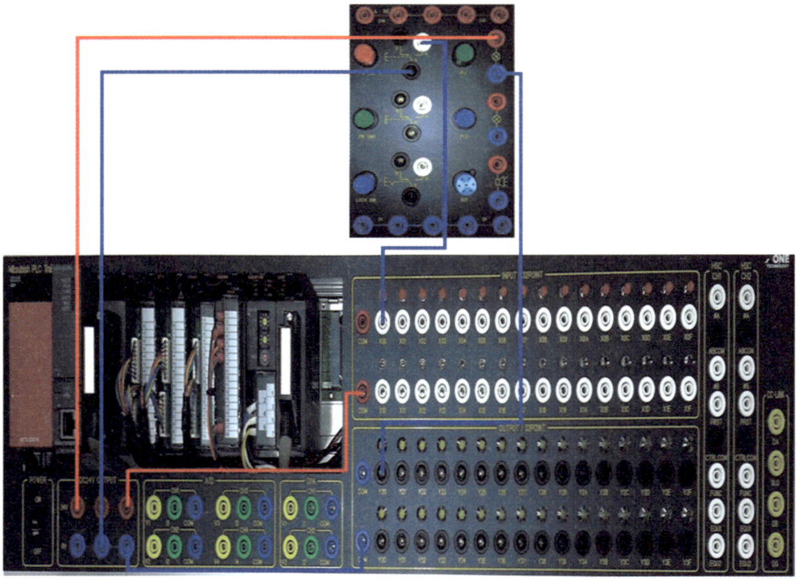

|그림 4-33| NOT 회로의 연결

5) 모니터링

회로 구성이 완료되면 메뉴의 [온라인]-[모니터]-[모니터시작]을 선택하거나 키보드의 [F3]키를 누르면 **|그림 4-34|**와 같이 모니터링 화면이 나타난다.

|그림 4-34|에서와 같이 현재 버튼을 누르지 않은 상태에서 X0번의 접점이 ON되어 있어 b접점이 동작중임을 확인할 수 있고, 입력이 ON되어 있기 때문에 출력(Y20)이 ON되었다는 것을 모니터링을 통하여 확인할 수 있다.

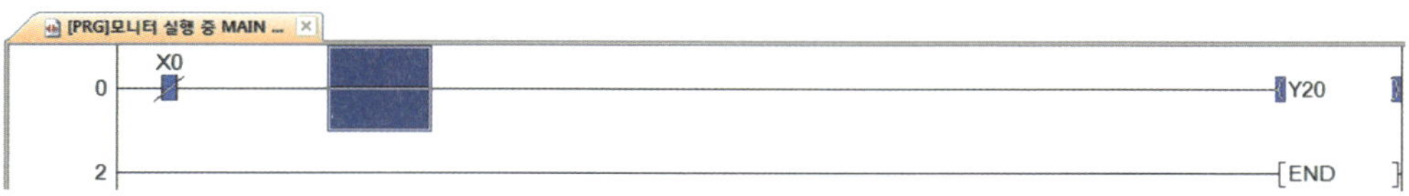

|그림 4-34| 모니터링 실행

4 실습과제(4-2)

I/O할당 및 메모리 구성이 |그림 4-35|와 같을 때, 시퀀스 NOT 회로의 PLC 프로그램을 작성하고 시스템을 완성하라.

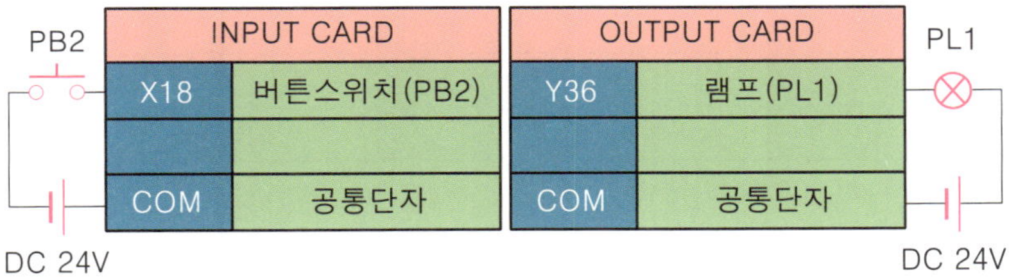

|그림 4-35| 실습과제 4-2의 메모리 할당 및 하드웨어 구성

03 : AND, ANI

1 AND는 a접점 직렬 접속, ANI는 b접점 직렬 접속 명령으로, 지정비트디바이스의 ON/OFF 정보를 읽고, 지금까지의 연산결과와 AND 연산 또는 AND NOT 연산을 하여 이 값을 연산결과로 한다.

2 AND, ANI의 사용 제한은 없지만, 프로그래밍 툴의 래더 모드에서는 다음과 같다.

1) 쓰기, 읽기 : AND, ANI가 직렬로 접속되는 경우, 24단까지의 회로를 작성할 수 있다.

2) 24단을 초과하는 경우, 24단까지 표시된다.

3 프로그램 1(시퀀스 AND 회로)

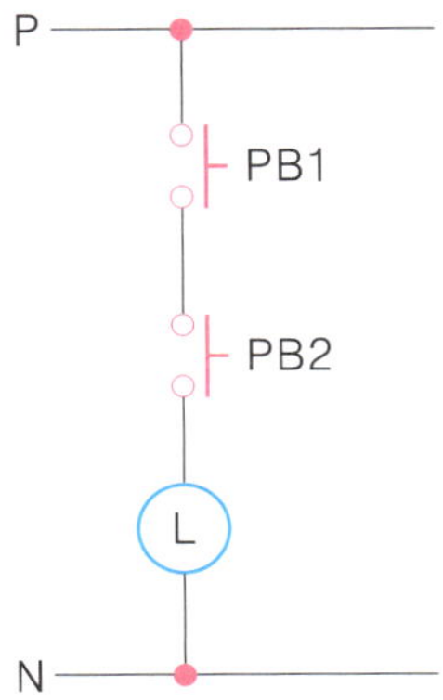

|그림 4-36| 시퀀스 AND 회로

1) I/O 메모리 할당과 하드웨어 구성

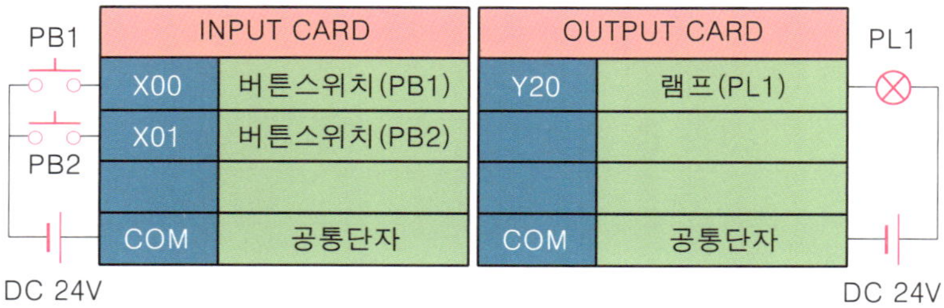

|그림 4-37| AND 회로 메모리 할당 및 하드웨어 구성

2) 프로그램

① 메뉴바에서 [프로젝트] → [프로젝트 새로 만들기]를 클릭하거나, 툴바에서 클릭하거나 키보드에서 [Ctrl + N] 키를 친다

② 프로젝트 종별은 [심플 프로젝트], PLC 시리즈는 QCPU(Qmode), PLC 타입은 Q03UDE, 프로그래밍 언어는 래더, 라벨을 사용은 선택하지 않고 확인 버튼을 클릭하면 프로젝트를 시작할 수 있는 창이 뜬다.

③ 입력 스위치(PB1)를 PLC의 a접점으로 나타내기 위하여 먼저 커서를 프로그램창의 왼쪽상단에 놓고 PLC 래더 도구바에서 상시열린접점을 클릭하거나 키보드에서 [F5] 버튼을 누르면 a접점 래더 입력창이 뜬다.

④ 래더 입력창에서 X0을 입력하고 확인 버튼을 클릭하면 |그림 4-38|과 같이 프로그램 창 왼쪽 상단에 a접점(디바이스명 X0)이 나타난 것을 확인할 수 있다.

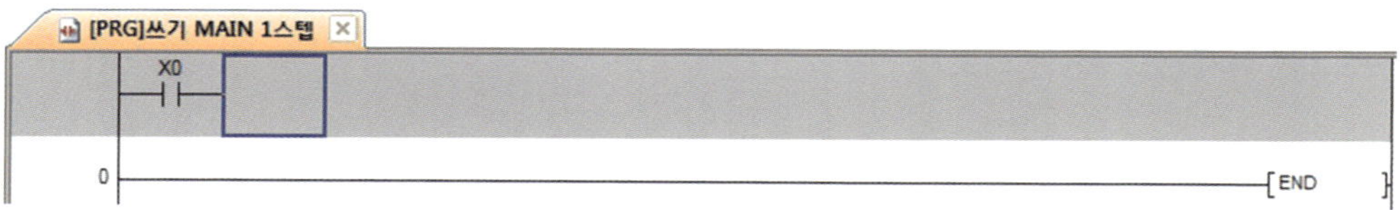

|그림 4-38| a접점 입력 프로그램 창

⑤ 그리고 입력 스위치(PB2)를 PLC의 a접점으로 직렬로 연결하기 위하여 |그림 4-38|과 같은 위치에서 PLC 래더 도구바에서 상시열린접점을 클릭하거나 키보드에서 [F5] 버튼을 누르고, 래더 입력창에 X1을 입력하고 확인 버튼을 클릭하면 |그림 4-39|와 같이 X0과 X1이 직렬로 연결되어 있는 것을 확인할 수 있다.

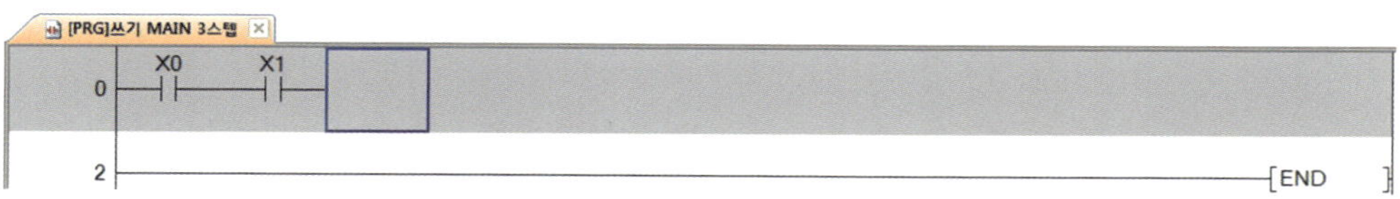

|그림 4-39| AND 입력 확인 창

⑥ 그리고 램프를 제어하기 위한 출력 코일을 입력하기 위하여 현재 상태에서 래더 도구바의 출력코일을 선택하거나, 키보드에서 [F7]버튼을 누른다. 출력 코일 래더 입력창에 램프의 출력 디바이스명(Y20)을 입력하고 확인 버튼을 클릭하면 **|그림 4-40|**과 같이 출력코일이 입력되어 AND회로의 PLC 프로그램이 완성된다.

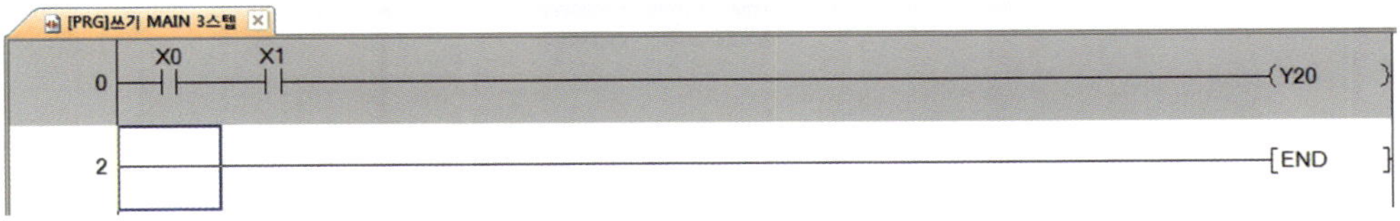

|그림 4-40| AND회로 프로그램 완료 창

⑦ PLC 래더 프로그램이 완성되면 메뉴바의 [변환/컴파일] → [변환]을 선택하거나 키보드의 [F4]키를 쳐 PLC 래더 프로그램의 변환을 완료한다.

⑧ 프로그램의 변환이 완료되면 메뉴바의 [온라인] → [PLC 쓰기]를 선택하거나 툴바에서 를 클릭하여 PLC 쓰기를 완료한다.

3) 하드웨어 구성

① 회로 구성

- 입력단자 : X00, X01　　출력단자 : Y20
- 입력 COM : 소스(+), 출력 COM : 싱크(−)

② 입력 및 출력 COM 연결

입력 및 출력 단자의 COM 연결은 YES회로와 NOT회로의 연결방법과 동일하다. 같은 PLC 실습장치를 사용하는 모드 실습에서는 입력 및 출력의 COM연결이 동일하기 때문에 이후의 회로 연결에서는 입력 및 출력의 COM연결 부분은 설명하지 않도록 하겠다.

③ 입력 연결

전원의 + 신호가 푸시버튼스위치 PB1 및 PB2를 거쳐 입력단자 X00 및 X01에 입력되도록 **|그림 4-41|**과 같이 PB1 출력 단자를 X00 입력단자에, PB2 출력 단자를 X01의 입력단자에 연결되도록 각각 회로를 구성한다.

간혹 시퀀스 AND 회로에서 푸시버튼스위치 PB1과 PB2가 직렬 연결되어 있다고 **|그림 4-42|**와 같이 PB1의 출력을 PB2의 입력에 연결하고 PB2의 출력을 PLC의 입력에 연결하는 경우가 있다. PB1과 PB2를 **|그림 4-42|**에서처럼 직접 직렬 연결하여 PLC의 입력으로 연결하면 1개의 입력 단자에만 연결하게 되어 PLC 프로그램은 AND연산을 할 수 없다. 그러므로 PB1과 PB2는 PLC 입력단자에 각각 입력하고, PLC 프로그램에서 PB1과 PB2의 입력을 받아 AND 연산을 한다.

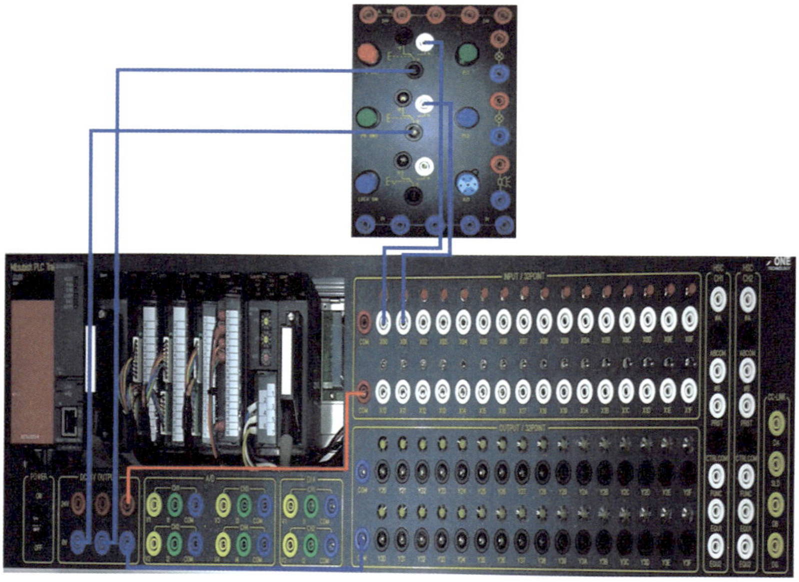

|그림 4-41| AND회로 입력 단자 연결

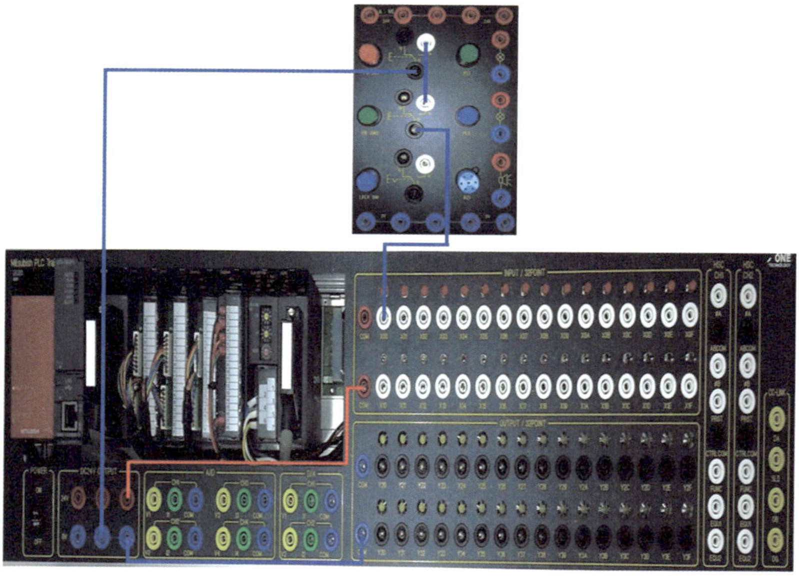

|그림 4-42| AND회로의 잘못된 입력 단자 연결

④ 출력 연결

출력의 경우는 YES회로와 같기 때문에 YES 회로 연결과 같은 방법으로 연결하면, **|그림 4-43|**과 같이 AND 회로의 입출력 연결이 완료된다.

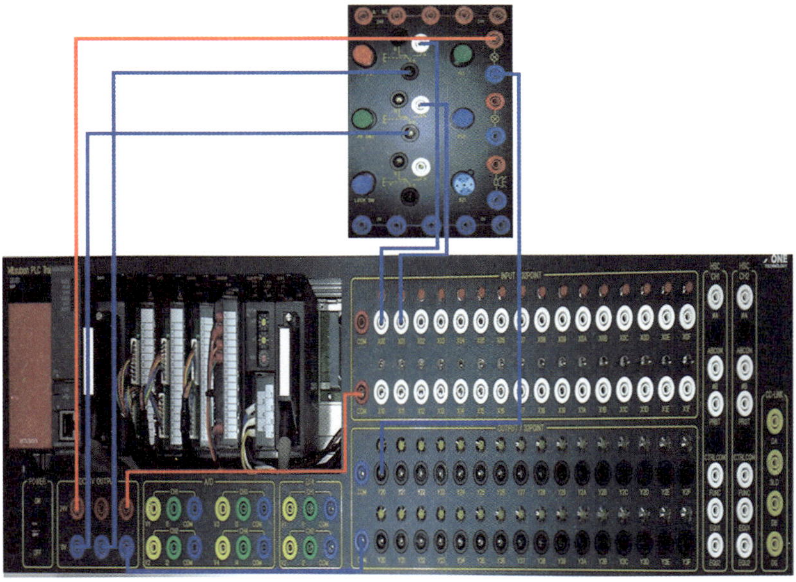

| 그림 4-43 | AND회로의 연결

4 프로그램 2(시퀀스 AND NOT 회로)

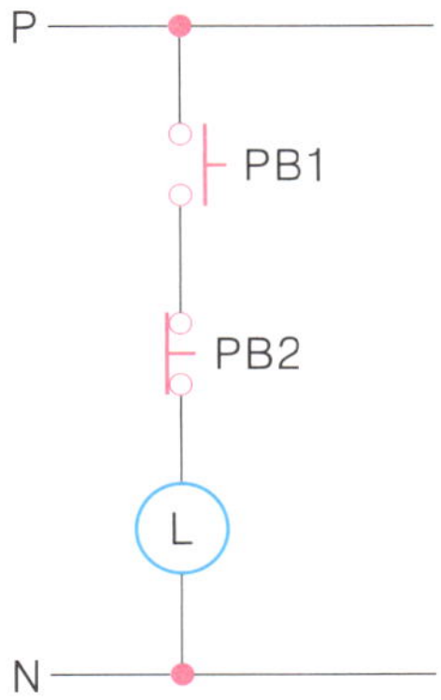

| 그림 4-44 | AND NOT 회로의 연결

1) I/O 메모리 할당과 하드웨어 구성

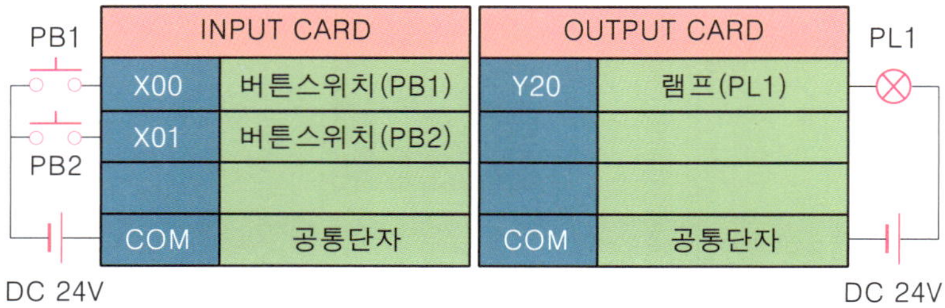

|그림 4-45| AND NOT 회로 메모리 할당 및 하드웨어 구성

2) 프로그램

① 메뉴바에서 [프로젝트] → [프로젝트 새로 만들기]를 클릭하거나, 툴바에서 (아이콘) 클릭하거나 키보드에서 [Ctrl + N] 키를 친다

② 프로젝트 종별은 [심플 프로젝트], PLC 시리즈는 QCPU(Qmode), PLC 타입은 Q03UDE, 프로그래밍 언어는 래더, 라벨을 사용은 선택하지 않고 확인 버튼을 클릭하면 프로젝트를 시작할 수 있는 창이 뜬다.

③ 입력 스위치(PB1)를 PLC의 a접점으로 나타내기 위하여 먼저 커서를 프로그램창의 왼쪽상단에 놓고 PLC 래더 도구바에서 상시열린접점을 클릭하거나 키보드에서 [F5] 버튼을 누르면 a접점 래더 입력창이 뜬다.

④ 래더 입력창에서 X0을 입력하고 확인 버튼을 클릭하면 |그림 4-46|과 같이 프로그램 창 왼쪽 상단에 a접점(디바이스명 X0)이 나타난 것을 확인할 수 있다.

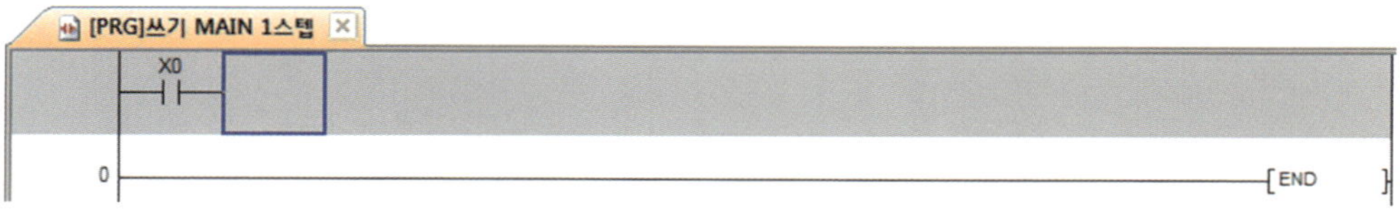

|그림 4-46|] a접점 입력 프로그램 창

⑤ 그리고 입력 스위치(PB2)를 PLC의 b접점으로 직렬로 연결하기 위하여 |그림 4-46|과 같은 위치에서 PLC 래더 도구바에서 상시닫힌접점을 클릭하거나 키보드의 [F6] 버튼을 누르고, 래더 입력창에 X1을 입력하고 확인 버튼을 클릭하면 |그림 4-47|과 같이 X0과 X1이 AND NOT으로 연결되어 있는 것을 확인할 수 있다.

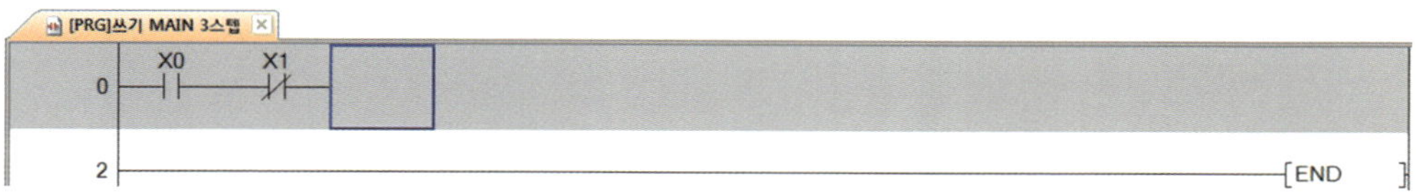

|그림 4-47| AND NOT 입력 확인

⑥ 그리고 램프를 제어하기 위한 출력 코일을 입력하기 위하여 현재 상태에서 래더 도구바의 출력코일을 선택하거나, 키보드에서 [F7]버튼을 누른다. 출력 코일 래더 입력창에 램프의 출력 디바이스명(Y20)을 입력하고 확인 버튼을 클릭하면 **|그림 4-48|**과 같이 출력코일이 입력되어 AND NOT회로의 PLC 프로그램이 완성된다.

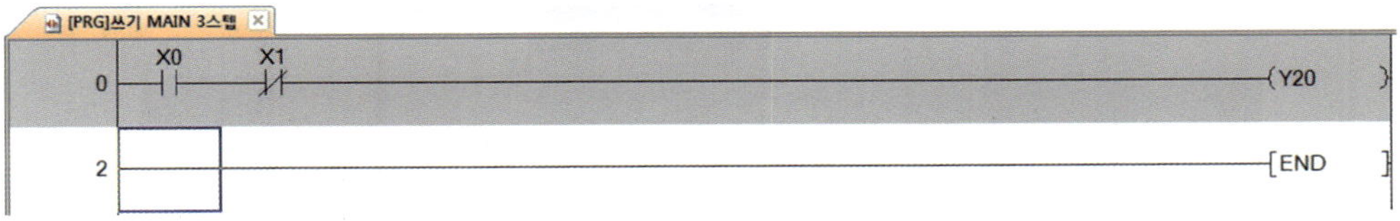

|그림 4-48| AND NOT회로 프로그램 완료

⑦ PLC 래더 프로그램이 완성되면 메뉴바의 [변환/컴파일] → [변환]을 선택하거나 키보드의 [F4]키를 쳐 PLC 래더 프로그램의 변환을 완료한다.

⑧ 프로그램의 변환이 완료되면 메뉴바의 [온라인] → [PLC 쓰기]를 선택하거나 툴바에서 를 클릭하여 PLC 쓰기를 완료한다.

3) 하드웨어 구성

① 회로 구성

- 입력단자 : X00, X01　　출력단자 : Y20
- 입력 COM : 소스(+), 출력 COM : 싱크(−)

② 입력 및 출력 연결

입력이 소스 연결이므로 −신호가 푸시버튼스위치 PB1 및 PB2를 거쳐 입력단자 X00 및 X01에 입력되도록 회로를 구성한다.

여기에서 유의할 점은 AND NOT 회로의 푸시버튼스위치 PB2가 b접점이라고 하여 PLC의 입력단자 X01에 PB2를 b접점 출력을 연결하지 않는다. PB2의 b접점은 PLC 프로그램에서 b접점으로 프로그래밍하였기 때문에 PB2를 a접점출력을 PLC 입력단자로 연결하면 PLC에서 a접점 입력을 받아 b접점 동작을 한다. 만약 푸시버튼스위치 PB2의 b접점 출력을 PLC의 입력단자로 연결하고 또다시 PLC 프로그램에서 b접점으로 프로그래밍하면 PLC 프로그램의 연산결과는 a접점 동작이 발생한다.

그러므로 **|그림 4-49|**와 같이 DC전원부의 − 단자를 푸시버튼스위치 PB1 및 PB2의 아래쪽 COM 단자에 각각 연결하고, PB1과 PB2의 위쪽의 a접점 출력단자를 입력의 X00과 X01 단자에 연결하여 AND 회로와 같은 방법으로 연결한다.

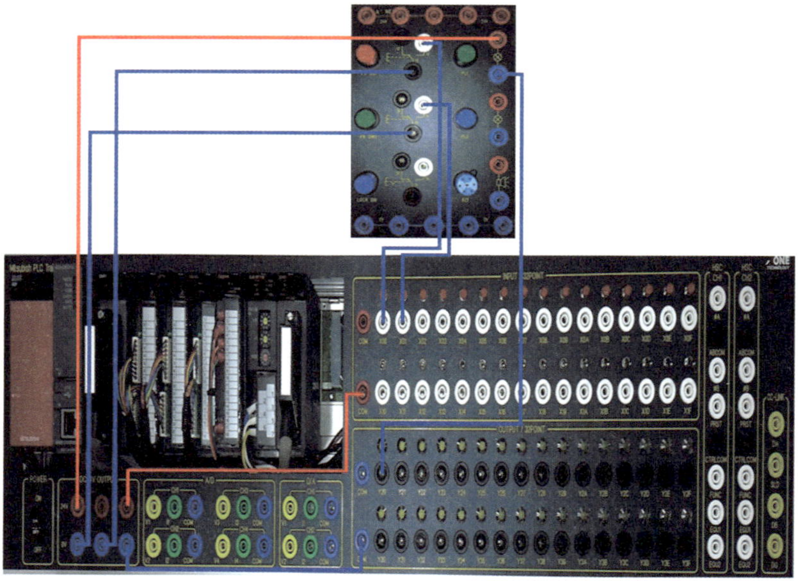

|그림 4-49| AND NOT 회로의 연결

출력이 싱크(-)연결이므로 |그림 4-49|과 같이 PLC 출력(Y20)을 부하(램프)의 - 단자에 연결하고, 부하의 + 단자는 전원의 + 단자에서 연결되도록 회로를 구성한다.

5 실습과제(4-3)

시퀀스 AND, AND NOT 회로의 I/O할당 및 메모리 구성과 회로도가 |그림 4-50|과 |그림 4-51|과 같을 때, PLC 프로그램을 작성하고 시스템을 완성하라.

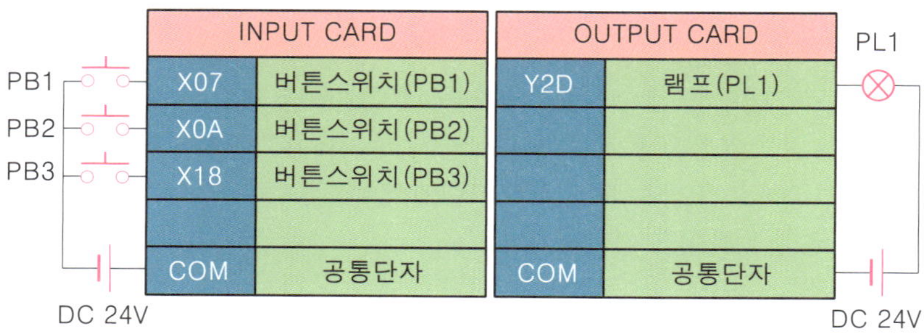

|그림 4-50| 실습과제 4-3의 메모리 할당 및 하드웨어 구성

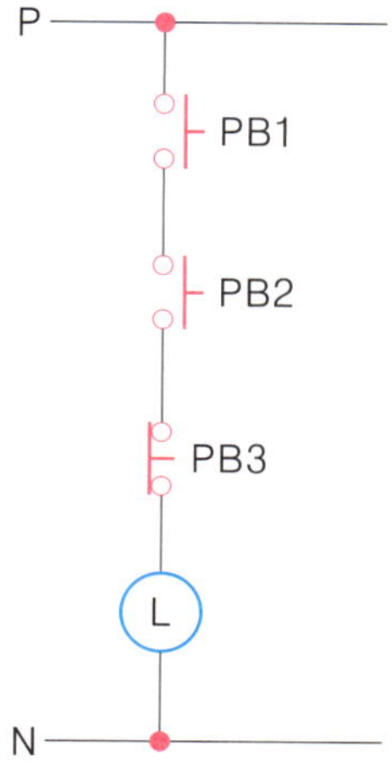

|그림 4-51| 실습과제 4-3 시퀀스 회로

04 : OR, ORI

1 OR는 a접점 1개의 병렬 접속, ORI는 b접점 1개의 병렬 접속 명령으로, 지정비트디바이스의 ON/OFF 정보를 읽고, 지금까지의 연산결과와 OR 연산 또는 OR NOT 연산을 하여 이 값을 연산결과로 한다.

2 OR, ORI의 사용 제한은 없지만, 프로그래밍 툴의 래더 모드에서는 다음과 같다.

1) 쓰기, 읽기 : OR, ORI가 병렬로 접속되는 경우, 23단까지의 회로를 작성할 수 있다.

2) 23단을 초과하는 회로는 표현할 수 없다.

3 프로그램 1(시퀀스 OR 회로)

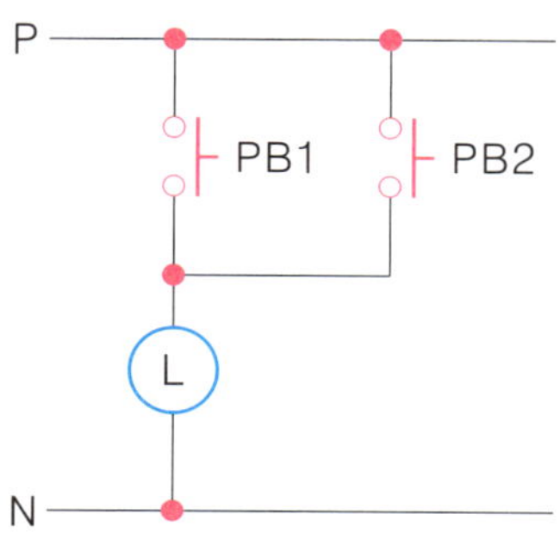

|그림 4-52| 시퀀스 OR 회로

1) I/O 메모리 할당과 하드웨어 구성

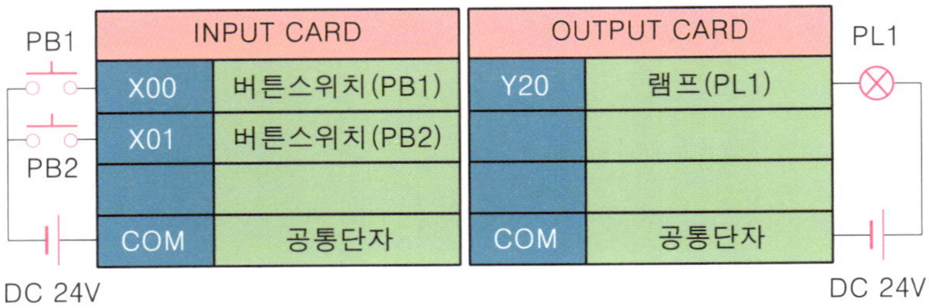

|그림 4-53| OR 회로 메모리 할당 및 하드웨어 구성

2) 프로그램

① 메뉴바에서 [프로젝트] → [프로젝트 새로 만들기]를 클릭하거나, 툴바에서 클릭하거나 키보드에서 [Ctrl + N] 키를 친다

② 프로젝트 종별은 [심플 프로젝트], PLC 시리즈는 QCPU(Qmode), PLC 타입은 Q03UDE, 프로그래밍 언어는 래더, 라벨을 사용은 선택하지 않고 확인 버튼을 클릭하면 프로젝트를 시작할 수 있는 창이 뜬다.

③ 입력 스위치(PB1)를 PLC의 a접점으로 나타내기 위하여 먼저 커서를 프로그램창의 왼쪽상단에 놓고 PLC 래더 도구바에서 상시열린접점을 클릭하거나 키보드에서 [F5] 버튼을 누르면 a접점 래더 입력창이 뜬다.

④ 래더 입력창에서 X0을 입력하고 확인 버튼을 클릭하면 |그림 4-54|와 같이 프로그램 창 왼쪽 상단에 a접점(디바이스명 X0)이 나타난 것을 확인할 수 있다.

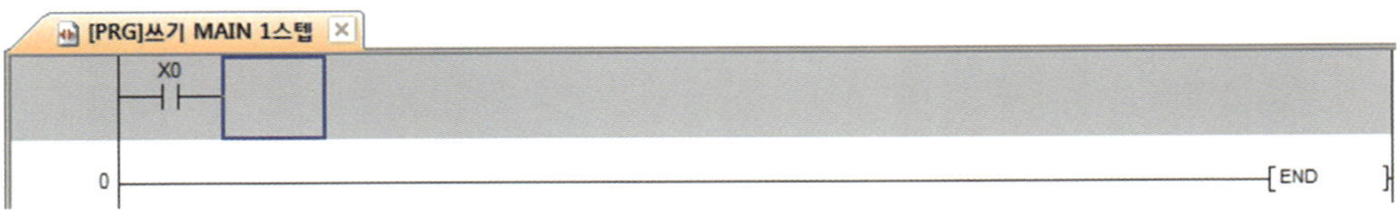

|그림 4-54| a접점 입력 프로그램 창

⑤ 그리고 입력 스위치(PB2)를 PLC의 a접점으로 병렬로 연결하기 위하여 |그림 4-55|와 같이 커서를 X0의 아래쪽 END 라인으로 옮긴다.

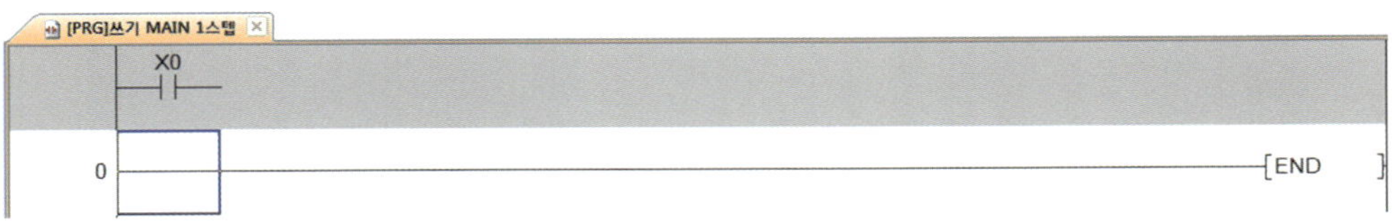

|그림 4-55| OR회로 입력 프로그램 창

⑥ ❙그림 4-55❙의 커서 위치에서 ❙그림 4-56❙과 같이 PLC 래더 도구바의 a접점 OR를 클릭하거나 [Shift]+[F5] 버튼을 누르고, 래더 입력창에 X1을 입력하고 확인 버튼을 클릭하면 ❙그림 4-57❙과 같이 X0과 X1이 병렬로 연결되어 있는 것을 확인할 수 있다.

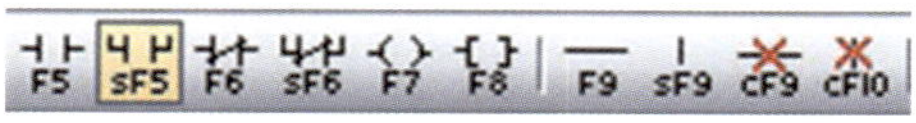

❙그림 4-56❙ a 접점 OR 래더 도구바

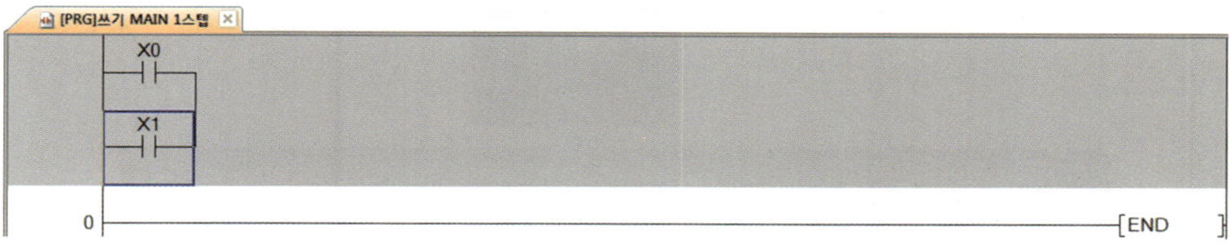

❙그림 4-57❙ OR 입력 확인 창

⑦ 그리고 램프를 제어하기 위한 출력 코일을 입력하기 위하여 현재 상태에서 X0의 옆으로 커서를 이동하고, 래더 도구바의 출력코일을 선택하거나, 키보드에서 [F7]버튼을 누른다. 출력코일 래더 입력창에 램프의 출력 디바이스명(Y20)을 입력하고 확인 버튼을 클릭하면 ❙그림 4-58❙과 같이 출력코일이 입력되어 OR회로의 PLC 프로그램이 완성된다.

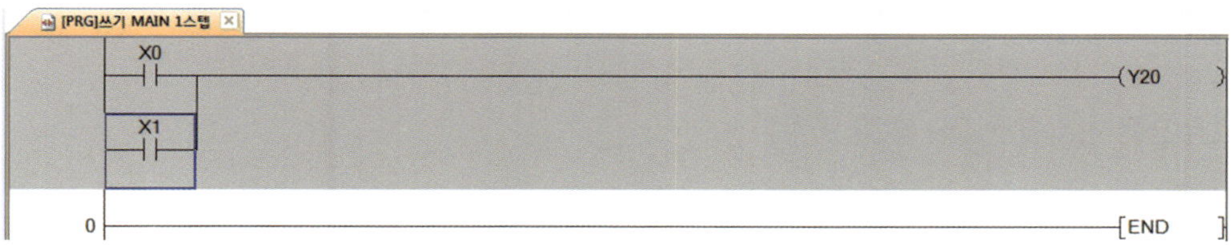

❙그림 4-58❙ OR회로 프로그램 완료 창

⑧ PLC 래더 프로그램이 완성되면 메뉴바의 [변환/컴파일] → [변환]을 선택하거나 키보드의 [F4]키를 쳐 PLC 래더 프로그램의 변환을 완료한다.

⑨ 프로그램의 변환이 완료되면 메뉴바의 [온라인] → [PLC 쓰기]를 선택하거나 툴바에서  를 클릭하여 PLC 쓰기를 완료한다.

3) 하드웨어 구성

① 회로 구성

- 입력단자 : X00, X01　출력단자 : Y20
- 입력 COM : 소스(+), 출력 COM : 싱크(−)

② 입력 및 출력 연결

입력 단자가 X00 및 X01이고 출력 단자가 Y20이므로 AND회로의 입력단자 및 출력단자와 동일하다.

선으로 AND 회로와 OR회로 시스템을 구성하면 배선도는 각각 다르지만, PLC에서는 PLC 프로그램에 의하여 AND 회로와 OR 회로가 구성된다. AND 회로와 OR 회로의 입출력 단자가 동일하면 PLC 시스템의 입력연결도와 출력연결도는 같다. 그러므로 OR 회로의 입력 및 출력 단자의 연결은 **|그림 4-59|**와 같이 AND 회로 연결과 동일하다.

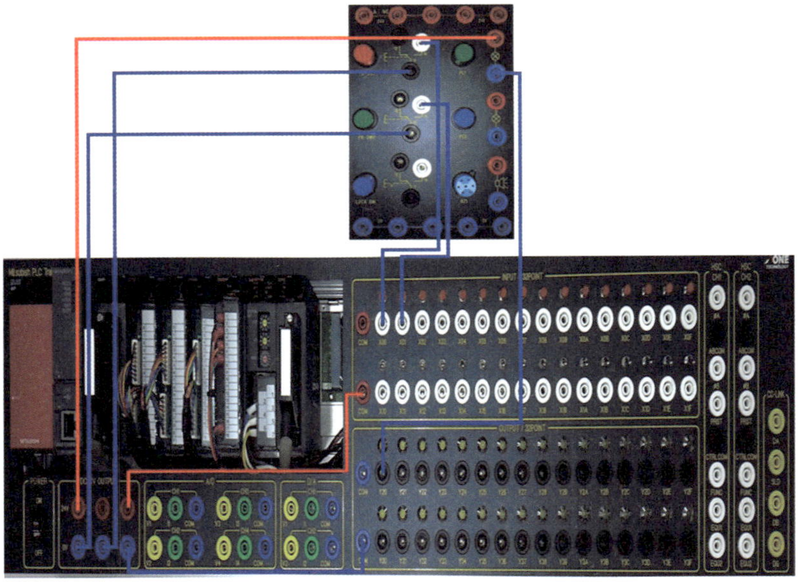

|그림 4-59| OR 회로의 연결

4 프로그램 2(시퀀스 OR NOT 회로)

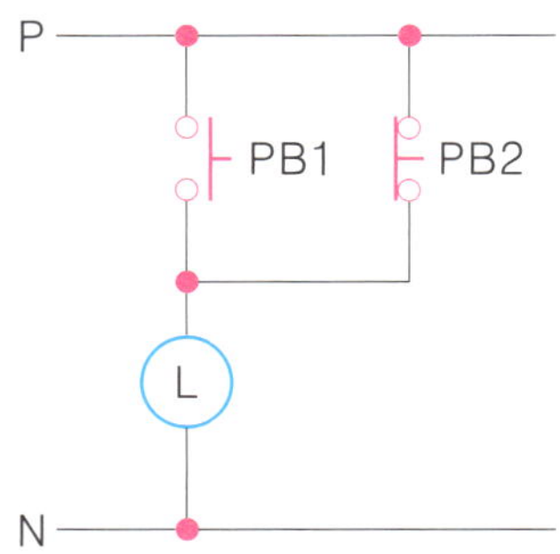

|그림 4-60| 시퀀스 OR NOT 회로

1) I/O 메모리 할당과 하드웨어 구성

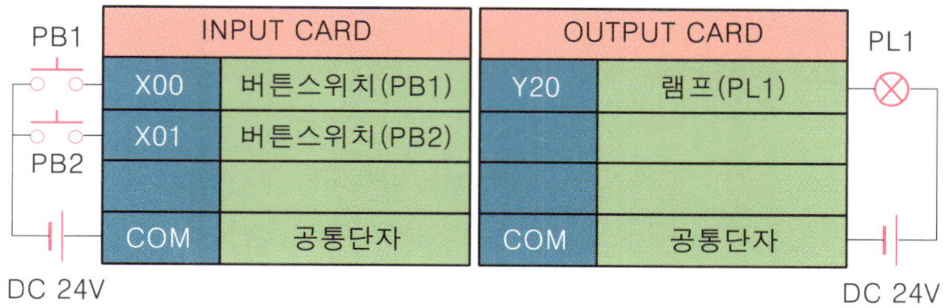

|그림 4-61| OR NOT 회로 메모리 할당 및 하드웨어 구성

2) 프로그램

① 메뉴바에서 [프로젝트] → [프로젝트 새로 만들기]를 클릭하거나, 툴바에서  클릭하거나 키보드에서 [Ctrl + N] 키를 친다

② 프로젝트 종별은 [심플 프로젝트], PLC 시리즈는 QCPU(Qmode), PLC 타입은 Q03UDE, 프로그래밍 언어는 래더, 라벨을 사용은 선택하지 않고 확인 버튼을 클릭하면 프로젝트를 시작할 수 있는 창이 뜬다.

③ 입력 스위치(PB1)를 PLC의 a접점으로 나타내기 위하여 먼저 커서를 프로그램창의 왼쪽상단에 놓고 PLC 래더 도구바에서 a접점을 클릭하거나 키보드에서 [F5] 버튼을 누르면 a접점 래더 입력창이 뜬다.

④ 래더 입력창에서 X0을 입력하고 확인 버튼을 클릭하면 프로그램 창 왼쪽 상단에 a접점 (디바이스명 X0)이 나타난 것을 확인할 수 있다.

⑤ 그리고 입력 스위치(PB2)를 PLC의 b접점으로 병렬로 연결하기 위하여 **|그림 4-62|**와 같이 커서를 X0의 아래쪽 END 라인으로 옮긴다.

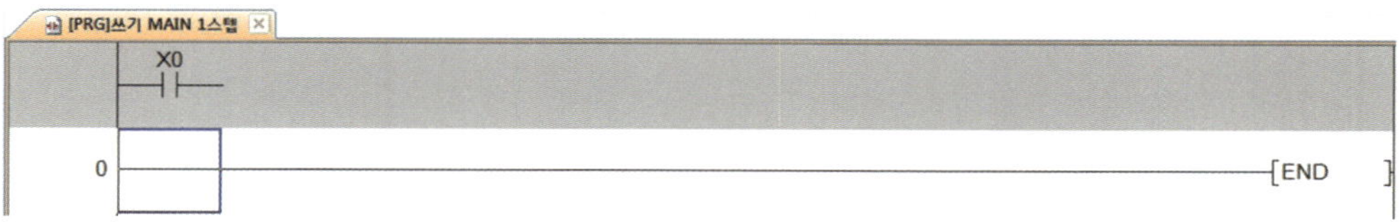

|그림 4-62| OR NOT 회로 입력 프로그램 창

⑥ **|그림 4-62|**의 커서 위치에서 **|그림 4-63|**과 같이 마우스로 PLC 래더 도구바의 b접점 OR를 클릭하거나 [Shift]+[F6] 버튼을 누르고, 래더 입력창에 X1을 입력하고 확인 버튼을 클릭하면 **|그림 4-64|**와 같이 X0과 X1이 병렬로 연결된 화면이 나타난다.

|그림 4-63| b 접점 OR 래더 도구바

|그림 4-64| OR NOT 입력 확인 창

⑦ 그리고 램프를 제어하기 위한 출력 코일을 입력하기 위하여 현재 상태에서 X0의 옆으로 커서를 이동하고, 래더 도구바의 출력코일을 선택하거나, 키보드에서 [F7]버튼을 누른다. 출력 코일 래더 입력창에 램프의 출력 디바이스명(Y20)을 입력하고 확인 버튼을 클릭하면 |그림 4-65|와 같이 OR NOT 회로의 PLC 프로그램이 완성된다.

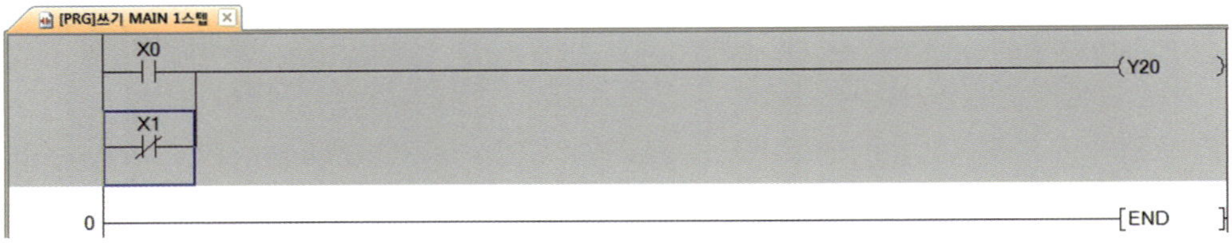

|그림 4-65| OR NOT 회로 프로그램 완료 창

⑧ 메뉴바의 [변환/컴파일] → [변환]을 선택하거나 키보드의 [F4]키를 쳐 PLC 래더 프로그램의 변환을 완료한다.

⑨ 프로그램의 변환이 완료되면 메뉴바의 [온라인] → [PLC 쓰기]를 선택하거나 툴바에서 를 클릭하여 PLC 쓰기를 완료한다.

3) 하드웨어 구성

① 회로 구성

- 입력단자 : X00, X01 출력단자 : Y20
- 입력 COM : 소스(+), 출력 COM : 싱크(−)

② 입력 및 출력 연결

입력 단자가 X00 및 X01이고 출력 단자가 Y20이므로 OR회로의 입력단자 및 출력단자와 동일하다.

OR 회로와 OR NOT 회로의 입출력 단자가 동일하면 AND 회로와 AND NOT 회로의 입력 및 출력 연결과 마찬가지로 PLC 시스템의 입력 및 출력 연결도는 같다. 그러므로 OR NOT 회로의 입력 및 출력 단자의 연결은 |그림 4-66|과 같이 OR 회로 연결과 동일하다.

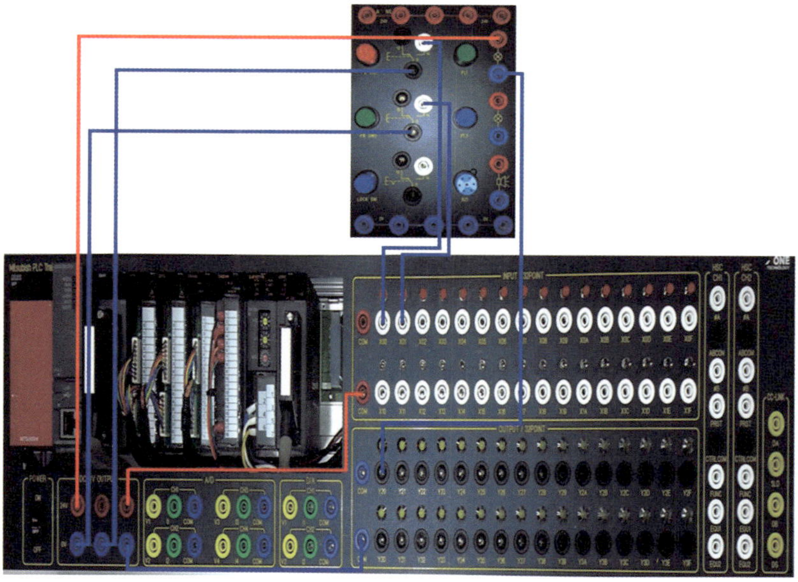

|그림 4-66| OR NOT 회로의 연결

5 실습과제(4-4)

시퀀스 OR, OR NOT 회로의 I/O할당 및 메모리 구성과 회로도가 |그림 4-67|과 |그림 4-68|과 같을 때, PLC 프로그램을 작성하고 시스템을 완성하라.

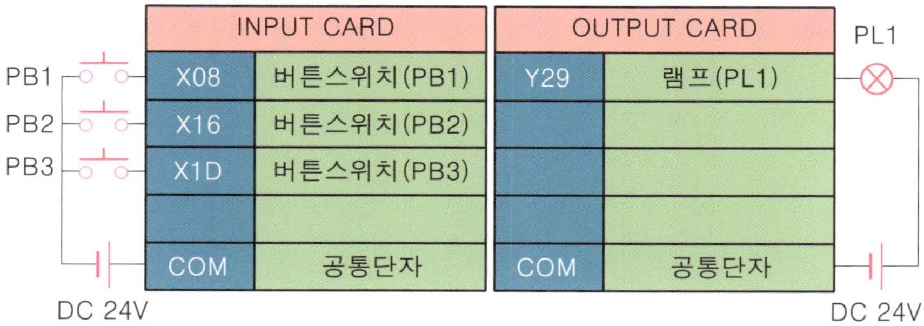

|그림 4-67| 실습과제 4-4 회로 메모리 할당 및 하드웨어 구성

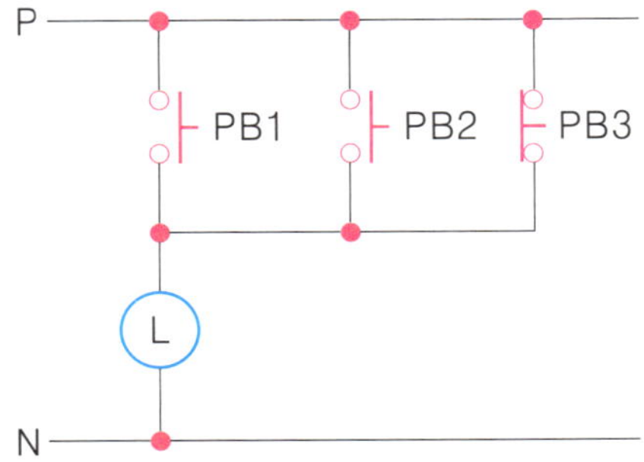

|그림 4-68| 실습과제 4-4 시퀀스 회로

05 : 접점 명령 응용회로

1 일치회로

일치회로는 두 개의 입력 논리가 같을 때 출력이 동작되는 회로이다. |그림 4-69|에서 두 개의 스위치 SW1과 SW2가 모두 ON이거나 모두 OFF일 때 램프 L1이 ON된다.

1) 시퀀스 회로도

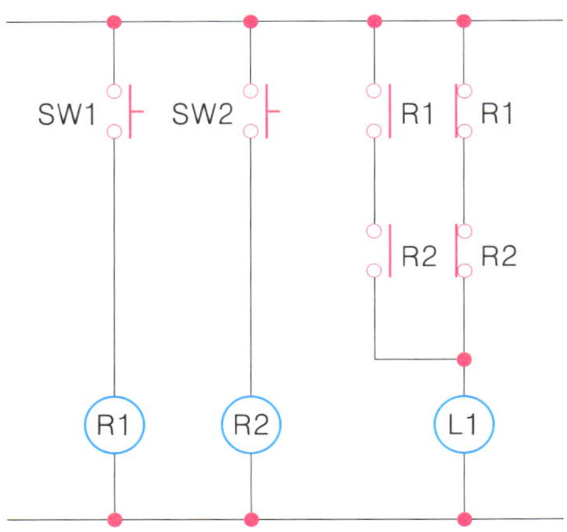

|그림 4-69| 일치회로

2) I/O 메모리 할당과 하드웨어 구성

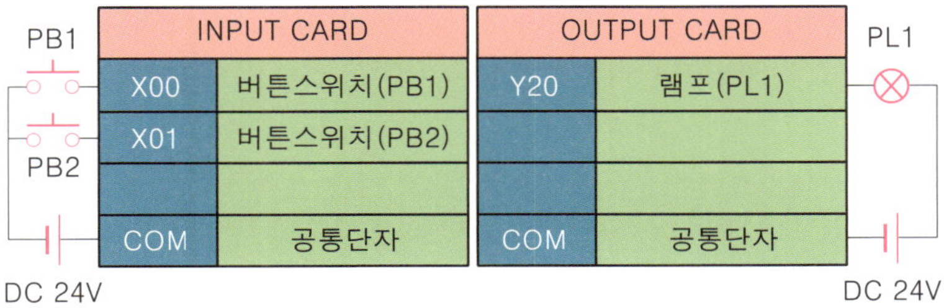

|그림 4-70| 일치회로 회로 메모리 할당 및 하드웨어 구성

3) 프로그램

① 메뉴바에서 [프로젝트] → [프로젝트 새로 만들기]를 클릭하거나, 툴바에서 클릭하거나 키보드에서 [Ctrl + N] 키를 친다.

② 프로젝트 종별은 [심플 프로젝트], PLC 시리즈는 QCPU(Qmode), PLC 타입은 Q03UDE, 프로그래밍 언어는 래더, 라벨을 사용은 선택하지 않고 확인 버튼을 클릭하면 프로젝트를 시작할 수 있는 창이 뜬다.

③ 입력 스위치(PB1)를 PLC의 a접점으로 나타내기 위하여 먼저 커서를 프로그램창의 왼쪽상단에 놓고 PLC 래더 도구바에서 상시열린접점을 클릭하거나 키보드에서 [F5] 버튼을 누르면 a접점 래더 입력창이 뜬다.

④ 래더 입력창에서 X0을 입력하고 확인 버튼을 클릭하면 프로그램 창 왼쪽 상단에 a접점(디바이스명 X0)이 나타난 것을 확인할 수 있다.

⑤ 그리고 릴레이(R1)을 제어하기 위한 출력 코일을 입력하기 위하여 현재 상태에서 마우스로 래더 도구바의 출력코일을 클릭하거나, 키보드에서 [F7]버튼을 누르면 출력 코일 래더 입력창이 나타난다.

⑥ 출력 코일 래더 입력창에 릴레이 코일을 표현하기 위하여 내부 릴레이 메모리 디바이스 M을 사용한다. 릴레이(R1)의 출력 디바이스명(M0)을 입력하고 확인 버튼을 클릭하면 |그림 4-71|과 같이 출력코일이 입력되어 YES회로의 PLC 프로그램이 완성된다. 출력 코일은 자동적으로 프로그램창의 오른쪽 모선에 위치하게 된다.

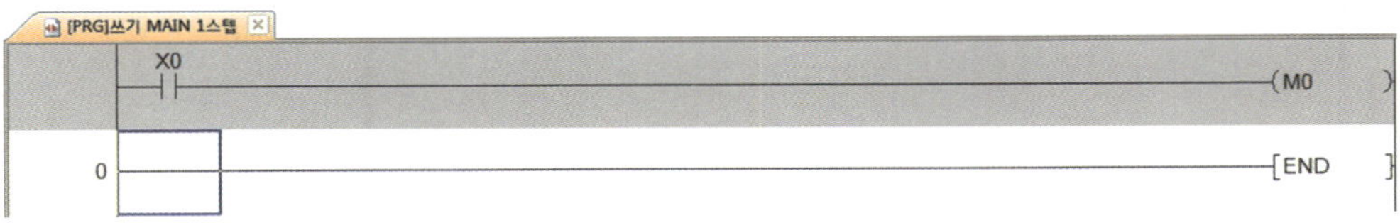

|그림 4-71| 릴레이(R1) 입력 확인 창

⑦ **|그림 4-69|**의 일치회로에서 두 번째 라인을 프로그램하기 위하여 a접점 입력을 선택하고 푸시버튼스위치(PB2)의 입력단자 X1을 입력하고 확인버튼을 클릭한다. 이어서 출력코일 선택한 후 릴레이(R2)의 내부 릴레이 메모리 디바이스(M1)을 입력하고 확인버튼을 클릭하면 **|그림 4-72|**와 같은 화면이 나타난다.

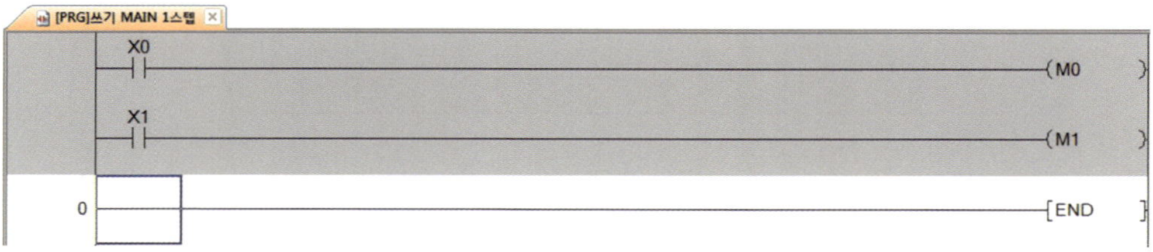

|그림 4-72| 일치회로의 푸시버튼스위치(PB1, PB2)와 릴레이(R1, R2) 입력 창

⑧ 일치회로의 세 번째 라인인 릴레이1(R1)과 릴레이2(R2)의 a접점 AND회로를 프로그램하기 위하여 X1 아래에 a접점 입력(F5)을 선택하고 릴레이1(R1)의 내부 릴레이 메모리 디바이스명 M0을 입력한 후 확인버튼을 클릭한다. 이어서 a접점 입력(F5)를 선택하고 릴레이2(R2)의 내부 릴레이 메모리 디바이스명 M1을 입력한 후 확인버튼을 클릭한다. 그리고 출력코일 선택한 후 램프의 출력 디바이스명 Y20을 입력하고 확인버튼을 클릭하면 **|그림 4-73|**과 같은 화면이 나타난다.

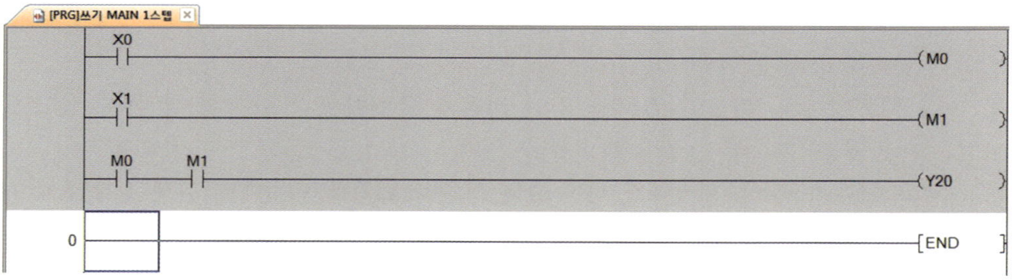

|그림 4-73| 일치회로의 릴레이(R1, R2) a접점 AND 입력 창

⑨ 일치회로의 네 번째 라인인 릴레이1(R1)과 릴레이2(R2)의 b접점 AND회로를 프로그램하기 위하여 **|그림 4-73|**의 현재 커서의 위치에서 b접점 입력(F6)을 선택하고 릴레이1(R1)의 내부 릴레이 메모리 디바이스명 M0을 입력한 후 확인버튼을 클릭한다. 이어서 b접점 입력(F6)를 선택하고 릴레이2(R2)의 내부 릴레이 메모리 디바이스명 M1을 입력한 후 확인버튼을 클릭하면 **|그림 4-74|**의 화면이 나타난다.

|그림 4-74| 일치회로의 릴레이(R1, R2) b접점 AND 입력 창

⑩ a접점 AND회로와 b접점 AND회로 전체를 OR 연결하기 위하여 커서를 M0과 M1의 a접점 AND의 끝인 M1의 뒤에 위치하게 하고 마우스로 |그림 4-75|의 PLC 래더 도구바에서 세로선입력을 클릭하거나 키보드로 [Shift]+[F9] 키를 누르면 |그림 4-76|의 세로선 입력창이 나타난다. 확인 버튼을 누르면 |그림 4-77|과 같이 a접점 AND회로와 b접점 AND회로 전체를 OR 연결한 화면이나타난다. a접점 AND회로와 b접점 AND회로 전체를 OR 연결하는 또 다른 방법은 |그림 4-74|의 커서 위치에서 키보드로 [Ctrl] + [↑]를 치면 a접점 AND회로와 b접점 AND회로 전체를 OR 연결할 수 있다.

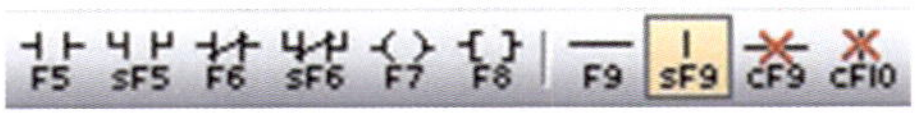

|그림 4-75| 일치회로의 릴레이(R1, R2) b접점 AND 입력 창

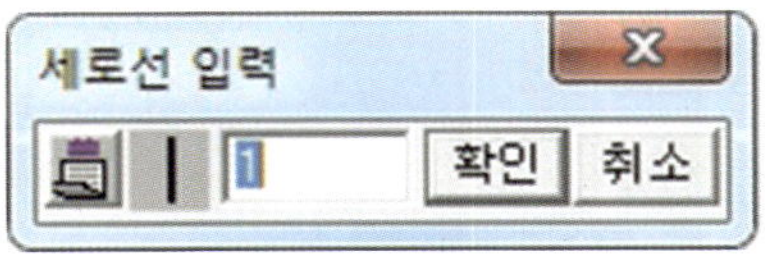

|그림 4-76| 세로선 입력 창

|그림 4-77| 일치회로 프로그램 완료 창

⑪ 메뉴바의 [변환/컴파일] → [변환]을 선택하거나 키보드의 [F4]키를 쳐 PLC 래더 프로그램의 변환을 완료하고, 메뉴바의 [온라인] → [PLC 쓰기]를 선택하거나 툴바에서 를 클릭하여 PLC 쓰기를 완료한다.

4) 하드웨어 구성

① 회로 구성

- 입력단자 : X00, X01 출력단자 : Y20
- 입력 COM : 소스(+), 출력 COM : 싱크(−)

② 입력 및 출력 연결

입력 단자가 X00 및 X01이고 출력 단자가 Y20이므로 OR 회로의 입력단자 및 출력단자와 동일하다.

일치회로에서는 릴레이에 대한 배선은 하지 않아도 된다. 시퀀스회로의 릴레이는 프로그램에서 내부 릴레이 메모리를 사용하여 대체하였기 때문에 프로그램내부에서만 사용된다.

그러므로 일치회로의 입력 및 출력 단자의 연결은 |그림 4-78|과 같이 OR 회로 연결과 동일하다.

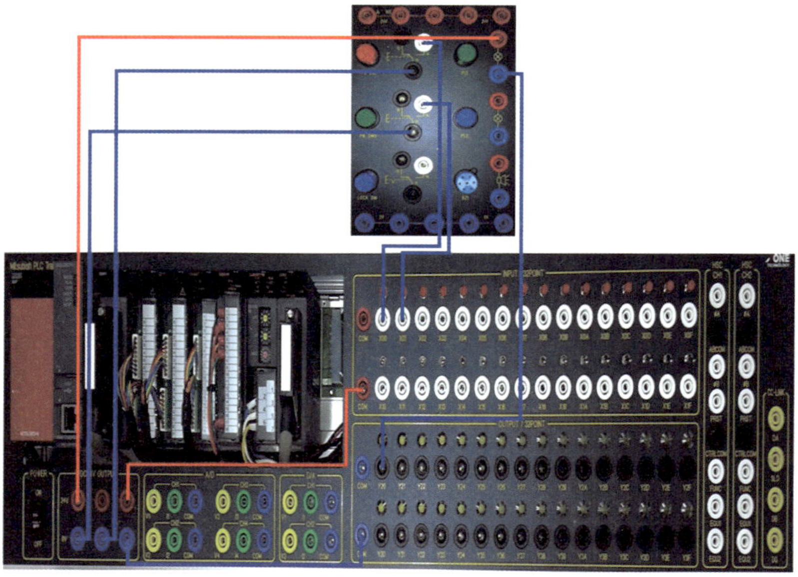

|그림 4-78| 일치 회로의 연결

5) 실습과제(4-5)

두 개의 입력 논리가 다를 때 출력이 동작되는 시퀀스 회로도와 I/O 메모리 할당 및 하드웨어 구성을 |그림 4-79|와 |그림 4-80|을 참조하여 PLC 프로그램 및 시스템을 완성하라.

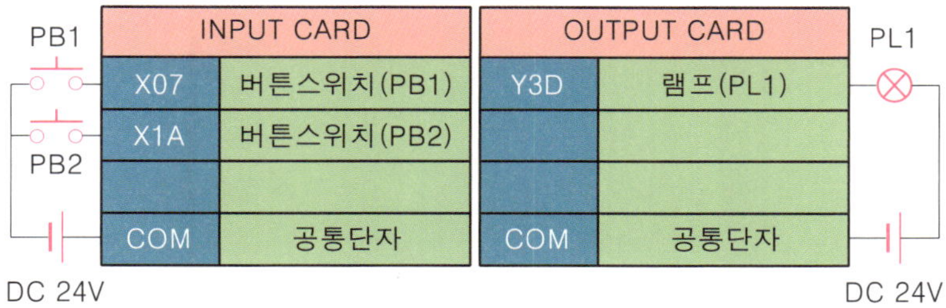

|그림 4-79| 실습과제 4-5 회로 메모리 할당 및 하드웨어 구성

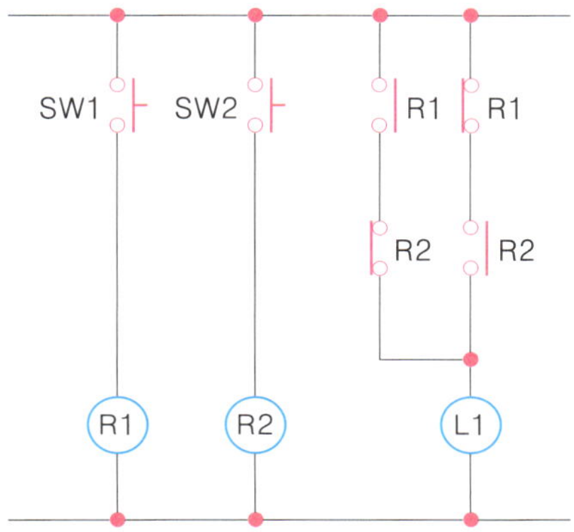

|그림 4-80| 실습과제 4-5 시퀀스 회로

2 자기유지회로

자기유지회로는 **|그림 4-81|**의 시퀀스 회로와 같이 릴레이 X 자신의 a접점으로 다른 여자회로를 만들어 푸시버튼스위치의 손을 떼더라도 시퀀스 회로가 계속 동작되도록 만든 회로이다.

1) 시퀀스 회로도

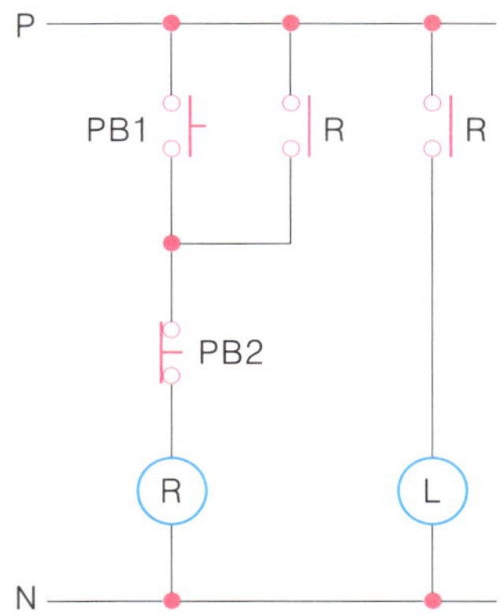

|그림 4-81| 자기유지 회로

2) I/O 메모리 할당과 하드웨어 구성

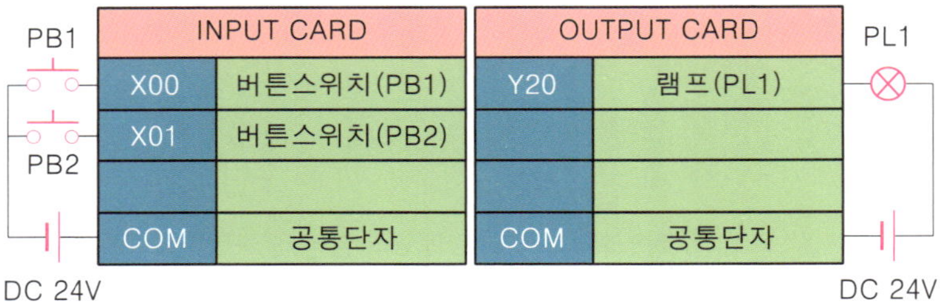

|그림 4-82| 자기유지 회로 메모리 할당 및 하드웨어 구성

3) 프로그램

① 메뉴바에서 [프로젝트] → [프로젝트 새로 만들기]를 클릭하거나, 툴바에서 클릭하거나 키보드에서 [Ctrl + N] 키를 친다.

② 프로젝트 종별은 [심플 프로젝트], PLC 시리즈는 QCPU(Qmode), PLC 타입은 Q03UDE, 프로그래밍 언어는 래더, 라벨을 사용은 선택하지 않고 확인 버튼을 클릭하면 프로젝트를 시작할 수 있는 창이 뜬다.

③ 푸시버튼스위치(PB1)를 PLC의 a접점으로 나타내기 위하여 먼저 커서를 프로그램창의 왼쪽상단에 놓고 PLC 래더 도구바에서 a접점을 클릭하거나 키보드에서 [F5] 버튼을 누르면 a접점 래더 입력창이 뜬다. 래더 입력창에서 X0을 입력하고 확인 버튼을 클릭하면 프로그램 창 왼쪽 상단에 a접점(디바이스명 X0)이 나타난 것을 확인할 수 있다.

④ 푸시버튼스위치(PB2)를 PB1과 AND NOT 연결 프로그램하기 위하여 현재 위치에서 마우스로 래더 도구바에서 b접점을 클릭하거나 키보드로 [F6] 버튼을 누르면 b접점 래더 입력창이 뜬다. 래더 입력창에서 X1을 입력하고 확인 버튼을 클릭하면, 프로그램 창 왼쪽 상단에 X0(PB1)과 X1(PB2)가 AND NOT 연결이 되어 있다는 것을 확인할 수 있다.

⑤ 출력 코일 래더 입력창에 릴레이 코일(R)을 표현하기 위하여 마우스로 PLC 래더 도구창에서 출력 코일을 클릭하거나 키보드로 [F7]을 치면 출력코일 입력창이 나타난다. 출력 코일 입력창에서 릴레이(R)의 출력 디바이스명 M0을 입력하고 확인 버튼을 클릭하면 **|그림 4-83|**과 같이 자기유지회로의 첫 번째 라인의 프로그램이 완성된다. 출력 코일은 자동적으로 프로그램창의 오른쪽 모선에 위치하게 된다.

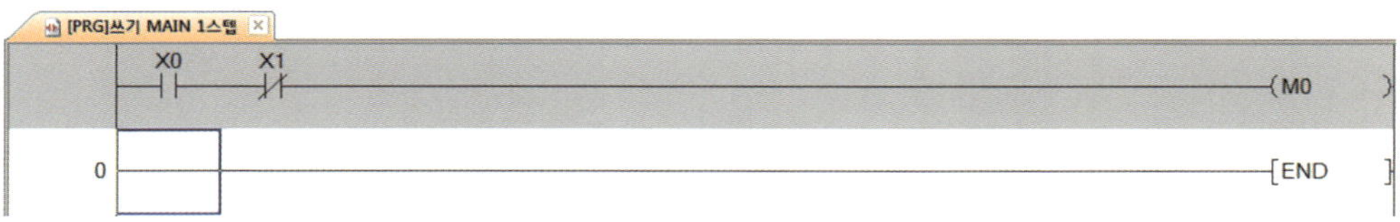

|그림 4-83| 자기유지회로 첫 번째 라인 입력 확인 창

⑥ 자기유지회로의 두 번째 라인인 OR회로를 입력하기 위하여 마우스로 a접점 OR입력을 클릭하거나 키보드로 [Shift]+[F5]를 치고, a접점 OR 래더 입력창에 내부 릴레이 메모리 디바이스 M0을 입력하고 확인버튼을 클릭하면 **|그림 4-84|**와 같이 a접점 OR입력이 완료된다.

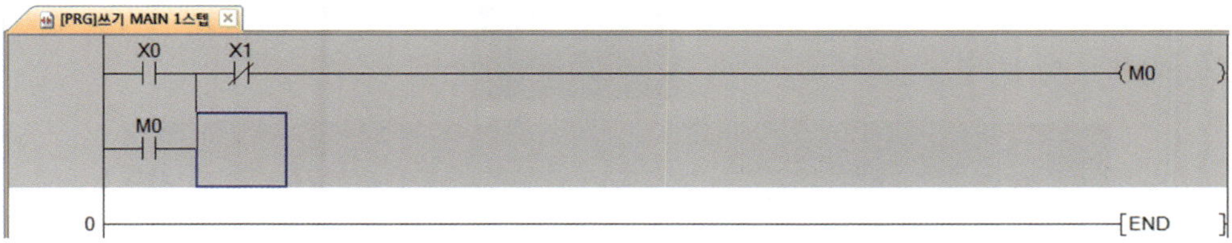

|그림 4-84| 자기유지회로 두 번째 라인 입력 확인 창

⑦ 마지막 램프 출력 라인을 프로그램하기 위하여 키보드로 [F5]을 치고 a접점 래더 입력창에 릴레이 R의 내부메모리 디바이스 M0을 입력하고 확인한다. 이어서 출력램프 L1에 연산결과를 출력하기 위하여 키보드로 [F7]을 치고 출력코일 입력창에 출력디바이스 Y20을 입력하고 확인 버튼을 클릭하면 **|그림 4-85|**와 같이 자기유지회로의 프로그램이 완성된다.

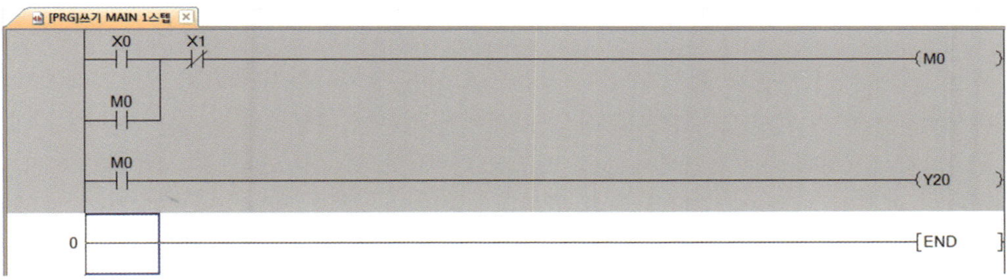

|그림 4-85| 자기유지회로 프로그램 확인 창

⑧ 메뉴바의 [변환/컴파일] → [변환]을 선택하거나 키보드의 [F4]키를 쳐 PLC 래더 프로그램의 변환을 완료하고, 메뉴바의 [온라인] → [PLC 쓰기]를 선택하거나 툴바에서 를 클릭하여 PLC 쓰기를 완료한다.

4) 하드웨어 구성

① 회로 구성

- 입력단자 : X00, X01 출력단자 : Y20
- 입력 COM : 소스(+), 출력 COM : 싱크(-)

② 입력 및 출력 연결

입력 단자가 X00 및 X01이고 출력 단자가 Y20이므로 OR회로의 입력단자 및 출력단자와 동일하다.

그러므로 자기유지회로의 입력 및 출력 단자의 연결은 **|그림 4-86|**과 같이 OR 회로 연결과 동일하다.

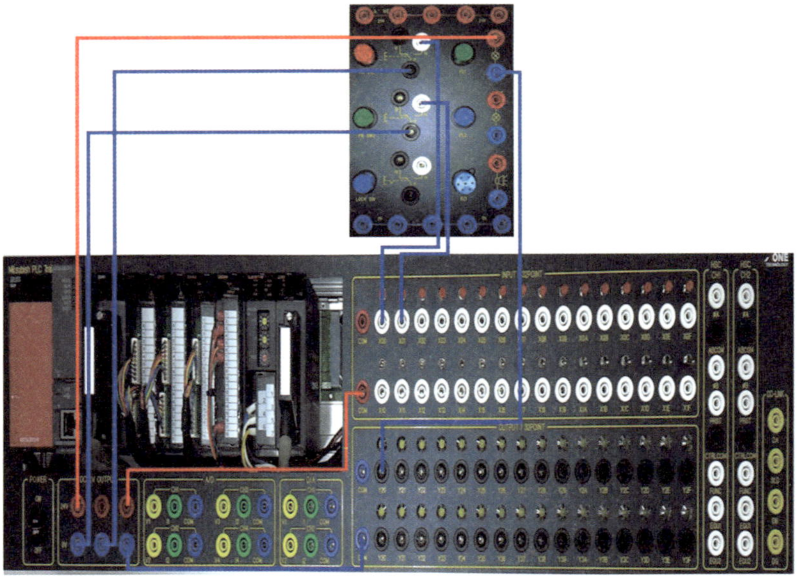

| 그림 4-86 | 자기유지회로의 연결

5) 시퀀스회로에서는 출력 램프가 입력 접점으로 사용 불가능하지만 PLC 프로그램에서는 출력 메모리 디바이스 Y는 PLC CPU내부의 메모리이기 때문에 메모리의 읽기는 가능하다. 그러므로 위 **|그림 4-85|**의 프로그램에서 출력 메모리 디바이스 Y20이 입력으로 사용 가능하다. 그리고 릴레이 메모리 디바이스 M0과 출력 메모리 디바이스 Y20이 일대일로 대응하기 때문에 출력 디바이스 메모리 Y20을 릴레이 디바이스 M0을 대신하여 사용하여도 무방하다. 그러므로 내부 릴레이 메모리 M0을 출력 디바이스 메모리 Y20으로 대체하여 프로그램을 변경하면 **|그림 4-87|**과 같이 된다. **|그림 4-87|**의 프로그램을 변환하고 PLC 쓰기 한 후의 결과가 **|그림 4-85|**의 프로그램의 결과와 동일하다는 것을 확인할 수 있다.

| 그림 4-87 | 릴레이 없는 자기유지회로 프로그램

6) 실습과제(4-6)

|그림 4-88|과 **|그림 4-89|**와 같이 또 다른 자기유지회로의 시퀀스 회로도와 I/O 메모리 할당 및 하드웨어 구성을 참조하여, PLC 프로그램 및 시스템을 완성하라.

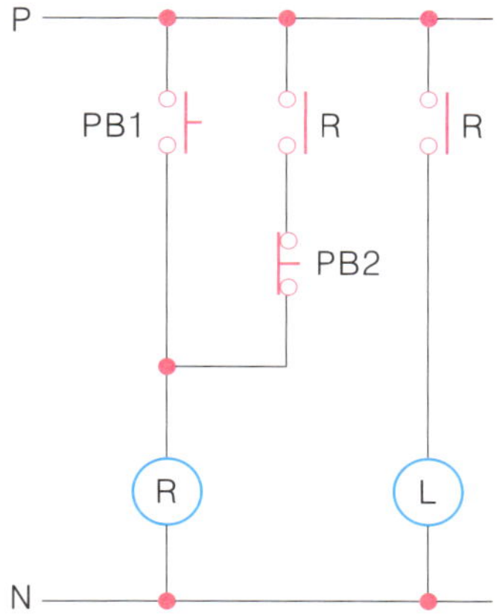

|그림 4-88| 실습과제 4-6 시퀀스 회로

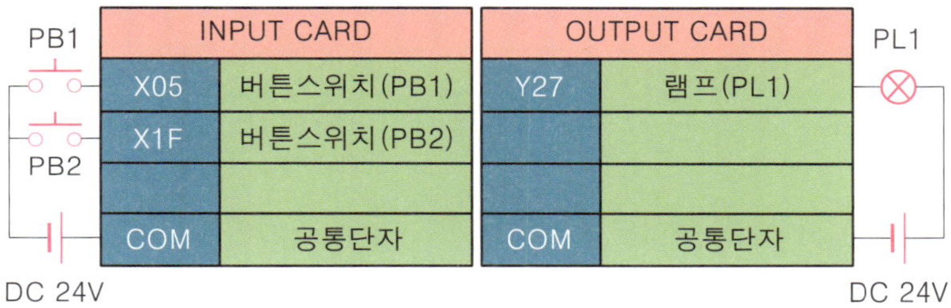

|그림 4-89| 실습과제 4-6 회로 메모리 할당 및 하드웨어 구성

3 인터록회로

인터록회로는 |그림 4-90|의 시퀀스 회로와 같이 자기 릴레이 b접점이 상대편이 동작하지 못하게 만든 회로이다. 인터록 회로를 다른 말로 상대동작 금지회로라고 하고, 산업현장의 안전과 관련된 회로, 모터의 정역회로 변경 또는 퀴즈의 회로에 응용된다.

1) 시퀀스 회로도

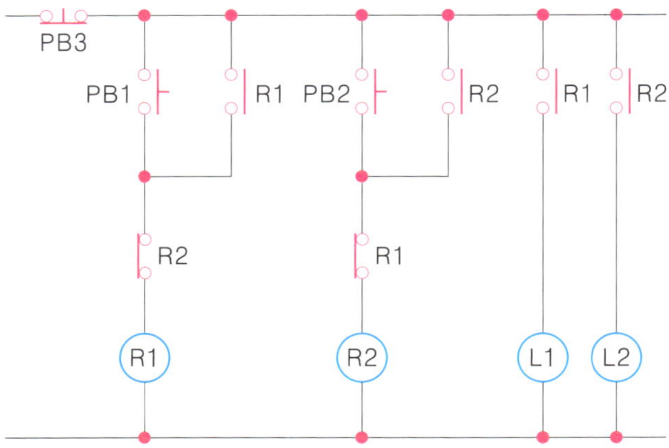

|그림 4-90| 인터록 회로

2) I/O 메모리 할당과 하드웨어 구성

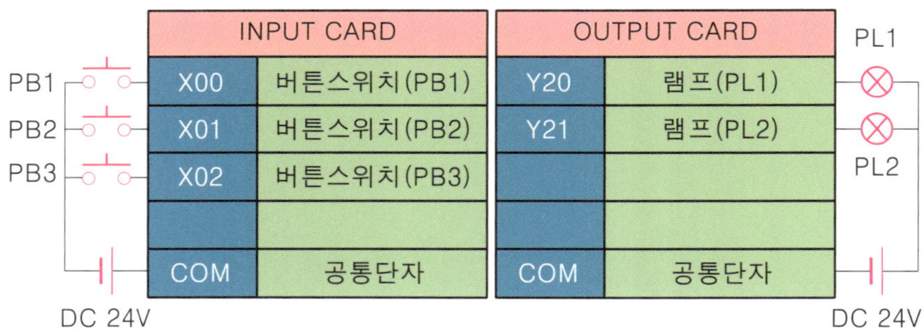

|그림 4-91| 인터록 회로 메모리 할당 및 하드웨어 구성

3) 프로그램

① 인터록 회로의 시퀀스 회로를 살펴보면 푸시버튼스위치 PB1 이하의 모든 접점과 코일이 전원의 +에서 연결되는 것이 아니고, 푸시버튼스위치 PB3의 b접점 출력과 연결되어 있다는 것을 확인할 수 있다.

② 그러므로 프로그램 작성시 PB1 이하의 접점은 왼쪽 모선에 연결하는 것이 아니고 PB3의 b접점 출력에 병렬로 연결하여야 한다.

③ 먼저 푸시버튼스위치 PB3의 b접점을 입력하기 위하여 키보드에서 [F6]을 치고 래더 입력창에 입력 메모리 디바이스 X2를 입력한다. 푸시버튼스위치 PB1을 AND 연결하기 위하여 키보드에서 [F5]를 치고 래더 입력창에 입력 메모리 디바이스 X0을 입력하고, 릴레이 R2의 b접점을 AND NOT 연결하기 위하여 키보드에서 [F6]을 치고 내부 릴레이 메모리 디바이스 M1을 입력한다. 그리고 마지막으로 릴레이 R1의 출력 코일의 연결하기 위하여 키보드의 [F7]을 치고 래더 입력창에 내부 릴레이 메모리 디바이스 M0을 입력하면 |그림 4-92|와 같은 프로그램창이 나타난다.

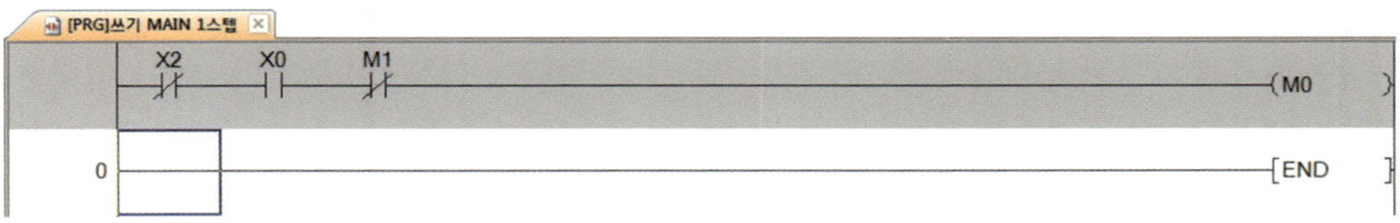

|그림 4-92| 인터록 회로의 첫 번째 라인 프로그램 창

④ 시퀀스 인터록회로의 두 번째 라인인 푸시버튼스위치 PB1과 릴레이 R1의 a접점과의 병렬회로를 프로그램하기 위하여 |그림 4-92|의 입력 메모리 디바이스 X0의 아래쪽에 커서를 옮기고 [Shift]+[F5]키를 누른다. a접점 OR 래더 입력창에 릴레이 메모리 디바이스 M0을 입력하고 확인 버튼을 클릭하면 |그림 4-93|과 같이 된다.

⑤ 세 번째 라인을 프로그램하기 위하여 커서를 |그림 4-93|의 릴레이 메모리 디바이스 M0에 놓고 수직선([Shift]+[F9])을 선택하고 확인 버튼을 클릭한다. 그리고 커서를 아래쪽으로 옮기고 a접점 입력([F5])를 치고 래더 입력창에 푸시버튼스위치 PB2의 입력 메모리 디바이스 X1을 입력한다. 그리고 릴레이 R1의 b접점을 AND NOT 연결하기 위하여 b접점([F6])을 치고 래더 입력창에 내부 릴레이 디바이스 메모리 M0을 입력하고 확인 버튼을 클릭한다. 그리고 릴레이 R2의 출력 코일을 연결하기 위하여 출력 코일([F7])을 치고 래더 입력창에 릴레이 메모리 디바이스 M1을 입력하고 확인 버튼을 클릭하면 |그림 4-94|와 같은 화면이 나타난다.

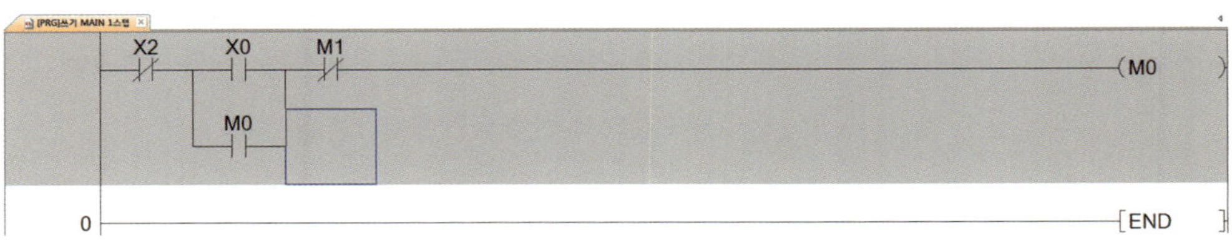

|그림 4-93| 인터록 회로의 두 번째 라인 프로그램 창

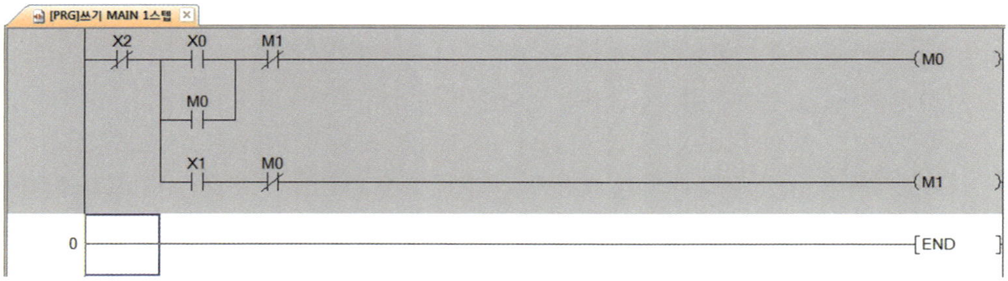

|그림 4-94| 인터록 회로의 세 번째 라인 프로그램 창

⑤ 시퀀스 인터록회로의 네 번째 라인인 푸시버튼스위치 PB2와 릴레이 R2의 a접점과의 병렬회로를 프로그램하기 위하여 |그림 4-94|의 입력 메모리 디바이스 X1의 아래쪽에 커서를 옮기고 [Shift]+[F5]키를 누른다. a접점 OR 래더 입력창에 릴레이 메모리 디바이스 M1을 입력하고 확인 버튼을 클릭하면 |그림 4-95|와 같이 된다.

⑥ 내부 릴레이 연산결과를 램프1과 램프2에 출력하기 위한 다섯 번째와 여섯 번째 라인을 프로그램하기 위하여 커서를 |그림 4-95|의 릴레이 메모리 디바이스 M1에 놓고 수직선([Shift]+[F9])을 선택하고 확인 버튼을 클릭한다. 그리고 커서를 아래쪽으로 옮기고 a접점 입력([F5])를 치고 래더 입력창에 릴레이 R1의 a접점인 내부 릴레이 메모리 디바이스 M0을 입력한다. 그리고 램프1을 연결하기 위하여 출력 코일([F7])을 치고 래더 입력창에 출력 메모리 디바이스 릴레이 Y20을 입력하고 확인 버튼을 클릭한다. 같은 방법으로 a접점 내부 릴레이 메모리 M1과 램프2의 출력 코일 Y21을 입력하면 |그림 4-96|과 같이 인터록 프로그램이 완성된다.

|그림 4-95| 인터록 회로의 네 번째 라인 프로그램 창

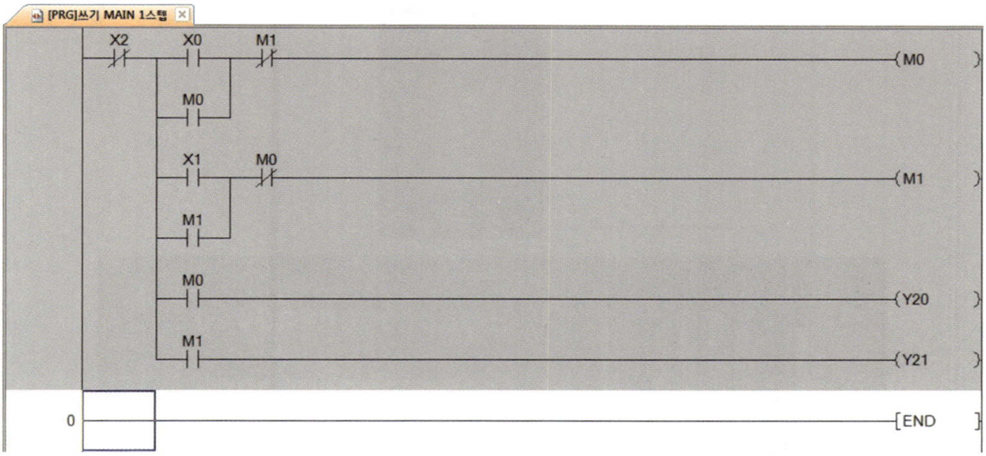

|그림 4-96| 인터록 회로 프로그램 창

⑦ [그림 4-96]의 인터록 프로그램에서도 자기유지회로 프로그램과 마찬가지로 출력코일이 입력으로 사용할 수 있다. 다행히 내부 릴레이 메모리 디바이스 M0과 출력 메모리 디바이스 Y20, 내부 릴레이 메모리 디바이스 M1과 출력 메모리 디바이스 Y21이 각각 일대일로 대응되어 있다. 그러므로 내부 릴레이 메모리 M0을 Y20으로 M1을 Y21으로 교체하여 프로그램을 수정할 수 있다.

4) 하드웨어 구성

① 회로 구성

- 입력단자 : X00, X01, X02　출력단자 : Y20, Y21
- 입력 COM : 소스(+), 출력 COM : 싱크(−)

② 입력 및 출력 연결

입력 단자가 X00, X01 및 X02이고 출력 단자가 Y20 및 Y21이다. 지금까지는 입력 2개(X0, X1), 출력 1개(Y20) 회로로 연결방법이 같았다.

그러나 입력 3개 및 출력 2개의 연결이 필요하므로 이전의 방법과 조금 달리 연결한다. 입력스위치/출력램프부에 입력 스위치가 3개있고, 출력 램프가 2개 있다. DC 전원부에서 각 스위치에 직접 전원을 연결하면 긴 선들이 많이 필요하다. 그래서 입력스위치/출력램프부의 전원에 DC 전원부의 +, − 전원을 연결하여 입력스위치와 출력램프의 전원을 입력스위치/출력램프부의 전원에 직접 연결하도록 하겠다. 입력스위치와 입력단자의 연결은 PB1과 PB2의 연결은 이전의 회로 연결과 동일하다. 그리고 PB3의 COM을 전원의 −단자에 연결하고 a접점 출력을 입력단자 X02에 연결한다.

출력의 경우에도 램프1과 Y20과의 연결은 이전의 연결과 동일하다. 그리고 램프2와 Y21의 연결은 램프1과 Y20의 연결과 같은 방법으로 연결하면 된다. 램프2의 +단자를 전원의 +단자에 연결하고, 램프2의 +단자를 출력 단자 Y21에 연결한다.

연결이 완료된 하드웨어 구성은 |그림 4-97|과 같다.

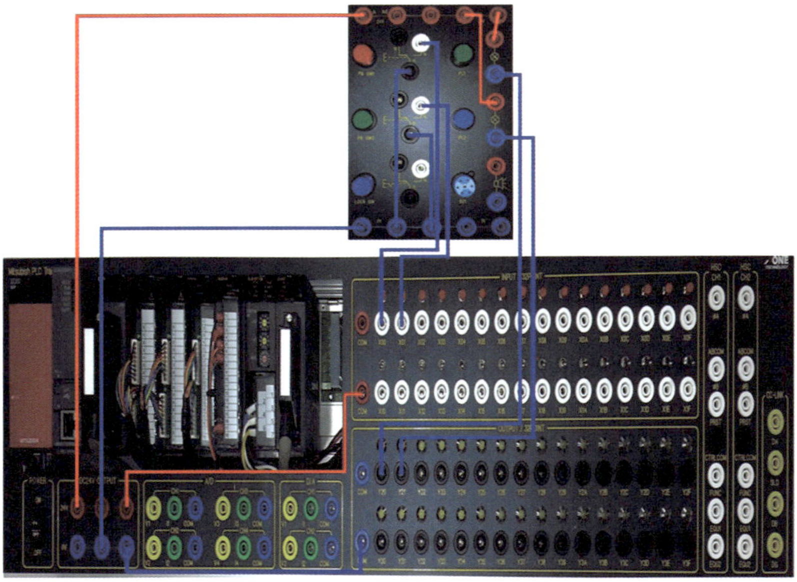

|그림 4-97| 인터록 회로의 연결

5) 실습과제(4-7, 4-8)

|그림 4-98|과 |그림 4-99|의 ① 신입력 우선회로와 ② 동작우선회로의 시퀀스 회로도를 참조하여, PLC 프로그램 및 시스템을 완성하라.

① 신입력 우선회로

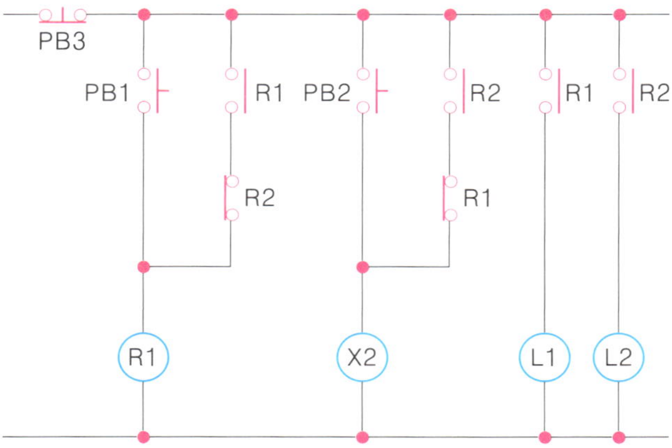

|그림 4-98| 신입력 우선회로

② 동작 우선회로

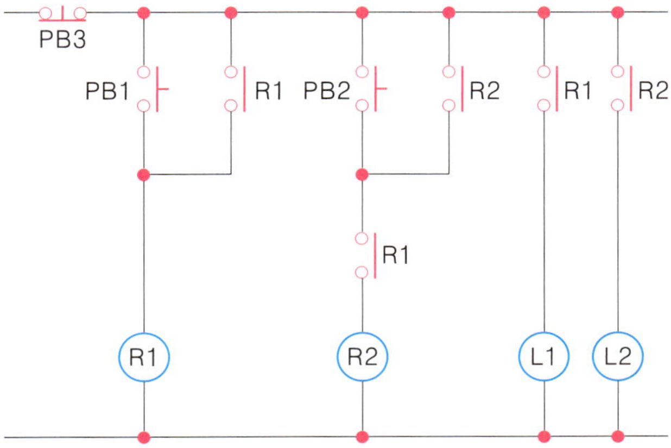

|그림 4-99| 동작 우선회로

02 결합 명령

01 : 펄스 연산 시작(LDP, LDF)

1 기능

1) LDP는 상승펄스연산 시작 명령으로, 지정비트 디바이스의 상승 펄스시(OFF → ON)만 ON한다.
2) LDF는 하강펄스연산 시작 명령으로, 지정비트 디바이스의 하강 펄스시(ON → OFF)에 ON한다.

2 프로그램 1

입력스위치 PB1(X00)이 LDP 명령 입력조건(OFF → ON)을 만족할 때, 실행결과를 램프(Y20)으로 출력하는 프로그램을 작성하라.

1) 프로그램

① 메뉴바에서 [프로젝트] → [프로젝트 새로 만들기]를 클릭하거나, 툴바에서 클릭하거나 키보드에서 [Ctrl + N] 키를 친다.

② 프로젝트 종별은 [심플 프로젝트], PLC 시리즈는 QCPU(Qmode), PLC 타입은 Q03UDE, 프로그래밍 언어는 래더, 라벨을 사용은 선택하지 않고 확인 버튼을 클릭하면 프로젝트를 시작할 수 있는 창이 뜬다.

③ 프로젝트창의 왼쪽 상단에서 마우스로 래더도구바의 상승펄스 ([Shift]+[F7])을 클릭한다. 래더 입력창에 입력 메모리 디바이스명 X0 입력하고 확인 버튼을 클릭하면 |그림 4-100|과 같은 화면이 나타난다.

|그림 4-100| 상승펄스 프로그램 예제1_1

④ 래더도구바에서 출력코일([F7])을 클릭하고 래더 입력창에 Y20을 입력한다. 그리고 확인 버튼을 클릭하면 |그림 4-101|과 같이 프로그램이 완성된다.

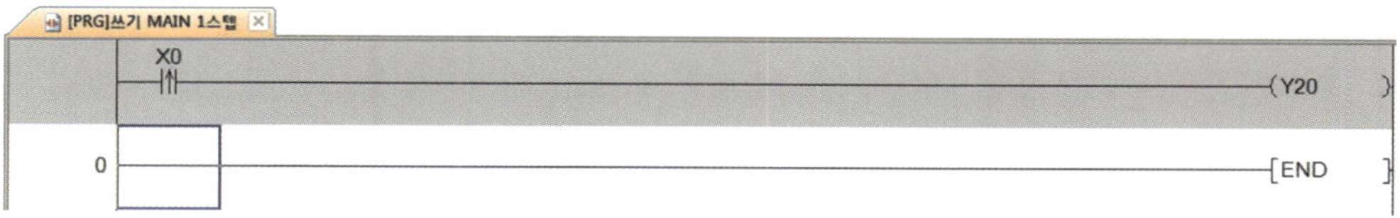

|그림 4-101| 상승펄스 프로그램 예제1

2) 하드웨어 구성

LDP명령의 실습 회로 연결도는 |그림 4-102|와 같다. 입력 1개 출력 1개의 YES회로의 연결 방법과 동일하다.

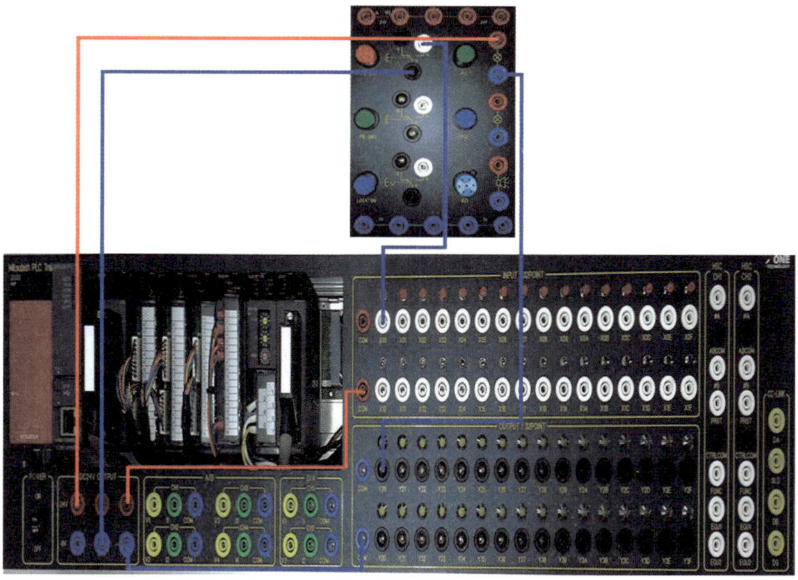

|그림 4-102| 상승펄스 회로 연결도

3) 동작 타임 차트

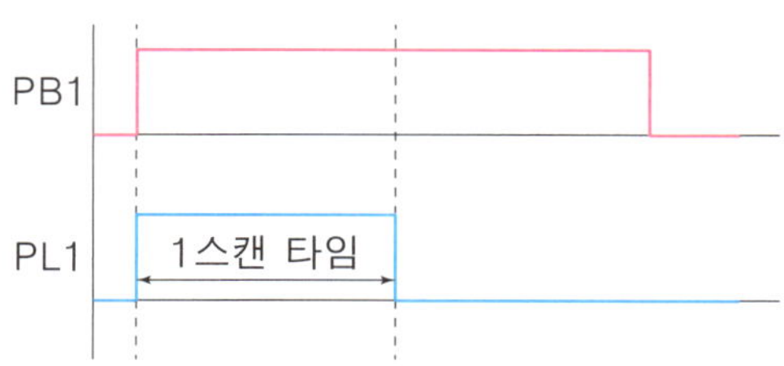

|그림 4-103| 상승펄스 동작 타임 차트

① 푸시버튼(PB1)을 누르면, 램프는 1 스캔타임 동안 ON된다. 1 스캔타임은 사람의 눈으로 확인하기에는 너무 짧기 때문에 실습장치의 램프가 켜졌는지 눈으로 확인할 수 없다.

② 1 스캔타임은 프로그램의 길이와 CPU의 속도에 따라 달라지지만 최대 수십 μSec~수 mSec 정도이다.

③ 현재 상태로는 LDP 명령이 실행되었는지 알 수 있는 방법이 없기 때문에, 자기유지회로를 이용해서 LDP 명령의 실행여부를 확인해보도록 하겠다.

3 프로그램 2

자기 유지회로를 이용한 LDP 명령 실습

1) 프로그램

I그림 4-101**I**의 프로그램을 **I**그림 4-104**I**와 같이 자기유지회로를 이용한 프로그램으로 수정한다.

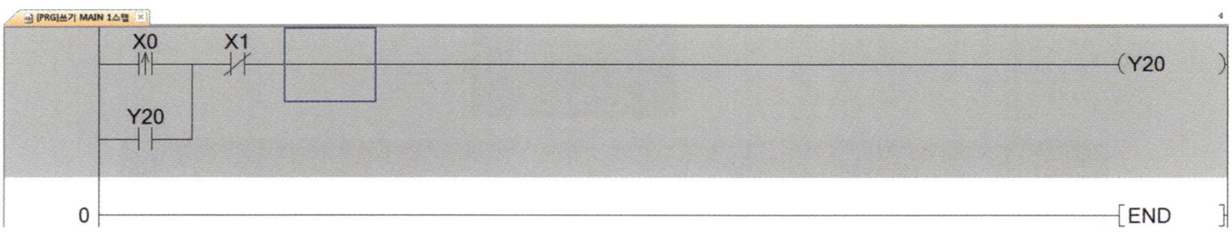

I그림 4-104I 자기유지회로를 상승펄스 동작 확인 프로그램

2) 하드웨어 구성

자기유지회로를 이용한 상승펄스 명령(LDP) 시스템 연결도는 입력 스위치 2개 및 출력 램프 1개로 **|그림 4-105|**와 같이 자기유지회로의 연결방법과 동일하다.

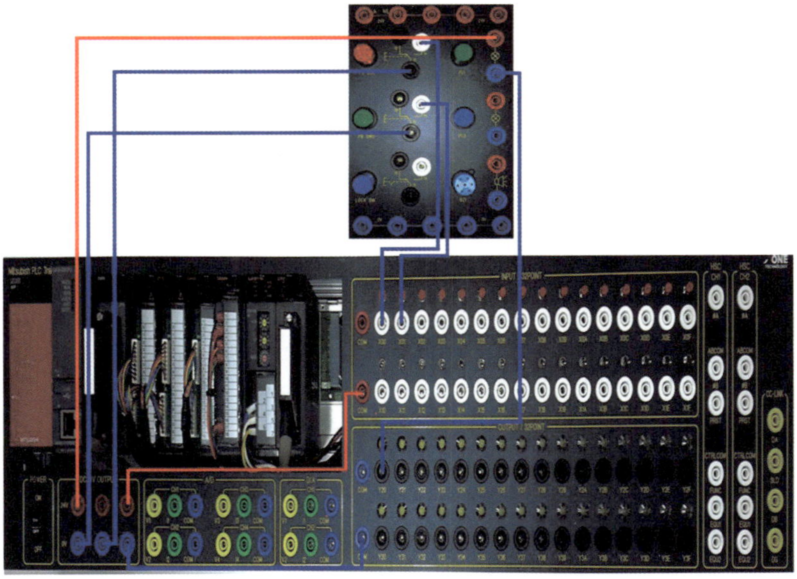

|그림 4-105| 자기유지회로를 이용한 상승펄스 회로 연결도

3) 동작 타임 차트

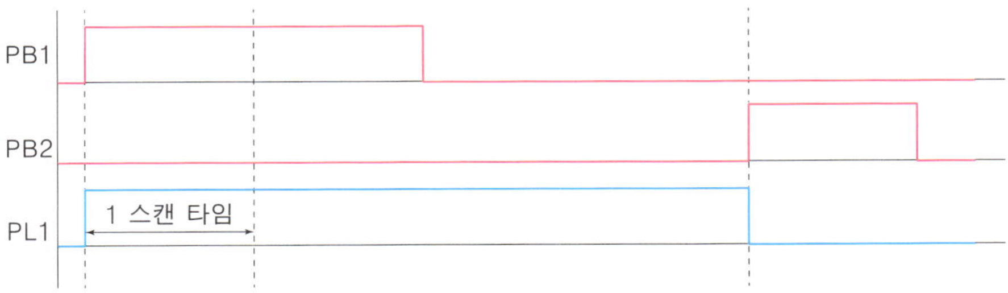

|그림 4-106| 자기유지회로를 이용한 상승펄스 동작 타임 차트도

① 푸시버튼스위치 PB1을 누르면 출력 메모리 디바이스 Y20이 1 스캔타임 동안 ON되며, 자기유지회로를 ON시킨다.
② Y20에 의해 램프 PL1이 ON되어 LDP 명령에 의해 Y20이 ON되었다는 것을 확인할 수 있다

4 프로그램 3

입력스위치 PB1(X00)이 LDF 명령 입력조건(ON → OFF)을 만족할 때, 실행결과를 램프(Y20)으로 출력하는 프로그램을 작성

1) 프로그램

① 메뉴바에서 [프로젝트] → [프로젝트 새로 만들기]를 클릭하거나, 툴바에서 클릭하거나 키보드에서 [Ctrl + N] 키를 친다

② 프로젝트 종별은 [심플 프로젝트], PLC 시리즈는 QCPU(Qmode), PLC 타입은 Q03UDE, 프로그래밍 언어는 래더, 라벨을 사용은 선택하지 않고 확인 버튼을 클릭하면 프로젝트를 시작할 수 있는 창이 뜬다.

③ 프로젝트창의 왼쪽 상단에서 마우스로 래더도구바의 하강펄스 ([Shift]+[F8])을 클릭하고, 래더 입력창에 입력 메모리 디바이스명 X0를 입력하고 확인 버튼을 클릭하면 |그림 4-107|과 같은 화면이 나타난다.

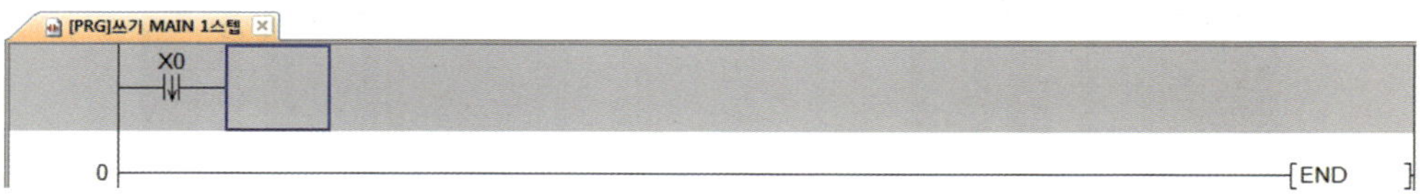

|그림 4-107| 하강펄스 프로그램 예제1_1

④ 래더 도구바에서 출력코일([F7])을 클릭하고 래더 입력창에 Y20을 입력하고 확인 버튼을 클릭하면 프로그램이 |그림 4-108|과 같이 완성된다.

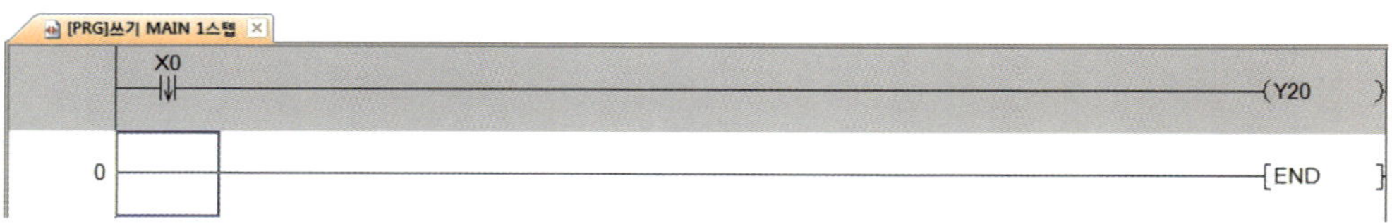

|그림 4-108| 하강펄스 프로그램 예제

2) 하드웨어 구성

LDF명령의 실습 회로 연결도는 |그림 4-109|와 같다. 상승펄스 예제 프로그램과 연결방법이 동일하다.

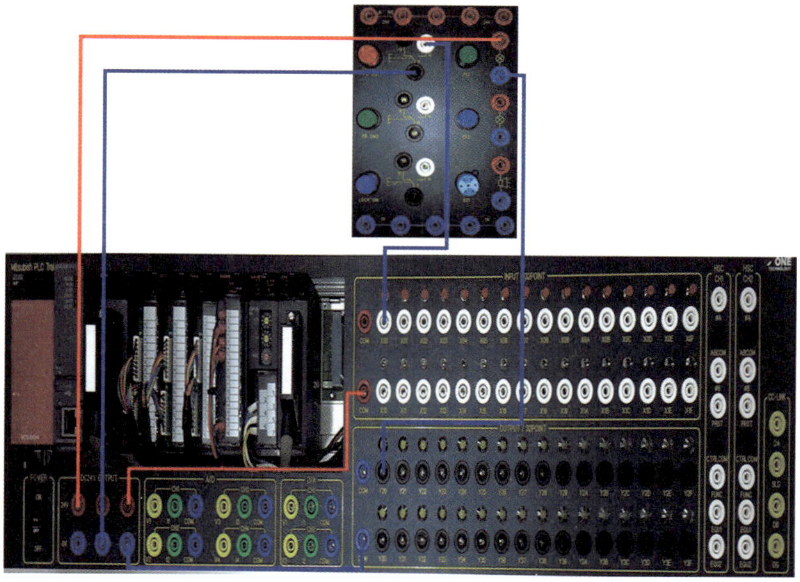

|그림 4-109| 상승펄스 회로 연결도

3) 동작 타임 차트

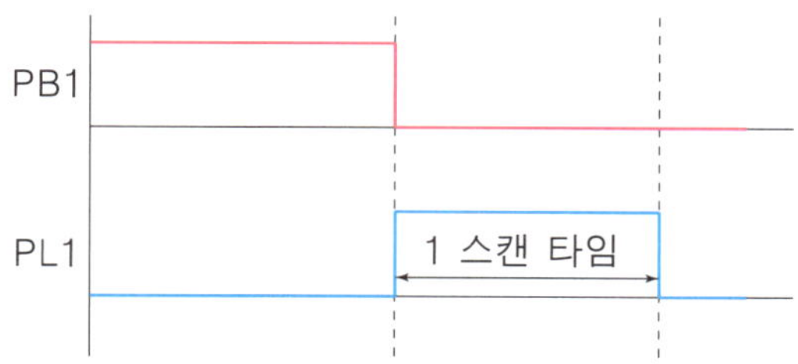

|그림 4-110| 상승펄스 동작 타임 차트

① 하강펄스의 동작은 푸시버튼(PB1)을 누르면 동작하지 않다가 떼면, 1 스캔타임 동안만 ON된다.

② 상승펄스 확인과 마찬가지로 현재 상태로는 LDF 명령이 실행되었는지 알 수 있는 방법이 없기 때문에, 자기유지회로를 이용해서 LDF 명령의 실행여부를 확인해보도록 하겠다.

프로그램 4

자기 유지회로를 이용한 LDF 명령 실습

1) 프로그램

① |그림 4-104|의 프로그램을 |그림 4-111|과 같이 자기유지회로를 이용한 프로그램으로 수정한다.

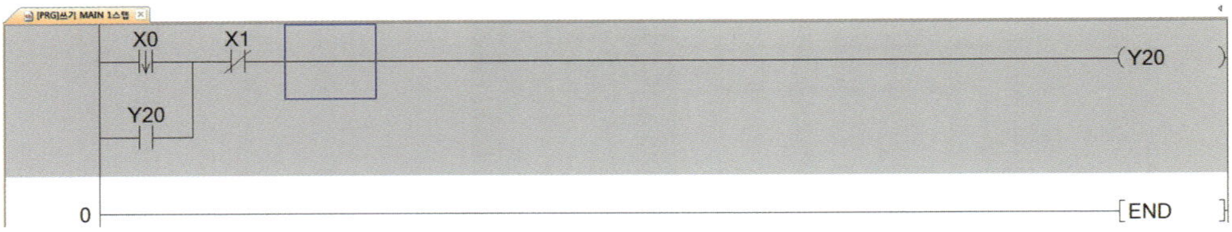

|그림 4-111| 자기유지회로를 하강펄스 동작 확인 프로그램

2) 하드웨어 구성

자기유지회로를 이용한 하강펄스 명령(LDF) 시스템 연결도는 **|**그림 4-105**|**와 같이 상승펄스 명령(LDP) 시스템 연결도와 같다.

3) 동작 타임 차트

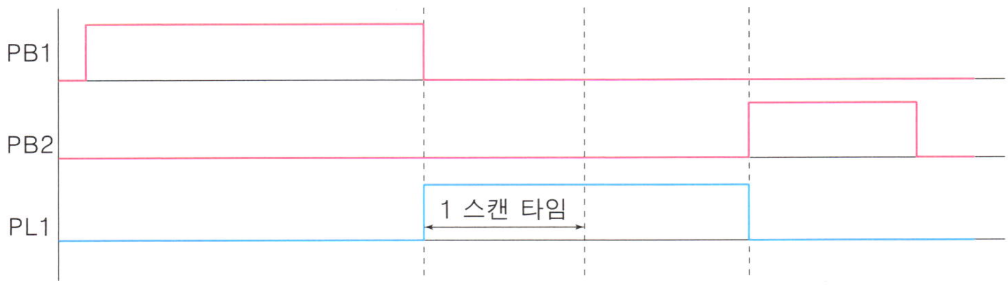

|그림 4-112| 자기유지회로를 이용한 하강펄스 동작 타임 차트도

① [그림 4-112]와 같이 푸시버튼스위치 PB1을 눌렀다 떼면, 출력 메모리 디바이스 Y20이 1 스캔타임 동안 ON되며, 자기유지회로를 ON시킨다.

② Y20에 의해 램프 PL1이 ON되어 LDF 명령에 의해 Y20이 ON되었다는 것을 확인할 수 있다

02 : 연산 결과 펄스화(MEP, MEF)

1 기능

1) MEP는 MEP 연산 이전까지의 연산결과가 상승펄스시(OFF → ON)만 ON한다.

2) MEF는 MEF 연산 이전까지의 연산결과가 하강펄스시(ON → OFF)에 ON한다.

2 프로그램

입력스위치 PB1(X00)과 PB2(X01)의 입력조건이 ON되어 연산결과가 OFF에서 ON으로 될 때, MEP 명령 실행결과를 램프(Y20)로 출력하는 프로그램과 연산결과가 ON에서 OFF로 될 때, MEF 명령 실행결과를 램프(Y21)에 출력하는 프로그램을 작성하라.

1) 프로그램

① 메뉴바에서 [프로젝트] → [프로젝트 새로 만들기]를 클릭하거나, 툴바에서 클릭하거나 키보드에서 [Ctrl + N] 키를 친다

② 프로젝트 종별은 [심플 프로젝트], PLC 시리즈는 QCPU(Qmode), PLC 타입은 Q03UDE, 프로그래밍 언어는 래더, 라벨을 사용은 선택하지 않고 확인 버튼을 클릭하면 프로젝트를 시작할 수 있는 창이 뜬다.

③ 프로젝트창의 왼쪽 상단에서 마우스로 래더도구바에서 a접점 입력([F5])를 클릭하고, 래더 입력창에 입력 메모리 디바이스 X0을 입력하고 확인 버튼을 누른다. 그리고 연속해서 a접점 입력 ([F5])를 누르고 입력 메모리 디바이스 X1을 입력하고 확인 버튼을 눌러 AND 연결을 완료한다. 그리고 출력코일 ([F7])을 눌러 출력코일의 입력 창에 출력 메모리 디바이스 Y20을 입력하고 확인 버튼을 누르면 **|그림 4-113|**과 같이 AND연산회로가 된다.

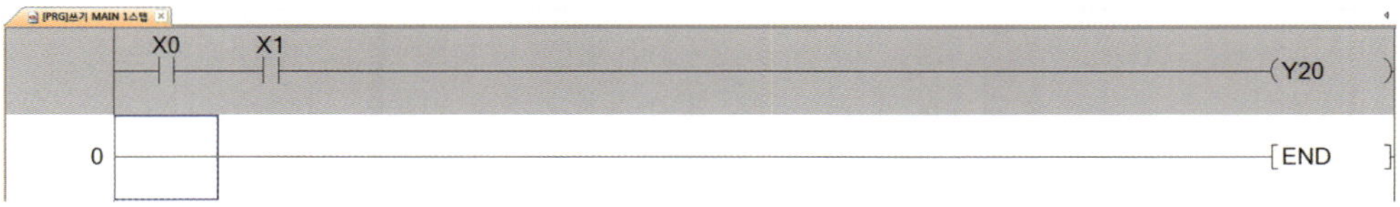

|그림 4-113| 연산결과 펄스 프로그램 예제1_1

④ X1의 바로 뒤에 커서를 이동시키고 세로선 입력([Shift]+[F9])을 클릭하고 확인버튼을 누른다. 커서를 아래로 이동시킨 후 래더 도구바에서 출력코일([F7])을 클릭하고 래더 입력창에 Y21을 입력한다. 그리고 확인 버튼을 클릭하면 **|그림 4-114|**와 같이 AND 연산 결과가 병렬로 출력되는 프로그램이 나타난다.

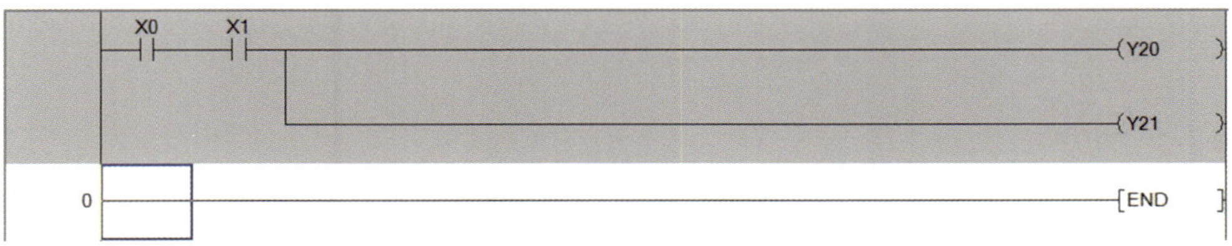

|그림 4-114| 연산결과 펄스 프로그램 예제1_2

⑤ **|그림 4-106|** 회로에서 X0와 X1의 AND 연산과 출력 코일 Y20사이에 연산결과 상승펄스화([Alt]+[F5])를 선택하고 확인 버튼을 클릭한다. 그리고 X1의 AND 연산과 출력 코일 Y21사이에 연산결과 하강펄스화([Ctrl]+[Alt]+[F5])를 선택하고 확인 버튼을 클릭하면 **|그림 4-115|**와 같이 연산결과 펄스화 프로그램이 완료된다.

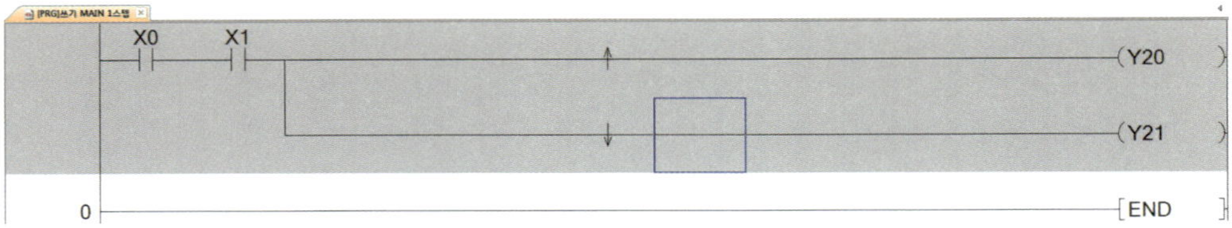

|그림 4-115| 연산결과 펄스 프로그램 예제1

⑥ 연산결과 펄스의 동작도 상승 펄스의 동작이나 하강 펄스의 동작과 마찬가지로 조건이 만족되면 1 스캔타임 동안 ON된다. 1 스캔타임은 사람의 눈으로 확인하기에는 너무 짧기 때문에 실습장치의 램프가 켜졌는지 눈으로 확인할 수 없다.

⑦ 상승펄스나 하강펄스의 확인과 마찬가지로 현재 상태로는 MEP 또는 MEF 명령이 실행되었는지 알 수 있는 방법이 없기 때문에, 자기유지회로를 이용해서 명령의 실행여부를 확인해보도록 하겠다.

⑧ |그림 4-115|의 프로그램을 |그림 4-116|과 같이 내부릴레이 메모리와 자기 유지회로를 이용하여 수정하여 확인해보면 연산결과 펄스가 1 스캔타임동안 ON되었다는 것을 확인할 수 있다.

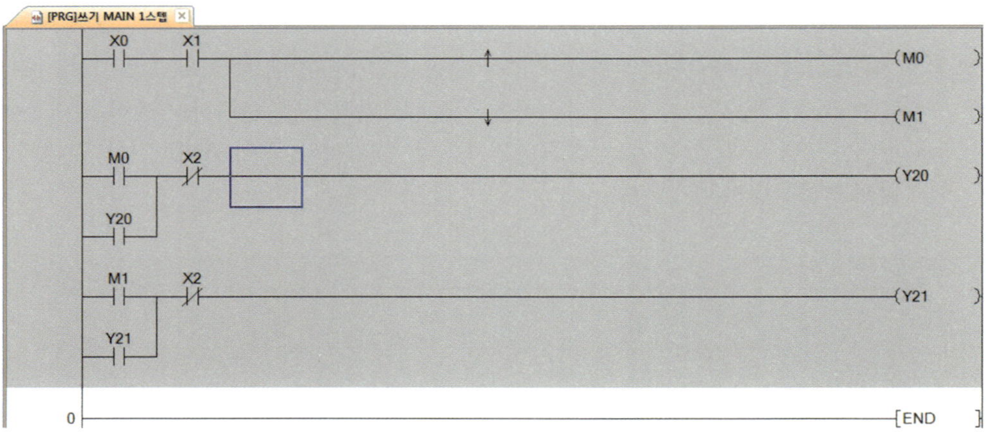

|그림 4-116| 자기유지를 이용한 연산결과 펄스 프로그램 예제

2) 하드웨어 구성

MEP와 MEF의 명령 회로 연결도는 |그림 4-117|과 같이 입력 3개 출력 2개의 인터록 회로의 연결방법과 동일하다.

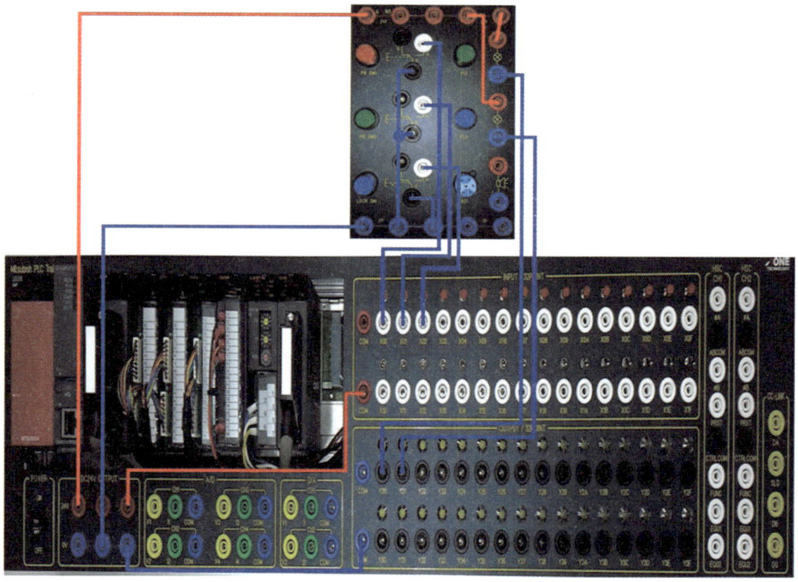

|그림 4-117| 연산결과 펄스화 회로 연결도

03 : 펄스 출력(PLS, PLF)

1 기능

1) PLS는 입력 조건이 OFF에서 ON으로 변화할 때 지정 디바이스를 ON한다.

2) PLF는 입력 조건이 ON에서 OFF로 변화할 때 지정 디바이스를 ON한다.

2 프로그램

입력스위치 PB1(X00)이 OFF에서 ON으로 될 때, 지정 디바이스(Y20)를 ON하는 PLS 명령 프로그램과 입력스위치 PB1이 ON에서 OFF로 될 때, 지정 디바이스(Y21)를 ON하는 PLF 명령 프로그램을 작성하라.

1) 프로그램

① 메뉴바에서 [프로젝트] → [프로젝트 새로 만들기]를 클릭하거나, 툴바에서 🗋 클릭하거나 키보드에서 [Ctrl+N] 키를 친다.

② 프로젝트 종별은 [심플 프로젝트], PLC 시리즈는 QCPU(Qmode), PLC 타입은 Q03UDE, 프로그래밍 언어는 래더, 라벨을 사용은 선택하지 않고 확인 버튼을 클릭하면 프로젝트를 시작할 수 있는 창이 뜬다.

③ 프로젝트창의 왼쪽 상단에서 마우스로 래더도구바의 a접점 입력([F5])를 클릭하고, 래더 입력창에 입력 메모리 디바이스 X0 입력하고 확인 버튼을 누른다. 마우스로 래더도구바의 응용명령 ([F8])을 선택하고 응용명령 입력 창에 [PLS Y20]을 입력한다. 그리고 확인버튼을 클릭하면 **|그림 4-118|**과 같이 응용명령이 삽입된 프로그램 창이 나타난다.

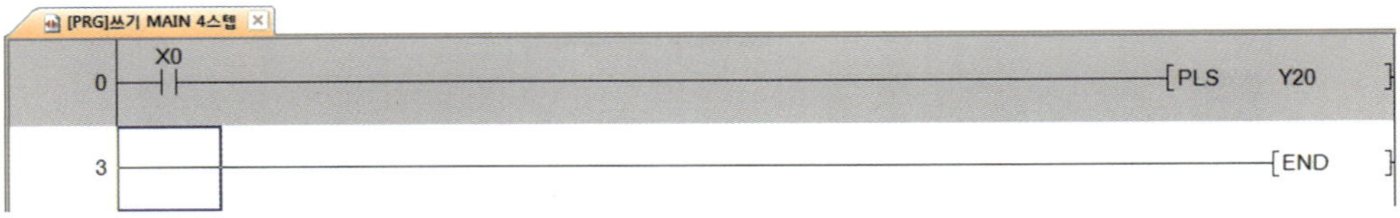

|그림 4-118| 펄스 출력(PLS, PLF) 프로그램 예제1_1

④ [그림 4-118]의 X0의 바로 뒤로 커서를 이동시키고 세로선 입력([Shift]+[F9])을 클릭하고 확인버튼을 누른다. 커서를 아래로 이동시킨 후 래더 도구바에서 응용명령([F8])을 클릭하고 래더 입력창에 [PLF Y21]을 입력한다. 그리고 확인 버튼을 클릭하면 **|그림 4-119|**와 같이 펄스 출력 프로그램이 완성된다.

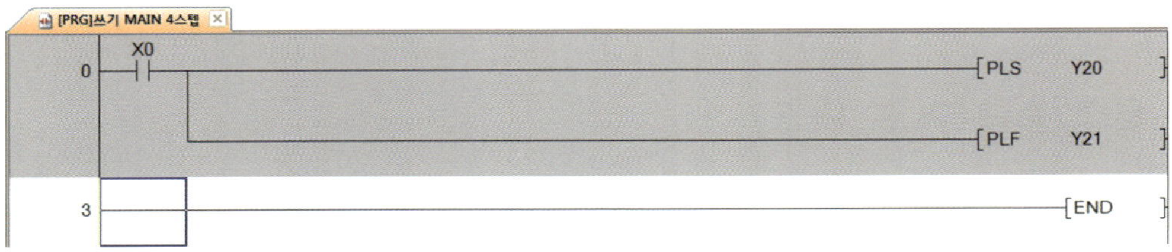

|그림 4-119| 펄스 출력(PLS, PLF) 프로그램

⑤ 연산결과 펄스 출력과 마찬가지로 현재 상태로는 PLS 또는 PLF 명령이 실행되었는지 알 수 있는 방법이 없기 때문에, 자기유지회로를 이용해서 명령의 실행여부를 확인해보도록 한다.

⑥ **|그림 4-119|**의 프로그램을 **|그림 4-120|**과 같이 내부릴레이 메모리와 자기 유지회로를 이용하여 수정하여 확인해보면 지정 디바이스로 펄스가 1 스캔 타임 동안 ON되었다는 것을 확인할 수 있다.

|그림 4-120| 자기유지회로를 이용한 펄스 출력 확인 프로그램

2) 하드웨어 구성

PLS와 PLF 명령 회로 연결도는 **|그림 4-121|**과 같이 입력 2개 출력 2개의 회로의 연결 방법과 동일하다.

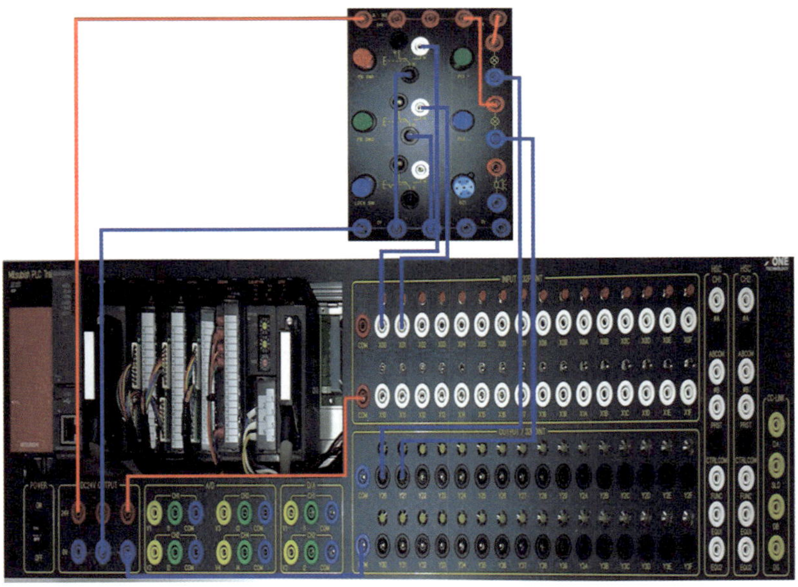

|그림 4-121| 자기유지회로를 이용한 펄스 출력 회로 연결도

04 : 펄스 예제 프로그램

1 펄스 프로그램 1

|그림 4-122|와 같이 버튼스위치(PB1)를 누르면 출력이 ON하고 다시 버튼을 누르면 OFF하는, 즉, 버튼을 누를 때 마다 ON/OFF가 반복되는 프로그램을 작성하고 시스템을 구성하라.

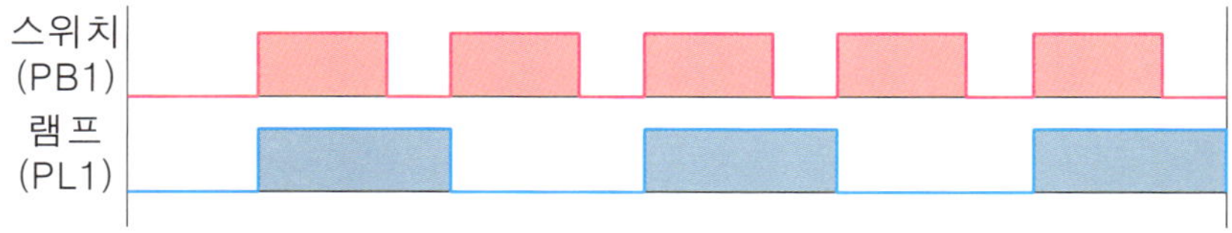

|그림 4-122| 펄스 프로그램 예제1 타임차트

1) 프로그램 1-1(펄스 연산 시작)

① 메뉴바에서 [프로젝트] → [프로젝트 새로 만들기]를 클릭하거나, 툴바에서 클릭하거나 키보드에서 [Ctrl+N] 키를 친다

② 프로젝트 종별은 [심플 프로젝트], PLC 시리즈는 QCPU(Qmode), PLC 타입은 Q03UDE, 프로그래밍 언어는 래더, 라벨을 사용은 선택하지 않고 확인 버튼을 클릭하면 프로젝트를 시작할 수 있는 창이 뜬다.

③ 프로젝트창의 왼쪽 상단에서 마우스로 래더도구바의 상승펄스 ([Shift]+[F7])을 클릭하고, 래더 입력창에 입력 메모리 디바이스명 X0을 입력한다. 그리고 확인 버튼을 클릭하면 |그림 4-123|과 같은 화면이 나타난다.

|그림 4-123| 펄스 프로그램 예제1_11

④ b접점 입력([F6])을 선택하고 래더 입력창에 출력코일 디바이스명 Y20을 입력한다. 그리고 확인 버튼을 클릭한다.

⑤ 출력코일([F9])를 선택하고 래더 입력창에 출력코일 디바이스명 Y20을 입력한다. 그리고 확인 버튼을 클릭하면 |그림 4-124|와 같이 된다.

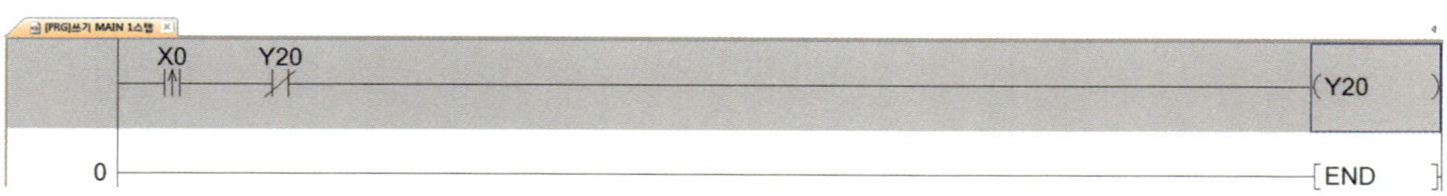

|그림 4-124| 펄스 프로그램 예제1_12

⑥ 커서를 END라인의 맨 앞으로 이동시키고 마우스로 래더도구바의 상승펄스부정 ([Shift]+[Alt]+[F7])을 클릭하고, 래더 입력창에 입력 메모리 디바이스명 X0 클릭한다. 그리고 확인 버튼을 클릭하면 **|그림 4-125|**와 같은 화면이 나타난다.

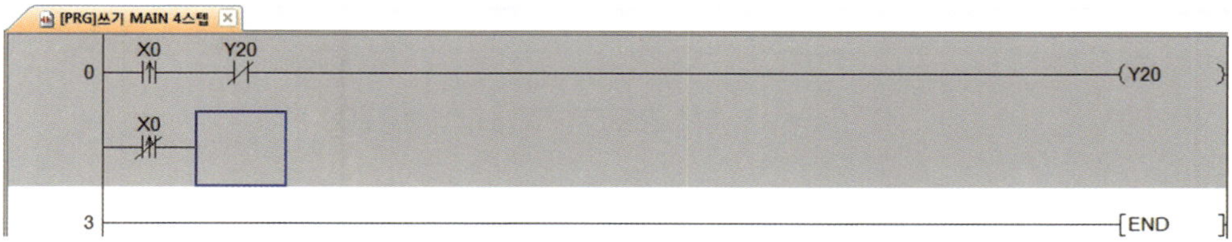

|그림 4-125| 펄스 프로그램 예제1_12

⑦ a접점 입력([F5])를 선택하고 래더 입력창에 출력 메모리 디바이스 Y20을 입력한다. 그리고 확인버튼을 클릭하고 키보드에서 [Ctrl]+[↑]를 누르면 **|그림 4-126|**과 같이 프로그램이 완성된다.

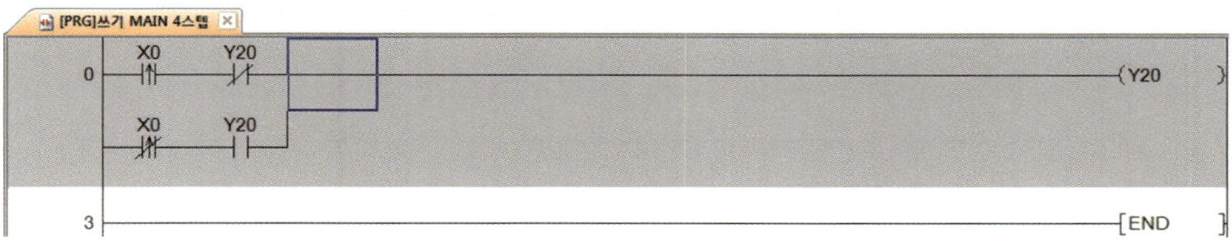

|그림 4-126| 펄스 프로그램 예제1_13

2) 동작 원리

① PL1이 OFF상태일 때, Y20도 OFF이다. Y20이 OFF이면 Y20의 b접점은 ON되어 있다. 이때, PB1을 누르면 X0의 펄스 입력이 1 스캔타임 동안 ON되어 **|그림 4-127|**과 같이 출력코일 Y20이 ON된다.

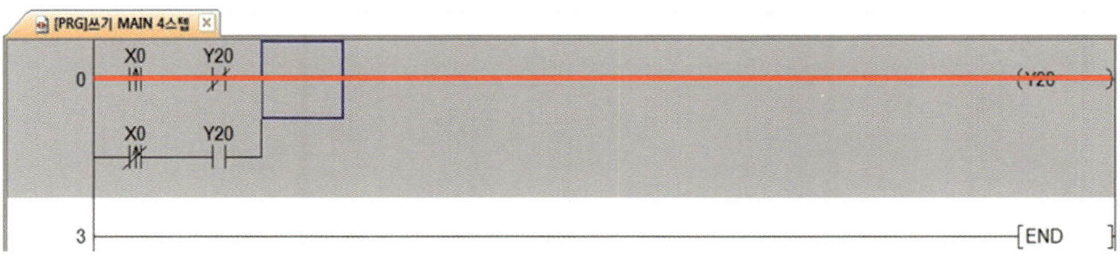

|그림 4-127| 펄스 프로그램 예제1_1(설명문1)

② Y20이 ON되고 다음 스캔 이후에서 X0의 펄스입력이 OFF된다. 그럼 X0의 펄스입력의 b접점이 ON되고 Y20은 ON상태로 남아 있어 **|그림 4-128|**과 같이 X0의 b접점과 Y20의 a접점이 ON되어 출력코일 Y20이 계속 ON되어 있다.

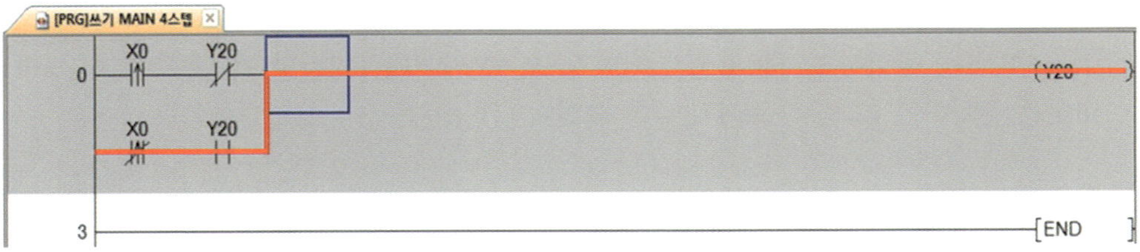

|그림 4-128| 펄스 프로그램 예제1_1(설명문2)

③ PL1이 ON 상태일 때, PB1을 누르면 X0의 펄스입력이 1 스캔타임 동안 ON되고, X0 펄스입력의 b접점은 OFF된다. 그러면 |그림 4-129|와 같이 X0 펄스입력 a접점은 ON, Y20 b접점은 OFF되고, X0 펄스입력 b접점은 OFF, Y20 a접점은 ON되어 출력코일 Y20의 입력조건이 OFF되어 Y20이 OFF된다.

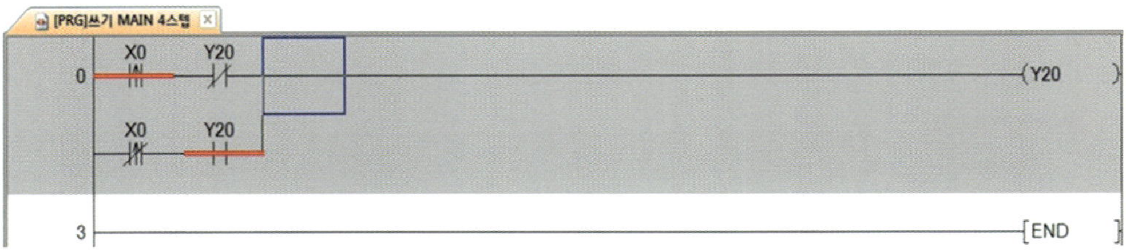

|그림 4-129| 펄스 프로그램 예제1_1(설명문3)

④ Y20이 OFF되고 다음 스캔부터는 |그림 4-130|과 같이 X0 펄스입력 OFF, 출력코일 Y20 OFF되어 출력코일 Y20이 계속 OFF된다.

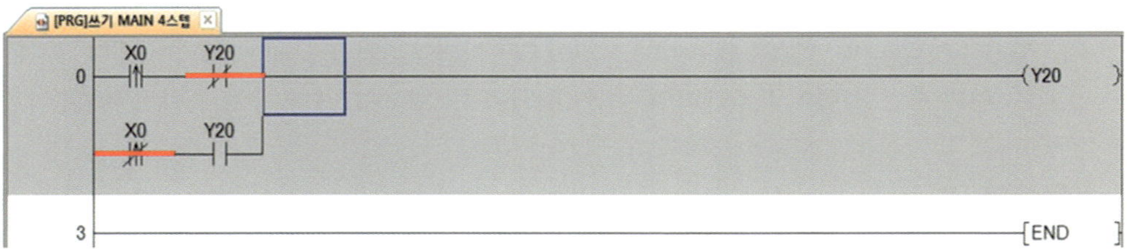

|그림 4-130| 펄스 프로그램 예제1_1(설명문4)

3) 하드웨어 구성

예제 1-1의 회로 연결도는 **|그림 4-131|**과 같이, 입력 1개 출력 1개의 YES회로의 연결방법과 동일하다.

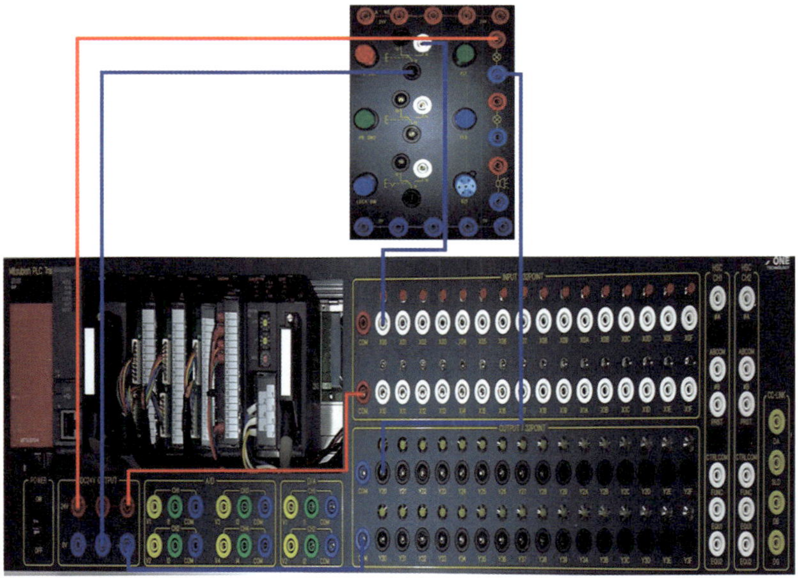

|그림 4-131| 예제1의 회로 연결도

4) 프로그램 1-2(연산 결과 펄스화)

① 메뉴바에서 [프로젝트] → [프로젝트 새로 만들기]를 클릭하거나, 툴바에서 클릭하거나 키보드에서 [Ctrl+N] 키를 친다

② 프로젝트 종별은 [심플 프로젝트], PLC 시리즈는 QCPU(Qmode), PLC 타입은 Q03UDE, 프로그래밍 언어는 래더, 라벨을 사용은 선택하지 않고 확인 버튼을 클릭하면 프로젝트를 시작할 수 있는 창이 뜬다.

③ 프로젝트창에서 a접점 입력 디바이스 메모리 X0, 출력 코일 내부 릴레이 메모리 디바이스 M0을 가지고 YES회로를 **|그림 4-132|**와 같이 프로그래밍한다.

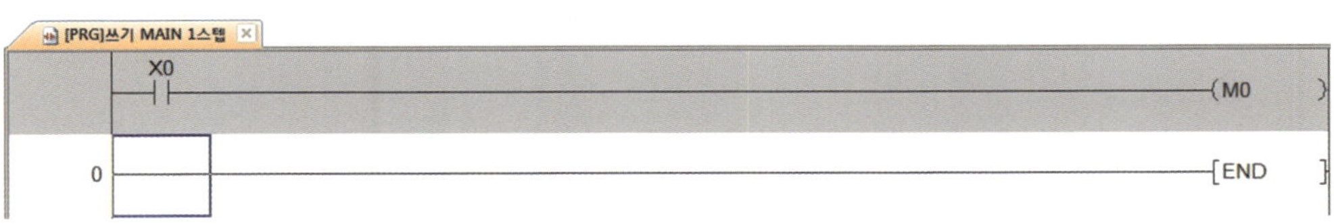

|그림 4-132| 펄스 프로그램 예제1_21

④ **|그림 4-133|**과 같이 X0 a접점과 출력코일 M0사이에 커서를 이동시킨 후 래더 도구바에서 연산결과 상승 펄스화 를 클릭하고 확인버튼을 클릭한다.

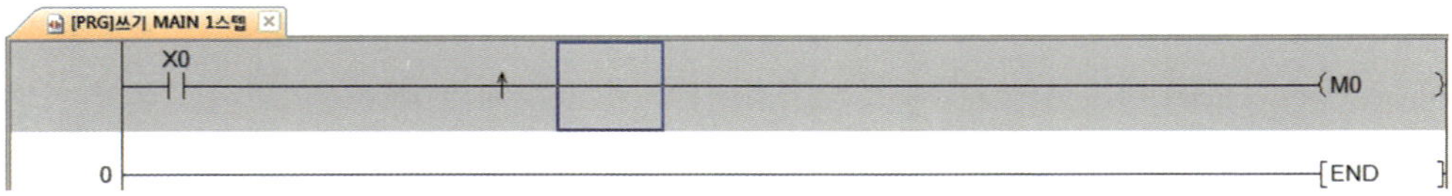

|그림 4-133| 펄스 프로그램 예제1_22

⑤ 이하 프로그램은 예제 1의 펄스 연산 시작의 예제와 같은 방법으로 프로그래밍한다. 단, 입력단자 X0 대신에 내부 릴레이 메모리 디바이스 M0으로 대체한다. 그리고 펄스입력 대신에 a접점과 b접점 입력으로 대체하여 프로그래밍하면 |그림 4-134|와 같이 된다.

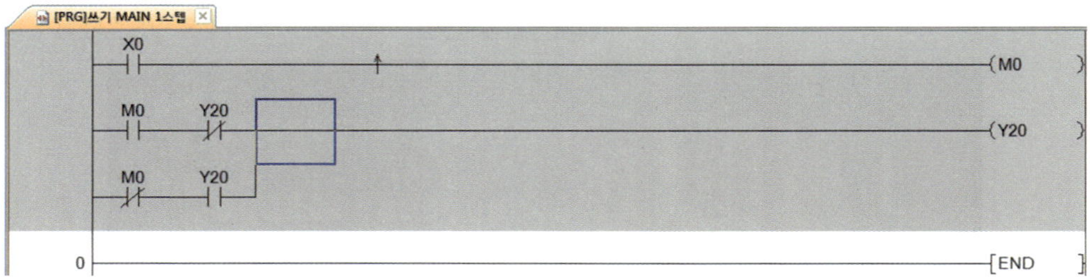

|그림 4-134| 펄스 프로그램 예제1_23

⑥ 동작원리와 시스템 구성도는 예제 1_1과 동일하다.

5) 프로그램 1-3(펄스출력)

① 이제는 프로젝트 시작 부분은 설명하지 않고 지나가도록 한다.

② 프로젝트창에서 a접점 입력 디바이스 메모리 X0, 내부 릴레이 메모리 디바이스 펄스 출력 M0을 가지고 |그림 4-135|와 같이 프로그래밍한다.

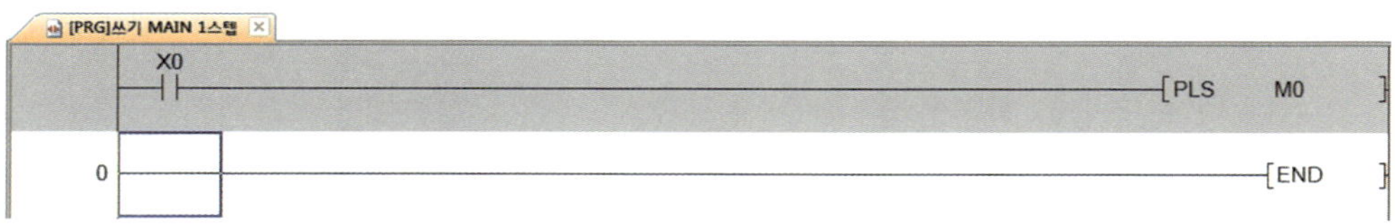

|그림 4-135| 펄스 프로그램 예제1_31

③ 이하 프로그램은 예제 1-2의 연산 결과 펄스화와 같이 프로그래밍하면 |그림 4-136|과 같이 된다.

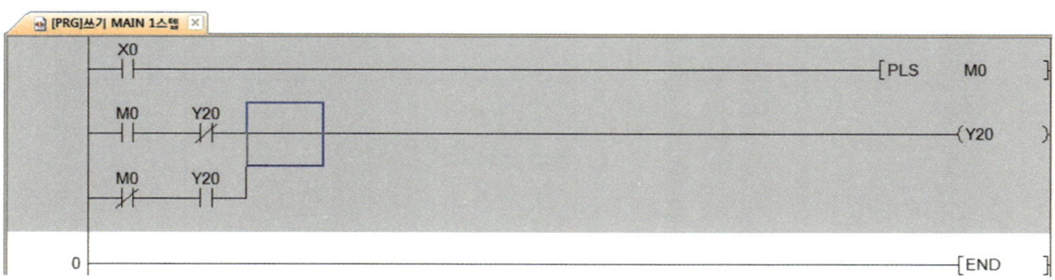

|그림 4-136| 펄스 프로그램 예제1_32

④ 동작원리와 시스템 구성도는 예제 1_1과 동일하다.

2 펄스 프로그램 2

|그림 4-137|의 타임차트와 같이 푸시버튼스위치(PB1)를 누를 때 마다 ON되는 램프의 수가 하나씩 증가하는 프로그램, 즉 PB1을 한 번 누르면 램프 1이 ON, 다시 한 번 누르면 램프 1과 램프 2가 ON, 다시 한 번 누르면 램프 1, 램프 2 및 램프 3이 ON되고, 푸시버튼스위치(PB2)를 누르면 모든 램프가 OFF되는 프로그램을 작성하고 시스템을 구성하라.

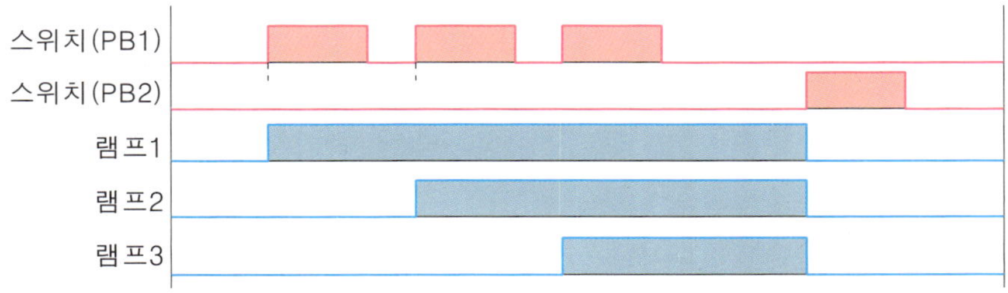

|그림 4-137| 펄스 프로그램 예제2 타임차트

1) 잘못된 프로그램 1

① 일반적으로 이와 같은 프로그램을 작성하라고 하면 대부분 쉽게 생각하고 |그림 4-138|과 같이 프로그래밍한다.

|그림 4-138| 펄스 프로그램 예제2_11

2) 시스템 연결

입력스위치/출력램프부에서는 출력램프의 수가 2개 밖에 없으므로 출력을 확인할 수 없다. 그래서 출력램프는 출력단자부에 있는 출력단자위의 LED램프를 사용하기로 한다. 출력단자부의 출력램프는 별도의 연결없이 출력 COM만 연결하면 동작된다.

그러므로 예제의 입력과 출력 연결은 **|그림 4-139|**와 같이 입력만 입력스위치/출력램프부에서 연결하고, 출력은 출력 COM만 연결한다.

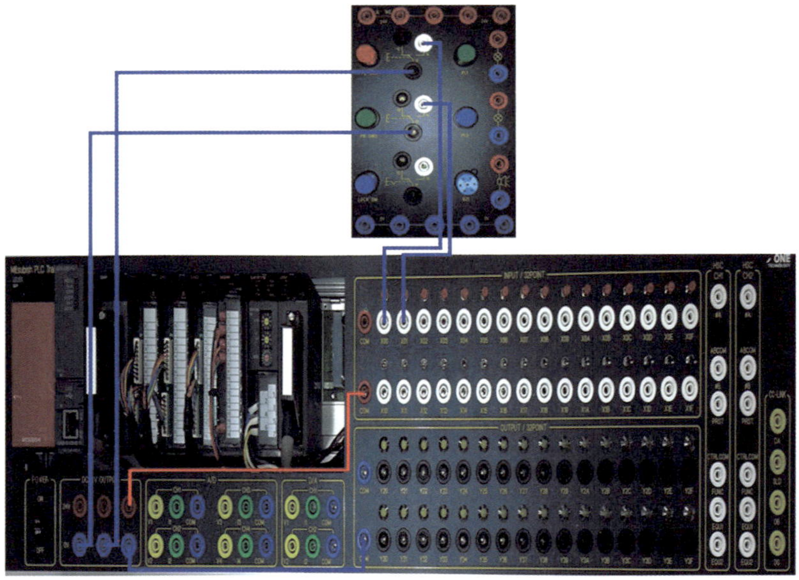

|그림 4-139| 펄스 예제2의 시스템 연결도

① 동작원리(PB1을 눌렀을 때, X0 ON)
- 프로그램 동작설명에 앞서 PLC 프로그램의 동작원리부터 이해하여야 동작의 설명이 된다.
- PLC 프로그램의 동작은 직렬동작이다. 즉 위에서 아래 그리고 좌에서 우의 순으로 동작한다.
- 프로그램의 1스캔동작이 완료되면 연산결과를 출력한다.
- 첫 번째 라인에서 a접점 X0과 b접점 X1이 ON되었으므로 **|그림 4-140|**과 같이 Y20이 ON된다.

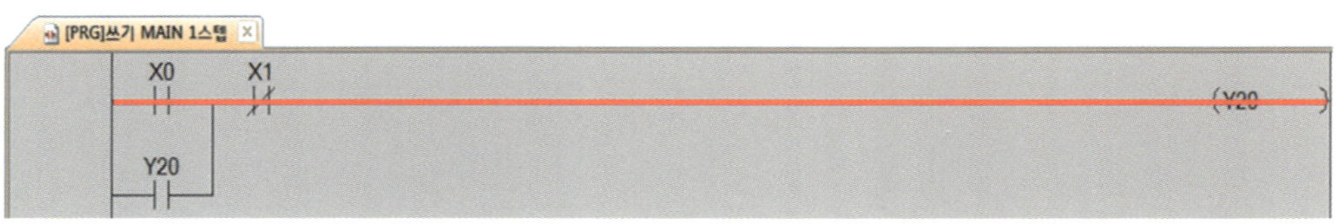

|그림 4-140| 펄스 동작설명 예제2_11

- 첫 번째 라인에서 출력 Y20이 ON 되었으므로 **|그림 4-141|**과 같이 세 번째 라인의 모든 입력(Y20, X0, X1)조건이 ON되어 출력 코일 Y21이 ON된다.

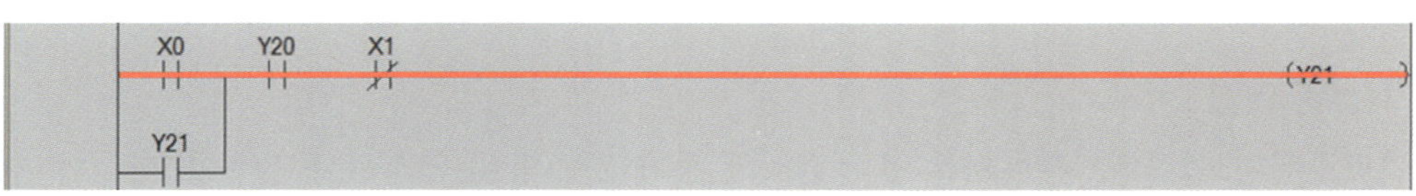

|그림 4-141| 펄스 동작설명 예제2_12

– 마찬가지로, 세 번째 라인에서 출력 Y21이 ON 되었으므로 【그림 4-142】와 같이 아래와 같이 다섯 번째 라인의 모든 입력(X0, Y21, X1)조건이 ON되어 출력 코일 Y22가 ON된다.

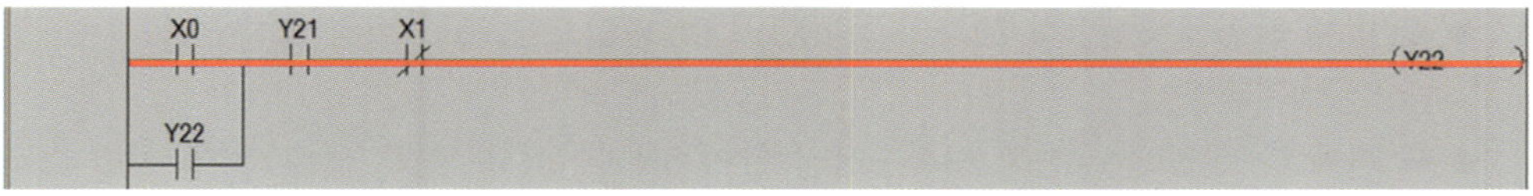

【그림 4-142】 펄스 동작설명 예제2_13

– 다음 스캔동작에서는 이전 스캔동작에 의하여 Y20, Y21, Y22가 ON되었기 때문에 자기유지회로에 의하여 계속해서 출력코일 Y20, Y21, Y22가 ON된다.
– 위와 같이 PB1을 누르면 첫 번째 스캔에서 모든 출력이 ON되어 버튼을 누름과 동시에 램프 1, 램프 2, 램프 3이 켜진다.

3) 잘못된 프로그램 2

① 잘못된 프로그램 1의 예에서 1스캔 동작에 의하여 모든 출력코일이 ON되었기 때문에 PLC 프로그램 직렬 동작의 원리를 이용하여 프로그램을 수정한다. 【그림 4-138】의 프로그램에서 출력코일의 순서를 Y20 → Y21 → Y22에서 Y22 → Y21 → Y20의 순서로 바꾸어 【그림 4-143】와 같이 프로그래밍한다.

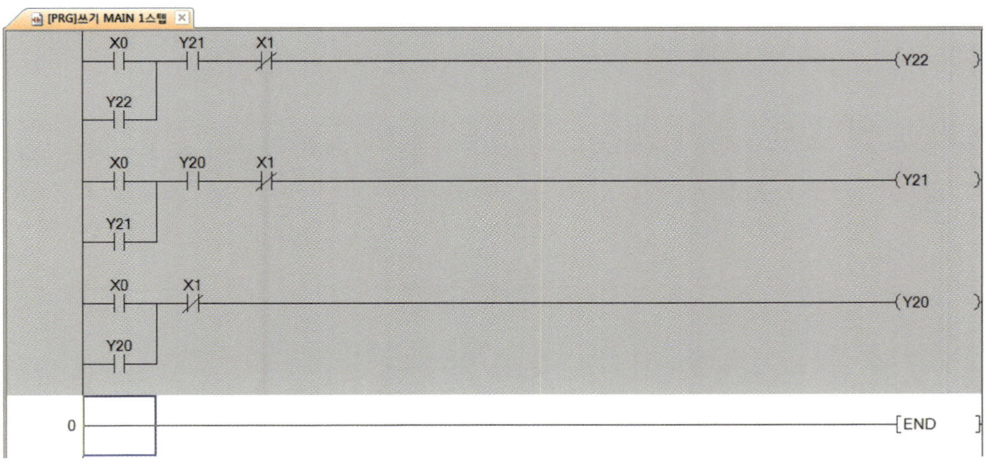

【그림 4-143】 펄스 프로그램 예제2_21

② 동작원리

– 첫 번째 스캔동작(【그림 4-144】)

- 첫 번째 라인에서 a접점 X0과 b접점 X1이 ON되었으나 출력 접점 Y21이 OFF되어 있으므로 Y22는 OFF된다.
- 세 번째 라인에서도 a접점 X0과 b접점 X1이 ON되었으나 출력 접점 Y20이 OFF되어 있으므로 Y21은 OFF된다.

● 다섯 번째 라인에서는 a접점 X0과 b접점 X1이 ON되어 모든 입력조건이 ON되어 Y20이 ON된다.

– 두 번째 스캔동작(|그림 4-145|)

● 첫 번째 라인에서 a접점 X0과 b접점 X1이 ON되었으나 출력 접점 Y21이 OFF되어 있으므로 Y22는 OFF된다.

● 세 번째 라인에서는 a접점 X0과 b접점 X1이 ON되어있고, 출력 접점 Y20이 이전 스캔동작에 의하여 ON되었기 때문에 모든 입력조건이 ON되어 출력 코일 Y21은 ON된다.

● 출력 코일 Y20은 이전 스캔동작에서 ON되어 이번 스캔에서는 자기유지되어 계속 ON된다.

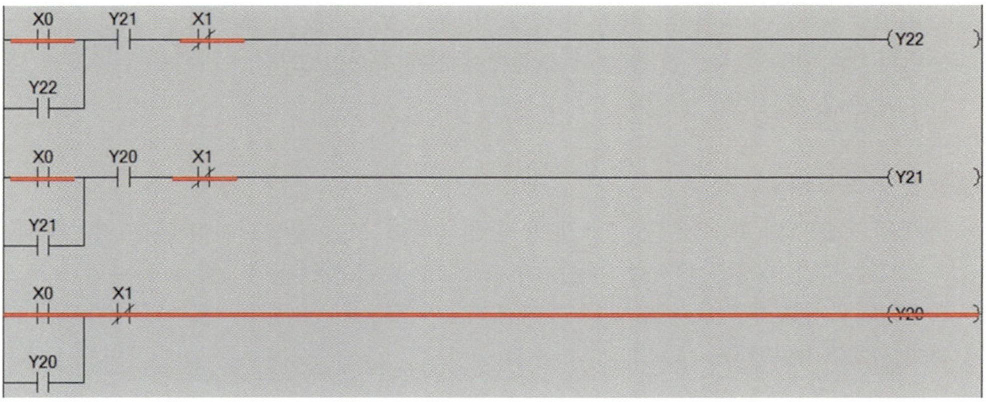

|그림 4-144| 펄스 동작설명 예제2_21

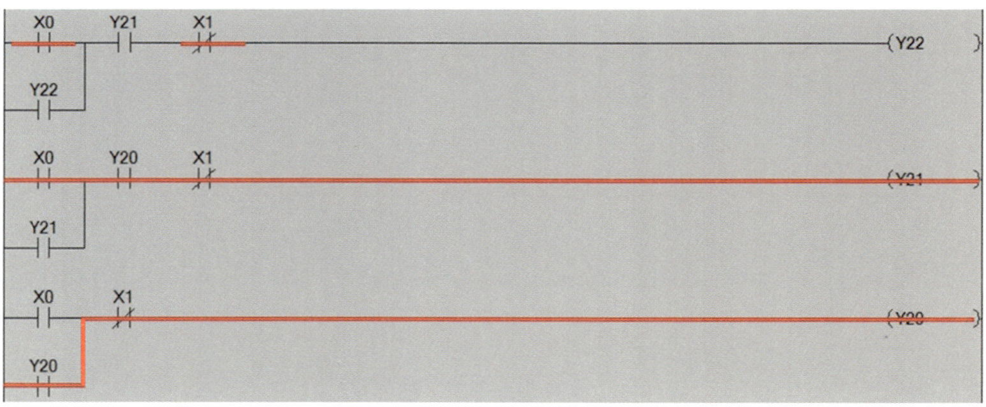

|그림 4-145| 펄스 동작설명 예제2_22

– 세 번째 스캔동작(|그림 4-146|)

● 첫 번째 라인에서는 a접점 X0과 b접점 X1이 ON되어있고, 출력 접점 Y21이 이전 스캔동작에 의하여 ON되었기 때문에 모든 입력조건이 ON되어 출력 코일 Y22은 ON된다.

● 출력 코일 Y21은 이전 스캔동작에서 ON되어 이번 스캔에서는 자기유지되어 계속 ON된다.

● 출력 코일 Y20은 자기유지되어 계속 ON된다.

|그림 4-146| 펄스 동작설명 예제2_23

- 위에서와 같이 PB1 버튼을 1회 ON/OFF했지만 PLC는 스캔 동작을 여러번 실행하기 때문에 모든 램프가 동시에 On된 것 같이 보인다. 이러한 문제점을 해결하기 위해서 1 스캔타임 동안만 ON되는 펄스 명령어가 필요하다.

4) 펄스 명령어를 이용한 프로그램

① 펄스 연산 시작 명령 응용 프로그램

펄스 연산 시작 명령을 응용하여 작성한 프로그램은 |그림 4-147|과 같다.

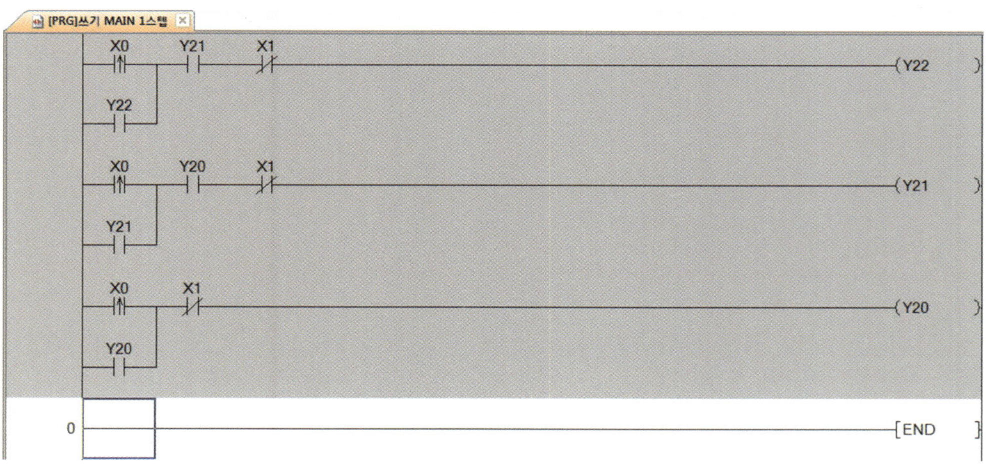

|그림 4-147| 펄스 프로그램 예제2_3

② 동작원리

- 푸시 버튼 스위치 PB1을 첫 번째 ON/OFF했을 때 동작(|그림 4-148|)

- 첫 번째 라인에서 a접점 펄스입력 X0과 b접점 X1이 ON되었으나 출력 접점 Y21이 OFF되어 있으므로 출력코일 Y22는 OFF된다.
- 세 번째 라인에서도 a접점 펄스입력 X0과 b접점 X1이 ON되었으나 출력 접점 Y20이 OFF되어 있으므로 출력코일 Y21은 OFF된다.

● 다섯 번째 라인에서는 a접점 펄스입력 X0과 b접점 X1이 ON되어 모든 입력조건이 ON되어 출력코일 Y20이 ON된다.

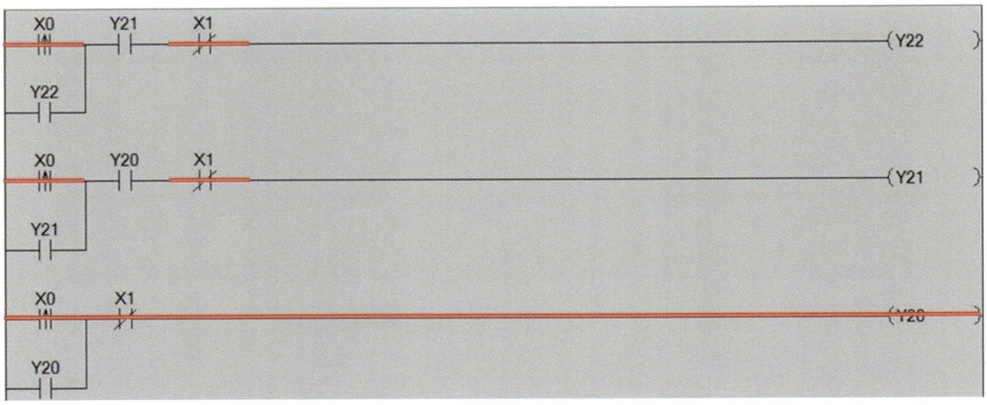

|그림 4-148| 펄스 동작설명 예제2_31

– 두번째 스캔 이후의 동작에서는 |그림 4-149|에서 보는 바와 같이 세 번째 라인에서는 출력 접점 Y20이 ON되어 있지만 a접점 펄스입력 X0이 OFF되어 출력코일 Y21 OFF상태로 남아 있고, 다섯 번째 라인에서는 자기유지동작에 의하여 출력코일 Y20이 계속 ON되어 있다.

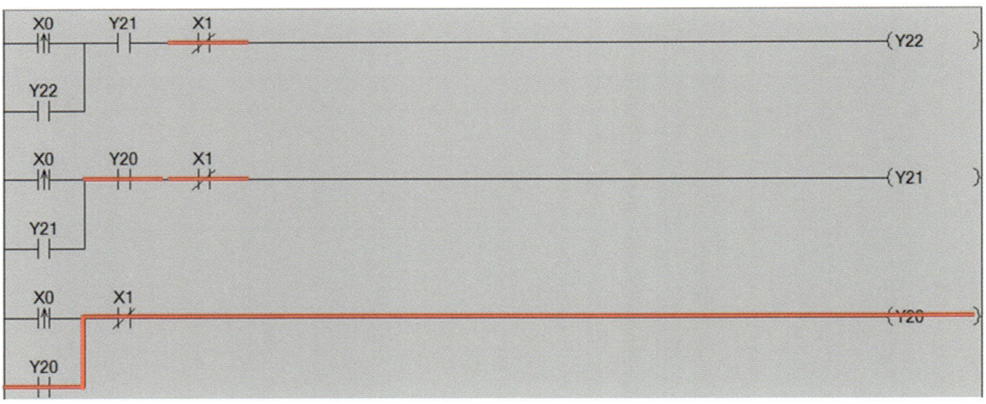

|그림 4-149| 펄스 동작설명 예제2_32

– 푸시 버튼 스위치 PB1을 두 번째 ON/OFF했을 때 동작(|그림 4-150|)

● 첫 번째 라인에서 a접점 펄스입력 X0과 b접점 X1이 ON되었으나 출력 접점 Y21이 OFF되어 있으므로 출력코일 Y22는 OFF된다.

● 세 번째 라인에서는 a접점 펄스입력 X0과 b접점 X1이 ON되어 있고, 이전의 버튼동작에 의하여 출력 코일 Y20이 ON되었기 때문에 출력 접점 Y20이 ON되어 모든 입력조건이 ON되어 출력코일 Y21은 ON된다.

● 다섯 번째 라인에서는 이전의 버튼 동작에 의하여 출력코일 Y20은 계속 ON되어 있다.

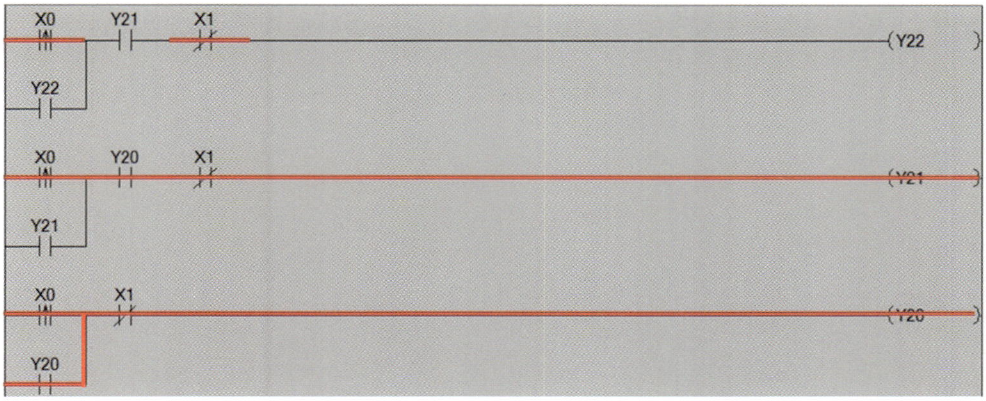

|그림 4-150| 펄스 동작설명 예제2_33

- 두 번째 스캔 이후의 동작에서는 |그림 4-151|에서 보는 바와 같이 첫 번째 라인에서는 출력 접점 Y21이 ON되어 있지만 a접점 펄스입력 X0이 OFF되어 출력코일 Y22는 OFF상태로 남아 있고, 세 번째와 다섯 번째 라인에서는 자기유지동작에 의하여 출력코일 Y21과 Y20은 계속 ON되어 있다.

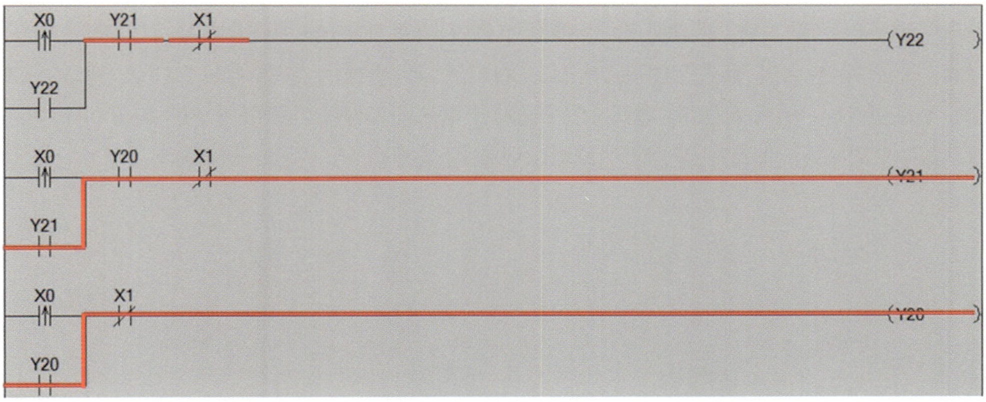

|그림 4-151| 펄스 동작설명 예제2_34

- 푸시 버튼 스위치 PB1을 세 번째 ON/OFF했을 때 동작(|그림 4-152|)

● 첫 번째 라인에서는 a접점 펄스입력 X0과 b접점 X1이 ON되어 있고, 이전의 버튼동작에 의하여 출력 코일 Y21이 ON되었기 때문에 출력 접점 Y21이 ON되어 모든 입력조건이 ON되어 출력코일 Y22는 ON된다.

● 세 번째 라인과 다섯 번째 라인에서는 이전의 버튼 동작에 의하여 출력코일 Y21과 Y20은 계속 ON되어 있다.

|그림 4-152| 펄스 동작설명 예제2_35

– 두번째 스캔 이후의 동작에서는 모든 출력코일(Y22, Y21, Y20)이 자기유지동작에 의하여 계속 ON되어 있다.

3 실습과제(4-9)

|그림 4-153|의 타임차트와 같이 푸시버튼스위치(PB1)를 누를 때 마다 ON되는 램프 4개가 한 칸씩 이동하는 프로그램, 즉 PB1을 첫 번째 누르면 램프 1이 ON, 두 번째 누르면 램프 1 OFF, 램프 2 ON, 세 번째 누르면 램프 2 OFF, 램프 3 ON되고, 네 번째 누르면 램프 3 OFF, 램프 4 ON, 다섯 번째 누르면 다시 램프 4 OFF, 램프 1이 ON되어 램프의 ON이 계속하여 이동하고 푸시버튼스위치 PB2를 누르면 모든 램프가 OFF되는 프로그램을 작성하고 시스템을 구성하라.

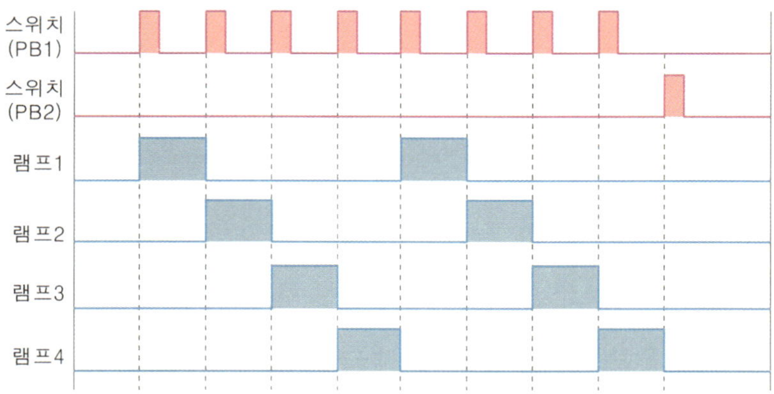

|그림 4-153| 실습예제 4-9의 타임차트

05 : 연산 결과 반전(INV)

1 기능

❙그림 4-154❙의 타임차트와 같이 INV 명령 직전까지의 연산결과를 반전한다.

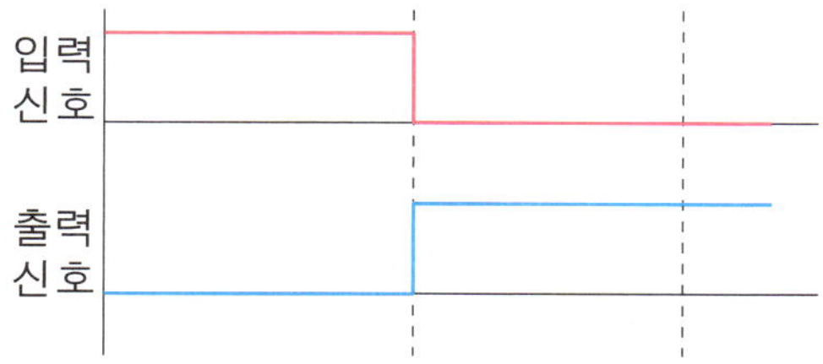

❙그림 4-154❙ INV 명령 타임차트

2 프로그램 예

① 프로젝트창에서 a접점 입력 X0, 출력 코일 Y20을 가지고 YES회로를 ❙그림 4-155❙와 같이 프로그래밍한다.

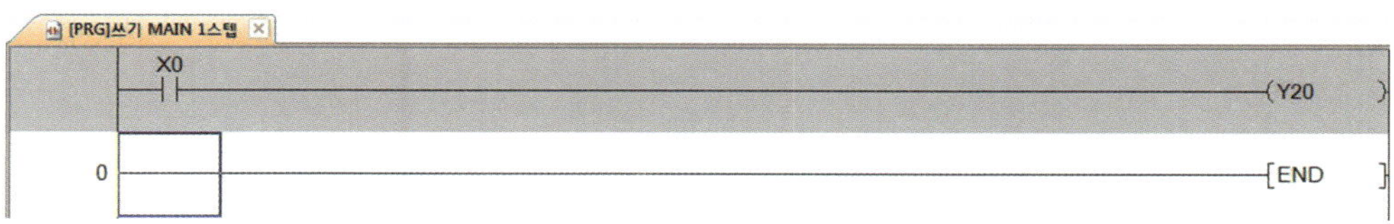

❙그림 4-155❙ INV 프로그램 예제 설명 1

② ❙그림 4-155❙ 회로에서 X0와 출력 코일 Y20사이에 연산 결과 반전 ([Ctrl]+[Alt]+[F10])를 선택하고 확인버튼을 클릭하면 ❙그림 4-156❙과 같이 연산 결과 반전 프로그램이 완료된다.

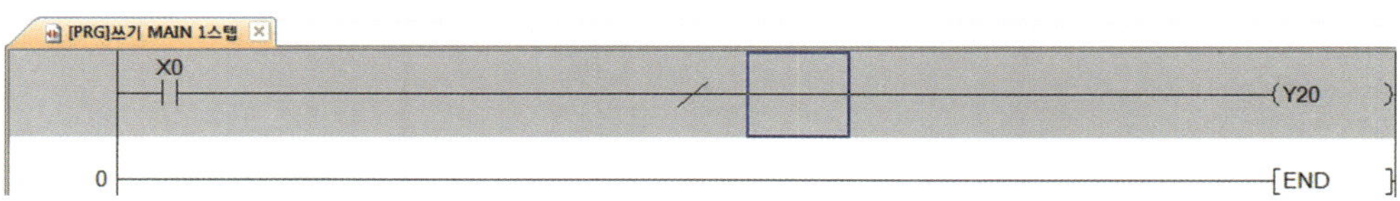

❙그림 4-156❙ INV 프로그램 예제 설명 2

③ 동작설명

- 입력 접점 X0의 입력 상태을 받아 그 값을 반전시켜 출력 접점 Y20의 입력으로 보낸다. 입력 상태가 OFF이면 ON으로 상태 값을 반전시켜 출력 접점 Y20의 입력으로 보내고, 입력 상태가 ON이면 OFF로 상태 값을 반전시켜 출력 접점 Y20의 입력으로 보낸다.
- X0이 OFF이면 Y20의 출력값은 ON이 되고, ON이면 OFF가 된다.

3 하드웨어 구성

INV의 명령 실습의 회로 연결도는 |그림 4-157|과 같다.

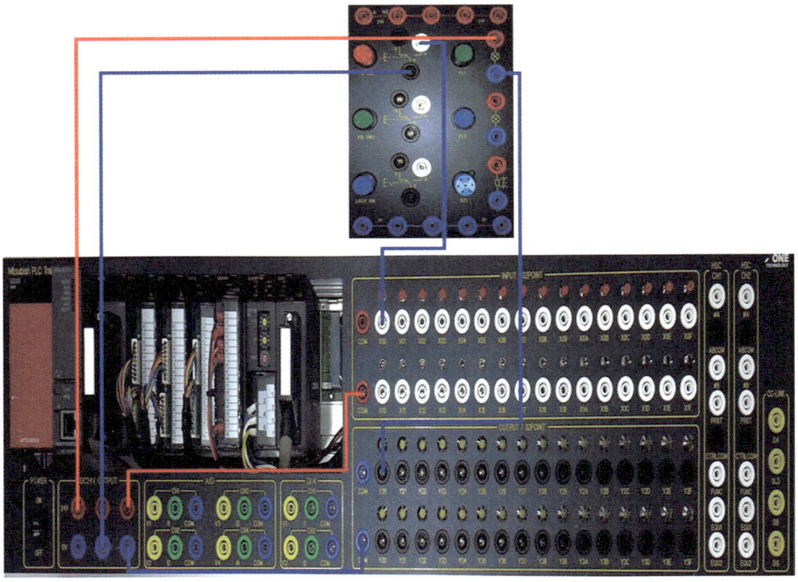

|그림 4-157| INV 실습 회로 연결도

03 출력 명령

01 : 디바이스 세트/리셋(SET/RST)

1 기능(|그림 4-158|)

1) 세트(SET)

① SET의 입력조건이 ON될 때
- 비트 디바이스 : 코일, 접점을 ON한다.
- 워드 디바이스의 비트 지정 시 : 지정 비트를 1로 한다.

② 입력조건이 ON에서 OFF로 바뀌어도 지정 비트 디바이스는 ON상태를 유지한다.

③ SET 명령으로 ON한 디바이스는 RST 명령으로 OFF할 수 있다.

2) 리셋(RST)

① RST의 입력조건이 ON될 때
- 비트 디바이스 : 코일, 접점을 OFF한다.
- 워드 디바이스의 비트 지정 시 : 지정 비트를 0로 한다.
- 타이머, 카운터 : 현재값을 0으로 하여 코일, 접점을 OFF한다.
- 타이머, 카운터 이외의 워드 디바이스 : 내용을 0으로 한다.

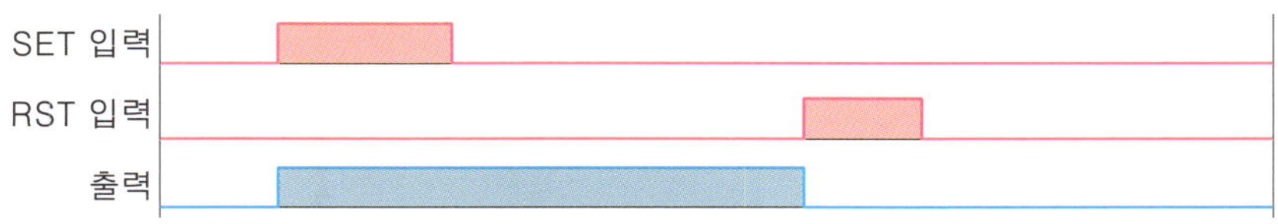

|그림 4-158| 셋/리셋 동작 설명도

2 예제 프로그램

1) 프로그램 1

① 프로젝트창에서 a접점 입력 X0, 출력 코일 Y20을 가지고 YES회로를 **|그림 4-159|**와 같이 프로그래밍한다.

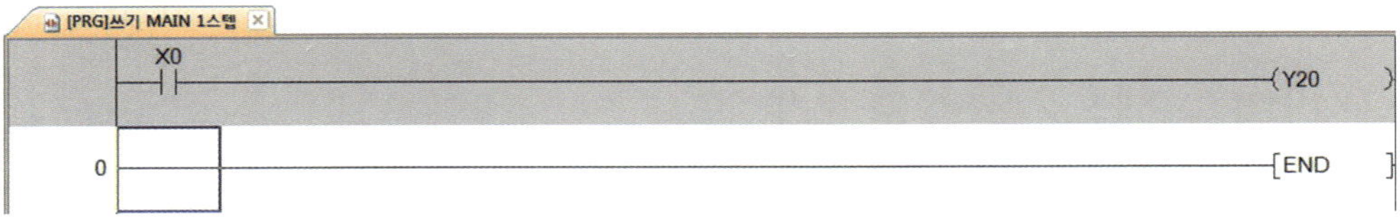

|그림 4-159| SET/RST 예제1 프로그램 설명 1

② 커서를 a접점 입력 메모리 디바이스 X0의 뒤쪽으로 옮기고, [Ctrl]+[↓] 키를 누르거나 마우스로 래더 도구바에서 sF9 를 클릭하고 확인 버튼을 클릭한다. 그리고 커서를 아래쪽으로 옮기고 [F8]키를 누르거나 마우스로 F8 를 클릭하면 응용명령 래더 입력창이 나타난다. 래더 입력창에 "SET Y21"를 입력하고 확인 버튼을 클릭하면 **|그림 4-160|**과 같은 화면이 나타난다.

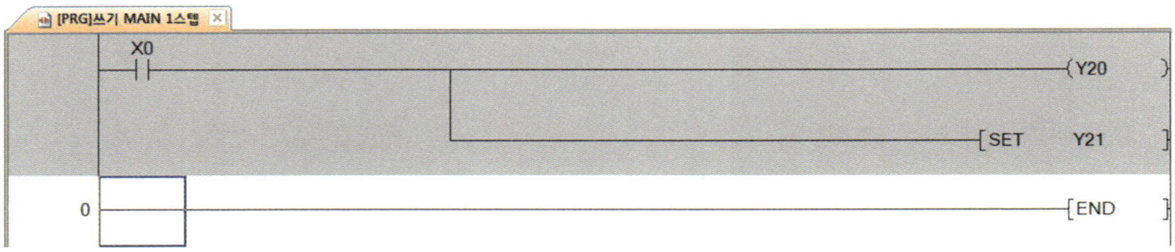

|그림 4-160| SET/RST 예제 1 프로그램 설명 2

③ **|그림 4-160|**의 커서의 위치에서 a접점 입력 메모리 디바이스 X1을 입력한다. 그리고 [F8]키를 누르고, 응용명령 래더 입력창에 "RST Y21"을 입력하고 확인버튼을 누르면 **|그림 4-161|**과 같이 예제 1의 프로그램이 완료된다.

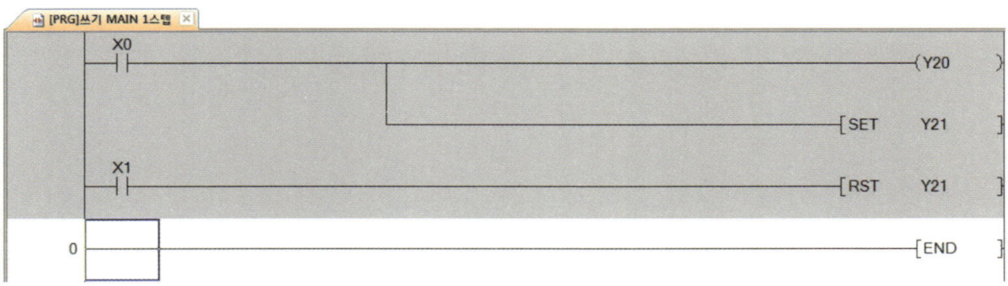

|그림 4-161| SET/RST 예제 1 프로그램

④ 동작설명

- PB1(X0)를 누르면 입력 접점 X0가 ON되어 출력 코일 Y20이 ON되어 램프 1(PL1)이 ON된다. 그리고 SET 명령을 받은 출력 메모리 디바이스 Y21이 ON되어 램프 2(PL2)가 ON된다.
- PB1(X0)의 손을 떼면 출력 코일 Y20은 OFF 상태로 바뀌어 램프 1이 OFF되지만, SET 명령에 의한 출력 메모리 디바이스 Y21은 ON 상태로 남아 있어 램프 2는 계속 ON상태가 된다.
- PB2(X1)을 누르면 입력 접점 X1가 ON되어 RST 명령을 받은 출력 메모리 디바이스 Y21이 OFF되어 램프 2(PL2)가 OFF된다.

2) 하드웨어 구성

SET/RST 명령 실습의 회로 연결도는 【그림 4-162】와 같이 입력 스위치 2개, 출력 램프 2개를 연결한다.

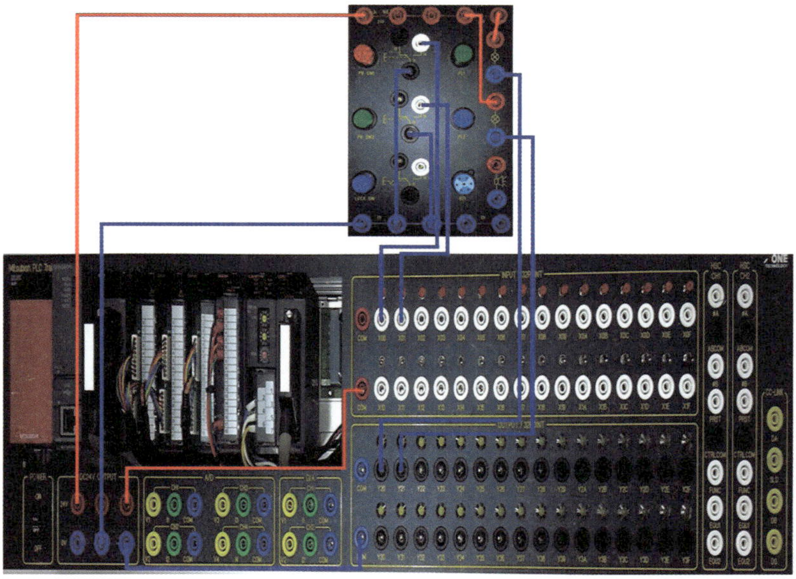

【그림 4-162】 SET/RST 명령 예제1 실습 회로 연결도

3) 프로그램 2

입력 스위치 PB1, PB2 및 출력 램프 1, 램프 2를 사용하여 시퀀스 자기유지회로와 SET/RST 명령을 비교하는 프로그램을 작성한다.

① |그림 4-163|과 같이 먼저 시퀀스 자기유지회로 프로그램을 먼저 작성한다.

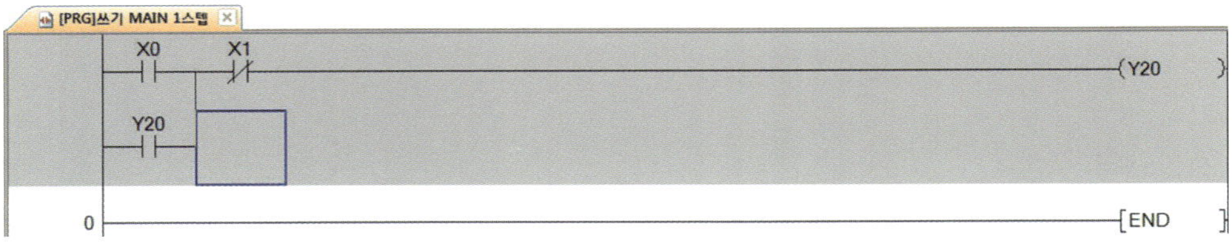

|그림 4-163| 시퀀스 자기유지회로

② |그림 4-163|의 시퀀스 자기유지회로 프로그램에서 |그림 4-164|과 같이 SET과 RST 명령을 추가한 프로그램을 작성한다.

|그림 4-164| SET/RST과 자기유지회로 비교 프로그램

③ 동작설명

- PB1(X0)를 누르면 입력 접점 X0가 ON되어 출력 코일 Y20이 ON되어 램프 1(PL1)이 ON되고, 자기유지된다. 그리고 SET 명령을 받은 출력 메모리 디바이스 Y21이 ON되어 램프 2(PL2)가 ON된다.
- PB1(X0)의 손을 떼더라도 출력 코일 Y20은 자기유지로 인하여 계속 ON되어 램프 1이 계속 ON되고, SET 명령에 의한 출력 메모리 디바이스 Y21은 ON 상태로 남아 있어 램프 2는 계속 ON상태가 된다.
- PB2(X1)을 누르면 입력접점 X1의 b접점에 의하여 출력코일 Y20은 자기유지가 해지되어 OFF상태로 바뀌어 램프 1이 OFF된다. 그리고 입력 접점 X1가 ON되어 RST 명령을 받은 출력 메모리 디바이스 Y21이 OFF되어 램프 2(PL2)가 OFF된다.

4) 하드웨어 구성

SET/RST 명령과 시퀀스 자기유지회로를 비교하는 실습의 구성은 |그림 4-162|와 같다.

5) 동작 타임 차트

|그림 4-165| SET/RST 자기유지회로의 타임차트

6) 위의 결과에서 보듯이 SET/RST 명령은 자기유지회로와 같은 용도로 사용할 수 있다. 자기유지회로는 출력 코일을 2번 이상 사용할 수 없는데 반해, SET/RST 명령은 SET/RST 조건이 되는 시점에 여러번 사용해도 무방하다. 그러므로 사용자의 편의에 따라 자기유지회로나 SET/RST명령을 사용하면 좋을 것으로 생각된다.

3 실습과제(4-10)

SET 및 RST 명령을 이용하여 인터록, 신입우선회로 및 동작우선회로의 프로그램을 작성하고 시스템을 구성하여 동작을 확인하라.

02 : 비트 디바이스 출력 반전(FF)

1 기능(|그림 4-166|)

FF의 입력조건이 ON될 때

① 비트 디바이스 : OFF → ON, ON → OFF

② 워드 디바이스의 비트 지정 시 : 0 → 1, 1 → 0

2 프로그램 예

입력 스위치 PB1 및 출력 램프 1을 사용하여 FF 명령 예제 프로그램을 작성한다.

① |그림 4-166|과 같이 먼저 a접점 입력을 먼저 삽입한다.

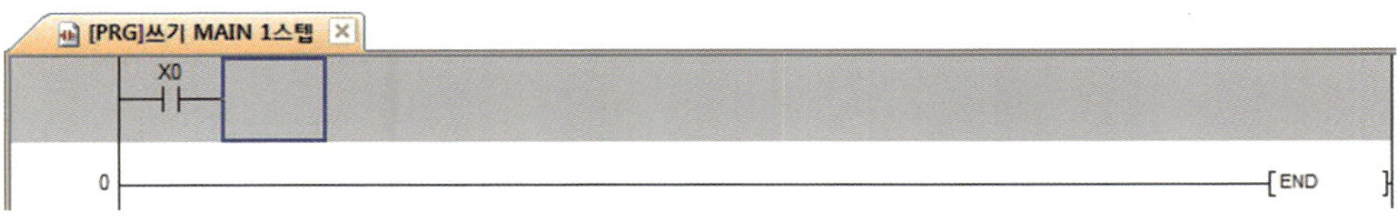

|그림 4-166| FF 명령 예제 설명1

② 이어서 [F8]버튼을 눌러 응용명령 래더 입력창에 "FF Y20"을 입력하고 확인 버튼을 클릭하면 **|**그림 4-167**|**과 같이 FF 명령 예제 프로그램이 완성된다.

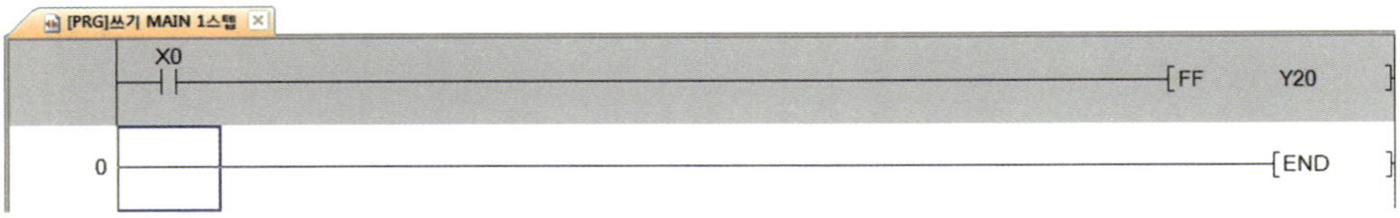

|그림 4-167| FF 명령 예제 프로그램

③ 동작설명(**|**그림 4-168**|**)

- PB1(X0)를 눌렀다 떼면 입력 접점 X0가 ON되어 출력 코일 Y20이 OFF → ON되어 램프 1(PL1)이 ON되고, 다시 한번 버튼 PB1을 눌렀다 떼면 출력 코일 Y20이 ON → OFF되어 램프 1이 OFF된다.
- 위의 동작을 계속 반복하면 출력 코일 Y20이 OFF → ON → OFF → ON을 계속 반복한다.

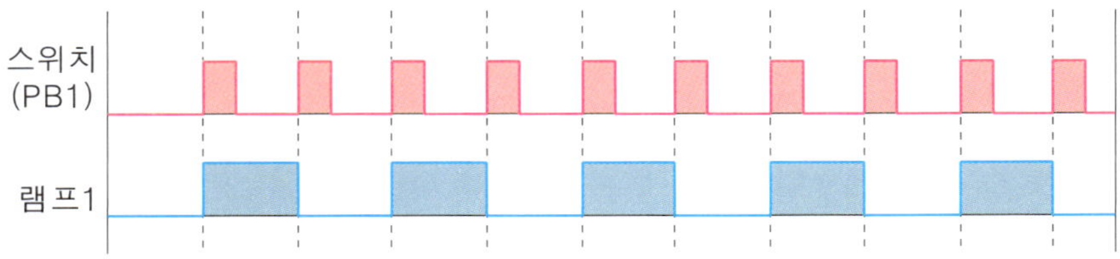

|그림 4-168| FF 명령 예제 타임차트

④ 하드웨어 연결

FF 명령 예제 실습의 연결도는 간단히 입력 1개와 출력 1개를 연결한 YES 회로의 연결과 같다.

04 마스터 콘트롤 명령

01 : 마스터 콘트롤 세트/리셋(MC/MCR)

1 기능

1) **|그림 4-169|**에서와 같이 MC의 입력 조건(지령)이 ON하면 MC부터 MC 번호(n)과 동일한 번호의 MCR까지의 프로그램을 실행하고, 입력조건이 OFF이면 MC부터 MCR까지의 프로그램은 실행하지 않는다.

2) MC의 입력 조건이 OFF되어 있는 경우, MC 명령과 MCR 명령사이의 연산은 다음과 같이 된다.
   ① 타이머 : 코일이 OFF 되어 현재값 및 접점 모두 OFF된다.
   ② 적산타이머, 카운터 : 코일은 OFF되지만 현재값 및 접점 모두 현재 상태를 유지한다.
   ③ 출력코일 : 모두 OFF한다.
   ④ SET명령, 기본 및 응용명령 중의 디바이스 : 현재값을 유지한다.

3) n(Nesting)은 15개(N0~N14)까지만 가능하다.

4) MC 명령에서는 네스팅(N)이 작은 번호부터 사용하고, MCR 명령은 큰 번호부터 사용한다.

5) MCR 명령 앞에는 접점 명령을 붙이지 않는다.

6) MCR 명령이 1개 위치에 모여 있는 네스트 구조일 때는 가장 작은 네스팅(N)의 번호 1개로 모든 마스트 컨트롤을 종료시킬 수 있다.

n : 네스팅(No~N14)
Ⓓ : ON되는 디바이스 번호(비트)

|그림 4-169| MC/MCR 명령 설명도

2 프로그램 1(MC 명령을 2개를 별도로 사용하는 프로그램)

1) 프로그램

|그림 4-170|과 같이 MC 명령 2개를 사용하는 프로그램을 작성한다.

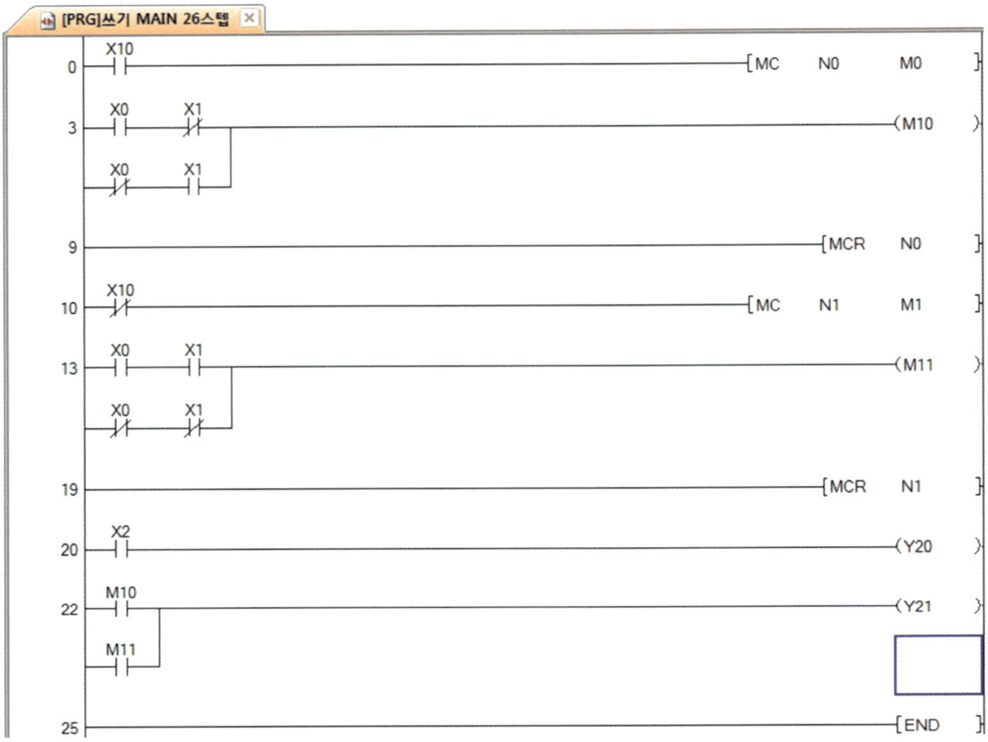

|그림 4-170| MC/MCR 명령 실습예제1 프로그램

2) 동작 설명

① |그림 4-171|은 |그림 4-170|의 프로그램을 모니터링하면 나타나는 네스트 번호 N0번의 MC 명령부분이다.

② 입력 접점 X10을 ON시키면 네스트 번호 N0번의 MC명령부터 MCR N0까지의 명령을 실행한다.

③ 네스트 N0번의 명령은 반일치회로이다. 입력 접점 X0과 입력 접점 X1의 입력 상태가 다르면 내부 릴레이 메모리 M10이 ON된다.

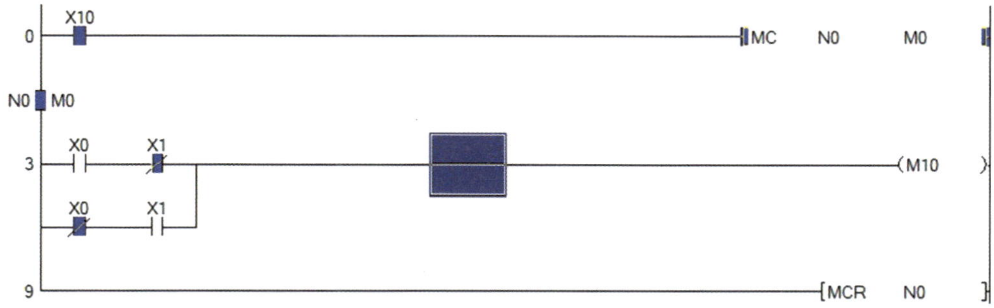

|그림 4-171| MC/MCR 명령 실습예제1 설명1

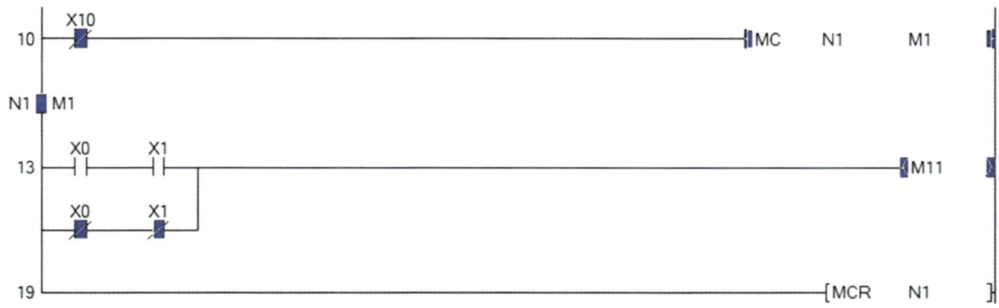

|그림 4-172| MC/MCR 명령 실습예제1 설명2

④ |그림 4-172|는 |그림 4-170|의 프로그램에서 네스트 번호 N1번의 MC 명령부분이다.

⑤ 입력 접점 X10이 OFF되면 b접점이 ON되어 네스트 번호 N1번의 MC 명령부터 MCR N1번까지의 명령을 수행한다.

⑥ 네스트 N1번의 명령은 일치회로이다. 입력 접점 X0과 입력 접점 X1의 입력 상태가 같으면 내부 릴레이 메모리 M11이 ON된다.

⑦ |그림 4-173|은 네스트 번호 N0과 N1의 MC 명령과 관계없이 동작하는 부분이다.

⑧ 코일 Y20은 N0, N1의 MC동작과 관계없이 입력접점 X2의 상태에 따라 출력이 ON/OFF된다.

⑨ 내부 릴레이 메모리 M10은 N0번의 MC 명령 실행결과이고, M11은 N1번의 MC 명령의 실행결과이다. 출력코일 Y21은 입력접점 X10의 상태에 따라 N0 또는 N1의 명령 실행결과를 출력으로 나타낸다.

|그림 4-173| MC/MCR 명령 실습예제1 설명3

⑩ 전체적인 동작 타임차트는 |그림 4-174|와 같다.

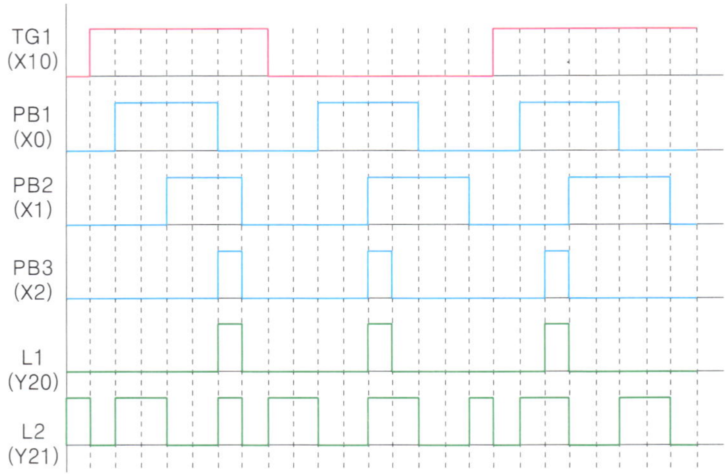

|그림 4-174| MC/MCR 명령 실습예제1 동작 타임 차트

2) 하드웨어 연결

실습 전체 하드웨어 연결은 |그림 4-175|와 같다. 입력 접점 X10의 연결은 입력단자대의 토글 스위치를 사용한다. 그러므로 별도로 외부 연결은 하지 않는다.

입력 단자 X0과 X1, 출력단자 Y20과 Y21은 입력스위치부/출력램프부에 연결한다.

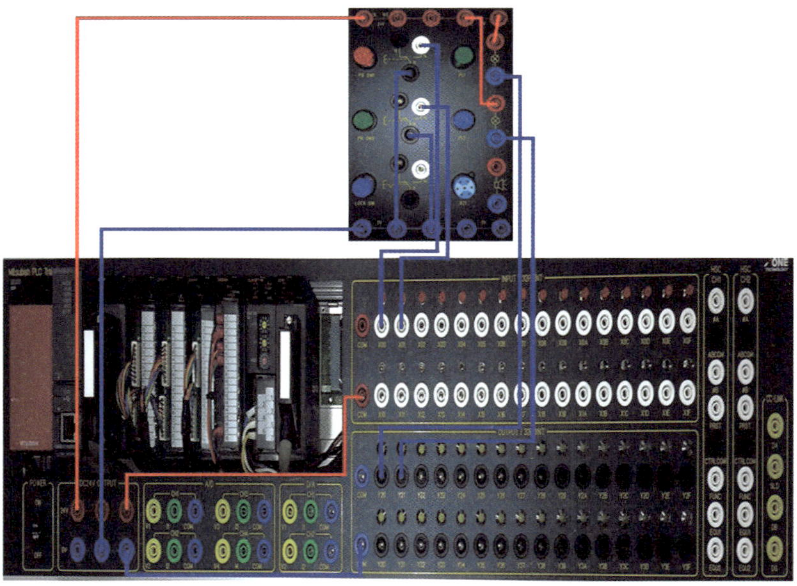

|그림 4-175| MC/MCR 명령 실습예제1 회로 연결도

❸ 프로그램 2(마스트콘트롤 명령 내부에 마스트콘트롤 명령을 사용한 경우)

1) 프로그램

|그림 4-176|과 같이 MC 명령 내부에 다시 MC 명령을 사용하는 프로그램을 작성한다.

|그림 4-176| MC/MCR 명령 실습예제2 프로그램

2) 동작 설명

① **|그림 4-177|**은 **|그림 4-176|**의 프로그램을 모니터링하면 나타나는 네스트 번호 N0번의 MC 명령부분이다.

② **|그림 4-177|**의 네스트 번호 N0번의 MC 명령을 살펴보면 **|그림 4-178|**과 같이 네스트 번호 N1번의 MC 명령이 포함되어 있다는 것을 알 수 있다.

③ **|그림 4-177|**에서 입력 접점 X10을 ON시키면 네스트 번호 N0의 MC 명령이 MCR N0번까지 실행된다.

④ X10을 ON한 상태에서 입력접점 X0와 X1을 ON하면 출력 코일 Y20은 ON되지만 Y21은 ON되지 않는다는 것을 알 수 있다.

⑤ 이는 입력 접점 X11이 OFF되어 있기 때문에 네스트 번호 N1번의 MC 명령이 수행되지 않았기 때문이다. 여기에서 다시 입력접점 X11을 ON하면 네스트번호 N1의 MC 명령이 MCR N1까지 실행된다.

⑥ 입력 접점 X1을 ON하면 출력 코일 Y21이 ON된다.

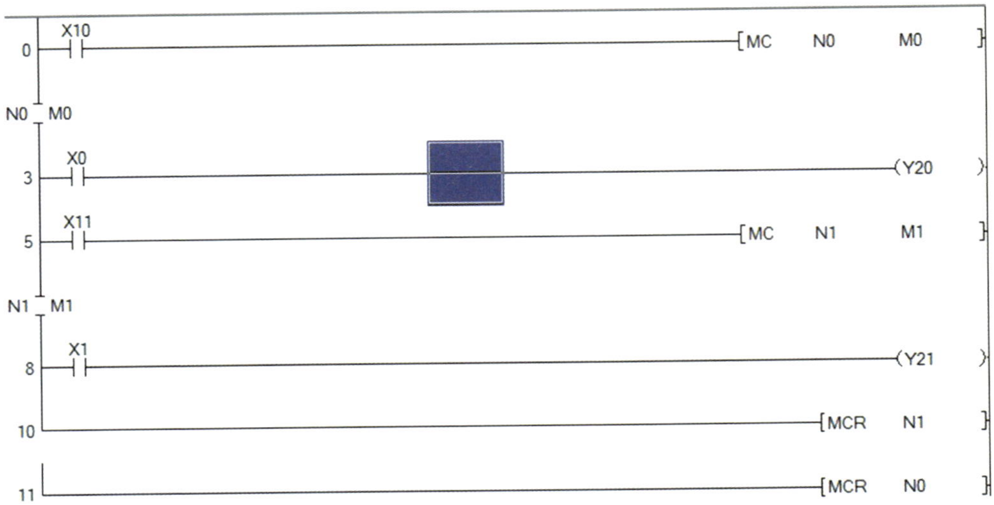

|그림 4-177| MC/MCR 명령 실습예제2 설명1

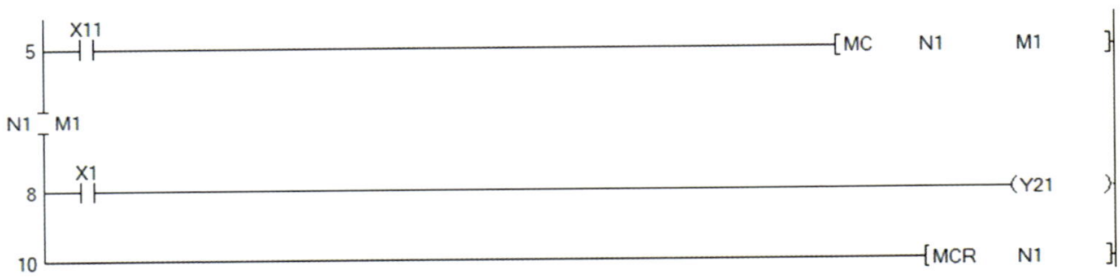

|그림 4-178| MC/MCR 명령 실습예제2 설명2

⑦ 입력접점 X10을 ON하지 않고 X11만 ON한 경우에는 네스트 N0번의 명령이 실행되지 않기 때문에 네스트 번호 N1번의 입력이 ON되더라도 명령이 실행되지 않는다. 그러므로 입력접점 X1을 ON시키더라도 출력 코일 Y21이 ON되지 않는다.

⑧ |그림 4-179|와 같이 MCR 명령이 1개 위치에 모여 있는 네스트 구조일 때는 |그림 4-180|과 같이 작은 네스팅(N)의 번호(N0)로 모든 마스트 컨트롤을 종료시킬 수 있다.

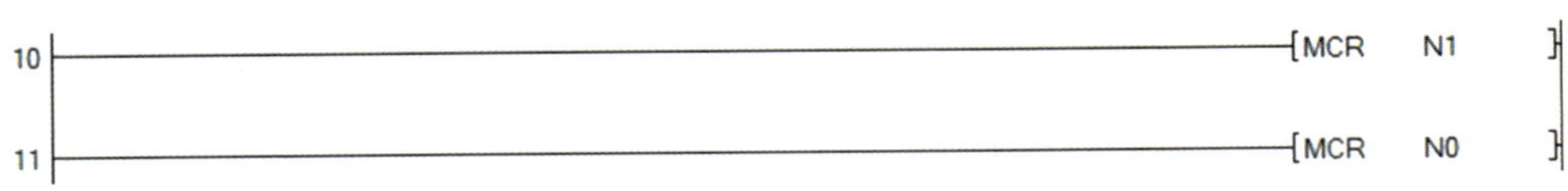

|그림 4-179| MC/MCR 명령 실습예제1 설명3

|그림 4-180| MC/MCR 명령 실습예제1 설명4

⑨ 전체적인 동작 타임차트는 **|그림 4-181|**과 같다.

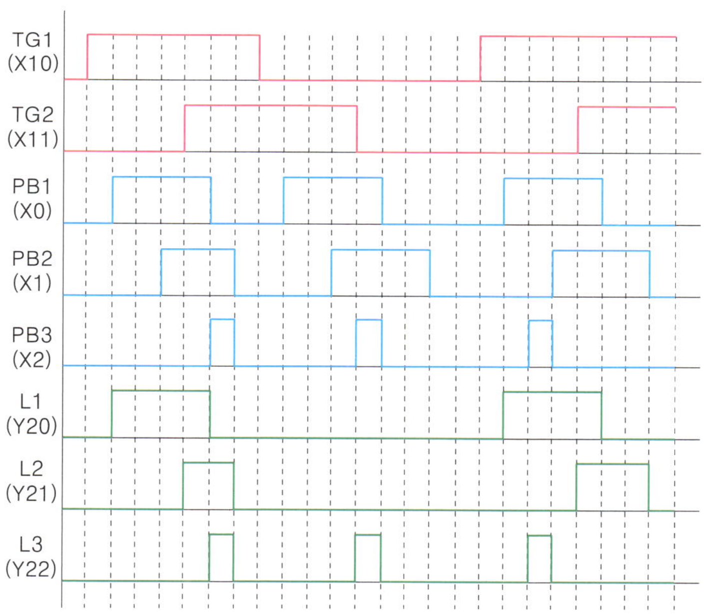

|그림 4-181| MC/MCR 명령 실습예제2 동작 타임 차트

3) 하드웨어 연결

실습 전체 하드웨어 연결은 **|그림 4-182|**와 같다. 입력 접점 X10, X11의 연결은 입력단자대의 토글 스위치를 사용한다. 그러므로 별도로 외부 연결은 하지 않는다.
입력 단자 X0과 X1, 출력단자 Y20, Y21 및 Y22는 입력스위치부/출력램프부에 연결한다.

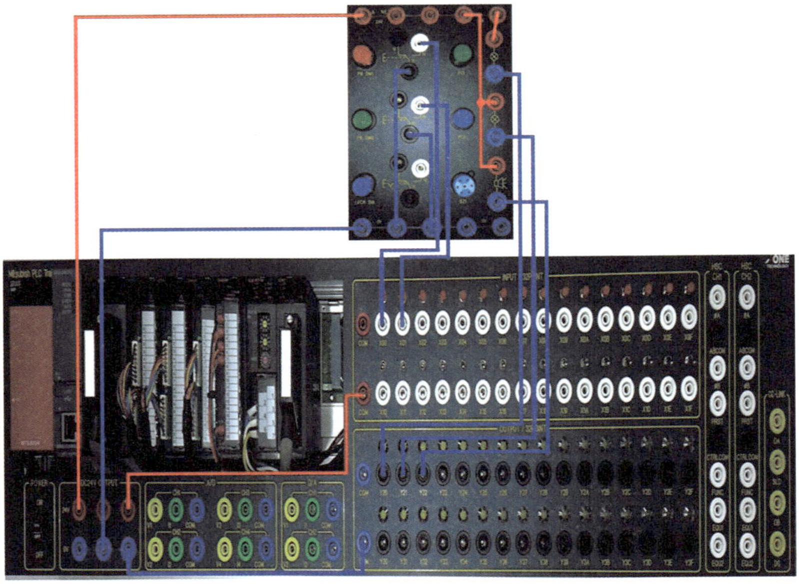

|그림 4-182| MC/MCR 명령 실습예제2 회로연결도

4 실습과제(4-11)

|그림 4-183|과 같이 수동(TG1)스위치/자동(TG2)스위치를 이용하여 수동 스위치가 ON되었을 때 수동 동작스위치(PB1)에 의하여 수동 동작램프(PL1)만 ON/OFF되고, 자동스위치가 ON되었을 때에는 자동 동작스위치(PB2)에 의하여 자동 동작램프(PL2)만 ON/OFF되는 프로그램을 마스트 콘트롤 명령을 이용하여 작성하라.(단, 자동과 수동이 동시에 동작하면 안 됨)

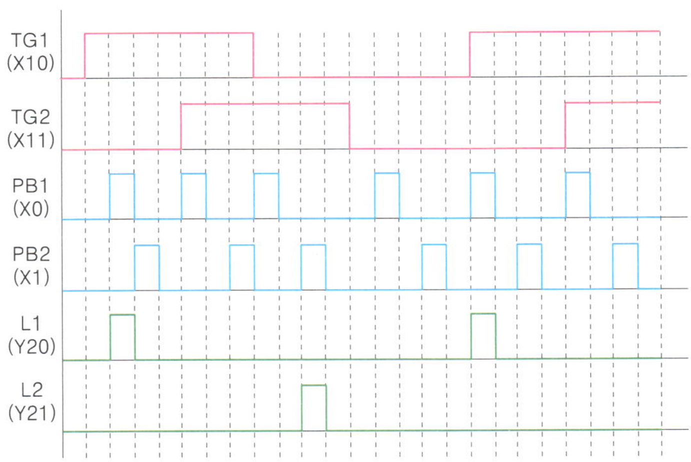

|그림 4-183| 실습과제 4-11 타임차트

5 실습과제(4-12)

토글스위치 TG1과 TG2를 이용하여 |그림 4-184|와 같이 동작하는 프로그램을 작성하라. 즉, TG1만 ON되었을 때 버튼 스위치(PB1)이 ON/OFF될 때마다 ON되는 램프의 개수가 1개씩 증가하고, 버튼 스위치 PB2를 누르면 모든 램프가 OFF한다. 그리고 TG2만 ON하였을 때에는 PB1을 ON/OFF할 때마다 ON되는 램프가 PL1 → PL2 → PL3 → PL1 → ....으로 이동하고 PB2를 누르면 모든 램프가 OFF하는 프로그램을 작성하라.

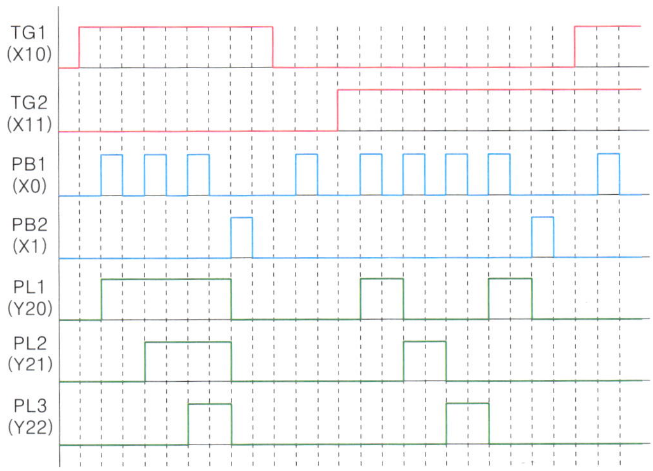

|그림 4-184| 실습과제 4-12 타임차트

6 실습과제(4-13)

토글스위치 TG1, TG2 및 TG3을 이용하여 |그림 4-185|와 같이 동작하는 프로그램을 작성하라. 즉, TG1만 ON되었을 때 버튼 스위치(PB1, PB2, PB3)의 동작이 인터록회로로 동작하고, TG2만 ON되었을 때 동작우선회로로 동작하고, TG3만 ON되었을 때 신입우선회로로 동작하는 프로그램을 작성하라.

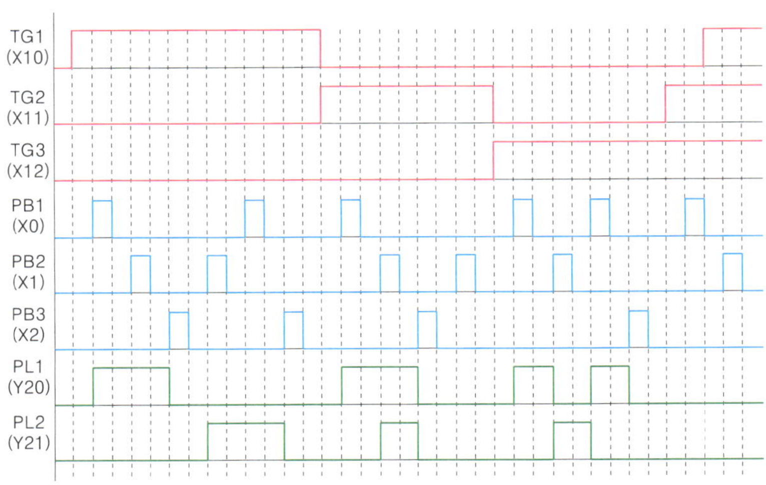

|그림 4-185| 실습과제 4-13 타임차트

05 타이머 명령

01 : 저속타이머/고속타이머(OUT T/OUTH T)

1 기능

1) 저속 타이머(OUT T)

① (Ⓓ 설정값)

- Ⓓ : 타이머번호
- 설정값 : 타이머의 설정값
  - 10진 상수(K)만 사용가능하다.
  - 16진수(H), 실수는 사용할 수 없다.
  - 음수는 사용할 수 없다.
- 설정시간(t) = 설정값×설정시한
  - 예 : 설정값(100), 설정시한(100ms)
  - 설정시간 : 100×100ms = 10,000ms → 10S

② 시한설정 : 1ms~1000ms(디폴트 : 100ms), 설정단위 : 1ms

③ 시한의 설정은 |그림 4-186|과 같이 파라미터설정 → PLC 파라미터 → PLC 시스템 설정에서 설정한다.

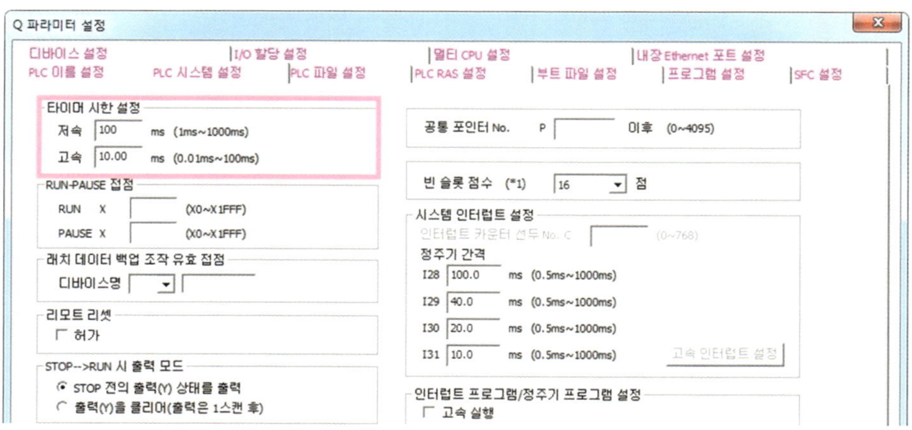

|그림 4-186| 타이머의 시한 설정

④ **|그림 4-187|**과 같이 입력조건이 ON되는 순간부터 현재치가 증가하기 시작하여 타이머 설정시간(t)에 도달하면 타이머 접점이 ON되고, 입력조건이 OFF되거나 Reset명령을 만나면 타이머 접점이 OFF되고 현재치는 "0"이 된다.

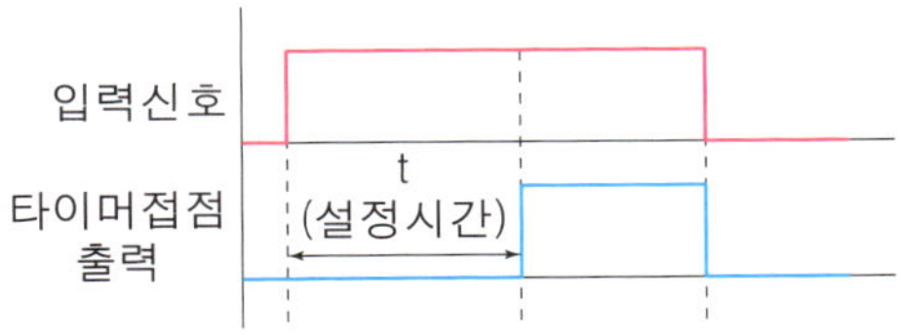

|그림 4-187| 타이머의 동작

2) 고속 타이머(OUTH T)

① (H Ⓓ 설정값)

- H : 고속타이머 지정
- Ⓓ : 타이머번호
- 설정값 : 타이머의 설정값(10진 상수(K)만 사용가능, 16진수(H), 실수는 사용할 수 없다.)
- 설정시간(t) = 설정값×설정시한

② 시한설정 : 0.01ms~100.0ms(디폴트 : 10.0ms), 설정단위 : 0.01ms

2 예제 프로그램

1) 예제 1

① **|그림 4-188|**과 같이 타이머를 사용하는 프로그램을 작성한다.

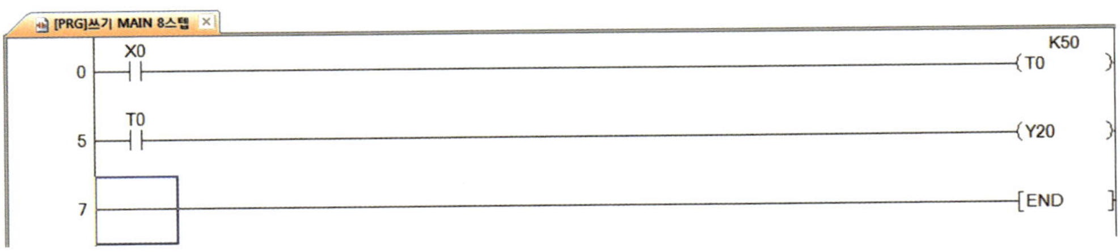

|그림 4-188| 타이머 예제1 프로그램

② 타이머는 출력코일 ([F7])에서 입력한다. 출력코일 래더 입력창에 "T0 K50"을 입력하고 확인버튼을 누른다.

③ **|그림 4-188|**에서 T0는 타이머 번호이고, 두 번째 라인의 입력점검 T0는 타이머 T0의 출력접점을 나타낸다.

④ K50은 타이머 설정값으로, K는 10진수를 나타낸다. K50은 십진수 50에 설정시한(디폴트) 100ms가 곱해져 5000ms가 된다. 즉, 설정시간이 5초가 된다.

⑤ **|그림 4-189|**와 같이 입력조건(X0)가 5초 이상 ON될 때 타이머 T0의 출력접점이 ON된다.

⑥ 타이머 입력조건(X0)의 ON 상태가 설정시간(5초) 이내에 OFF로 되면, 타이머의 현재값은 다시 0으로 되어, 입력조건이 다시 ON되더라도 현재값은 0에서부터 다시 시작하여 증가한다.

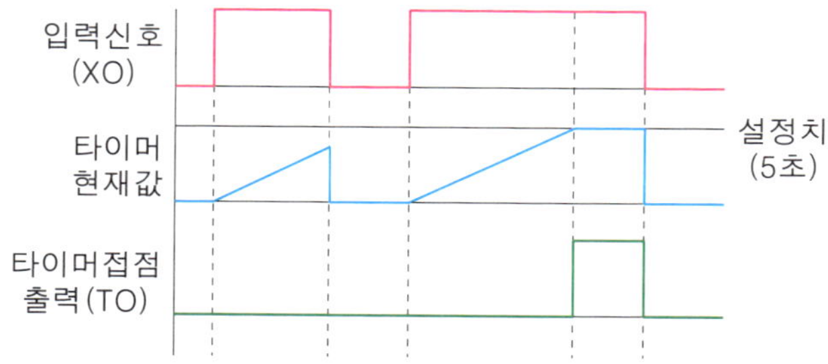

|그림 4-189| 타이머 예제1 설명

2) 예제 2

|그림 4-190**|**과 같이 입력 접점이 ON되면 출력 코일이 ON되고, 입력 접점이 OFF되면 타이머 설정시간(3초) 뒤에 OFF되는 프로그램

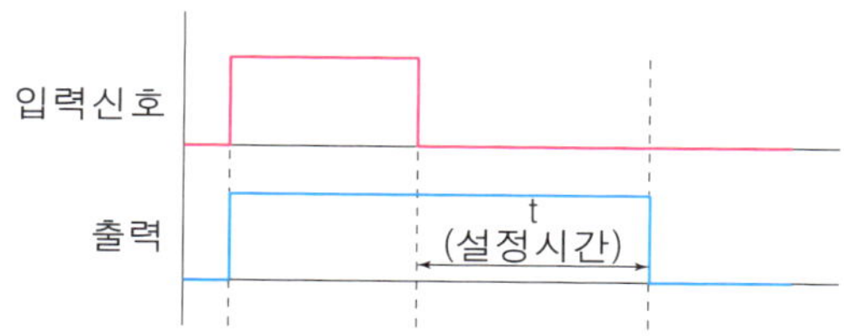

|그림 4-190| 타이머 예제2 타임차트

① **|**그림 4-191**|**과 같은 프로그램을 작성한다.

|그림 4-191| 타이머 예제2 프로그램

② ❙그림 4-192❙와 같이 입력 접점(X0)이 ON되면 접점 Y20이 SET 명령에 의해 ON된다.

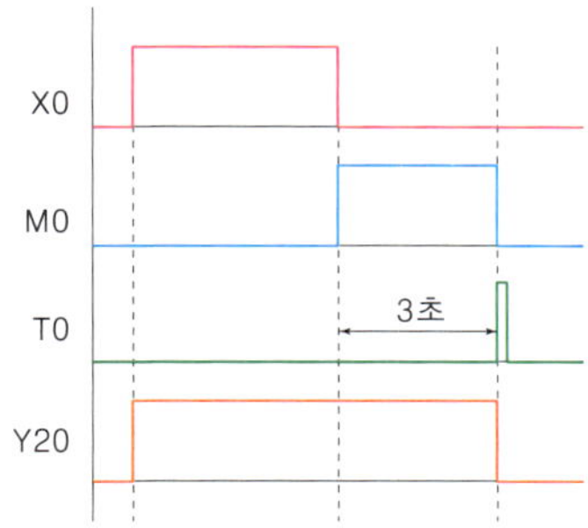

❙그림 4-192❙ 타이머 예제2 설명도

③ 입력 접점 X0가 ON에서 OFF로 바뀌면 X0이 하강 연산 펄스에 의하여 내부 릴레이 메모리 M0이 SET된다.

④ M0이 ON되면 타이머 T0의 현재값이 증가하기 시작하여 설정시간 3초가 되면 T0의 출력 접점이 ON된다.

⑤ 타이머 T0의 출력 접점 T0이 ON되면 Y20과 M0이 RST 명령에 의하여 OFF된다.

⑥ M0이 OFF되면 타이머 T0의 입력 접점이 OFF되어 T0의 현재값이 0으로 되면서 출력접점 T0이 OFF된다.

3) 예제 3

❙그림 4-193❙과 같이 입력신호의 시간에 상관없이 입력 접점이 ON되면 출력 코일이 타이머 설정시간(3초)동안 ON되고, 이후에는 OFF되는 프로그램

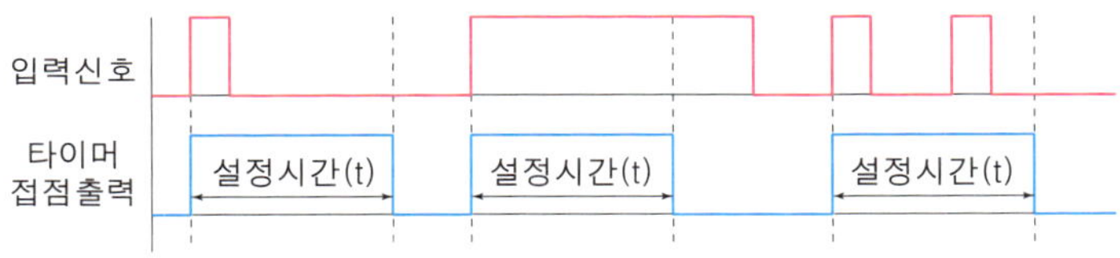

❙그림 4-193❙ 타이머 예제3 타임차트

① ❙그림 4-194❙와 같이 프로그램을 작성한다.

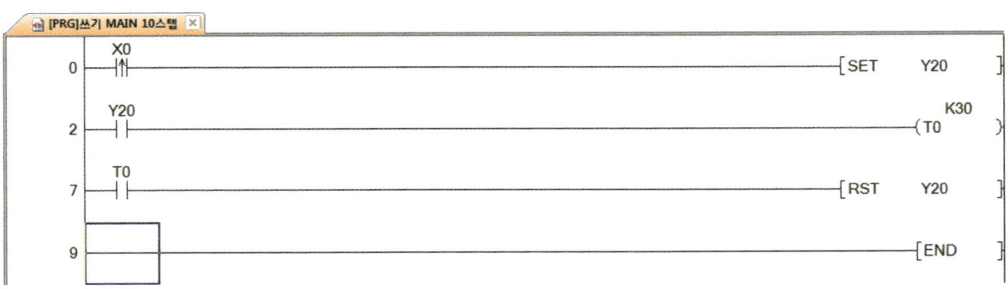

❙그림 4-194❙ 타이머 예제3 프로그램

② **|그림 4-195|**와 같이 입력 접점(X0)이 ON되면 상승펄스 입력동작에 의해 출력 접점 Y20이 SET 된다.

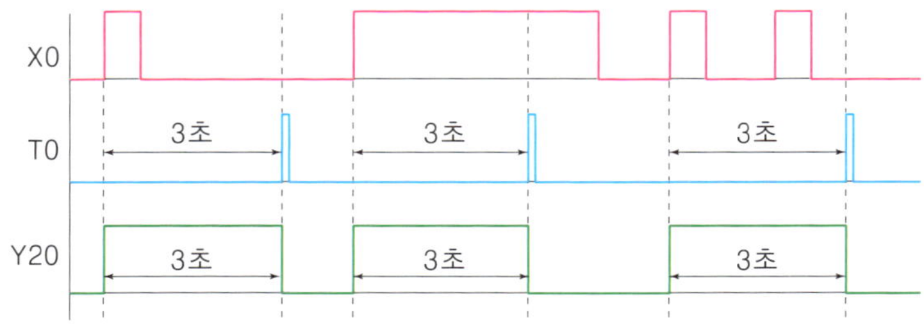

|그림 4-195| 타이머 예제3 설명도

③ 출력 접점 Y20이 ON되면 타이머 T0의 현재값이 증가하기 시작하여 설정시간 3초가 되면 T0의 출력 접점이 ON된다.

④ 타이머 T0의 출력 접점 T0가 ON되면 Y20이 RST 명령에 의하여 OFF된다.

⑤ Y20이 OFF되면 타이머 T0의 입력 접점이 OFF되어 T0의 현재값이 0으로 되면서 출력접점 T0가 OFF된다.

4) 예제 4

|그림 4-196|과 같이 입력 신호가 ON/OFF되고 설정시간이 되기 전에 다시 입력신호가 ON/OFF되면 나중에 들어온 신호의 ON시간부터 출력 코일이 타이머 설정시간(3초) 동안 ON되고, 이후에는 OFF되는 프로그램

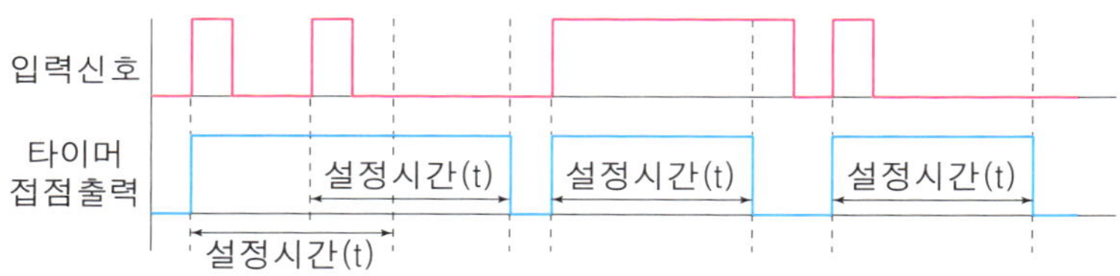

|그림 4-196| 타이머 예제4 타임차트

① **|그림 4-197|**과 같이 프로그램을 작성한다.

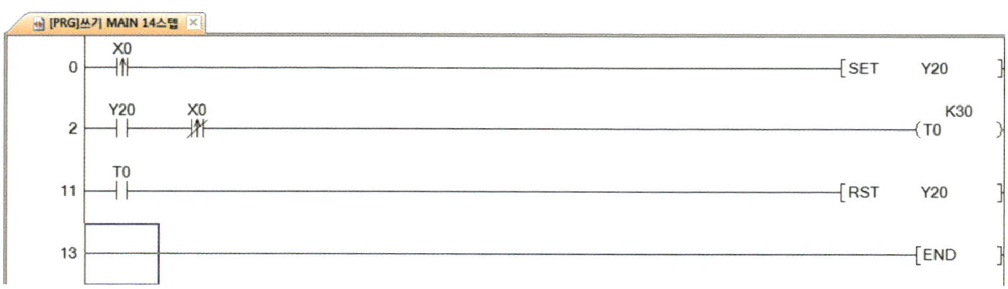

|그림 4-197| 타이머 예제4 프로그램

② 입력 접점(X0)이 ON되면 상승펄스 입력동작에 의해 출력 접점 Y20이 SET된다.

③ 출력 접점 Y20이 ON되면 타이머 T0의 현재값이 증가하기 시작하여 설정시간 3초가 되면 T0의 출력 접점이 ON된다.

④ 타이머 T0의 현재값이 설정값이 되기전에 입력 접점이 ON/OFF하면 상승펄스 입력 b접점 동작에 의해 타이머 T0의 입력이 순간적으로 끊기게 된다. 그러면 타이머 T0의 현재값이 0으로 리셋되고, 다음 스캔동작에서 타이머 T0의 현재값이 다시 현재값이 다시 증가하여 설정시간이 되면 출력 접점 T0이 ON된다.

⑤ 타이머 T0의 출력접점이 ON되면 Y20이 OFF되고, 타이머 T0의 입력 접점이 OFF된다. 그러면 T0의 현재값이 0으로 되면서 출력접점 T0가 OFF된다.

5) 예제 5

|그림 4-198|과 같이 램프(PL1)의 출력을 플리커(깜박이)시키는 프로그램을 작성하고, 시스템을 구성하라. PB1을 ON/OFF시키면 램프가 0.5초 OFF, 0.5초 ON이 반복되고, PB2를 ON/OFF시키면 램프가 OFF된다.

① **|그림 4-199|**와 같이 프로그램을 작성한다.

② **|그림 4-200|**의 프로그램 설명도와 같이 입력 접점(X0)이 ON되면 내부 릴레이 메모리 M0이 ON된다.

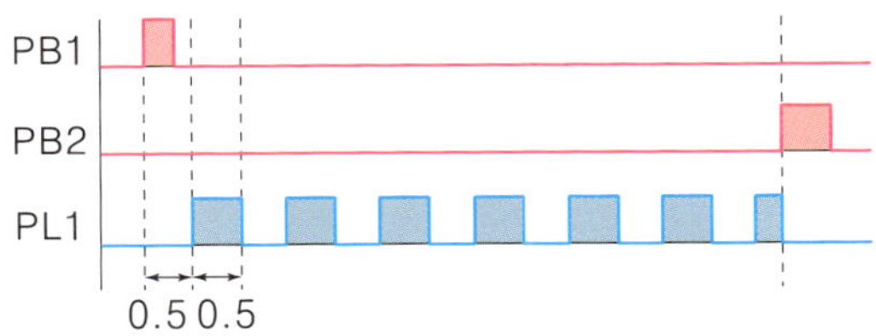

|그림 4-198| 타이머 예제5 타임차트

|그림 4-199| 타이머 예제5 프로그램

③ 내부 릴레이 메모리 M0이 ON되면 타이머 T0의 현재값이 증가하기 시작하여 설정시간 0.5초가 되면 T0의 출력 접점이 ON된다. 그리고 출력 접점 Y20도 ON된다.

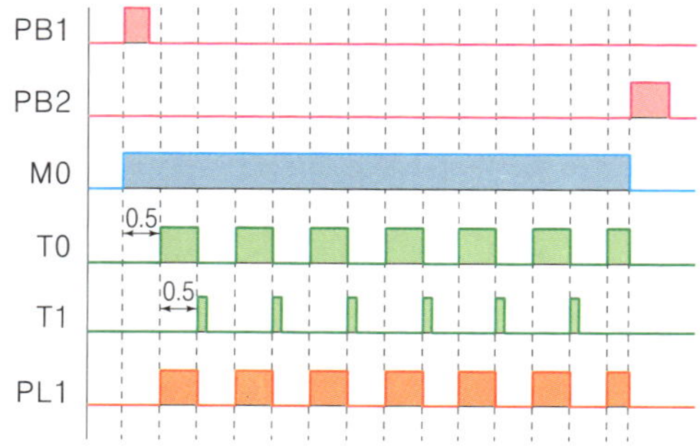

|그림 4-200| 타이머 예제5 설명도

④ 타이머 T0의 출력접점이 ON되면 타이머 T1의 현재값이 증가하기 시작하여 설정시간 0.5초가 되면 타이머 T1의 출력접점이 ON된다.

⑤ 타이머 T1의 출력접점이 ON되면 타이머 T1의 b접점 동작에 의하여 타이머 T0의 입력 신호가 OFF된다. 타이머의 입력신호가 OFF되면 타이머의 현재값은 리셋되어 0이 된다. 타이머의 현재값이 0이 되면 타이머의 출력접점이 OFF된다.

⑥ 타이머 T1의 출력접점이 ON되는 순간 타이머 T0의 입력이 OFF되어 타이머 T0의 출력접점이 OFF된다.

⑦ 타이머 T0의 출력접점이 OFF되면 타이머 T1의 입력신호가 OFF되어 타이머 T1의 출력접점도 OFF된다.

⑧ 타이머 T1의 출력접점이 OFF되면 타이머 T1의 b접점은 다시 ON되어 타이머 T0의 입력신호가 ON된다.

⑨ 타이머 T0의 입력신호가 ON되면 타이머 T0의 현재값이 증가되기 시작하여 설정시간 0.5초가 되면 타이머 T0의 출력 접점이 ON된다. 그리고 출력 접점 Y20도 ON된다. 그리고 ④~⑧의 동작을 반복하게 되어 램프(PL1)이 플리커 동작을 하게 된다.

6) 예제 6

|그림 4-201|과 같이 램프(PL1, PL2, PL3)의 출력이 1초 간격으로 순차적으로 켜지는 프로그램을 작성하고, 시스템을 구성하라.

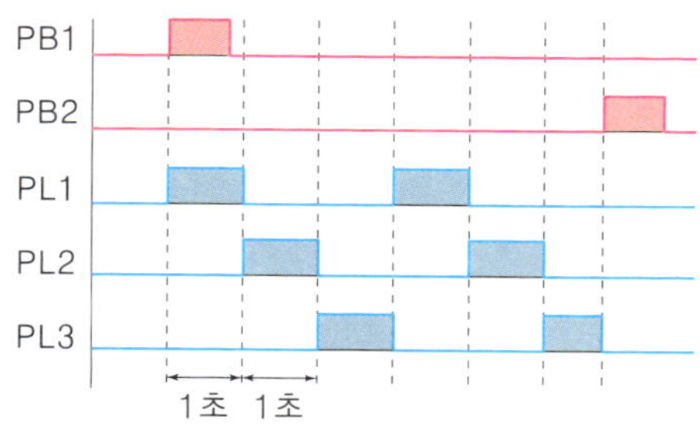

|그림 4-201| 타이머 예제6 타임차트

① |그림 4-202|와 같이 프로그램을 작성한다.

|그림 4-202| 타이머 예제6 프로그램

② |그림 4-203|의 프로그램 설명도와 같이 입력 접점(X0)이 ON되면 내부 릴레이 메모리 M0이 ON된다.

③ 내부 릴레이 메모리 M0이 ON되면 타이머 T0의 현재값이 증가하기 시작하여 설정시간 1초가 되면 T0의 출력 접점이 ON되고, 또 다시 1초가 경과하면 타이머 T1의 출력 접점이 ON된다.

④ 타이머 T1의 출력접점이 ON되면 타이머 T2의 현재값이 증가하기 시작하여 설정시간 1초가 되면 타이머 T2의 출력접점이 ON된다.

⑤ 타이머 T2의 출력접점이 ON되면 타이머 T2의 b접점 동작에 의하여 타이머 T0의 입력 신호가 OFF된다.

⑥ 타이머 T0의 입력이 OFF되어 타이머 T0의 출력접점이 OFF된다.

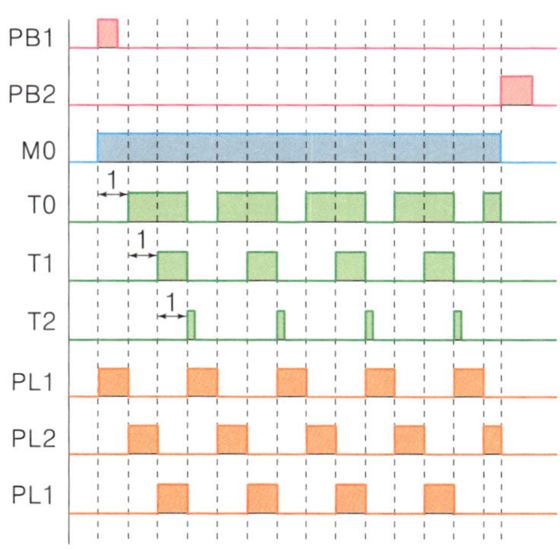

|그림 4-203| 타이머 예제6 설명도

⑦ 타이머 T0의 출력접점이 OFF되면 타이머 T1의 입력신호가 OFF되어 타이머 T1의 출력접점도 OFF된다.
⑧ 타이머 T1의 출력접점이 OFF되면 타이머 T2의 입력신호가 OFF되어 타이머 T2의 출력접점이 OFF된다.
⑨ 타이머 T2의 출력 접점이 OFF되면 T2의 b접점은 다시 ON되어 타이머 T0의 입력신호가 ON된다.
⑩ 타이머 T0의 입력신호가 ON되면 타이머 T0의 현재값이 증가되기 시작하여 설정시간 1초가 되면 타이머 T0의 출력 접점이 ON된다. 그리고 ④~⑨의 동작을 반복한다.
⑪ 출력 코일 Y20은 내부릴레이 메모리 M0이 ON이고 타이머 T0의 출력접점이 OFF일 때의 동작과 동일하므로 M0 a접점과 T0 b접점의 AND연산 결과값을 출력으로 하고, 출력코일 Y21은 타이머 T0의 출력접점이 ON이고 타이머 T1의 출력접점이 OFF일 때의 동작과 동일하므로 T0 a접점과 T1 b접점의 AND 연산 결과값을 출력으로 한다. 그리고 출력 코일 Y22는 타이머 T2의 출력 접점과 동작 특성이 동일하므로 타이머 T2의 출력 접점값을 그대로 출력으로 하면 된다.

3 실습과제

1) 과제 1(4-14)

과제의 내용은 **|그림 4-204|**와 같은 남자 화장실 소변기를 타이머를 이용하여 자동 밸브를 제어하는 과제이다.

|그림 4-204| 남자 화장실 소변기

동작은 **|그림 4-205|**와 같이 사용자가 소변기에 접근하면 1초 뒤 2초간 밸브가 ON되어 물이 나오고, 사용자가 소변기를 벗어나면 즉시 3초간 밸브가 ON되어 물이 나온다. 센서를 대신하여 토글스위치(TG1)를 사용하고, 밸브 대신에 램프(PL1)를 사용하여 프로그램을 작성하고, 시스템을 구성하라.

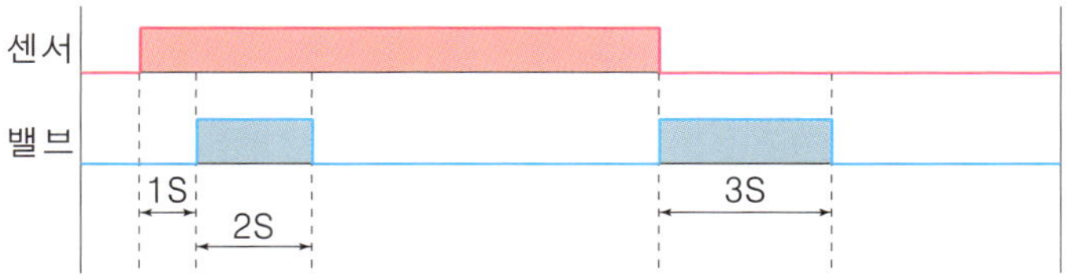

|그림 4-205| 실습 과제 4-14의 동작 타임 차트

2) 과제 2(4-15)

|그림 4-206|과 같이 보행자가 많지 않은 한적한 도로의 보행자 신호등 제어이다.

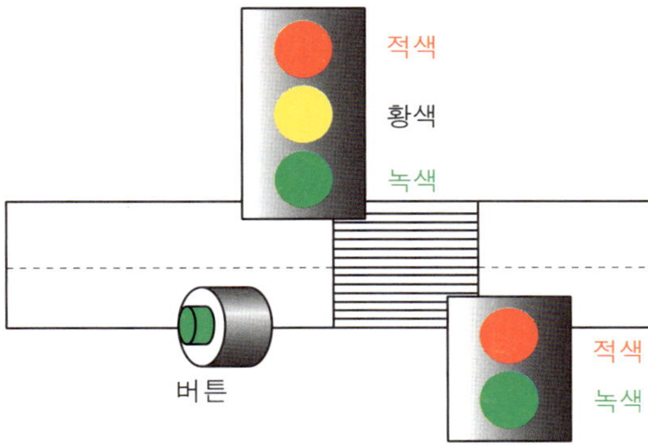

|그림 4-206| 보행자 신호등

동작은 |그림 4-207|과 같이 보행자가 길을 건너기 위해 버튼을 누르면 차선 녹색은 10초 뒤에 OFF되고 차선 황색이 1초간 ON한다. 차선 황색이 OFF되면서 차선 적색이 ON, 횡단보도 적색이 OFF되고 횡단보도 녹색이 10초간 ON된다. 횡단보도가 10초간 ON된 뒤에는 1초 간격으로 ON/OFF를 10초간 반복한 뒤 OFF된다. 횡단보도 녹색이 OFF되면서 차선 청색과 횡단보도 적색이 ON되어 정상적인 흐름이 계속된다.

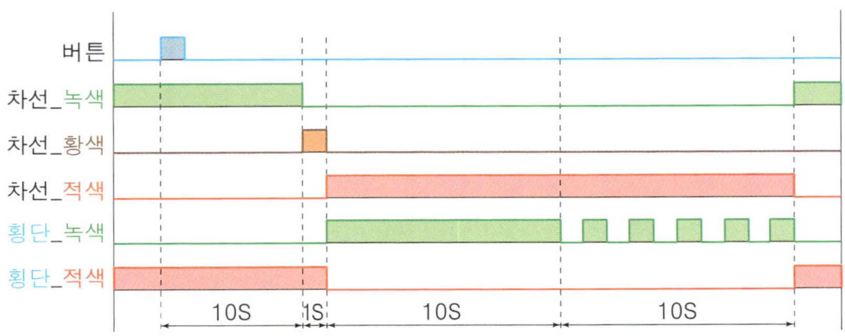

|그림 4-207| 실습 과제 4-15의 동작 타임 차트

02 : 저속 적산타이머/고속 적산타이머(OUT ST/OUTH ST)

1 기능

1) 저속 적산타이머(OUT ST)

① (Ⓓ 설정값)

- Ⓓ : 타이머번호
- 설정값 : 타이머의 설정값

② 시한설정은 저속타이머와 동일하다.

③ |그림 4-208|과 같이 입력조건이 ON되는 순간부터 현재치가 증가하기 시작하여 타이머 설정시간(t)에 도달하면 타이머 접점이 ON된다. 입력조건이 중간에 OFF되면 현재값은 "0"으로 바뀌지 않고 그대로 유지한다. 다시 입력조건이 ON되면 현재값에서 카운터를 시작하여 설정치가 되면 출력접점이 ON한다.

④ 현재값의 리셋은 리셋명령(RST)을 통하여 현재치를 "0"으로 하고 출력접점을 OFF시킨다.

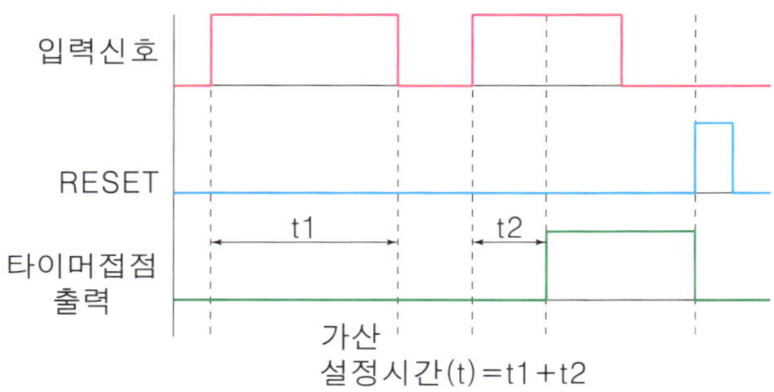

|그림 4-208| 적산타이머의 동작

2) 고속 적산타이머(OUTH ST)

① (H Ⓓ 설정값)

- H : 고속타이머 지정
- Ⓓ : 타이머번호
- 설정값 : 타이머의 설정값
- 설정시간(t) = 설정값×설정시한

② 시한설정 : 고속타이머와 동일하다.

2 예제 프로그램

1) 예제 1

① ❙그림 4-209❙와 같이 적산타이머를 사용하는 프로그램을 작성한다.

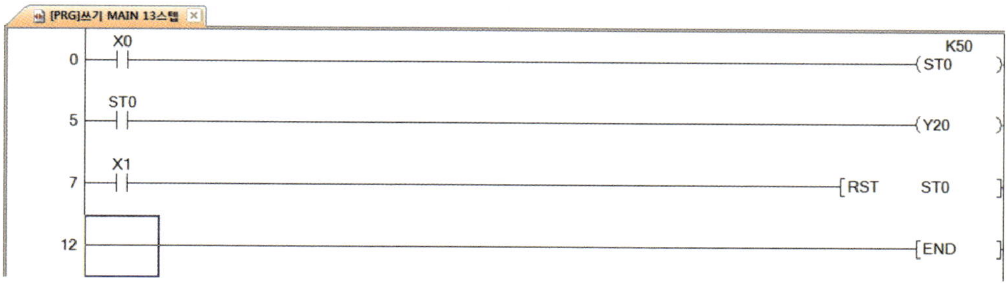

❙그림 4-209❙ 적산타이머 예제1 프로그램

② 적산타이머는 출력코일([F7])에서 입력한다. 출력코일 래더 입력창에 "ST0 K50"을 입력하고 확인버튼을 누른다.

③ 만약 "ST0 K50"을 입력할 때, ❙그림 4-210❙과 같이 디바이스 설정이 잘못되었다는 창이 뜨면, [파라미터] → [PLC 파라미터]을 더블클릭하여 ❙그림 4-211❙의 디바이스 설정창을 확인한다.

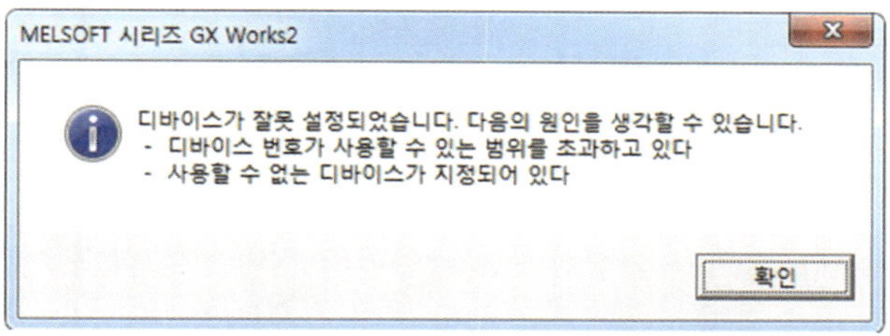

❙그림 4-210❙ 적산타이머 디바이스 입력 설정 설명1

④ ❙그림 4-211❙의 디바이스 설정창과 같이 적산타이머의 디바이스 점수 설정이 0k 바이트로 설정되어 있으면 ❙그림 4-210❙과 같은 메시지가 나타난다.

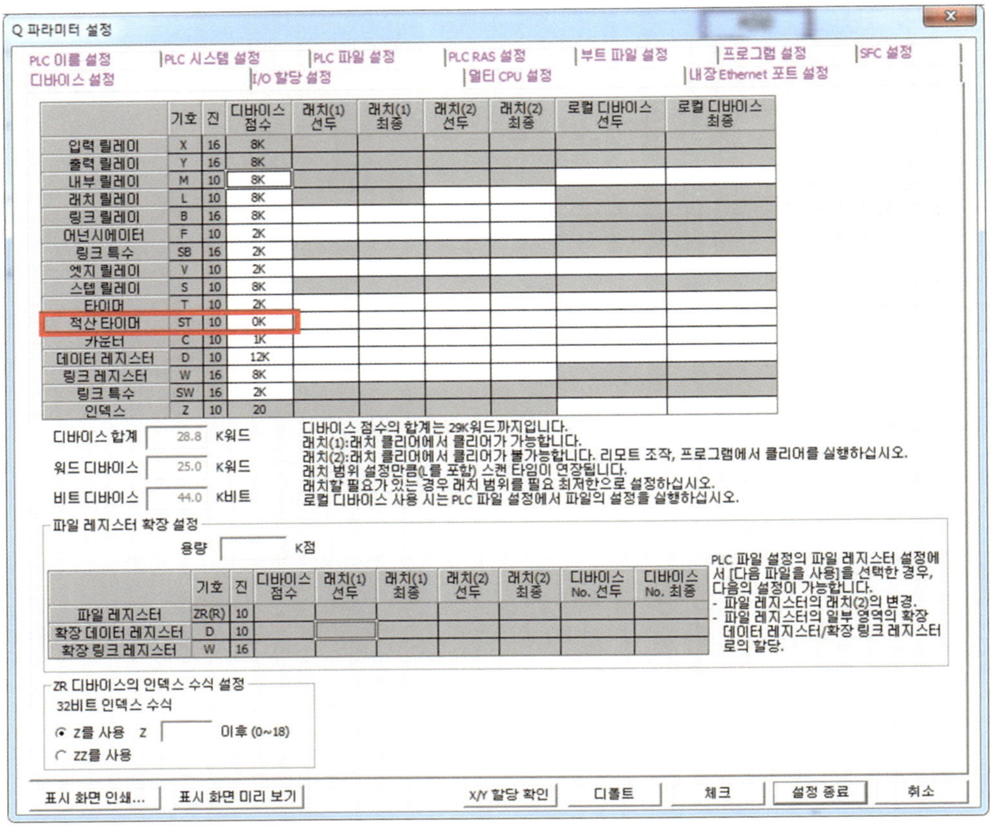

|그림 4-211| 적산타이머 디바이스 입력 설정 설명2

⑤ **|그림 4-211|**의 디디바이스 설정창에서 타이머의 디바이스 점수를 2k에서 1k로, 적산타이머 디바이스 점수를 1k로 고치고 설정종료를 한다. 설정종류 후 PLC 쓰기에서 파라미터를 체크하고 PLC 쓰기를 한다. 그리고 PLC의 전원을 OFF → ON한다.

⑥ 다시 출력코일([F7])을 선택하고 출력코일 래더 입력창에 "ST0 K50"을 입력하고 확인버튼을 클릭하면 **|그림 4-209|**와 같이 입력된다.

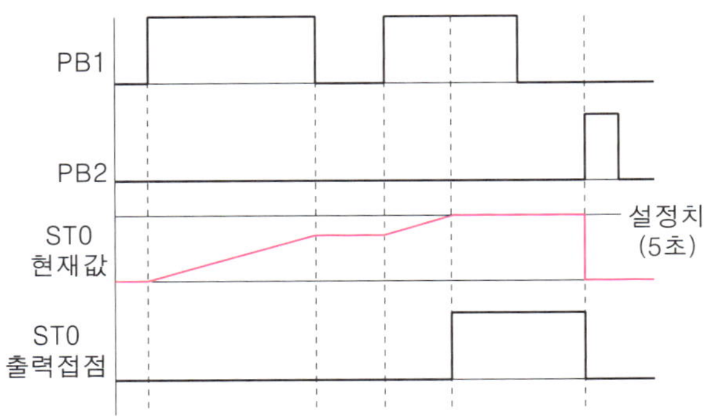

|그림 4-212| 적산타이머 실습예제1 설명도

⑦ |그림 4-212|의 프로그램 설명도와 같이 입력 접점(X0)이 ON되면 적산타이머 ST0의 현재값이 증가하기 시작한다.

⑧ 현재값이 설정치가 되기전에 입력 접점이 OFF되면 적산타이머의 현재값의 증가는 멈추고 그 값을 그대로 유지한다.

⑨ 다시 입력접점이 ON되면 현재값은 유지된 값에서 증가하기 시작한다. 현재값이 설정값에 도달하면 적산타이머 출력접점이 ON한다.

⑩ 적산타이머의 현재값은 리셋 명령에 의하여 "0"으로 바뀌고, 출력접점이 OFF된다.

06 카운터 명령

01 : 카운터(OUT C)

1 기능

1) (Ⓓ 설정값)

① Ⓓ : 카운터번호

② 설정값 : 카운터의 설정값

- 10진 상수(K)만 사용가능하다.
- 16진수(H), 실수는 사용할 수 없다.
- 음수는 사용할 수 없다.

② 카운터의 입력이 OFF에서 ON으로 변경될 때 카운터의 현재값을 +1한다. 카운터의 현재값이 설정값 이상일 때 카운터 접점이 ON된다.

③ 입력이 ON되어 있으면 카운트되지 않는다.(카운터 입력은 펄스화할 필요가 없다.)

④ 카운터업 후에는 RST 명령을 실행하기 전까지는 카운터값 및 접점 상태은 변경되지 않는다.

2 예제 프로그램

1) 예제

① |그림 4-213|과 같이 카운터를 사용하는 프로그램을 작성한다.

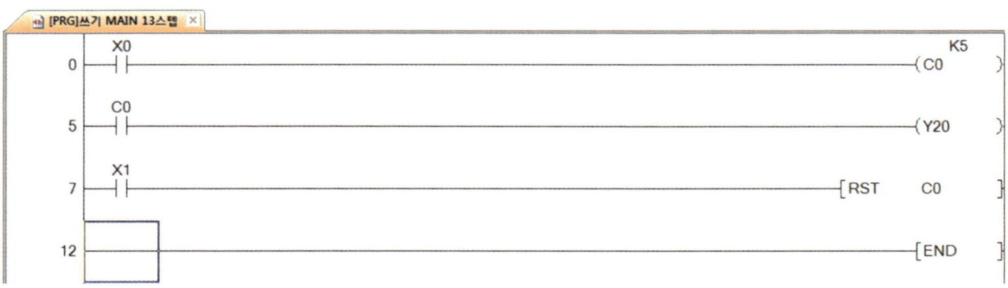

|그림 4-213| 카운터 예제 프로그램

② 카운터는 출력코일([F7])에서 입력한다. 출력코일 래더 입력창에 "C0 K5"를 입력하고 확인버튼을 누른다.

③ |그림 4-213|에서 C0는 타이머 번호이고, 두 번째 라인의 입력접점 C0는 카운터 C0의 출력접점을 나타낸다.

④ K5는 카운터의 설정값으로, K5는 카운터 개수가 5라는 뜻이다.

⑤ **|그림 4-214|**에서와 같이 입력 접점(X0)이 ON/OFF할 때마다 카운터 C0의 현재값이 1씩 증가한다.

⑥ 카운터의 현재값이 설정값이 되면 카운터 C0의 출력접점이 ON된다. 카운터출력접점이 ON되면 카운터의 입력이 ON/OFF되더라도 카운터의 현재값은 증가하지 않는다.

⑦ 카운터는 리셋명령(RST)에 의해 카운터의 현재값을 "0"으로 만들고, 출력접점을 OFF시킨다.

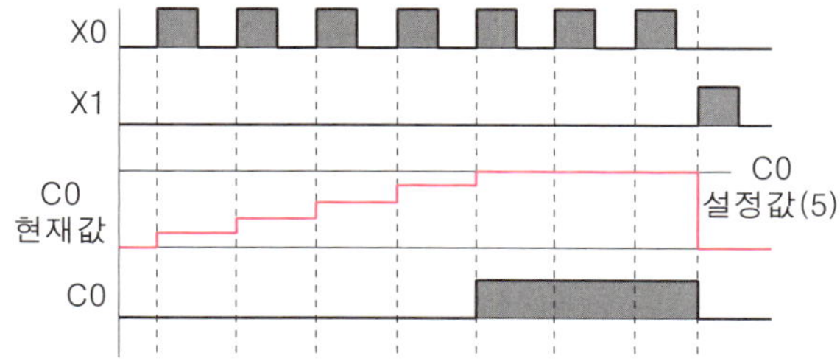

|그림 4-214| 카운터 명령 실습예제 설명

3 실습과제(4-16)

|그림 4-215|에서와 같이 실습과제 4-15의 보행자 신호등 제어에서 횡단보도 녹색등이 10초간 5회 점멸하는 것을 카운터를 이용하여 프로그램하시오.

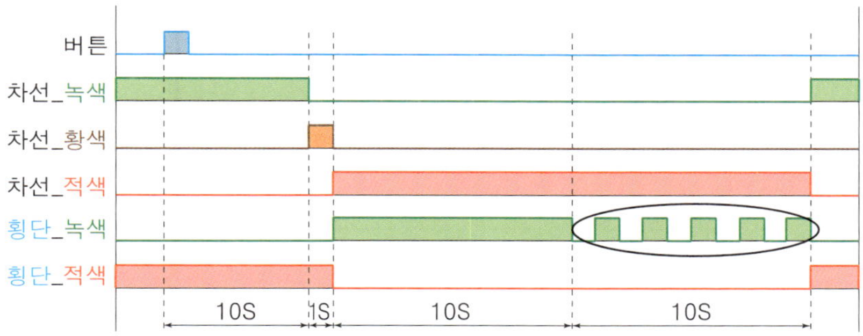

|그림 4-215| 실습과제 4-16의 동작 타임 차트

07 시프트 명령

01 : 비트 디바이스 시프트(SFT(P))

1 기능

1) (SFT(P) Ⓓ)

① Ⓓ : 시프트하는 디바이스의 선두 번호

② Ⓓ로 지정된 디바이스는 (Ⓓ-1) 디바이스의 ON/OFF 상태를 Ⓓ로 지정된 디바이스에 시프트하고, (Ⓓ-1) 디바이스를 OFF한다. 예를 들어 SFT 명령으로 M11이 지정되었을 때, SFT 명령 실행 시 M10의 ON/OFF 상태를 M11에 시프트하고 M10을 OFF한다.

② SFTP 명령은 상승입력 펄스 동작을 하여, 입력의 상태가 OFF에서 ON으로 변경될 때 시프트 명령을 실행한다.

③ 연속으로 SFT 또는 SFTP를 이용하는 경우, 디바이스 번호가 큰 것부터 프로그램한다.

2 예제 프로그램

1) 예제 1

① |그림 4-216|과 같이 시프트 명령 SFT(P)를 사용하는 프로그램을 작성한다.

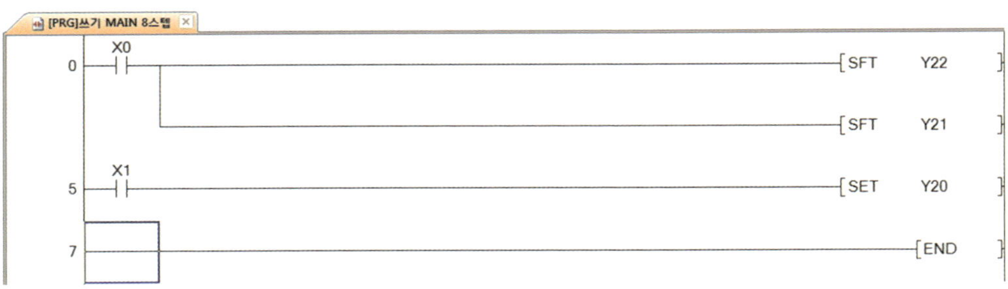

|그림 4-216| 시프트 예제1 프로그램

② 시프트 명령은 응용명령([F8])에서 입력한다. 응용명령 래더 입력창에 "SFT Y22"를 입력하고 확인버튼을 클릭한다.

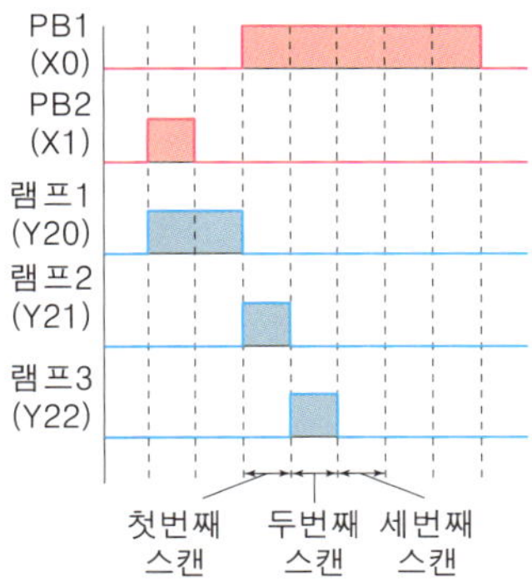

|그림 4-217| 시프트 예제1 설명1

③ **|그림 4-217|**에서와 같이 PB2 버튼을 누르면 램프 1이 ON된다. 그리고 PB1 버튼을 누르면 램프 1이 OFF되고, 나머지 램프도 OFF상태로 남아 있다.

④ 실제로는 시프트 명령에 의해서 Y20은 OFF되고, Y20의 데이터가 Y21로 Y21의 데이터가 Y22로 시프트된다. 그러나 X0의 입력 접점이 ON되는 시간이 스캔타임보다 크기 때문에 3번의 스캔 동작에 의하여 Y20, Y21 및 Y22의 데이터가 0이 되어 램프 1, 램프 2 및 램프 3이 OFF된 것으로 보인다.

⑤ 버튼 1회 누를 때마다 1번의 시프트 명령을 실행하기 위해서 **|그림 4-218(a)|**와 같이 입력 펄스를 이용하거나 **|그림 4-218(b)|**와 같이 SFTP 명령을 사용하여 프로그램을 작성한다.

⑥ **|그림 4-219|**에서 PB2 버튼을 ON/OFF하면 램프 1 ON되고, PB1 버튼을 ON/OFF할 때마다 ON되는 램프가 램프 1 → 램프 2 → 램프 3으로 시프트된다. PB1 버튼을 3회 ON/OFF하면 램프 3이 OFF 된다.

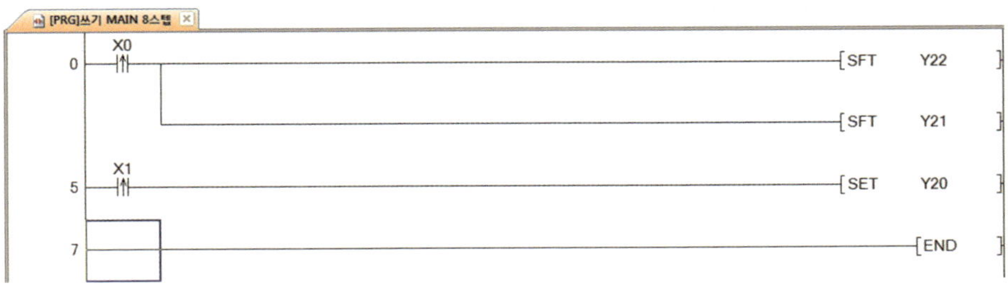

(a) 펄스입력 사용

(b) SFTP 명령 사용

|그림 4-218| 시프트 예제1 설명2

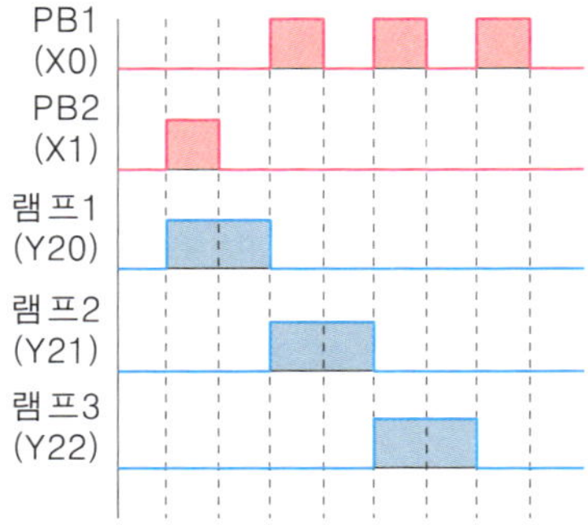

|그림 4-219| 시프트 예제1 설명3

2) 예제 2

|그림 4-220**|**과 같이 PB1을 누를때마다 ON되는 램프가 이동하고 PB2를 누르면 모든 램프가 OFF되는 프로그램을 작성하라.

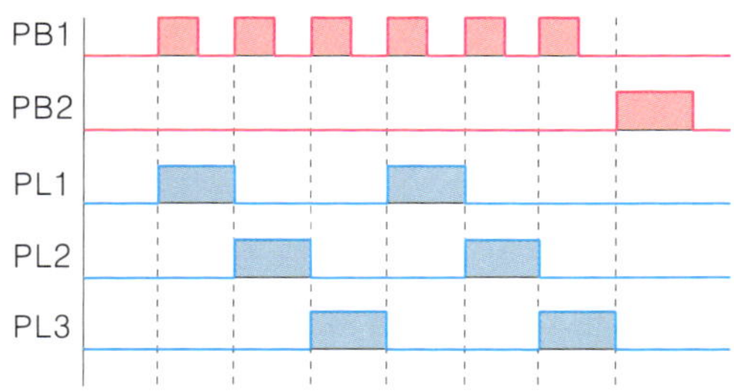

|그림 4-220| 시프트 예제2 타임차트

① **|**그림 4-221**|**과 같이 시프트 명령 SFT(P)를 사용하는 프로그램을 작성한다.

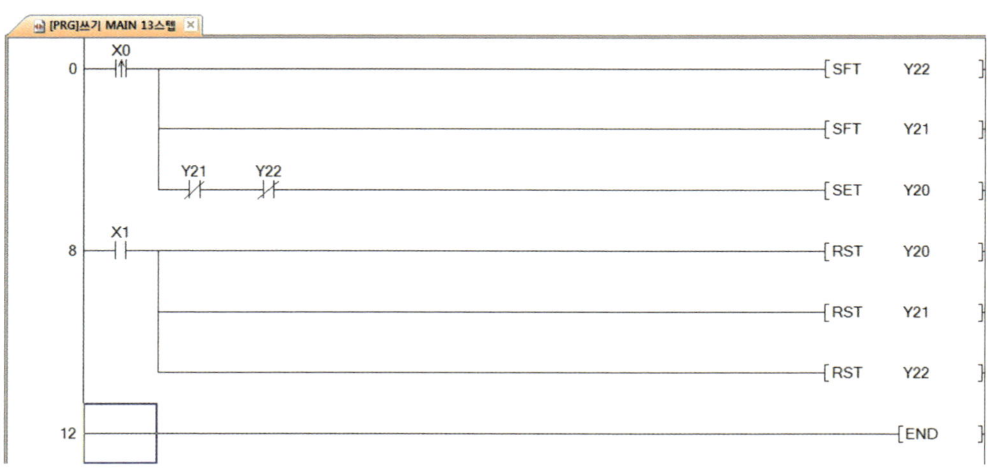

|그림 4-221| 시프트 예제2 프로그램

② 모든 램프가 OFF상태에서 PB1 버튼을 ON/OFF하면 SFT Y21과 SFT Y22명령에 의해서 Y21과 Y22는 그대로 OFF가 된다. 그리고 Y21과 Y22가 OFF상태이므로 SET Y20명령에 의하여 Y20은 ON된다.

③ PB1 버튼을 두 번째 ON/OFF하면 Y21이 OFF 상태이므로 시프트 명령에 의해 Y22는 그대로 OFF가 되고, Y20이 ON되어 있으므로 시프트 명령에 의하여 Y21은 ON되면서 Y20은 OFF된다. 그리고 Y21이 ON되어 있으므로 Y21 b접점에 의해 SET Y20명령은 동작되지 않는다.

④ PB1 버튼을 세 번째 ON/OFF하면 Y21이 ON상태이므로 시프트 명령에 의해 Y22는 ON되고 Y21을 OFF시킨다. Y20이 OFF되어 있으므로 시프트 명령에 의하여 Y21은 그대로 OFF된다. 그리고 Y21이 OFF되었지만 Y22가 ON되어 Y22 b접점에 의해 SET Y20명령이 동작되지 않는다.

⑤ PB1 버튼을 네 번째 ON/OFF하면 Y21이 OFF상태이므로 시프트 명령에 의해 Y22는 OFF되고, Y20이 OFF되어 있으므로 시프트 명령에 의하여 Y21은 그대로 OFF된다. 그리고 Y22와 Y21이 OFF로 되었기 때문에 SET Y20명령에 의해 Y20은 ON된다.

⑥ PB1 버튼을 ON/OFF할 때마다 위 ②~⑤번의 동작을 반복한다.

⑦ PB2 버튼을 누르면 리셋(RST) 명령에 의하여 모든 램프가 OFF된다.

3 실습과제(4-17)

푸시버튼스위치(PB1)을 ON/OFF하였을 때 **I그림 4-222I**와 같이 램프 3개가 차례로 1개씩만 켜지면서 3회 반복되도록 시프트, 타이머, 카운터를 이용하여 프로그램하시오.

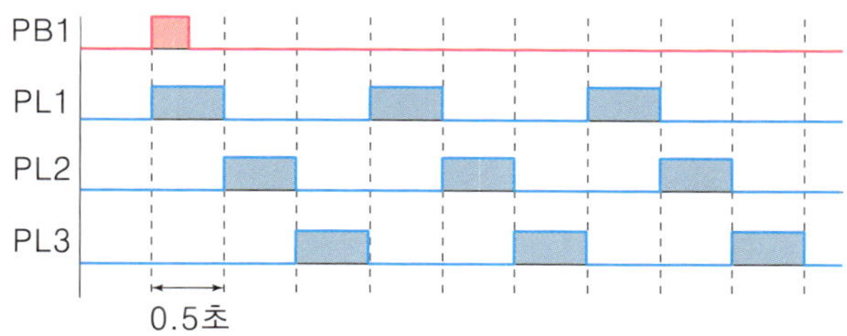

I그림 4-222I 실습과제 4-17의 동작 타임 차트

08 데이터 비교 명령

01 : BIN 16비트 데이터 비교(=, <>, >, >=, <, <=)

1 기능

1) [비교명령 S1 S2]

① S1으로 지정된 디바이스의 2진수 16비트 데이터와 S2로 지정된 디바이스의 2진수 16비트 데이터를 a접점으로 취급하여 비교 연산을 한다.

② 각 명령의 비교 연산 결과는 **|표 4-1|**과 같다.

|표 4-1| 비교 연산 명령

명령기호	조건	비교 연산 결과
=	S1 = S2	ON
〈〉	S1 ≠ S2	
〉	S1 〉 S2	
〉=	S1 〉= S2	
〈	S1 〈 S2	
〈=	S1 〈= S2	

③ S1과 S2에 16진수의 상수를 지정하는 경우, 최상위 비트(b15)가 1이 되는 값을 지정하면 2진수 값의 음수로 간주하여 비교연산을 한다.

2 예제 프로그램

1) 예제 1

① **|그림 4-223|**의 타임차트와 같이 기동스위치를 누르면 램프 4개가 1초 간격으로 차례대로 켜지는 프로그램을 타이머 1개를 이용하여 작성하라.

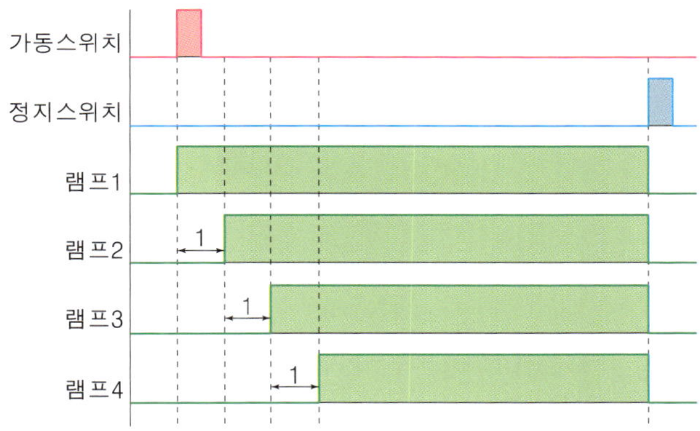

|그림 4-223| 타이머 예제1 프로그램

② **|그림 4-224|**와 같이 타이머 T0와 비교명령을 이용하여 프로그래밍한다. 비교 명령은 a접점 동작을 한다.

|그림 4-224| 비교명령 예제1 프로그램

③ **|그림 4-225|**와 같이 PB1 버튼을 누르면 내부릴레이 메모리 M0이 SET 명령에 의해 ON되면서 타이머 T0의 현재값이 증가하고 출력접점 Y20이 ON된다.

④ 타이머 T0의 입력이 1초 이상이면 [> = T0 K10] 비교명령에 의해 Y21이 ON되고, 2초 이상이면 [> = T0 K20] 비교명령에 의해 Y22가 ON된다. 그리고 타이머 T0가 3초가 되면 타이머 T0의 출력접점이 ON되어 Y23이 ON된다.

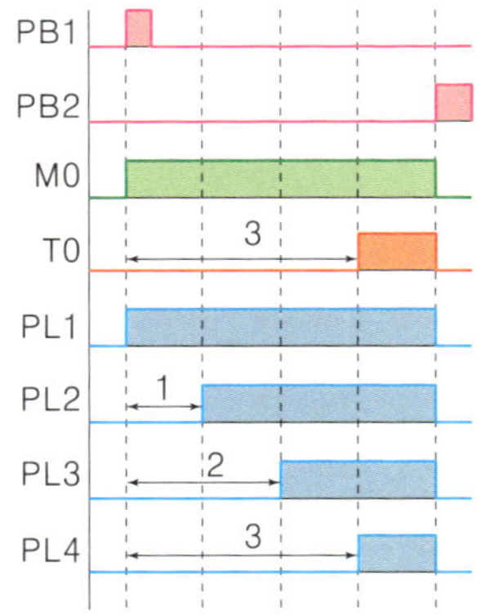

|그림 4-225| 비교명령 실습예제1 설명

2) 예제 2

|그림 4-226|과 같이 PB1을 ON/OFF할 때마다 ON되는 램프가 1개씩 증가하는 프로그램을 카운터 1개를 이용하여 작성하라.

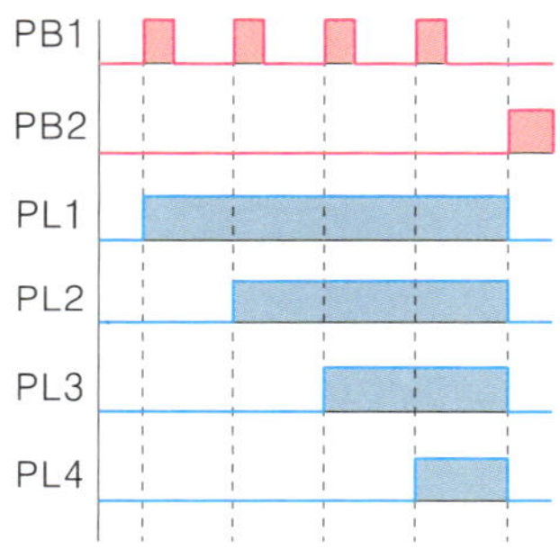

|그림 4-226| 비교 명령 실습예제2 타임차트

① |그림 4-227|과 같이 프로그램을 작성한다.

|그림 4-227| 타이머 예제2 프로그램

② **|그림 4-227|**과 같이 입력 접점 X0을 ON/OFF하면 카운터 C0이 카운트하기 시작한다.
③ 첫 번째로 입력 접점 X0을 ON/OFF하면 카운터 C0의 현재값이 1이 되어 출력코일 Y20이 ON된다.
④ 두 번째로 입력 접점 X0을 ON/OFF하면 되면 카운터 C0의 현재값이 2가 되어 출력코일 Y21이 ON된다.
⑤ 세 번째로 입력 접점 X0을 ON/OFF하면 되면 카운터 C0의 현재값이 3이 되어 출력코일 Y22가 ON된다.
⑥ 네 번째로 입력 접점 X0가 ON/OFF로 되면 카운터 C0의 현재값이 4가 되어 카운터 C0의 설정값과 같게 된다. 카운터 C0의 출력 접점 C0이 ON되어 출력코일 Y23이 ON된다.
⑦ 입력 접점 X1을 ON/OFF하면 카운터 C0이 리셋되어 카운터 C0의 현재값이 0으로 되면서 모든 출력 코일값이 OFF된다.

3 실습과제

1) 과제 1(4-18)

|그림 4-228|과 같이 푸시 버튼(PB1)을 ON/OFF하면 램프 3개가 차례대로 ON/OFF하며 순환하는 프로그램을 타이머 1개만을 이용하여 작성하라.

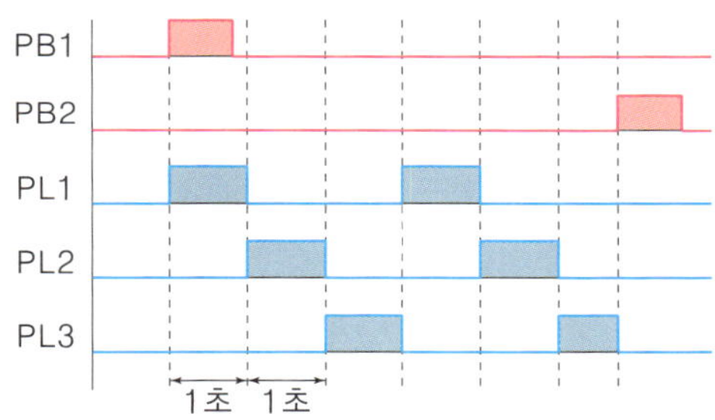

|그림 4-228| 실습과제 4-18 설명도

2) 과제 2(4-19)

|그림 4-229|와 **|그림 4-230|**과 같은 남자 화장실 소변기의 제어 프로그램을 타이머 2개만을 이용하여 작성하라.

|그림 4-229| 남자 화장실 소변기

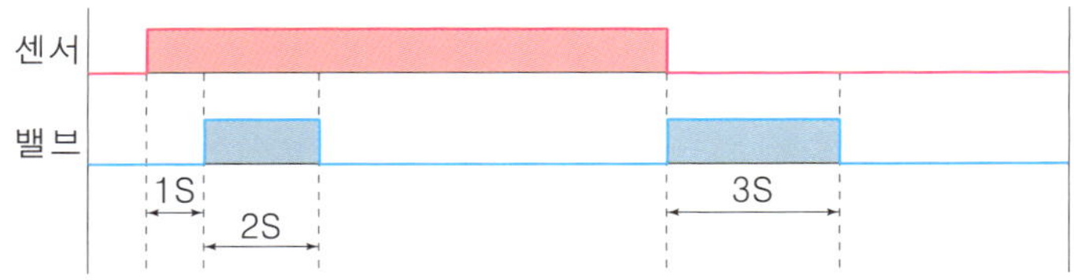

|그림 4-230| 실습예제 4-19의 동작 타임 차트

3) 과제 3(4-20)

|그림 4-231|과 |그림 4-232|와 같이 한적한 도로의 보행자 신호등 제어 프로그램을 타이머 1개만을 이용하여 작성하라.

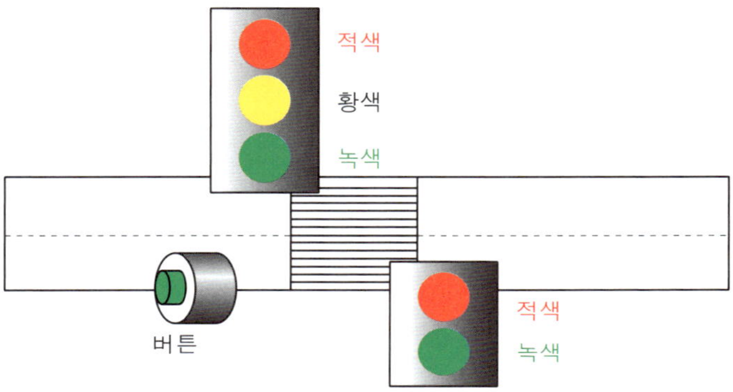

|그림 4-231| 보행자 신호등

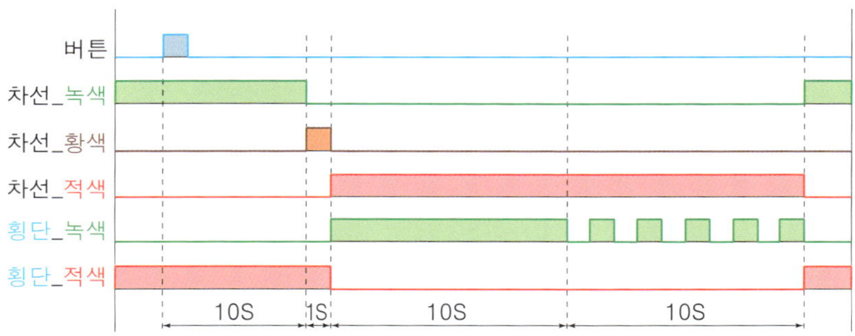

|그림 4-232| 실습예제 4-15의 동작 타임 차트

09 데이터 전송 명령

01 : 16비트/32비트 데이터 전송(MOV(P), DMOV(P))

1 기능

1) (D)MOV(P)

- (D)MOV(P) Ⓢ Ⓓ

● MOV(P) : Ⓢ로 지정된 디바이스의 16비트 데이터를 Ⓓ로 지정된 디바이스로 전송한다.

● DMOV(P) : Ⓢ로 지정된 디바이스의 32비트 데이터를 Ⓓ로 지정된 디바이스로 전송한다.

2 데이터 지정방법

1) 워드(16비트) 데이터

① 기본 명령, 응용 명령에서 사용하는 16비트의 수치 데이터

- 10진 상수 : K-32768~K32767
- 16진 상수 : H0000~HFFFF

② 워드 디바이스 및 자리 지정 비트 디바이스를 사용할 수 있다.

③ 비트 디바이스 사용시

- |그림 4-233|과 같이 비트 디바이스는 자리 지정에 의해 워드 데이터를 취급한다.
- 비트 디바이스의 자리 지정 : [(자리) (비트 디바이스의 선두 번호)]
- 자리 지정은 4점(4비트) 단위로 K1~K4까지 지정할 수 있다.

|그림 4-233| 비트 디바이스 사용시 자리지정

- K1X0 → X0~X3의 4점이 대상
- K2X0 → X0~X7의 8점이 대상
- K3X0 → X0~XB의 12점이 대상
- K4X0 → X0~XF의 16점이 대상

④ 소스 Ⓢ측에 자리지정이 있는 경우, 소스 데이터로 취급할 수 있는 값은 |표 4-2|와 같다.

|표 4-2| 자리 지정과 취급할 수 있는 값

지정 자리	16비트 명령 시
K1(4점)	0 ~ 15
K2(8점)	0 ~ 255
K3(12점)	0 ~ 4096
K4(16점)	-32768 ~ 32767

⑤ 데스티네이션 워드 디바이스는 소스측에서 자리 지정한 비트 이후의 비트 상태는 |그림 4-234|의 프로그램과 |그림 4-235|의 설명문에서 보는바와 같이 0이 저장된다.

|그림 4-234| 소스측 자리지정한 비트 이후의 상태 설명 프로그램

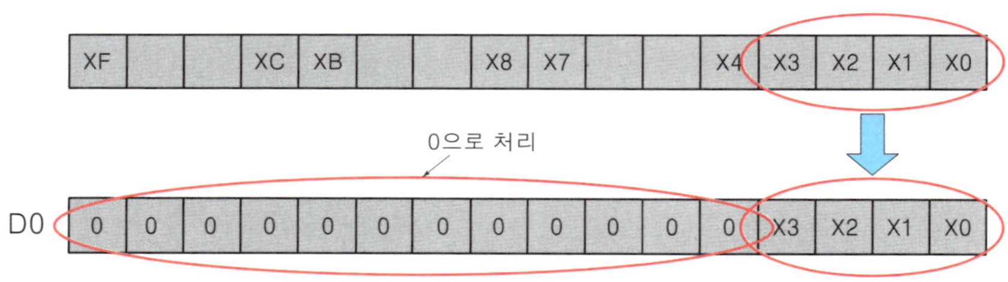

|그림 4-235| 소스측 자리지정한 비트 이후의 상태 설명문

⑥ 데스티네이션 Ⓓ측에 자리지정이 있는 경우, |그림 4-236|과 |그림 4-238|의 프로그램과 |그림 4-237|과 |그림 4-239|의 설명문에서처럼 자리 지정에 의한 점수가 데스티네이션측 대상이 된다. 자리 지정에 의한 점수 이후의 비트 디바이스는 변경되지 않는다.

|그림 4-236| 데스티네이션측에 자리지정이 있는 경우 상태 설명 프로그램1

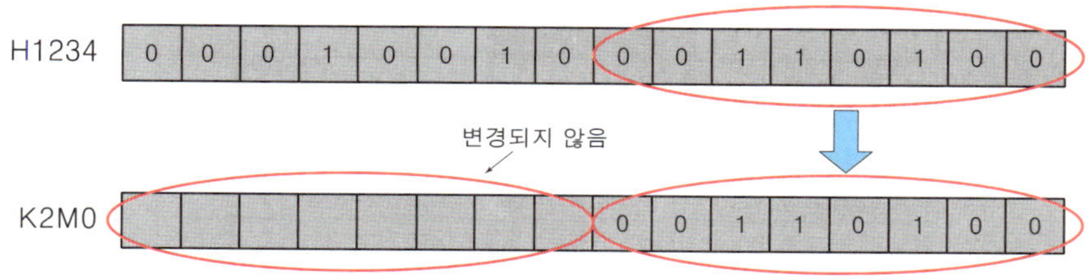

Ⅰ그림 4-237Ⅰ 데스티네이션측에 자리지정이 있는 경우 상태 설명문1

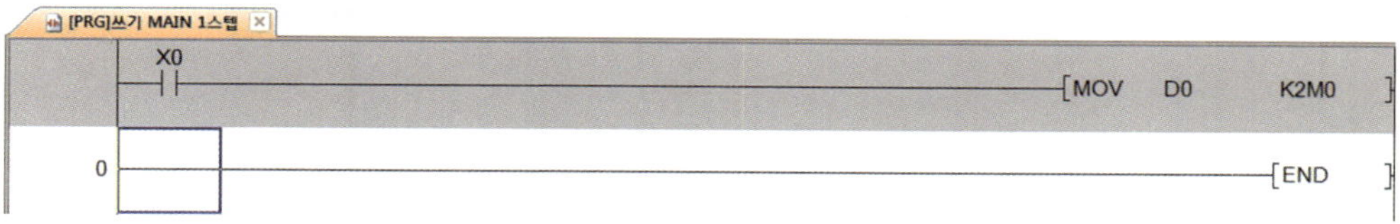

Ⅰ그림 4-238Ⅰ 데스티네이션측에 자리지정이 있는 경우 상태 설명 프로그램2

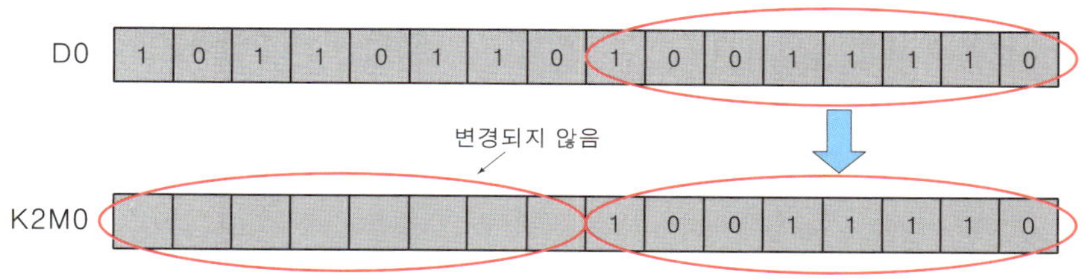

Ⅰ그림 4-239Ⅰ 데스티네이션측에 자리지정이 있는 경우 상태 설명문2

⑦ 워드디바이스는 **Ⅰ그림 4-240Ⅰ**의 프로그램과 **Ⅰ그림 4-241Ⅰ**의 설명문에서처럼 1점(16비트) 단위로 지정한다.

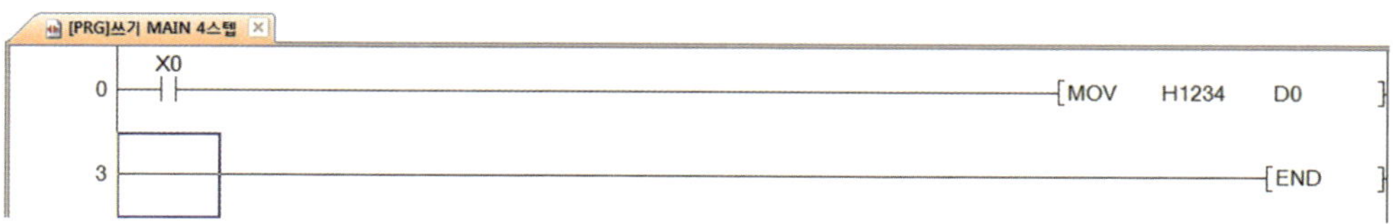

Ⅰ그림 4-240Ⅰ 워드 디바이스 경우 상태 설명 프로그램

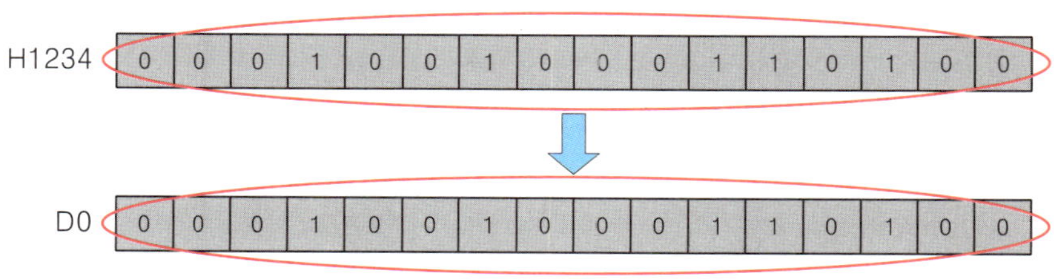

Ⅰ그림 4-241Ⅰ 워드 디바이스 경우 상태 설명문

3 예제 프로그램

1) 예제 1

입력접점 X0(PB1)이 ON되었을 때, 입력 X10~X1B의 데이터를 D0에 저장하는 프로그램

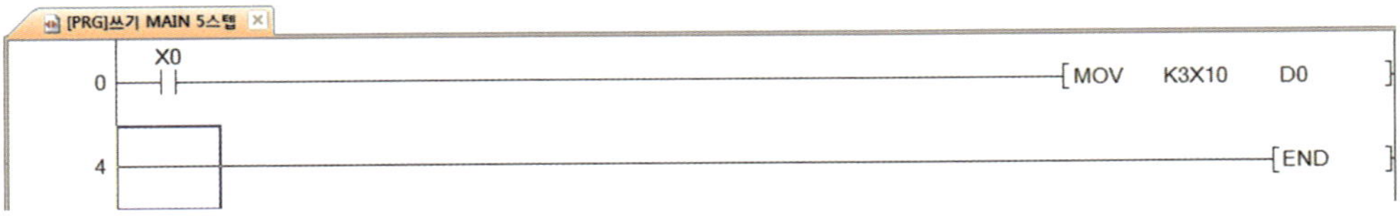

|그림 4-242| 전송 예제1 프로그램

2) 예제 2

입력접점 X0(PB1)을 ON/OFF할 때 마다 카운터 1(설정값 : 9)의 값이 증가하고, 입력접점 X1(PB2)을 ON/OFF할 때 마다 카운터 2(설정값 : 9)의 값이 증가한다. 입력접점 X2(PB3)을 누르면 카운터 1과 카운터 2가 리셋되며, 카운터 1의 값이 Y20~Y23으로 카운터 2의 값이 Y24~Y27로 항상 출력되는 프로그램(SM400은 항상 접점이 ON되어 있는 특수 릴레이 디바이스이다.)

|그림 4-243| 전송 예제2 프로그램

3) 예제 3

입력접점 X0(PB1)이 ON되었을 때, X10~X13까지의 데이터가 D0에 저장되고, X14~X17까지의 데이터가 D1에 저장되는 프로그램

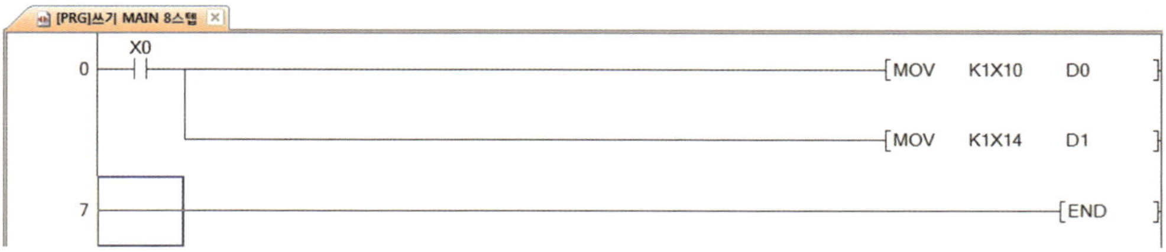

|그림 4-244| 전송 예제3 프로그램

4) 예제 4

입력접점 X0(PB1)이 ON되었을 때, D0, D1의 데이터를 D100, D101에 저장하는 프로그램

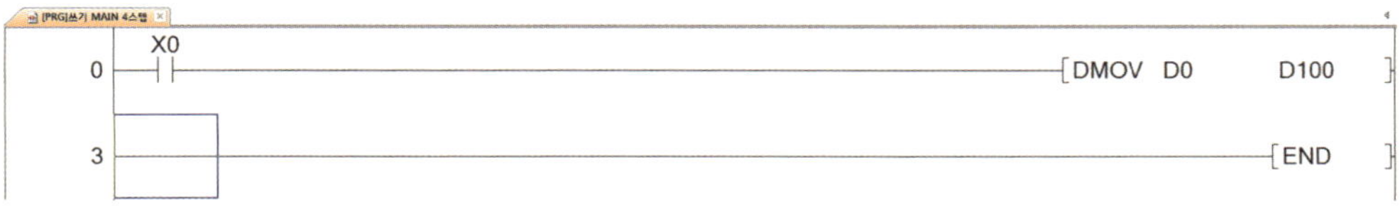

|그림 4-245| 전송 예제4 프로그램

02 : 블록 16비트 데이터 전송(BMOV(P))

1 기능

1) BMOV(P)

① [BMOV(P) Ⓢ Ⓓ n]

- Ⓢ : 전송할 데이터가 저장되어 있는 디바이스 블록의 선두 번호(16비트 데이터)
- Ⓓ : 전송 상대 디바이스 블록의 선두번호(16비트 데이터)
- n : 전송수

② **|그림 4-246|**에서와 같이 Ⓢ로 저장된 디바이스부터 n점의 16비트 데이터를 Ⓓ로 저장된 디바이스부터 n점에 일괄 전송한다.

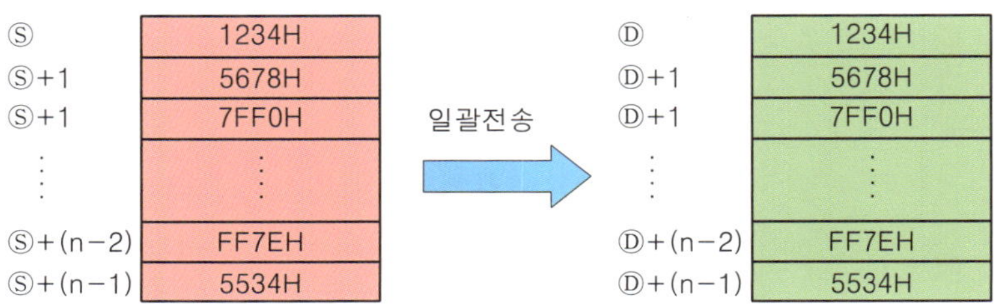

|그림 4-246| 블록 16비트 데이터 전송 설명문

③ **|그림 4-247|**의 프로그램과 **|그림 4-248|**의 설명문에서와 같이 Ⓢ가 워드 디바이스, Ⓓ가 비트 디바이스인 경우, 워드 디바이스는 비트 디바이스의 자리 지정에서 지정한 비트수가 대상이 된다.

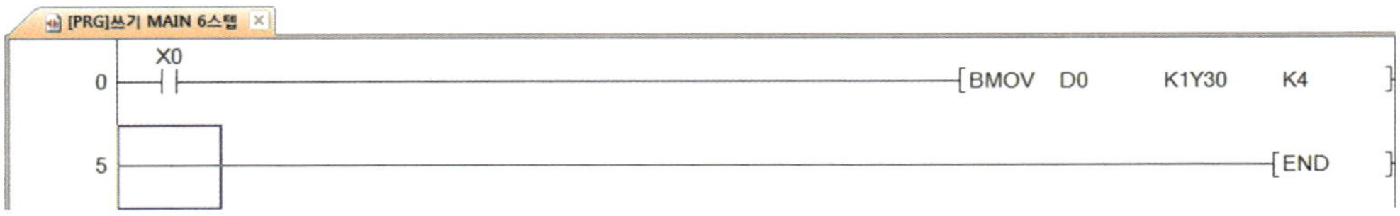

|그림 4-247| Ⓓ가 비트 디바이스인 경우 전송 설명 예제 프로그램

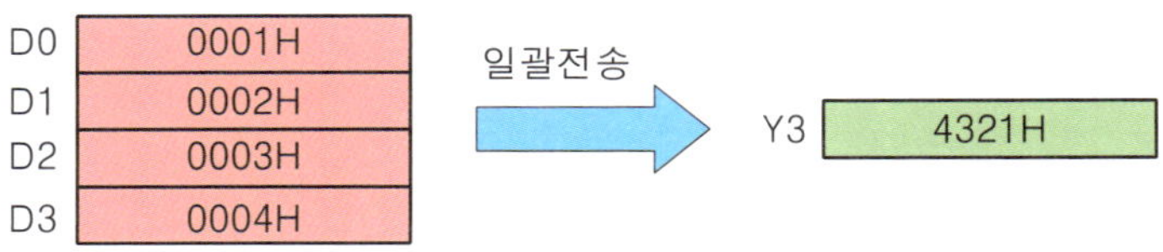

|그림 4-248| Ⓓ가 비트 디바이스인 경우 전송 설명문

2 예제 프로그램

1) 예제 5

입력접점 X0(PB1)이 ON되었을 때 16진수 값들이 D0에서 D3까지 각각 입력되고, 입력접점 X1(PB2)이 ON되었을 때 D0에서 D3까지의 데이터가 D10에서 D13까지 일괄 전송되는 프로그램

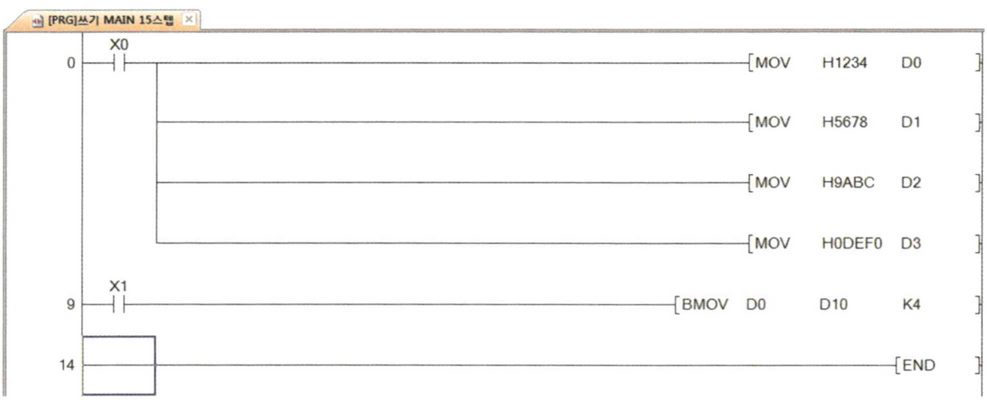

|그림 4-249| 전송 예제5 프로그램

2) 예제 6

입력접점 X0(PB1)을 ON/OFF할 때 마다 카운터 1(설정값 : 9)의 값이 증가하고, 입력접점 X1(PB2)을 ON/OFF할 때 마다 카운터 2(설정값 : 9)의 값이 증가한다. 입력접점 X2(PB3)을 누르면

카운터 1과 카운터 2가 리셋되며, 카운터 1의 값이 Y20~Y23으로 카운터 2의 값이 Y24~Y27로 항상 출력되는 프로그램을 블록 데이터 전송명령을 이용하여 작성

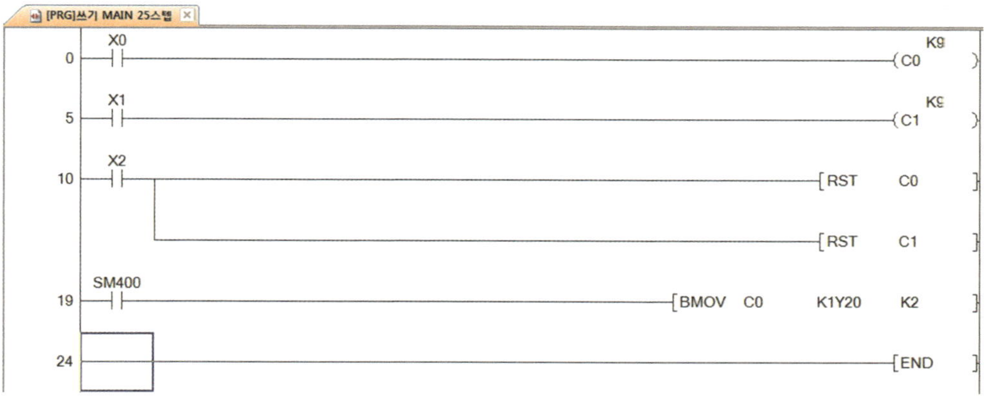

|그림 4-250| 전송 예제6 프로그램

03 : 동일 16비트 데이터 블록 전송(FMOV(P))

1 기능

1) FMOV(P)

① [FMOV(P) Ⓢ Ⓓ n]

- Ⓢ : 전송하는 데이터 또는 전송할 데이터가 저장되어 있는 디바이스의 번호(16비트 데이터)
- Ⓓ : 전송 상대 디바이스 블록의 선두번호(16비트 데이터)
- n : 전송수

② **|그림 4-251|**과 같이 Ⓢ디바이스의 16비트 데이터를 Ⓓ디바이스부터 n점에 일괄 전송한다.

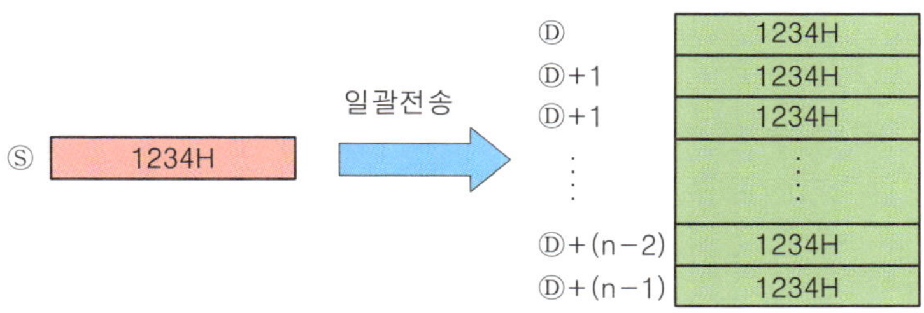

|그림 4-251| 동일 16비트 데이터 블록 전송 설명문

③ Ⓢ가 워드 디바이스, Ⓓ가 비트 디바이스인 경우, **|그림 4-252|**와 **|그림 4-253|**과 같이 워드 디바이스는 비트 디바이스의 자리 지정에서 지정한 비트수가 대상이 된다.

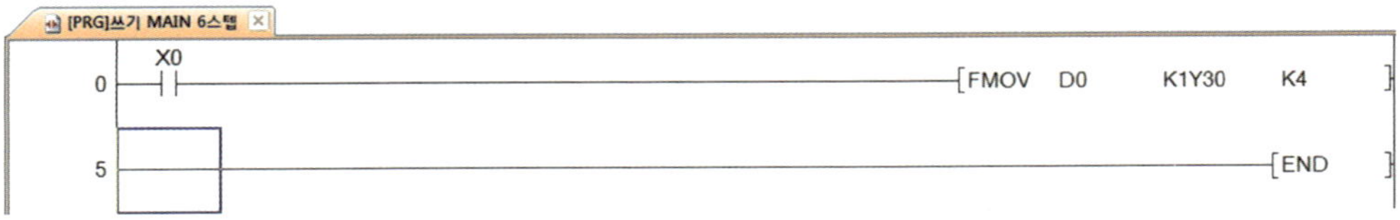

|그림 4-252| Ⓓ가 비트 디바이스인 경우 전송 설명 예제 프로그램

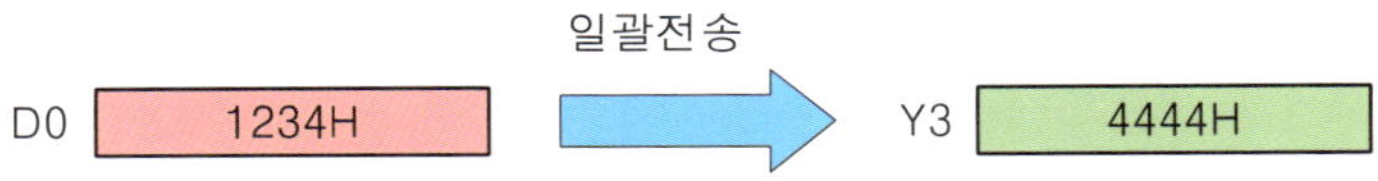

|그림 4-253| Ⓓ가 비트 디바이스인 경우 전송 설명 예제 설명문

2 예제 프로그램

1) 예제 7

입력접점 X0(PB1)을 ON/OFF할 때 마다 카운터 1(설정값 : 9)의 값이 증가하고, 입력접점 X1(PB2)을 ON/OFF할 때 마다 카운터 2(설정값 : 9)의 값이 증가한다. 입력접점 X2(PB3)을 누르면 카운터 1과 카운터 2가 리셋되는 프로그램을 동일 데이터 전송명령을 이용하여 작성

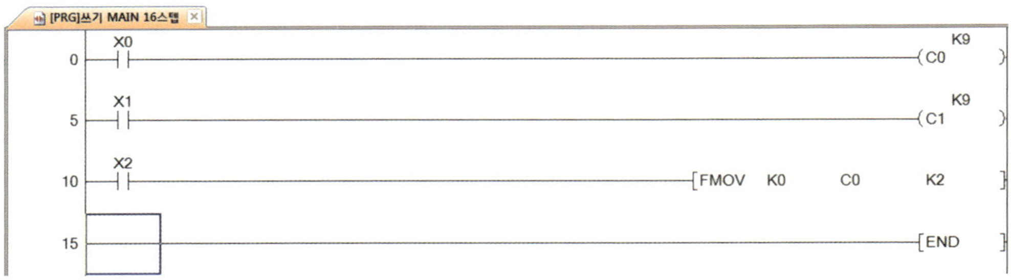

|그림 4-254| 전송 예제 7 프로그램

2) 예제 8

입력접점 X0(PB1)을 누르면 16진수 H1234가 D0에 저장되고, 입력접점 X1(PB2)을 누르면 D0에 저장된 16진수 4번째 자리수 4를 Y20에서 Y2F까지 4자리의 16진수로 나타내는 프로그램 작성

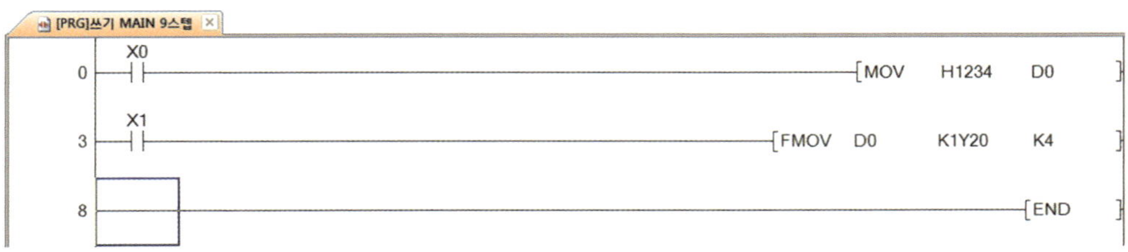

|그림 4-255| 전송 예제 8 프로그램

04 : 16비트/32비트 데이터 교신(XCH(P), DXCH(P))

1 기능

1) XCH(P)

① [XCH(P) S1 S2]

- S1, S2 : 교환할 데이터가 저장되어 있는 디바이스의 번호(16비트 데이터)

② **|그림 4-256|**과 같이 S1 디바이스에 저장된 16비트 데이터와 S2 디바이스에 저장된 16비트 데이터를 교환한다.

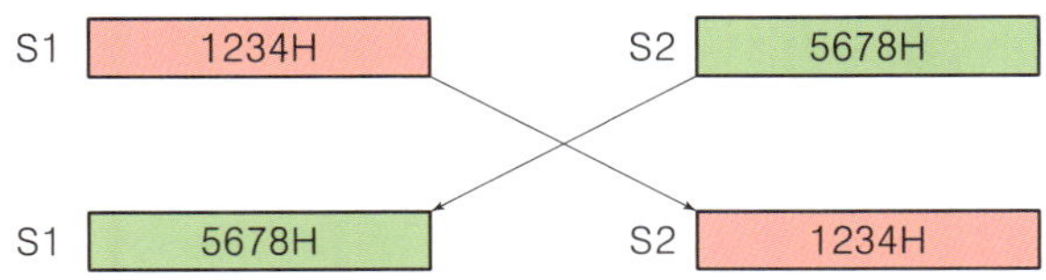

|그림 4-256| 16비트 데이터 교신 설명문

2) DXCH(P)

① [DXCH(P) S1 S2]

- S1, S2 : 교환할 데이터가 저장되어 있는 디바이스의 선두번호(32비트 데이터)

② **|그림 4-257|**과 같이 S1과 S1+1 디바이스에 저장된 32비트 데이터와 S2와 S2+1 디바이스에 저장된 32비트 데이터를 교환한다.

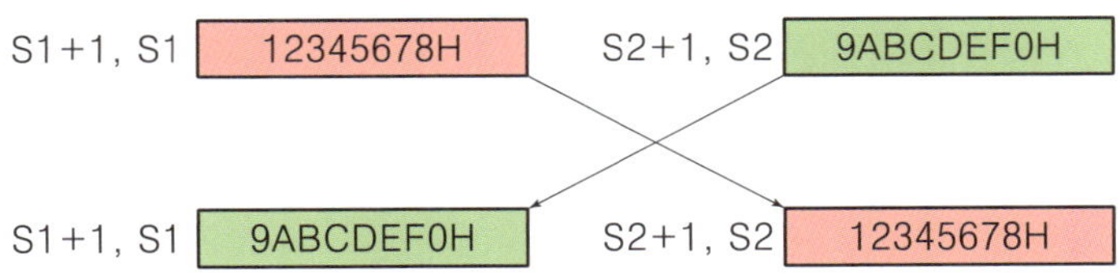

|그림 4-257| 32비트 데이터 교신 설명문

2 예제 프로그램

1) 예제

입력접점 X0(PB1)을 ON/OFF하면 16진수 데이터 1234H가 D0에 저장되고, X10~X1F까지의 데이터가 D1에 저장된다. 입력접점 X1(PB2)을 ON/OFF하면 D0의 16비트 데이터와 D1의 16비트 데이터가 교환된다. D0의 데이터를 Y20~Y2F에 출력되고, D1의 데이터가 Y30~Y3F에 출력된다.

|그림 4-258| 16비트 데이터 교신 예제 프로그램

05 : 상하 바이트 교환(SWAB(P))

1 기능

1) SWAP(P)

① [SWAP(P) S]

- S : 교환할 데이터가 저장되어 있는 디바이스의 번호(16비트 데이터)

② **|그림 4-259|**와 같이 S에 저장된 디바이스의 16비트 데이터가 상위 8비트와 하위 8비트가 교환된다.

|그림 4-259| 상하 바이트 교환 설명문

③ **|그림 4-260|**과 같이 16비트 데이터 상하 바이트 교환 프로그램을 작성한다. X0를 ON/OFF하면 X10~X1F까지의 16비트 데이터가 D0에 저장되고, Y20~Y2F에 출력된다.

④ X1를 ON/OFF하면, 16비트 데이터 D0의 상위바이트 b8~bF의 데이터와 하위 바이트 b0~b7의 데이터가 교환되어 Y20~Y2F에 출력된다.

|그림 4-260| 상하 바이트 교환 예제 프로그램

10 데이터 변환 명령

01 : 2진(BIN) 데이터 → BCD 데이터 변환(BCD(P))

1 기능

1) [BCD(P) Ⓢ Ⓓ]

① Ⓢ : 2진 데이터 또는 2진 데이터가 저장되어 있는 디바이스의 번호(16비트)

② Ⓓ : BCD 데이터가 저장되는 디바이스의 번호(BCD 4자리)

2) Ⓢ로 지정된 디바이스의 2진 데이터(0~9999)를 BCD로 변환하여 Ⓓ로 지정된 디바이스에 저장한다.

Ⓢ BIN 9999	0	0	1	0	0	1	1	1	0	0	0	0	1	1	1	1

↓

Ⓓ BCD 9999	1	0	0	1	1	0	0	1	1	0	0	1	1	0	0	1
	천의 자리(9)				백의 자리(9)				십의 자리(9)				일의 자리(9)			

|그림 4-261| 2진 데이터의 BCD 데이터 변환 설명문

2 예제 프로그램

1) 예제

① 타이머 T0의 현재값을 Y30~Y3B(3자리)에서 FND 표시기에 출력하는 프로그램을 작성하라.

② |그림 4-262|와 같이 타이머의 현재값을 Y30~Y3B(3자리)에 출력하는 프로그램을 작성한다.

③ X0을 ON/OFF하면 내부 릴레이 메모리 M0이 ON되어 타이머 T0의 현재값이 증가하기 시작한다.

④ 2진수로 된 타이머 T0의 현재값을 BCD값으로 변경해서 Y30~Y3B로 출력한다.

|그림 4-262| 2진(BIN) 데이터의 BCD 데이터 변환 예제 프로그램

02 : BCD 데이터 → 2진(BIN) 데이터 변환(BIN(P))

1 기능

1) [BIN(P) Ⓢ Ⓓ]

① Ⓢ : BCD 데이터 또는 BCD 데이터가 저장되어 있는 디바이스의 번호(BCD 4자리)

② Ⓓ : 2진(BIN) 데이터가 저장되는 디바이스의 번호(16비트)

2) Ⓢ로 지정된 디바이스의 BCD 데이터(0~9999)를 2진수(BIN)로 변환하여 Ⓓ로 지정된 디바이스에 저장한다.

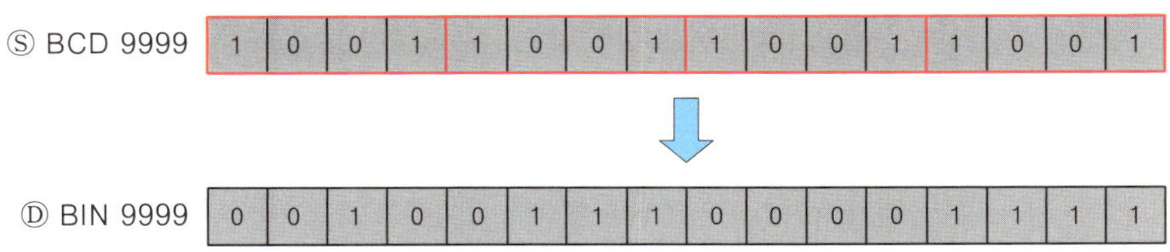

|그림 4-263| BCD 데이터의 2진(BIN) 데이터 변환 설명문

2 예제 프로그램

1) 예제

① X0이 ON/OFF되었을 때, X10~X1B의 BCD 데이터를 BIN으로 변환하여 D0에 저장하고, D0을 타이머 T0의 설정값으로 한다. X0이 ON/OFF되었을 때 타이머 T0이 작동하고, T0의 현재값을 Y30~Y3B(3자리)에서 FND 표시기에 출력하는 프로그램을 작성하라.

② |그림 4-264|와 같이 입력데이터 X10~X1B의 BCD 데이터 값을 2진수값으로 변환하여 타이머의 설정값으로 하는 프로그램을 작성한다.

③ X0을 ON/OFF하면 입력데이터 X10~X1B의 BCD 데이터 값을 2진값으로 변환하여 D0에 저장하고, 내부 릴레이 메모리 M0을 ON시킨다.

④ M0이 ON되면 T0의 현재값이 증가하면서 그 결과값을 BCD값으로 변환하여 Y30~Y3B으로 출력한다.

|그림 4-264| BCD 데이터의 2진(BIN) 데이터 변환 예제 프로그램

11 산술 연산 명령

01 : BIN 16비트 덧셈/뺄셈(+(P), -(P))

1 기능

1) 덧셈(설정데이터가 2개일 때)

① [+(P) Ⓢ Ⓓ]

- Ⓢ : 덧셈 데이터 또는 덧셈 데이터가 저장되어 있는 디바이스의 선두 번호
- Ⓓ : 덧셈되는 데이터가 저장되어 있는 디바이스의 선두 번호

② Ⓓ로 지정된 2진수 16비트 데이터와 Ⓢ로 지정된 2진수 16비트 데이터의 덧셈을 실행하여, 덧셈 결과를 Ⓓ로 지정된 디바이스에 저장한다.

③ Ⓢ와 Ⓓ에는 −32768~32767(2진수 16비트)을 지정할 수 있다.

④ 데이터의 양음의 판정은 최상위 비트(b15)로 실행한다.

- 0 : 양, 1 : 음

⑤ 연산 결과에 언더플로/오버플로가 생겼을 경우, 다음 예와 같이 된다. 이때 캐리 플래그는 ON되지 않는다.

- K32767(7FFFH)+K2(0002H) → K−32767(8001H) : b15가 1이므로 음수가 된다.
- K−32767(8000H)+K−2(FFFEH) → K32766(7FFEH) : b15가 0이므로 양수가 된다.

2) 덧셈(설정데이터가 3개일 때)

① [+(P) S1 S2 D]

- S1 : 덧셈되는 데이터 또는 덧셈되는 데이터가 저장되어 있는 디바이스의 선두 번호
- S2 : 덧셈 데이터 또는 덧셈 데이터가 저장되어 있는 디바이스의 선두 번호
- D : 연산 결과를 저장하는 디바이스의 선두번호

② S1로 지정된 2진수 16비트 데이터와 S2로 지정된 2진수 16비트 데이터의 덧셈을 실행하여, 덧셈 결과를 D로 지정된 디바이스에 저장한다.

3) 뺄셈(설정데이터가 2개일 때)

① [−(P) Ⓢ Ⓓ]

- Ⓢ : 뺄셈 데이터 또는 뺄셈 데이터가 저장되어 있는 디바이스의 선두 번호
- Ⓓ : 뺄셈되는 데이터가 저장되어 있는 디바이스의 선두 번호

② Ⓓ로 지정된 2진수 16비트 데이터와 Ⓢ로 지정된 2진수 16비트 데이터의 뺄셈을 실행하여, 뺄셈 결과를 Ⓓ로 지정된 디바이스에 저장한다.

③ Ⓢ와 Ⓓ에는 −32768~32767(2진수 16비트)을 지정할 수 있다.

④ 데이터의 양음의 판정은 최상위 비트(b15)로 실행한다.

- 0 : 양, 1 : 음

⑤ 연산 결과에 언더플로/오버플로가 생겼을 경우, 다음 예와 같이 된다. 이때 캐리 플래그는 ON 되지 않는다.

- K−32768(8000H)−K2(0002H) → K32766(7FFFH) : b15가 0이므로 양수가 된다.
- K32767(7FFFH)−K−2(FFFEH) → K−32767(8001H) : b15가 1이므로 음수가 된다.

2) 뺄셈(설정데이터가 3개일 때)

① [−(P) S1 S2 D]

- S1 : 뺄셈되는 데이터 또는 뺄셈되는 데이터가 저장되어 있는 디바이스의 선두 번호
- S2 : 뺄셈 데이터 또는 뺄셈 데이터가 저장되어 있는 디바이스의 선두 번호
- D : 연산 결과를 저장하는 디바이스의 선두번호

② S1로 지정된 2진수 16비트 데이터와 S2로 지정된 2진수 16비트 데이터의 뺄셈을 실행하여, 뺄셈 결과를 D로 지정된 디바이스에 저장한다.

2 예제 프로그램

1) 예제 1

X0이 ON/OFF되었을 때, X10~X1B의 BCD 데이터를 2진 데이터로 변환하여 D0에 저장하고, D0에 저장된 데이터를타이머 T0의 설정값으로 한다. X0이 ON/OFF되었을 때 타이머 T0이 작동하여 타이머 T0의 설정값과 현재값의 차이를 Y30~Y3B(3자리)에서 FND 표시기에 출력하는 프로그램을 작성하라.(|그림 4-265|)

|그림 4-265| 덧셈/뺄셈 명령 예제1 프로그램

2) 예제 2

X0이 ON/OFF되었을 때 카운터 C0이 카운트업하며 C0의 현재값을 Y30~Y33에서 FND 표시기에 표시하고, X1이 ON/OFF되었을 때 카운터 C1이 카운터업하며 C1의 현재값을 Y34~Y37에서 FND 표시기에 표시한다. 그리고 C0과 C1의 합을 Y38~Y3F에서 FND 표시기에 표시하는 프로그램을 작성하라. (단, C0과 C1의 설정값은 9로 한다.)(|그림 4-266|)

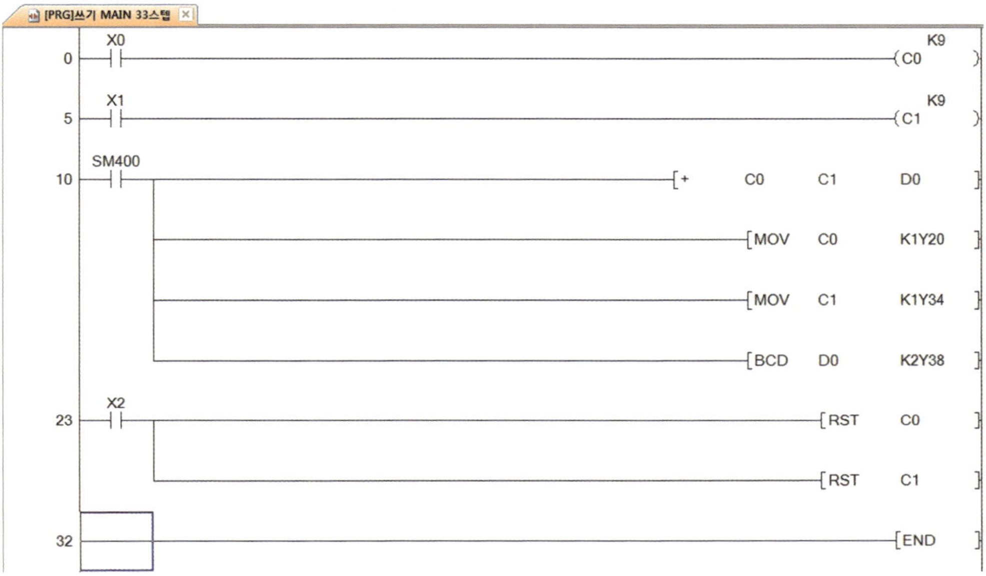

|그림 4-266| 덧셈/뺄셈 명령 예제2 프로그램

02 : BIN 16비트 곱셈/나눗셈(× (P), /(P))

1 기능

1) 곱셈

① [×(P) S1 S2 D]

- S1 : 곱셈되는 데이터 또는 곱셈되는 데이터가 저장되어 있는 디바이스의 선두 번호(2진 16비트)
- S2 : 곱셈 데이터 또는 곱셈 데이터가 저장되어 있는 디바이스의 선두 번호(2진 16비트)
- D : 연산 결과를 저장하는 디바이스의 선두번호(2진 32비트)

② S1로 지정된 2진수 16비트 데이터와 S2로 지정된 2진수 16비트 데이터의 곱셈을 실행하여, 곱셈 결과를 D와 D+1로 지정된 디바이스에 저장한다.

③ D가 비트 디바이스일 때는 하위 비트부터 지정된다.

- K1 : 하위 4비트(b0~b3)
- K4 : 하위 16비트(b0~b15)
- K8 : 하위 32비트(b0~b31)

④ S1, S2와 D에는 −32768~32767(2진수 16비트)을 지정할 수 있다.

⑤ 데이터의 양음의 판정은 최상위 비트(S1, S2는 b15, D는 b31)로 실행한다.
- 0 : 양, 1 : 음

2) 나눗셈

① [/(P) S1 S2 D]
- S1 : 나눗셈되는 데이터 또는 나눗셈되는 데이터가 저장되어 있는 디바이스의 선두 번호(2진 16비트)
- S2 : 나눗셈 데이터 또는 나눗셈 데이터가 저장되어 있는 디바이스의 선두 번호(2진 16비트)
- D : 연산 결과를 저장하는 디바이스의 선두번호(2진 32비트)

② S1로 지정된 2진수 16비트 데이터와 S2로 지정된 2진수 16비트 데이터의 나눗셈을 실행하여, 곱셈 결과를 D에 몫을 저장하고 D+1에 나머지를 저장한다.

③ S2가 0인 경우에는 연산 에러가 되어 에러 플래그(SM0)가 ON되고 에러 코드가 SD0에 저장된다.

2 예제 프로그램

1) 예제 1

X0이 ON/OFF되었을 때, 타이머 설정시간(초단위)을 나타내는 X10~X17의 BCD 데이터를 2진 데이터로 변환하여 D0에 저장하고, D0데이터에 정수 10을 곱한 결과값을 타이머 T0의 설정치로 한다. X0이 ON/OFF되었을 때 타이머 T0이 작동하여 T0의 현재값을 Y30~Y3B(3자리)에서 FND 표시기에 출력하는 프로그램을 작성하라.(┃그림 4-267┃)

┃그림 4-267┃ 곱셈/나눗셈 명령 예제1 프로그램

2) 예제 2

X0이 ON/OFF되었을 때 X10~X17의 10진 데이터를 1.25로 나누어 Y30~Y3F에서 FND 표시기에 솟수점 첫째자리까지 표시하는 프로그램을 작성하라.(단, 정수형 데이터 사용, ┃그림 4-268┃)

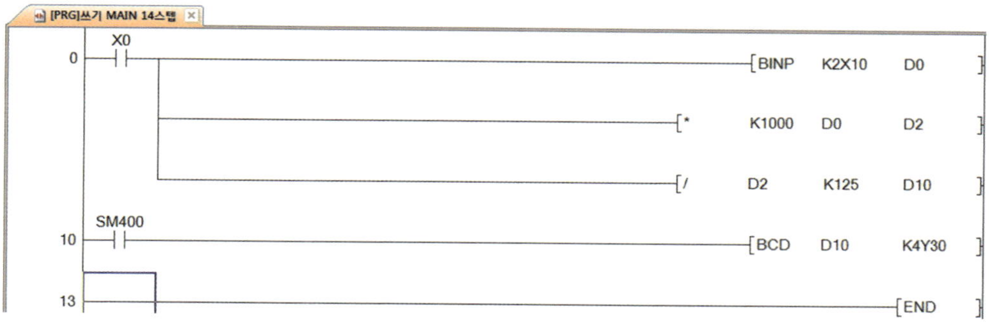

|그림 4-268| 곱셈/나눗셈 명령 예제2 프로그램

03 : BCD 4자리 덧셈/뺄셈(B+(P), B-(P))

1 기능

1) 덧셈(설정데이터가 2개일 때)

① [B+(P) Ⓢ Ⓓ]

- Ⓢ : 덧셈 데이터 또는 덧셈 데이터가 저장되어 있는 디바이스의 선두 번호(BCD 4자리)
- Ⓓ : 덧셈되는 데이터가 저장되어 있는 디바이스의 선두 번호(BCD 4자리)

② Ⓓ로 지정된 BCD 4자리 데이터와 Ⓢ로 지정된 BCD 4자리 데이터의 덧셈을 실행하여, 덧셈 결과를 Ⓓ로 지정된 디바이스에 저장한다.

③ Ⓢ와 Ⓓ에는 0~9999(BCD 4자리)를 지정할 수 있다.

④ 덧셈 결과가 9999를 초과하였을 때, 자리 올림은 무시된다. 이때 캐리 플래그는 ON되지 않는다.

- 6432+3583 → 0015

2) 덧셈(설정데이터가 3개일 때)

① [B+(P) S1 S2 D]

- S1 : 덧셈되는 데이터 또는 덧셈되는 데이터가 저장되어 있는 디바이스의 선두 번호(BCD 4자리)
- S2 : 덧셈 데이터 또는 덧셈 데이터가 저장되어 있는 디바이스의 선두 번호(BCD 4자리)
- D : 연산 결과를 저장하는 디바이스의 선두번호(BCD 4자리)

② S1로 지정된 BCD 4자리 데이터와 S2로 지정된 BCD 4자리 데이터의 덧셈을 실행하여, 덧셈 결과를 D로 지정된 디바이스에 저장한다.

3) 뺄셈(설정데이터가 2개일 때)

① [B-(P) Ⓢ Ⓓ]

- Ⓢ : 뺄셈 데이터 또는 뺄셈 데이터가 저장되어 있는 디바이스의 선두 번호(BCD 4자리)
- Ⓓ : 뺄셈되는 데이터가 저장되어 있는 디바이스의 선두 번호(BCD 4자리)

② Ⓓ로 지정된 BCD 4자리 데이터와 Ⓢ로 지정된 BCD 4자리 데이터의 뺄셈을 실행하여, 뺄셈 결과를 Ⓓ로 지정된 디바이스에 저장한다.

③ Ⓢ와 Ⓓ에는 0~9999(BCD 4자리)을 지정할 수 있다.

④ 뺄셈 결과에 언더플로가 생겼을 경우 다음 예와 같이 된다. 이때 캐리 플래그는 ON되지 않는다.

- 0001−0003 → 9998

4) 뺄셈(설정데이터가 3개일 때)

① [B−(P) S1 S2 D]

- S1 : 뺄셈되는 데이터 또는 뺄셈되는 데이터가 저장되어 있는 디바이스의 선두 번호(BCD 4자리)
- S2 : 뺄셈 데이터 또는 뺄셈 데이터가 저장되어 있는 디바이스의 선두 번호(BCD 4자리)
- D : 연산 결과를 저장하는 디바이스의 선두번호(BCD 4자리)

② S1로 지정된 BCD 4자리 데이터와 S2로 지정된 BCD 4자리 데이터의 뺄셈을 실행하여, 뺄셈 결과를 D로 지정된 디바이스에 저장한다.

2 예제 프로그램

1) 예제 1

X0이 ON/OFF되면, X10~X1F의 BCD 데이터를 D0에 저장하고, X1이 ON/OFF되면, X10~X1F의 BCD 데이터를 D1에 저장한다. X2를 ON/OFF하면 D0의 BCD 데이터와 D1의 BCD 데이터의 합을 Y30~Y3B(3자리)에서 FND 표시기에 출력하는 프로그램을 작성하라.

|그림 4-269| BCD 덧셈/뺄셈 예제1 프로그램

2) 예제 2

X0이 ON/OFF되면, X10~X1F의 BCD 데이터를 D0에 저장하고, X1이 ON/OFF되면, X10~X1F의 BCD 데이터를 D1에 저장한다. X2를 ON/OFF하면 D1의 BCD 데이터에서 D0의 BCD 데이터의 차를 Y30~Y3B(3자리)에서 FND 표시기에 출력하는 프로그램을 작성하라.

|그림 4-270| BCD 덧셈/뺄셈 예제2 프로그램

04: BCD 4자리 곱셈/나눗셈(B × (P), B/(P))

1 기능

1) 곱셈

① [B×(P) S1 S2 D]

- S1 : 곱셈되는 데이터 또는 곱셈되는 데이터가 저장되어 있는 디바이스의 선두 번호(BCD 4자리)
- S2 : 곱셈 데이터 또는 곱셈 데이터가 저장되어 있는 디바이스의 선두 번호(BCD 4자리)
- D : 연산 결과를 저장하는 디바이스의 선두번호(BCD 8자리)

② S1로 지정된 BCD 4자리 데이터와 S2로 지정된 BCD 4자리 데이터의 곱셈을 실행하여, 곱셈 결과를 D와 D+1로 지정된 디바이스에 저장한다.

③ S1, S2와 D에는 0~9999(BCD 4자리)을 지정할 수 있다.

2) 나눗셈

① [B/(P) S1 S2 D]

- S1 : 나눗셈되는 데이터 또는 나눗셈되는 데이터가 저장되어 있는 디바이스의 선두 번호(BCD 4자리)
- S2 : 나눗셈 데이터 또는 나눗셈 데이터가 저장되어 있는 디바이스의 선두 번호(BCD 4자리)
- D : 연산 결과를 저장하는 디바이스의 선두번호(2진 32비트)

② S1로 지정된 BCD 4자리 데이터와 S2로 지정된 BCD 4자리 데이터의 나눗셈을 실행하여, 곱셈 결과를 D에 몫을 저장하고 D+1에 나머지를 저장한다.

③ D을 비트 디바이스로 지정하였을 때 나눗셈 결과의 나머지는 저장되지 않는다.

④ S1, S2의 데이터가 0~9999 이외일 때와 S2가 0일 때, 연산에러가 되어 에러 플래그(SM0)가 ON되고 에러 코드가 SD0에 저장된다.

2 예제 프로그램

1) 예제 1

X0이 ON/OFF되었을 때, X10~X1F의 BCD 데이터와 D0의 BCD 데이터의 곱을 실행하여 Y30~Y3F에서 FND 표시기에 출력하는 프로그램을 작성하라.

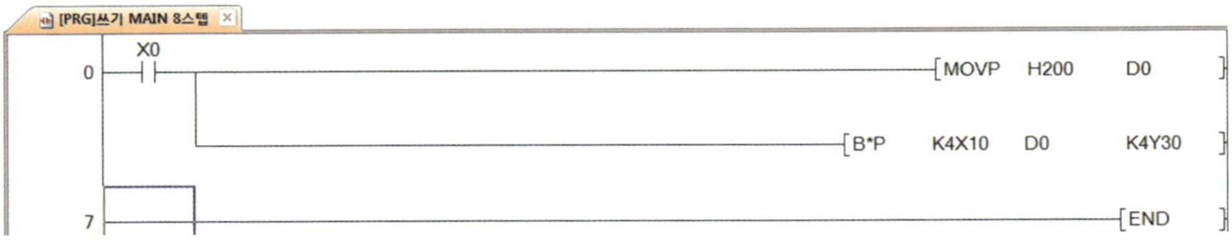

|그림 4-271| BCD 곱셈/나눗셈 예제1 프로그램

2) 예제 2

X0이 ON/OFF되었을 때 BCD 데이터 3000을 BCD 데이터 80으로 나누어 몫을 Y30~Y3F에서 FND 표시기에 표시하는 프로그램을 작성하라.

|그림 4-272| BCD 곱셈/나눗셈 예제2 프로그램

05 : 2진(BIN) 데이터 인크리먼트, 디크리먼트(INC(P), DEC(P))

1 기능

1) 인크리먼트

① [INC(P) D]

- D : +1을 실행하는 디바이스의 선두번호(BIN 16비트)

② D로 지정된 디바이스(16비트 데이터)에 +1을 실행한다.

③ D로 지정된 디바이스의 내용이 32767일 때 −32768이 D로 지정된 디바이스에 저장된다.

2) 디크리먼트

① [DEC(P) D]

- D : −1을 실행하는 디바이스의 선두번호(BIN 16비트)

② D로 지정된 디바이스(16비트 데이터)에 −1을 실행한다.

③ D로 지정된 디바이스의 내용이 −32768일 때 32767이 D로 지정된 디바이스에 저장된다.

2 예제 프로그램

1) 예제 1

X0이 ON/OFF될 때 마다 D0의 값이 0에서 1씩 증가되고 , D0의 값이 10이 되면 다시 0으로 한다. D0의 값을 Y30 ~Y33에서 FND 표시기에 출력하는 프로그램을 작성하라.

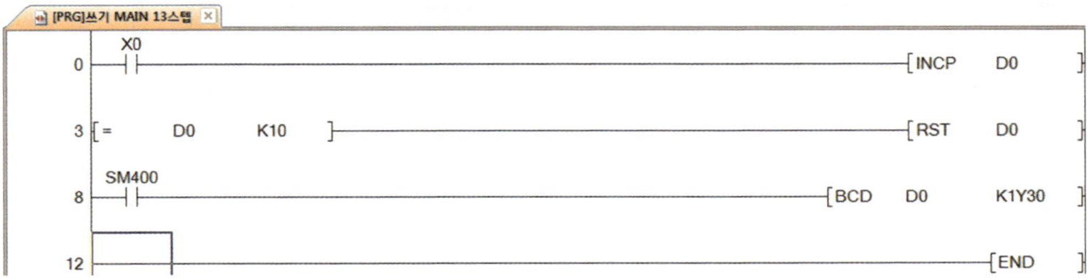

|그림 4-273| 데이터 인크리먼트/디크리먼트 예제1 프로그램

2) 예제 2

X0이 ON/OFF될 때 마다 D0의 값이 10에서 1씩 감소되고, D0의 값이 0이 되면 다시 10으로 한다. D0의 값을 Y30~Y37에서 FND 표시기에 출력하는 프로그램을 작성하라.

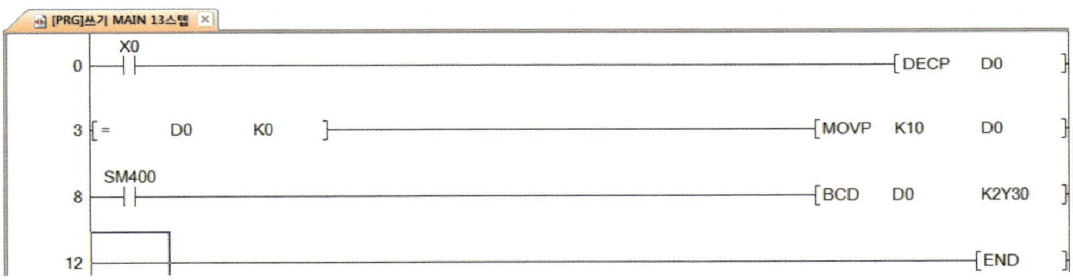

|그림 4-274| 데이터 인크리먼트/디크리먼트 예제2 프로그램

CHAPTER 05

01 : 개요

02 : 시작하기

03 : 도형

04 : 터치 스위치

05 : 램프

06 : 수치 표시/수치 입력

07 : 날짜 표시/시간 표시

08 : GT Designer3 활용

GOT1000(GT Designer3) 기초

01 개요

GT Designer3은 GOT(Graphic Operation Terminal module)1000 시리즈용 프로젝트를 작성하기 위한 소프트웨어이다.
GOT는 종래의 조작반에서 작업하던 스위치 조작, 램프 표시, 메시지 표시 등을 모니터 화면상에서 전자 조작반으로 사용할 수 있다.

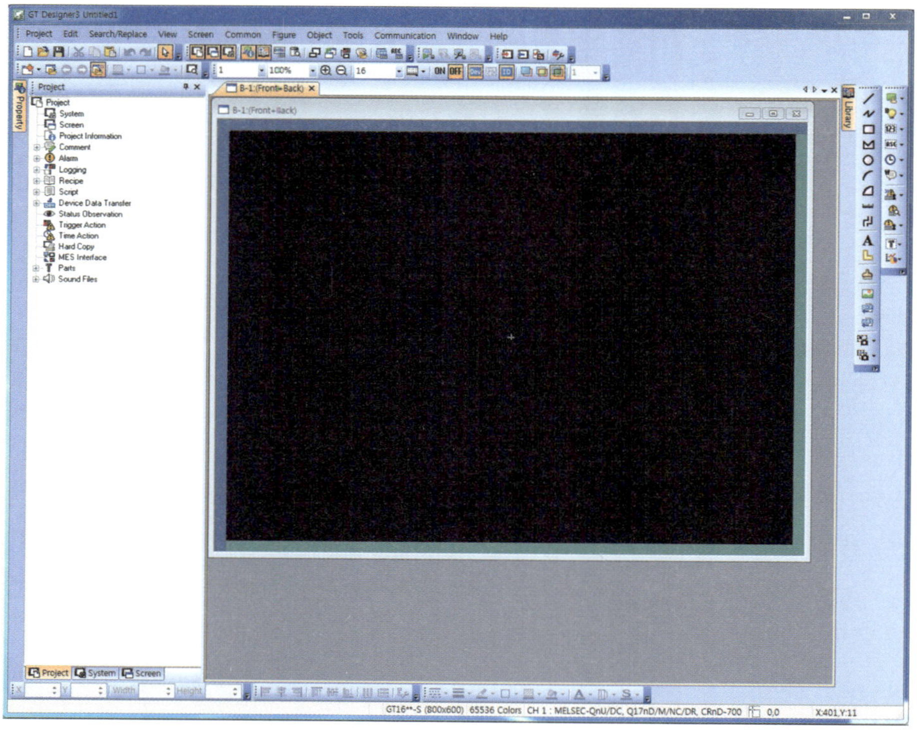

|그림 5-1| GT Designer3 화면

02 시작하기

01 : PLC 통신

1 시작

1) |그림 5-2(a)|에서와 같이 [시작] → [모든 프로그램] → [MELSOFT Application] → [GT Work3] → [GT Designer3]를 선택한다.

2) |그림 5-2(b)|에서와 같이 바탕화면에서 [GT Designer3] 아이콘을 찾아 클릭한다.

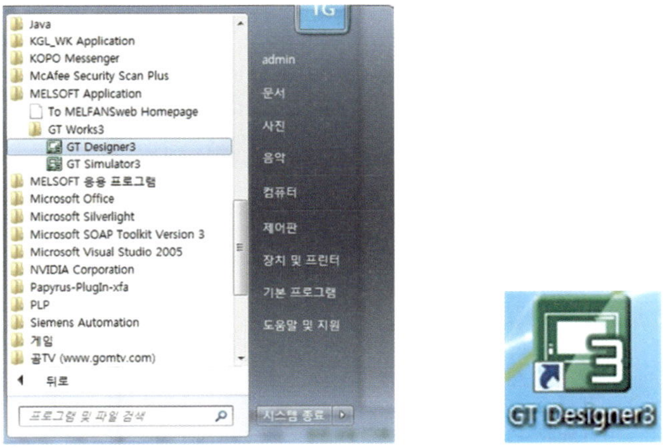

(a) (b)

|그림 5-2| GT Designer3 시작

3) |그림 5-3|과 같이 Select Project 대화상자가 나타난다.

|그림 5-3| Select Project 대화상자

4) **|그림 5-3|**에서 기존의 프로젝트를 Open할 경우에는 [Open]을 선택하고, 새로운 프로젝트를 시작할 경우에는 [New]를 선택한다.

5) 새로운 프로젝트를 시작하므로 [New]를 선택하면 **|그림 5-4|**와 같은 [New Project Wizard]가 나타난다.

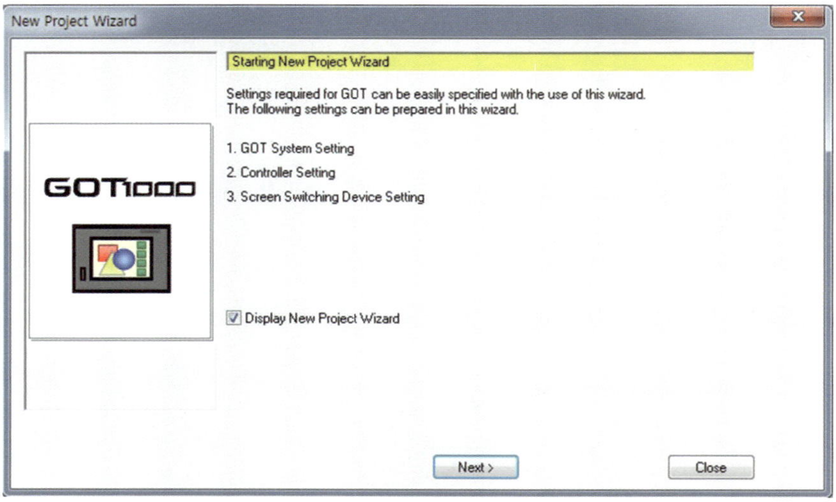

|그림 5-4| 새 프로젝트 대화상자

6) [New Project Wizard]에서는 다음 3가지를 설정한다.
- GOT 시스템 설정
- PLC 설정
- 스크린 디바이스 설정

7) [Next]를 선택하면 **|그림 5-5|**와 같이 GOT 시스템 설정창이 나타난다.

2 GOT 시스템 설정

1) GOT 시스템 설정창에서는 [GOT 타입]과 [GOT 컬러]를 설정한다.

2) [GOT type]에서 ▼을 클릭하면 **|그림 5-6|**과 같이 여러 종류의 GOT Type들이 나타난다.

3) 실습에 사용할 GOT 모델명이 GT16시리즈의 GT1675M.STBA이므로 [GOT Type]을 **|그림 5-7|**과 같이 GT16**.S(800×600)으로 선택한다. 그리고 [Color Setting]에서는 256(65536)을 선택하고 [Next]를 클릭한다.

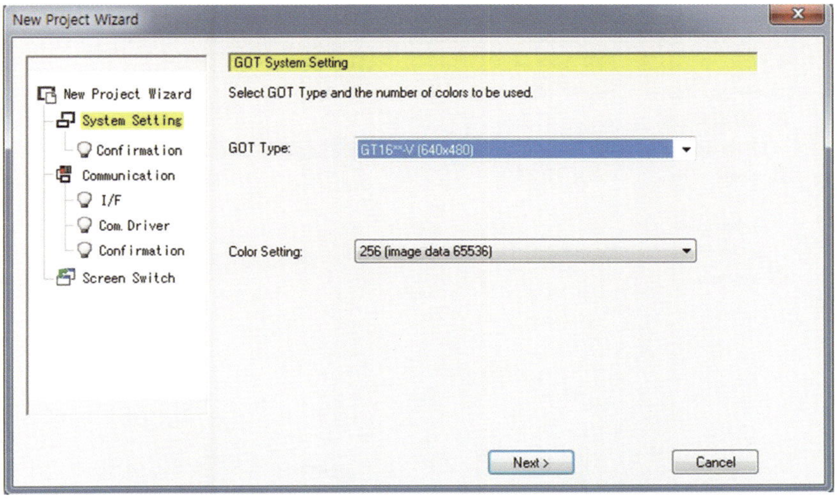

|그림 5-5| GOT 시스템 설정창

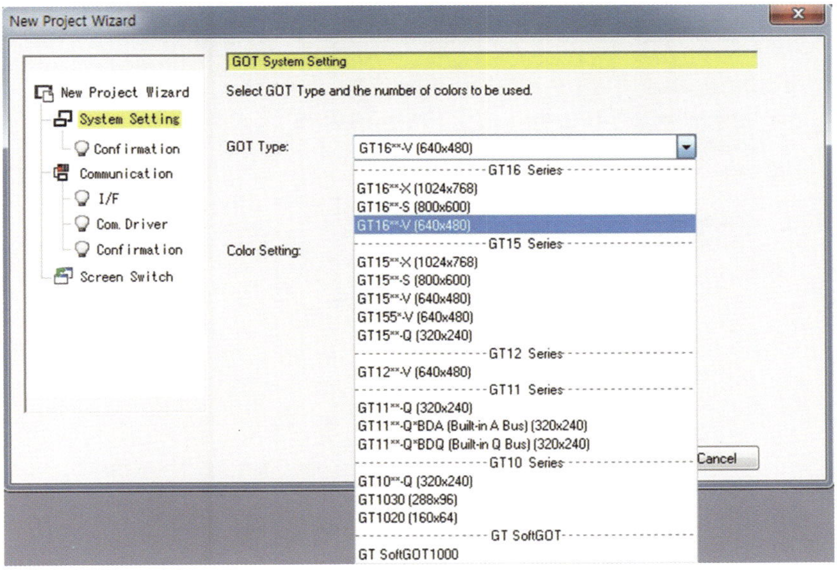

|그림 5-6| GOT 타입 선택창

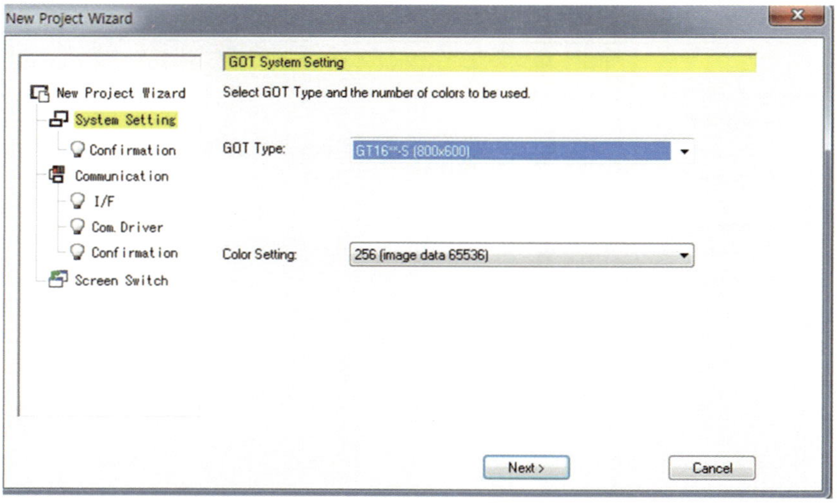

|그림 5-7| GOT 타입 선택

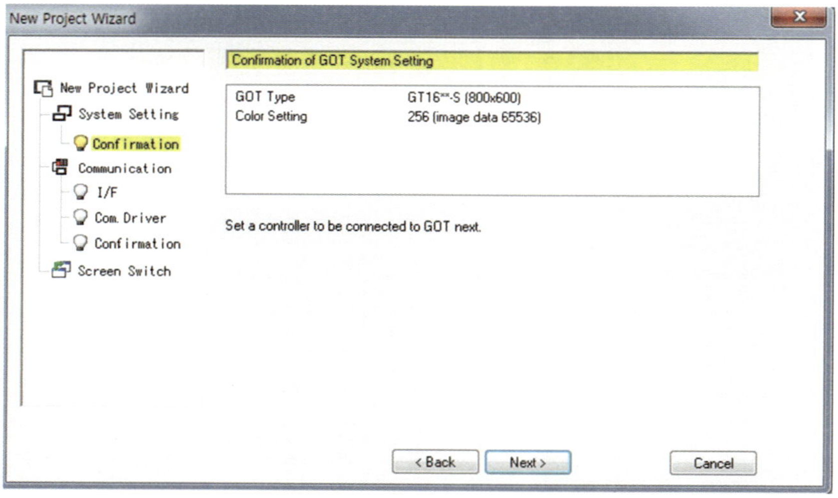

|그림 5-8| GOT 시스템 설정 확인창

4) **|그림 5-8|**과 같이 GOT 시스템 설정 확인창에서는 [GOT Type]과 [Color Setting]을 확인한다. 이상이 있는 경우에는 [Back]을 클릭하여 [GOT Type]과 [Color Setting]을 다시 설정하고 이상이 없는 경우에 [Next]를 클릭한다.

❸ 제어기 설정

1) **|그림 5-9|**와 같이 [Setting of Controller]는 GOT에 연결할 Controller 즉, PLC를 선택하는 창이다.

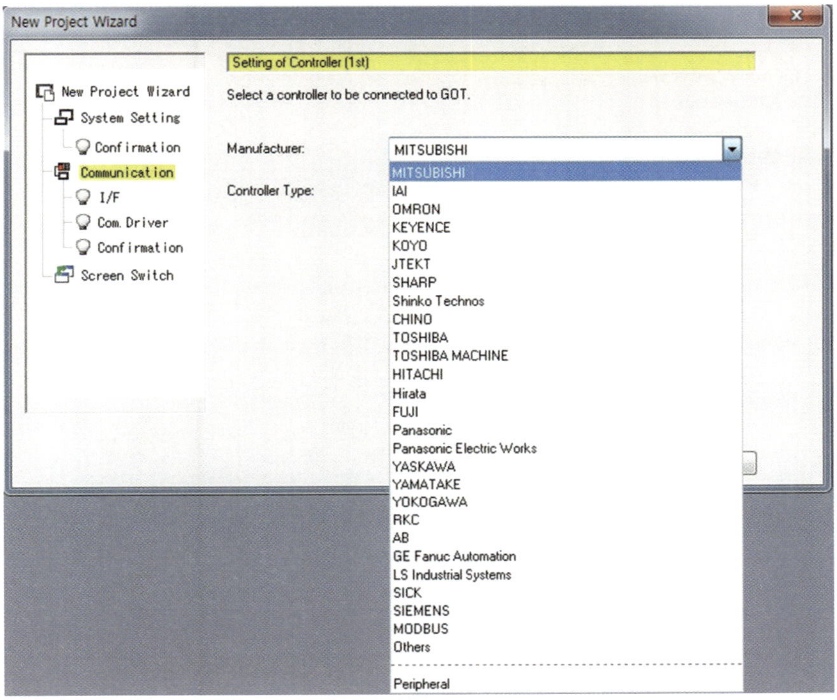

|그림 5-9| 제어기 설정창

2) [Manufacturer]는 PLC 제조회사를 선택한다. ▼을 클릭하면 **|그림 5-9|**와 같이 GT Designer3에서 지원 가능한 PLC 제조회사들이 나열되어 있다. 여기에서 **|그림 5-10|**과 같이 MELSEC PLC 제조회사인 [MITSUBISHI]사를 선택한다.

3) [Controller Type]에서는 PLC CPU의 Type을 선택한다. ▼을 클릭하면 MISTUBISHI사에서 지원되는 PLC CPU Type들이 나열되어 있다. 여기에서 |그림 5-11|과 같이 실습에 사용할 CPU인 Q03UDE의 대표 Type인 [MELSEC-QnU/DC]를 선택하고, [Next]를 클릭한다.

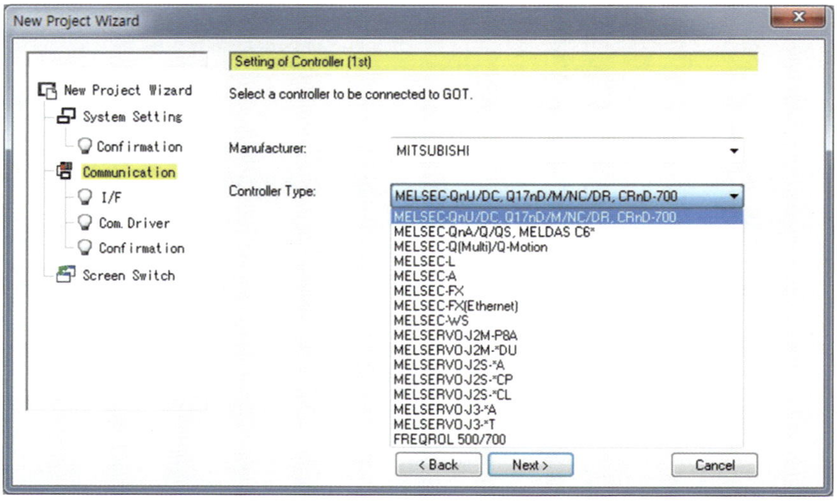

|그림 5-10| Mitsubish사의 PLC 리스트

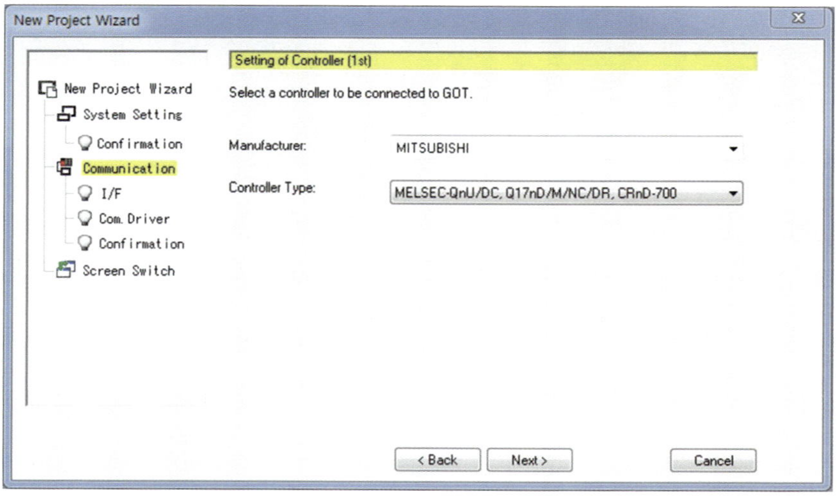

|그림 5-11| PLC 선택 완료창

4) ❙그림 5-12❙의 [I/F]에서는 PLC CPU(MELSEC-QnU)의 인터페이스 접속방법을 선택한다. ▼을 클릭하면 ❙그림 5-13❙과 같이 PLC CPU의 인터페이스 접속방법들이 나열되어 있다. 여기에서 ❙그림 5-14❙와 같이 실습에 적용할 [Standard I/F[Standard Ethernet]]을 선택하고 [Next]를 클릭한다.

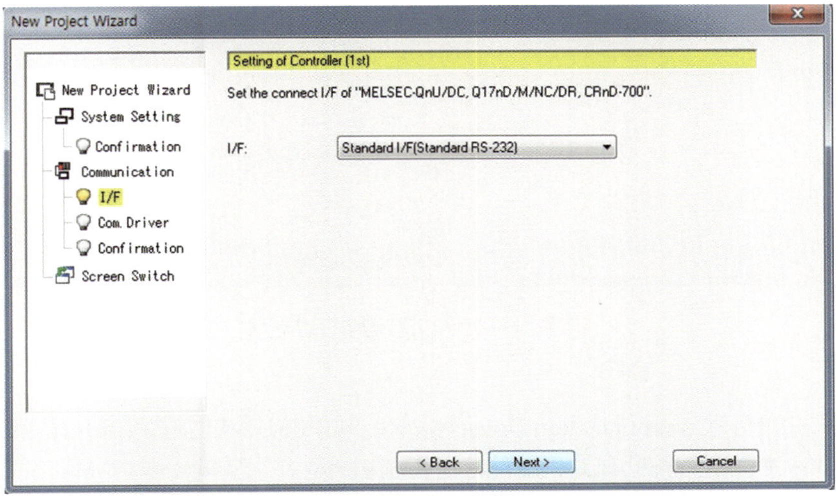

❙그림 5-12❙ 제어기 접속방법 선택창

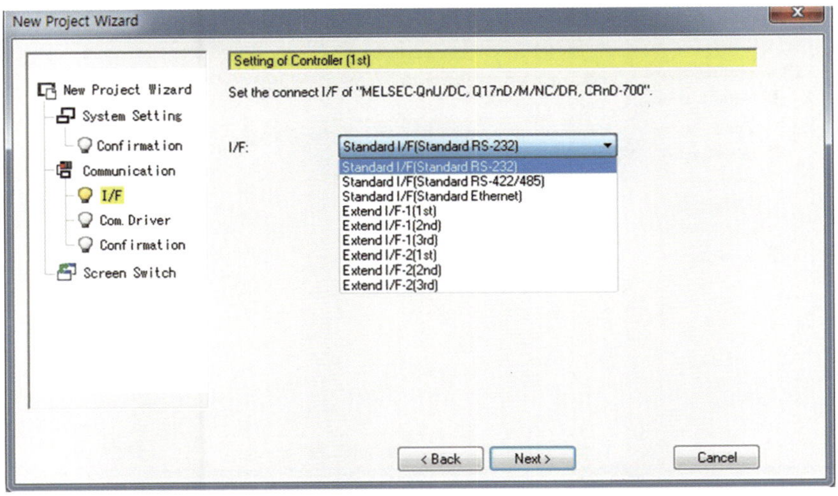

❙그림 5-13❙ 제어기 접속방법 리스트 창

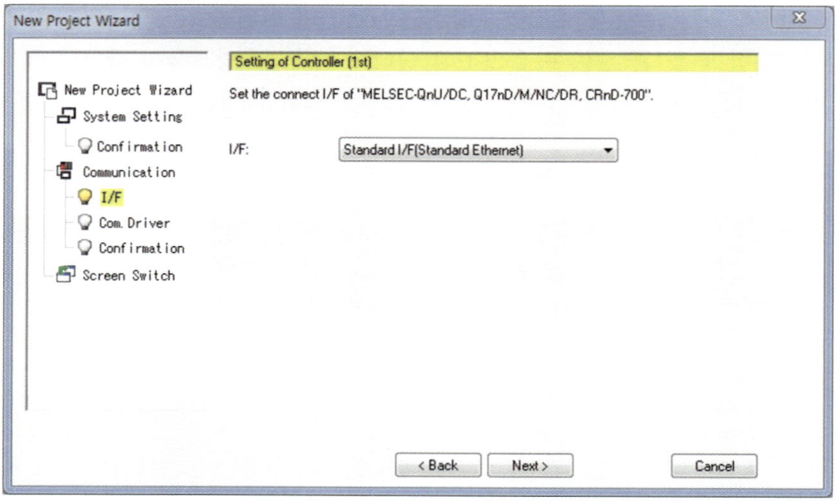

|그림 5-14| 제어기 접속방법 선택

5) **|그림 5-15|**의 [Communication Driver]에서는 PLC CPU(MELSEC-QnU)의 통신 드라이버를 선택한다. ▼을 클릭하면 PLC CPU의 통신 드라이버들이 나열되어 있다. MELSEC-QnU CPU의 통신 드라이버는 CPU 내장 Ethernet이므로 [Ethernet(MELSEC)]을 선택하고 [Next]를 클릭한다.

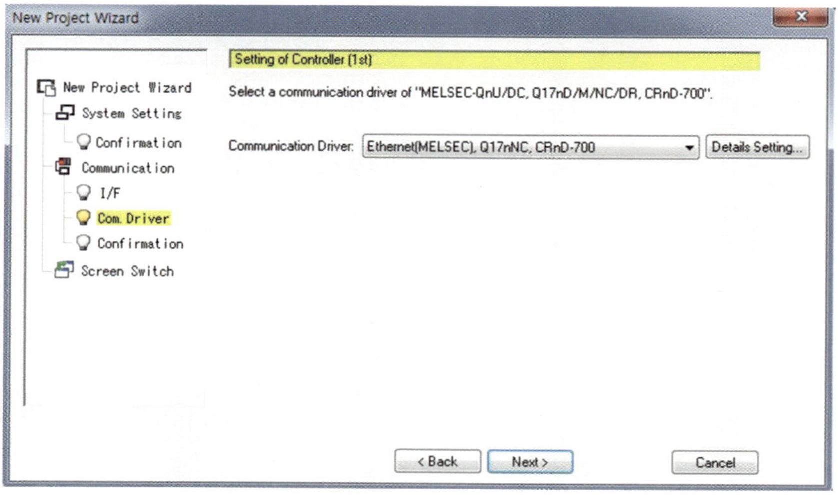

|그림 5-15| PLC 통신 드라이버 선택창

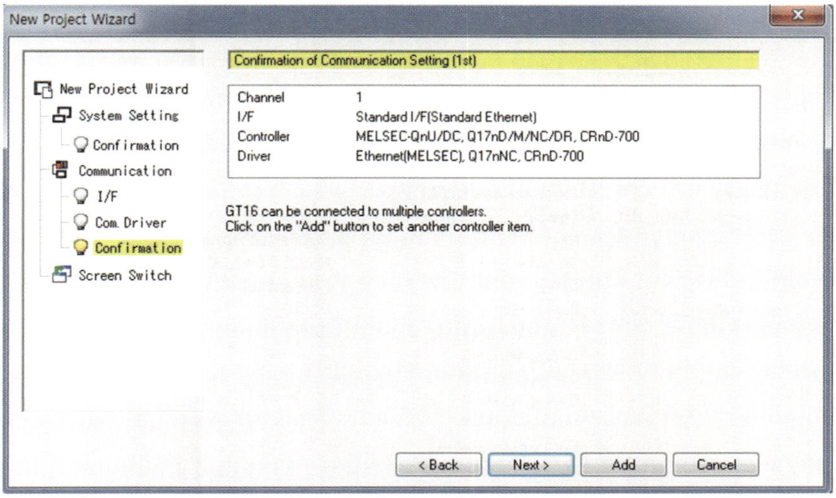

|그림 5-16| PLC 통신 설정 확인창

6) |그림 5-16|의 통신설정 확인창에서는 [Channel], [I/F], [Controller], [Driver]를 확인한다. 이상이 있으면 [Back]을 클릭하여 통신설정을 수정하고, 추가할 PLC가 있으면 [Add]를 클릭하여 PLC를 추가한다. 만약 추가할 PLC가 없고, 이상이 없으면 [Next]를 클릭한다.

4 스크린 스위칭 디바이스 설정

1) |그림 5-17|의 스크린 스위칭 디바이스 설정창에서는 [Base Screen]과 각종 Window들의 디바이스들을 설정한다. 이 창에서는 수정없이 [Next]를 클릭한다.

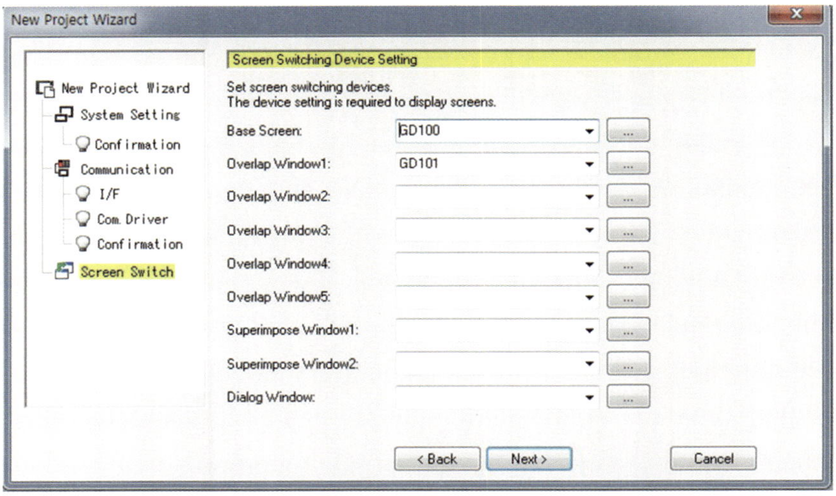

|그림 5-17| 스크린 스위치 디바이스 설정창

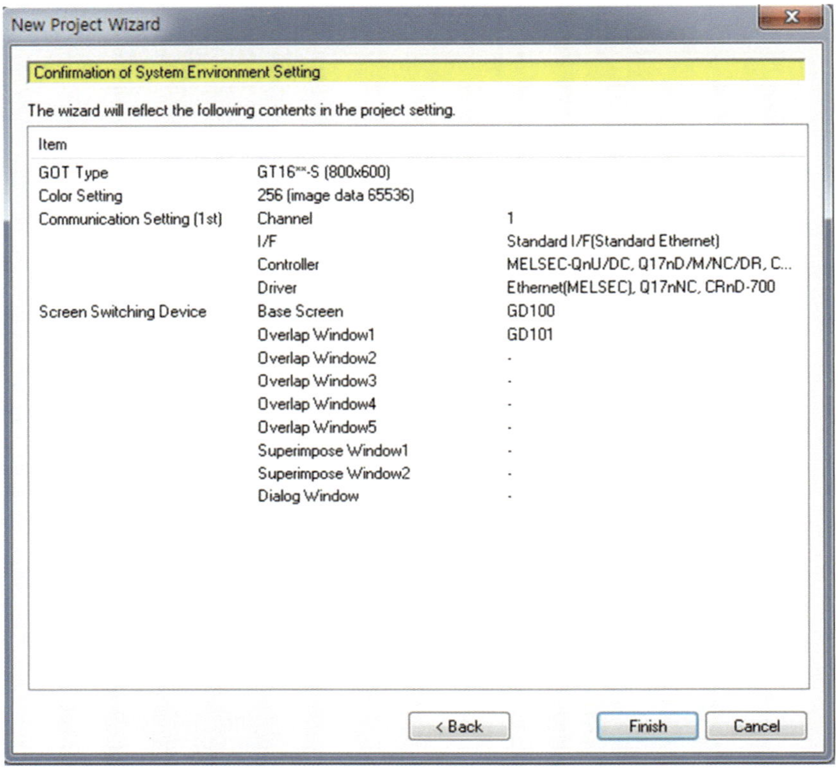

|그림 5-18| 시스템 환경설정 확인창

2) ❙그림 5-18❙의 시스템 환경 설정 확인창에서는 앞에서 설정한 모든 아이템들을 확인한다. 이상이 있으면 [Back]을 클릭하여 수정하고, 이상이 없으면 [Finish]를 클릭하여 [New Project Wizard]를 종료하면 ❙그림 5-19❙와 같이 GOT 화면을 작화할 수 있는 화면이 나타난다.

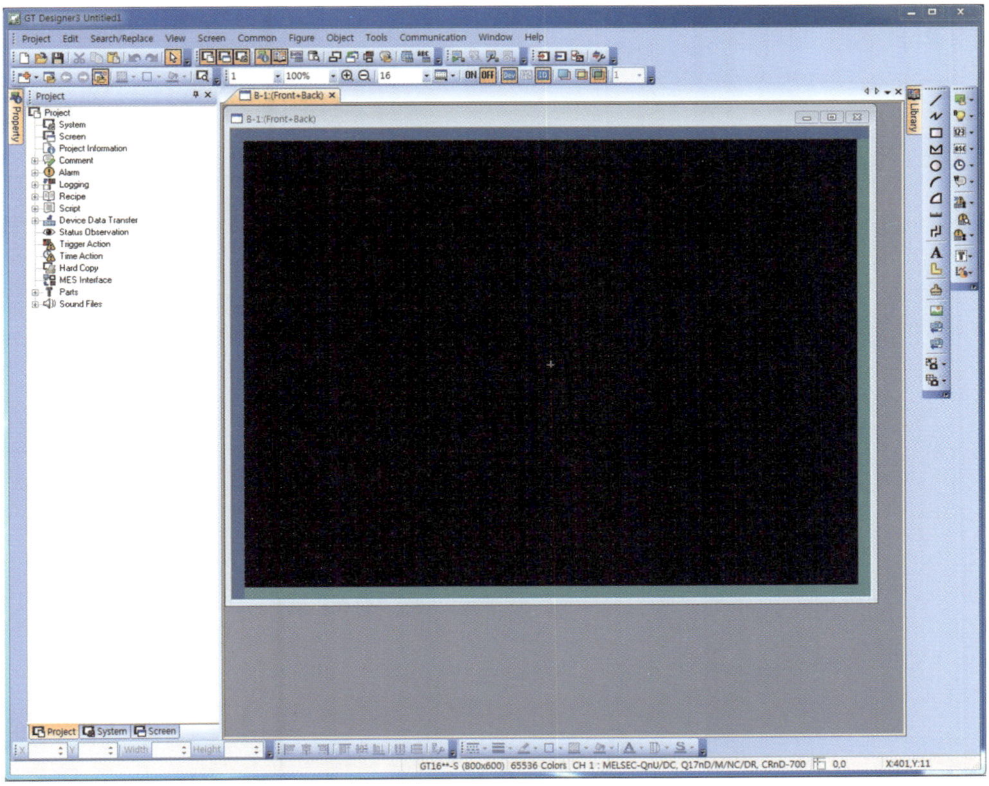

❙그림 5-19❙ GT Designer 3 시작창

02 : 접속 설정

1 GOT IP 설정

1) **|그림 5-20|**에서 [Project] → [System]을 클릭하면 **|그림 5-21|**과 같이 GOT의 시스템을 설정하는 창이 나타난다.

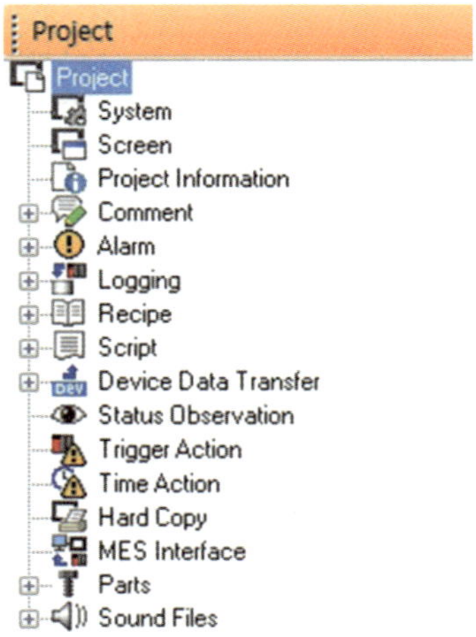

|그림 5-20| GOT 프로젝트 설정창

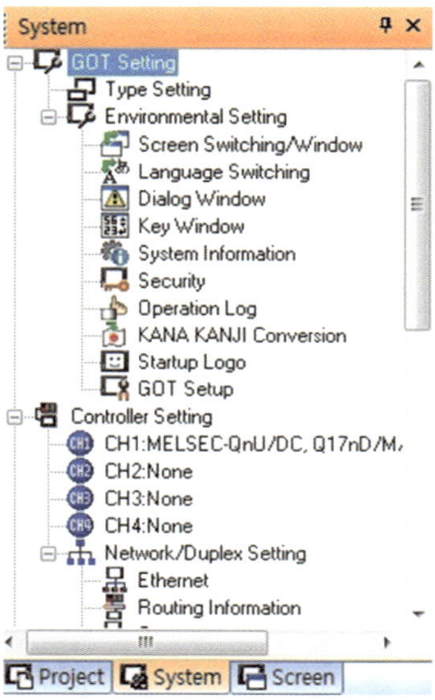

|그림 5-21| GOT 시스템 설정창

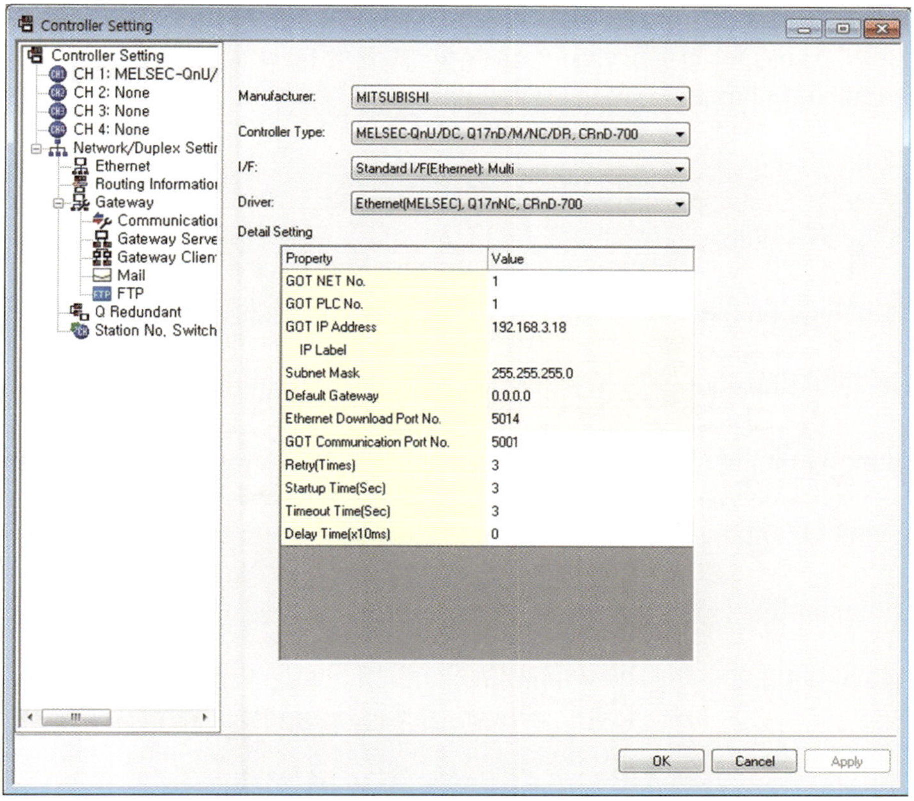

|그림 5-22| GOT 통신시스템 설정창

2) **|**그림 5-21**|**에서 [Controller Setting] → [CH1:MELSEC-QnU/DC]를 더블클릭하면 **|**그림 5-22**|**와 같이 PLC의 [Ethernet] 드라이버와 접속할 GOT의 통신설정창이 나타난다.

3) |그림 5-22|에서 GOT IP Address의 주소를 클릭하면 |그림 5-23|과 같이 GOT IP Address를 설정하는 [Setting]이 활성화 된다. [Setting]을 클릭하면 |그림 5-24|와 같이 GOT IP Address를 수정하는 창이 나타난다.

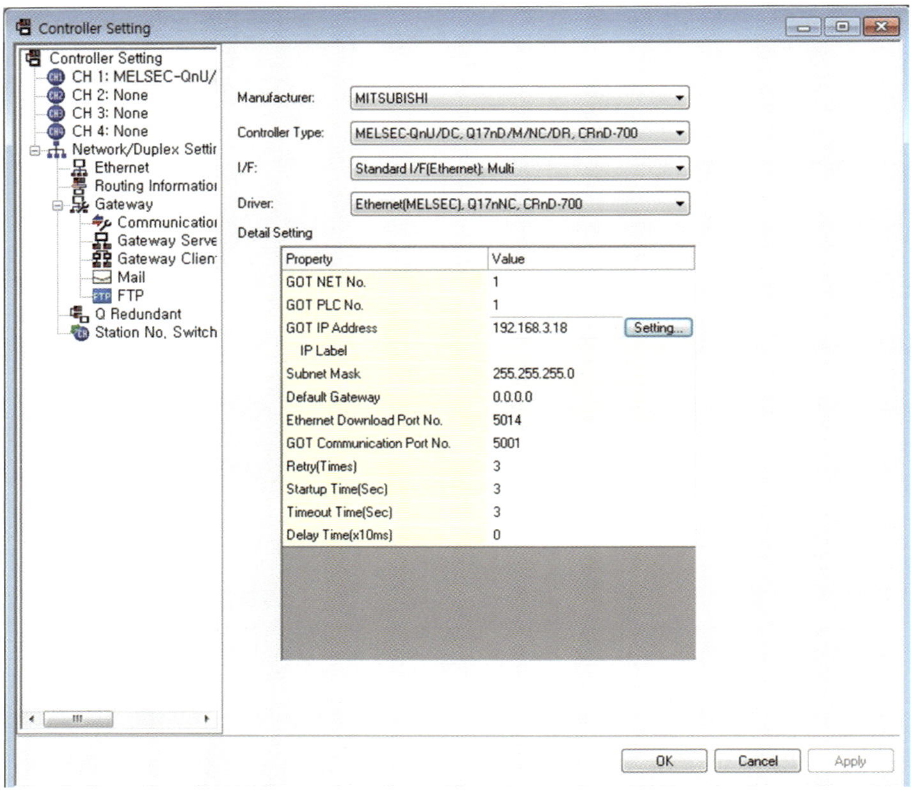

|그림 5-23| GOT 통신 설정창

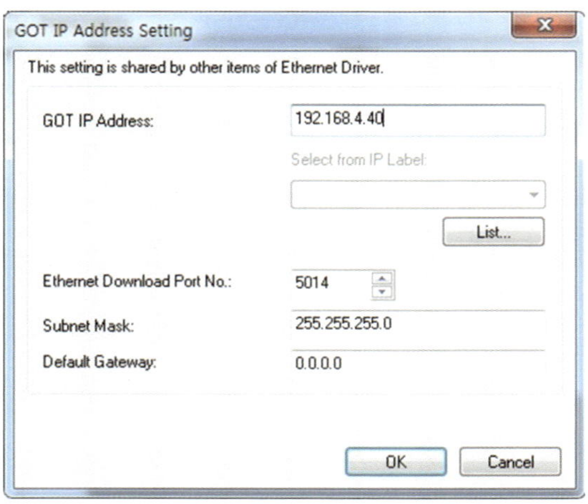

|그림 5-24| GOT IP Address 설정창

4) GOT IP Address를 시스템 환경에 맞게 수정하고, [OK]버튼을 클릭하면 |그림 5-25|와 같이 GOT IP Address가 변경되어진 화면이 나타난다. [Apply]버튼을 클릭하여 GOT IP Address 설정을 완료한다.

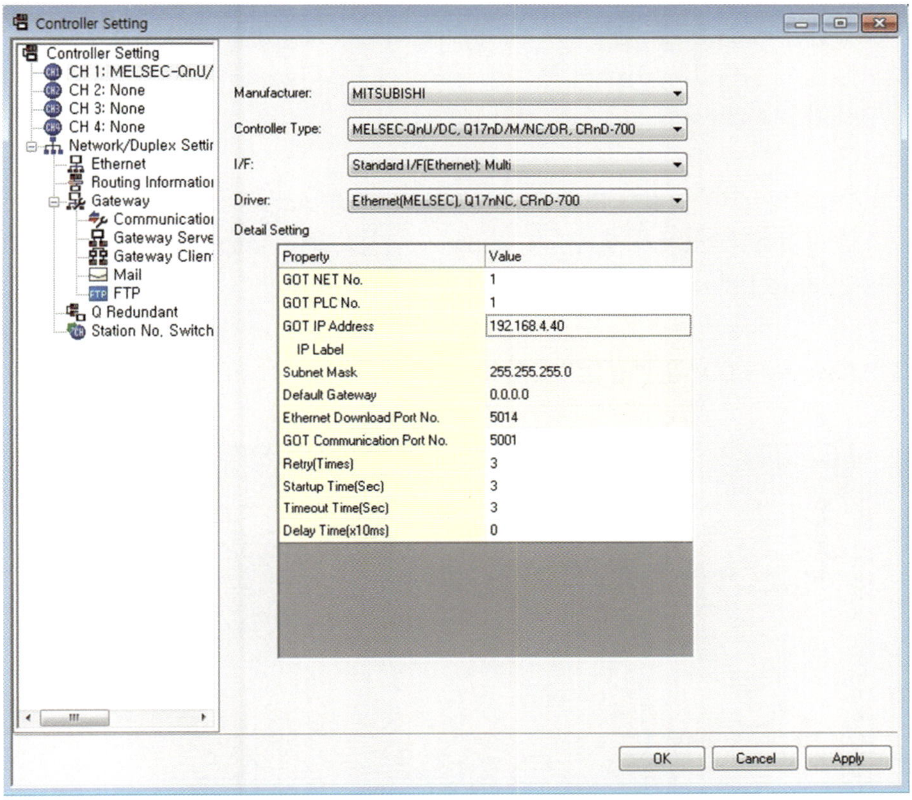

|그림 5-25| GOT IP Address 설정 완료창

2 PLC IP 설정

1) [Controller Setting] → [Network/Duplex Setting] → [Ethernet]을 클릭하면, **|그림 5-26|**과 같이 GOT와 연결할 PLC CPU의 IP Address를 설정하는 창이 나타난다.

2) GOT와 연결할 PLC CPU를 설정하기 위하여 [New]를 클릭하면 **|그림 5-27|**과 같이 CPU Type을 선택하는 창이 나타난다. Type의 번호를 클릭하여 CPU Type을 선택하면 **|그림 5-28|**과 같이 CPU Type과 IP Address를 설정하는 창이 나타난다.

3) **|그림 5-29|**와 같이 연결할 PLC Ethernet Driver의 IP Address를 쓰고, Host의 아래 빈칸에 마우스로 클릭하면 *표시가 생기면서 [Apply]가 활성화된다. [Apply]를 클릭하면, GOT와 연결할 PLC의 Ethernet Driver의 IP 설정이 끝난다.

4) GOT IP Address와 GOT와 연결할 PLC의 IP Address의 설정을 모두 마쳤으므로 [OK]를 클릭한다.

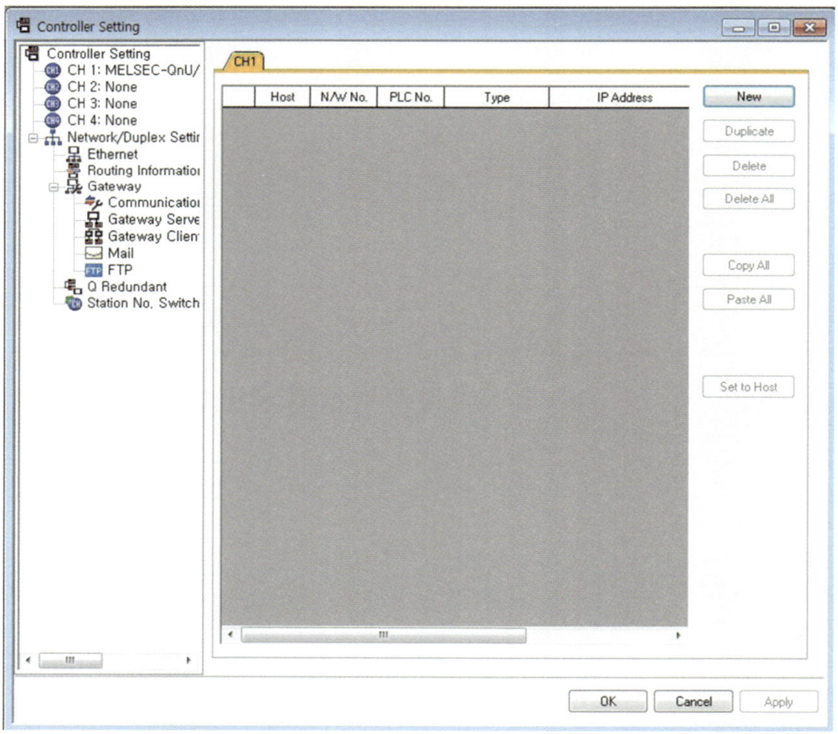

|그림 5-26| PLC 선택창

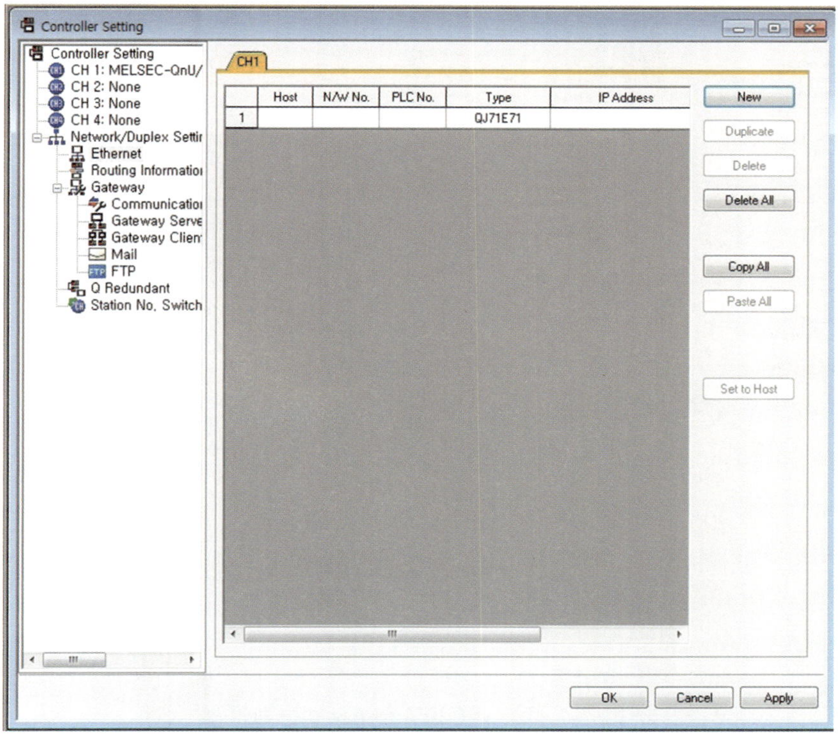

|그림 5-27| PLC Type 설정창

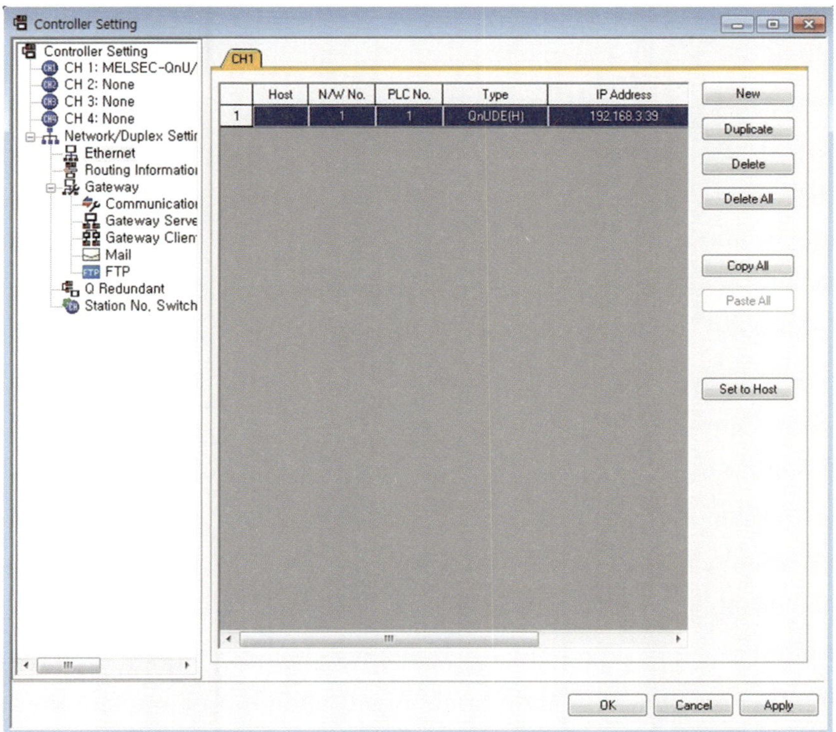

|그림 5-28| PLC IP Address 설정창

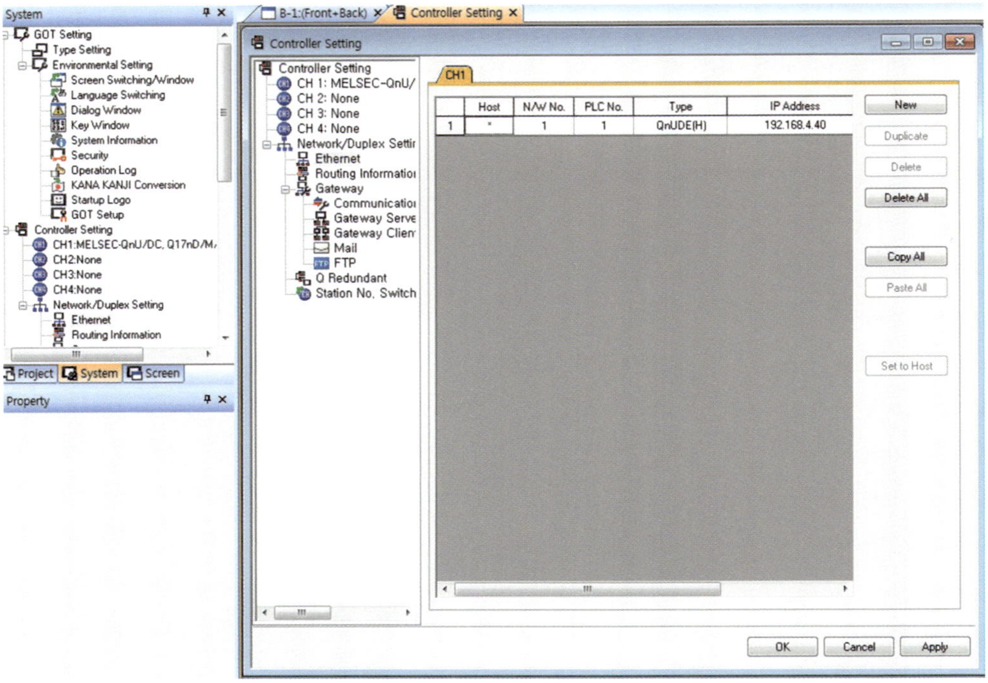

|그림 5-29| PLC IP Address 설정 확인창

03 도형

01 : 직선

1 화면에 직선을 작화하는 기능이다.

1) [Figure] → [Line]을 선택한다.

2 기능

1) 시작점에서 마우스를 클릭하여 라인의 끝점까지 드래그하여 간다.

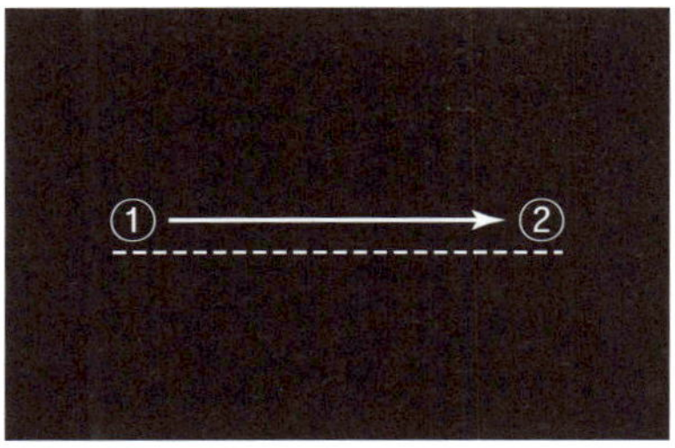

|그림 5-30| 직선 그리기

2) 마우스를 클릭하고 [Shift]를 누른 상태에서 옮기면 45° 간격으로 각도를 작화할 수 있다.

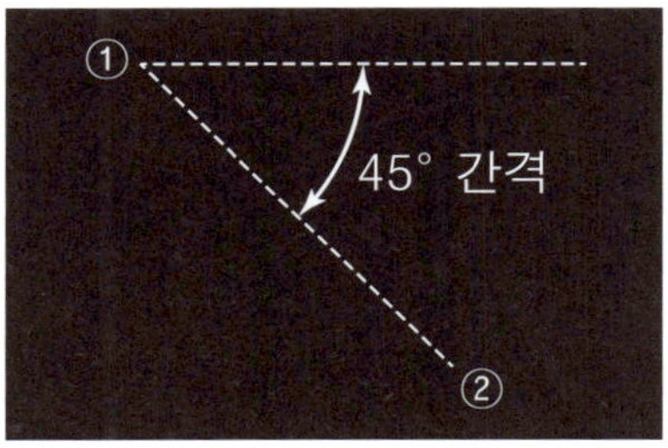

|그림 5-31| 사선 그리기

3) 마우스를 클릭하고 [Ctrl]키를 누른 상태에서 옮기면 시점을 중심으로 직선을 그릴 수 있다.

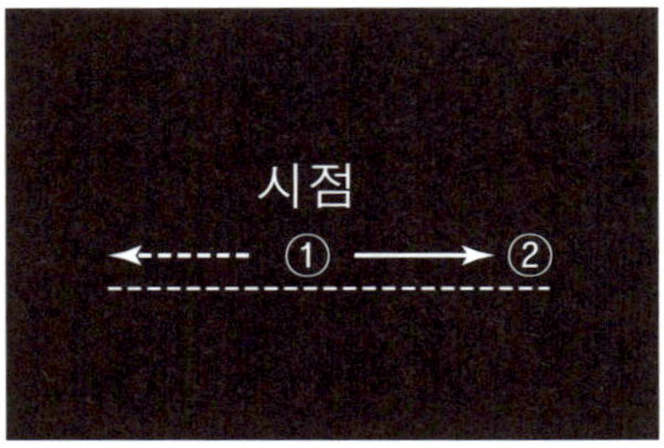

Ⅰ그림 5-32Ⅰ 좌우 대칭 선그리기

3 설정

1) 선위에 마우스를 더블클릭하면, Ⅰ그림 5-33Ⅰ와 같이 선의 속성을 설정하는 창이 나타난다.

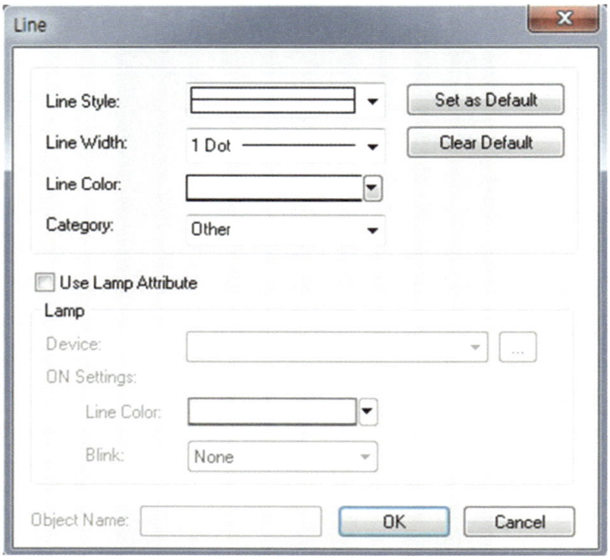

Ⅰ그림 5-33Ⅰ 선 속성 설정창

2) Line Style : 직선의 선 종류를 선택한다.

3) Line Width : 직선의 선폭을 선택한다.

4) Line Color : 직선의 선색을 선택한다.

5) Category : 직선에 카테고리를 할당하는 경우에 선택한다.

6) [Set as Default] : 현재의 속성 설정을 사용자의 새 디폴트값으로 설정하는 경우에 클릭한다.

7) [Clear Default] : 새 디폴트값으로 설정된 속성 설정을 되돌리는 경우에 클릭한다.

8) Use Lamp Attribute : 램프의 속성을 설정하는 경우에 체크한다. 램프의 속성을 설정하면 램프처럼 비트 디바이스의 ON시 도형의 색을 변경할 수 있다. 램프의 속성을 설정하면 오브젝트로 취급된다.

9) Device : 디바이스를 지정한다.(비트지정)

10) ON Settings → Line Color : ON되었을 때 선의 색을 선택한다.

11) ON Settings → Blink : ON되었을 때 점멸 속도를 선택한다.

12) Object Name : 30문자까지 입력할 수 있다.

02 : 연속 직선

1 화면에 연속 직선을 작화하는 기능이다.

1) [Figure] → [Line Freeform]을 선택한다.

2 기능(|그림 5-34|)

1) 그리는 직선의 시점(①)에서 끝점(②)까지 드래그한다.

2) 다음에 그리는 직선의 끝점(③)에서 클릭한다.

3) 계속하여 클릭하며 도형을 그리다가 더블 클릭(④)하면 작화가 종료된다.

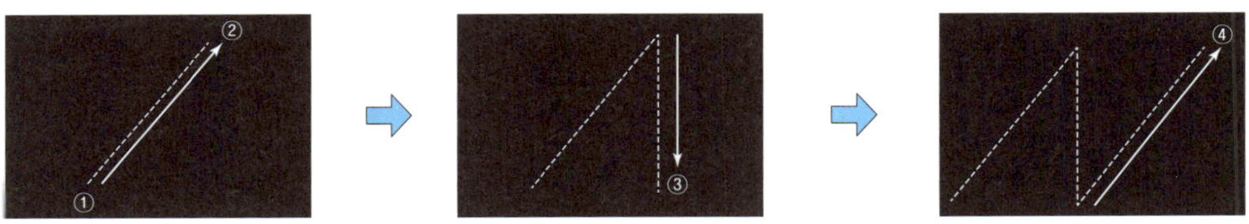

|그림 5-34| 연속직선 그리기

3 설정

1) 설정은 직선의 설정과 동일하다.

03 : 직사각형

1 화면에 직사각형을 작화하는 기능이다.

1) [Figure] → [Rectangle]을 선택한다.

2 기능

1) 그리는 직사각형의 시점(①)에서 끝점(②)까지 드래그한다.

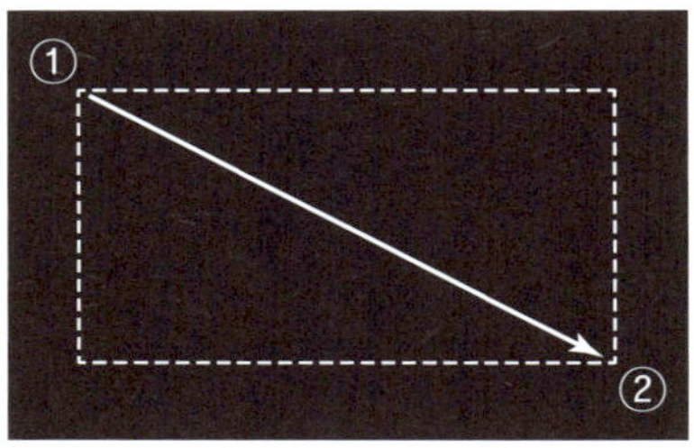

|그림 5-35| 직사각형 그리기

2) 마우스를 클릭하고 [Shift]를 누른 상태에서 옮기면 정사각형을 작화할 수 있다.

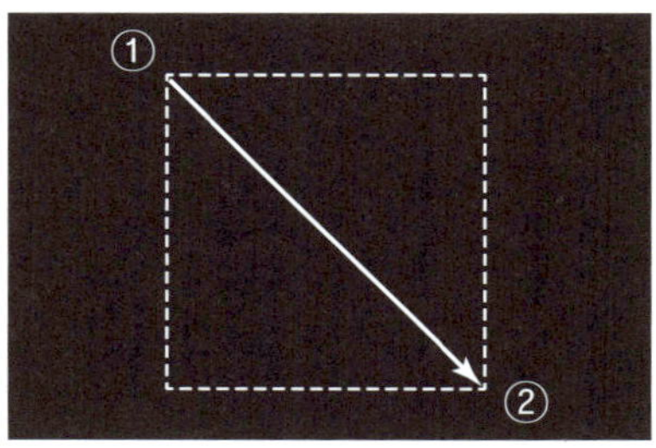

|그림 5-36| 정사각형 그리기

3) 마우스를 클릭하고 [Ctrl]키를 누른 상태에서 옮기면 시점을 중심으로 직사각형을 그릴 수 있다.

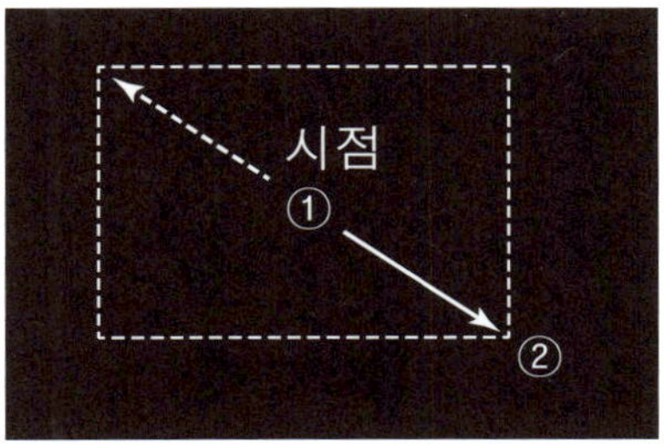

|그림 5-37| 좌우 대칭 직사각형 그리기

3 설정

1) 직사각형 위에 마우스를 더블클릭하면, |그림 5-38|과 같이 직사각형의 속성을 설정하는 창이 나타난다.

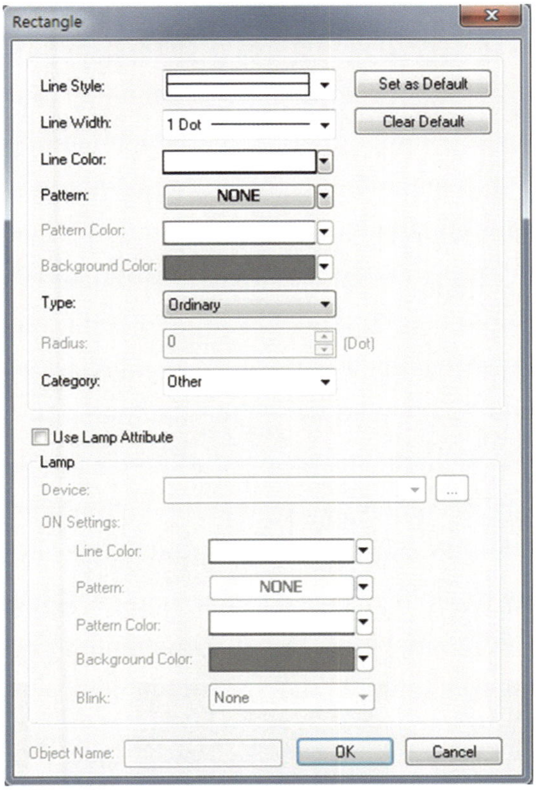

|그림 5-38| 직사각형 설정창

2) Pattern : 채우기 패턴을 선택한다.

3) Pattern Color : 채우기 패턴의 표시색을 선택한다.

4) Background Color : 채우기 패턴의 배경색을 선택한다.

5) Type : 직사각형의 종류를 선택한다.(일반/각 환/모따기)

6) [Set as Default] : 현재의 속성 설정을 사용자의 새 디폴트값으로 설정하는 경우에 클릭한다.

7) [Clear Default] : 새 디폴트값으로 설정된 속성 설정을 되돌리는 경우에 클릭한다.

8) Use Lamp Attribute : 램프의 속성을 설정하는 경우에 체크한다. 램프의 속성을 설정하면 램프처럼 비트 디바이스의 ON시 도형의 색을 변경할 수 있다. 램프의 속성을 설정하면 오브젝트로 취급된다.

9) ON Settings : ON되었을 때 설정을 한다.

10) ON Settings → Blink : ON되었을 때 점멸 속도를 선택한다.

04 : 다각형

1 화면에 다각형을 작화하는 기능이다.

1) [Figure] → [Polygon]을 선택한다.

2 기능(|그림 5-39|)

1) 그리는 직선의 시점(①)에서 끝점(②)까지 드래그한다.

2) 다음에 그리는 변의 끝점(③)에서 클릭한다.

3) 계속하여 클릭(④)하며 도형을 그리다가 더블 클릭(⑤)하면 작화가 종료된다.

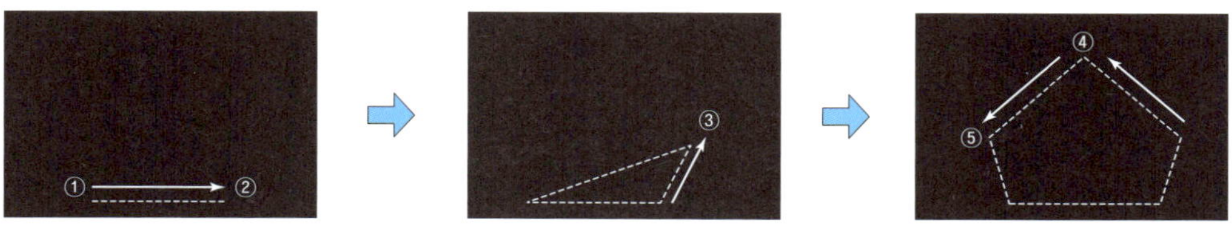

|그림 5-39| 다각형 그리기

3 설정

다각형 위에 마우스를 더블클릭하면, 다각형의 속성을 설정하는 창이 나타난다. 속성 설정은 직사각형의 설정과 동일하다.

05 : 원

1 화면에 원을 작화하는 기능이다.

1) [Figure] → [Circle]을 선택한다.

2 기능

1) 그리는 원의 시점(①)에서 끝점(②)까지 드래그한다.

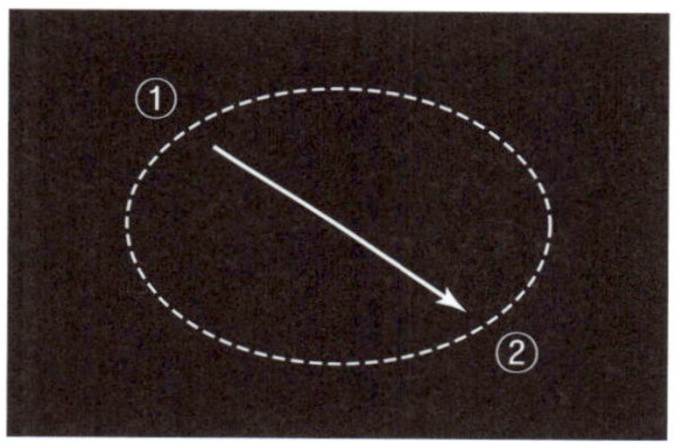

|그림 5-40| 원 그리기

2) 마우스를 클릭하고 [Shift]를 누른 상태에서 옮기면 정원을 작화할 수 있다.

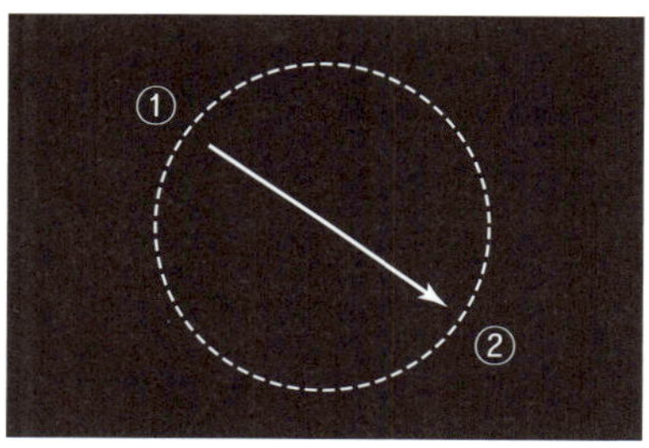

|그림 5-41| 정원 그리기

3) 마우스를 클릭하고 [Ctrl]키를 누른 상태에서 옮기면 시점을 중심으로 원을 그릴 수 있다.

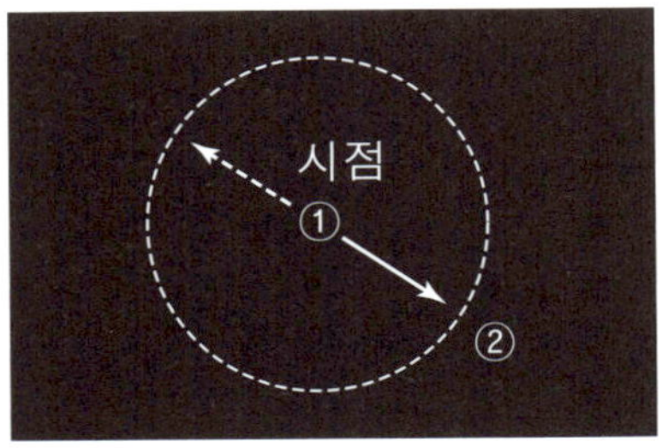

|그림 5-42| 좌우 동형 원 그리기

3 설정

원 위에 마우스를 더블클릭하면, 원의 속성을 설정하는 창이 나타난다. 속성 설정은 직사각형의 설정과 동일하다.

06 원호

1 화면에 원호를 작화하는 기능이다.

1) [Figure] → [Arc]를 선택한다.

2 기능(|그림 5-43|)

1) 그리는 원호의 시점(①)에서 끝점(②)까지 드래그하여 반지름을 결정한다. 원 내부는 파선으로 표시된다.

2) 그리는 원호의 시점(③)을 클릭하고 끝점을(④)까지 마우스를 이동한다.

3) 끝점(⑤)에서 클릭하면 작화가 종료된다.

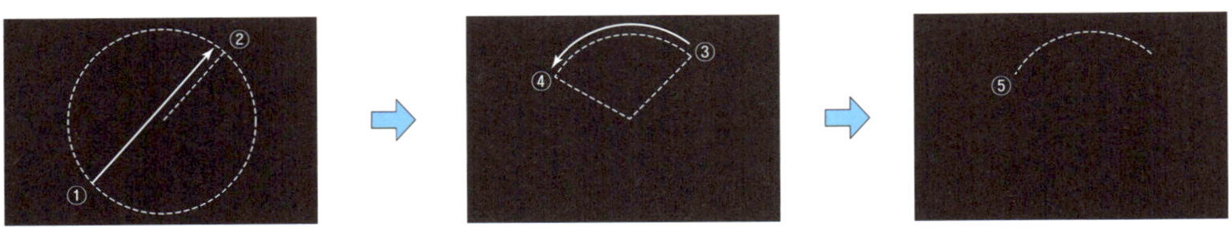

|그림 5-43| 원호 그리기

3 설정

1) 원호 위에 마우스를 더블클릭하면, |그림 5-44|와 같이 원호의 속성을 설정하는 창이 나타난다.

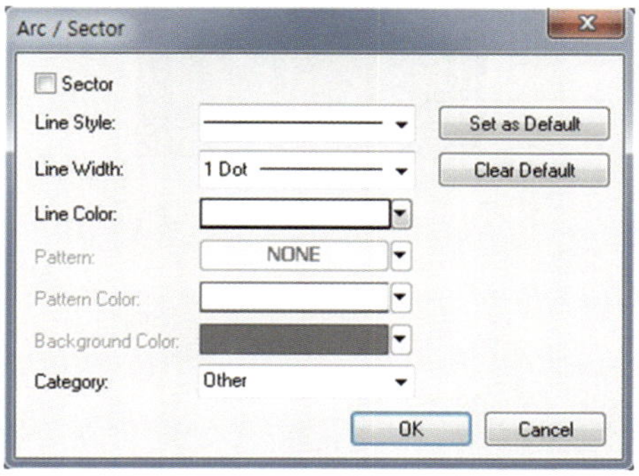

|그림 5-44| 원호 속성 설정창

2) Sector : 부채꼴을 설정하는 경우에 체크한다.

3) Pattern : [Sector]를 선택하였을 때, 채우기 패턴을 선택한다.

4) Pattern Color : [Sector]를 선택하였을 때, 채우기 패턴의 표시색을 선택한다.

5) Background Color : [Sector]를 선택하였을 때, 채우기 패턴의 배경색을 선택한다.

07 : 부채꼴 원호

1 화면에 부채꼴을 작화하는 기능이다.

1) [Figure] → [Sector]를 선택한다.

2 기능(|그림 5-45|)

1) 그리는 원호의 시점(①)에서 끝점(②)까지 드래그하여 반지름을 결정한다. 원 내부는 파선으로 표시된다.

2) 그리는 원호의 시점(③)을 클릭하고 끝점을(④)까지 마우스를 이동한다.

3) 끝점(⑤)에서 클릭하면 작화가 종료된다.

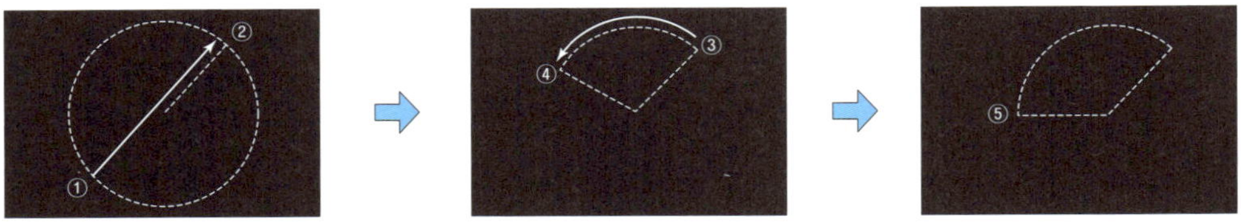

|그림 5-45| 부채꼴 원호 그리기

3 설정

부채꼴 위에 마우스를 더블클릭하면, 부채꼴의 속성을 설정하는 창이 나타난다. 원호의 속성 설정창과 동일하다.

08 : 눈금

1 화면에 눈금을 작화하는 기능이다.

1) [Figure] → [Scale]을 선택한다.

2 기능

1) 그리는 눈금의 시점(①)에서 끝점(②)까지 드래그한다.

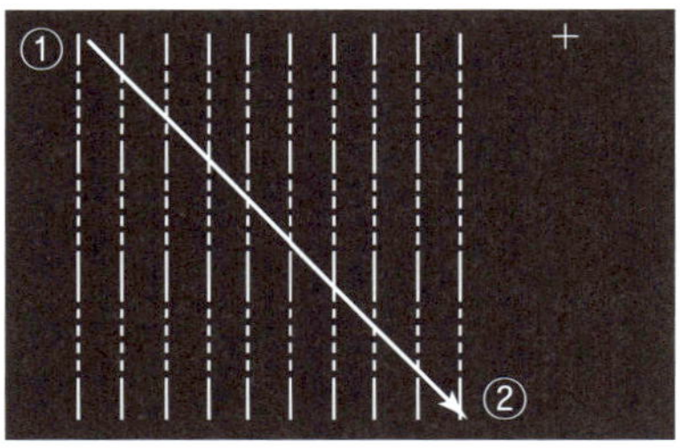

|그림 5-46| 눈금 그리기

2) 마우스를 클릭하고 [Shift]를 누른 상태에서 옮기면 가로/세로 크기가 같은 눈금을 작화할 수 있다.

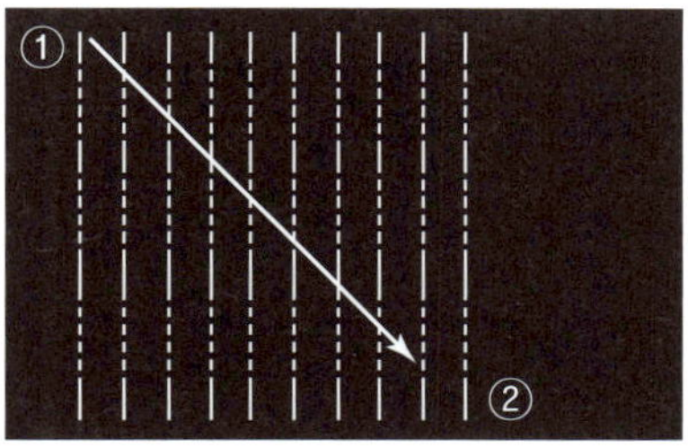

|그림 5-47| 가로세로 크기 같은 눈금 그리기

3) 마우스를 클릭하고 [Ctrl]키를 누른 상태에서 옮기면 시점을 중심으로 눈금을 그릴 수 있다.

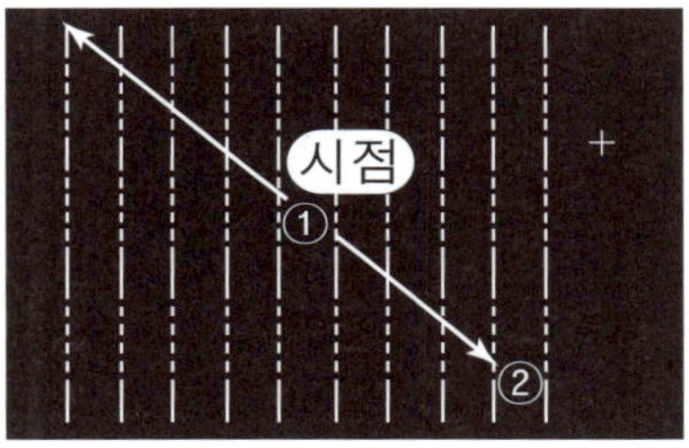

|그림 5-48| 좌우 동일 눈금 그리기

3 설정

1) 눈금 위에 마우스를 더블클릭하면, |그림 5-49|와 같이 눈금의 속성을 설정하는 창이 나타난다.

2) Scale Points : 눈금의 선수를 설정한다.(2~255)

3) Center Line : 눈금에 수직으로 교차되는 중심선의 위치를 선택한다.

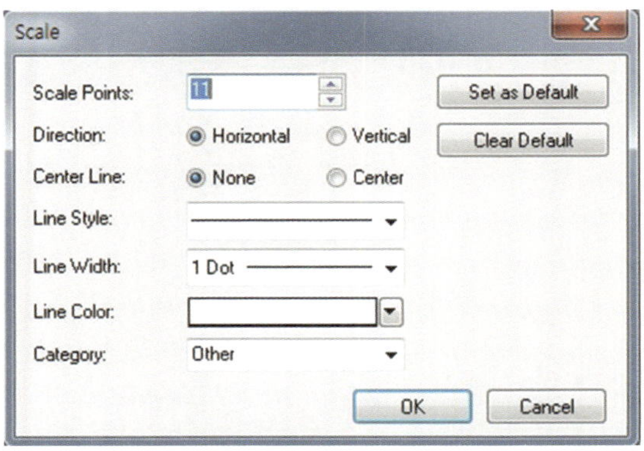

|그림 5-49| 눈금 속성 설정창

09 : 배관

1 화면에 배관을 작화하는 기능이다.

1) [Figure] → [Piping]을 선택한다.

2 기능(|그림 5-50|)

1) 그리는 직선의 시점(①)에서 끝점(②)까지 드래그한다.

2) 다음에 그리는 직선의 끝점(③)에서 클릭한다.

3) 계속해서 클릭하여 도형을 그리다가 더블 클릭(④)을 하면 배관 도형이 작화가 종료된다.

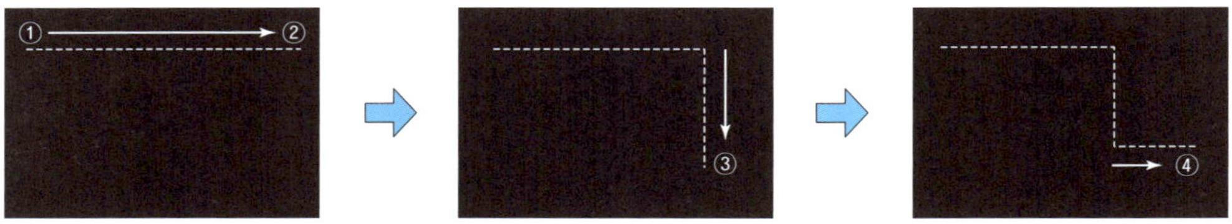

|그림 5-50| 배관 그리기

3 설정

1) 배관 위에 마우스를 더블클릭하면, |그림 5-51|과 같이 배관의 속성을 설정하는 창이 나타난다.

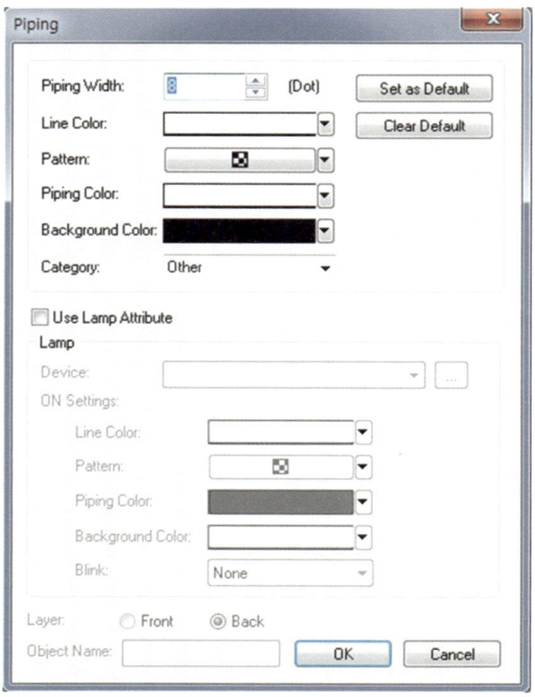

|그림 5-51| 배관 속성 설정창

2) Piping Width : 배관의 폭을 도트 단위로 설정한다.(3~100)

3) Piping Color : 배관의 색을 선택한다.

4) ON Settings : ON되었을 때 선의 색을 선택한다.

5) [Set as Default] : 현재의 속성 설정을 사용자의 새 디폴트값으로 설정하는 경우에 클릭한다.

6) [Clear Default] : 새 디폴트값으로 설정된 속성 설정을 되돌리는 경우에 클릭한다.

7) Use Lamp Attribute : 램프의 속성을 설정하는 경우에 체크한다. 램프의 속성을 설정하면 램프처럼 비트 디바이스의 ON시 도형의 색을 변경할 수 있다. 램프의 속성을 설정하면 오브젝트로 취급된다.

10 : 채우기

1 화면에 선으로 둘러싸인 영역이나 다각형에 대해 채우기를 기능이다.

1) [Figure] → [Paint]룰 선택한다.

2 기능(|그림 5-52|)

1) 채우기 하는 영역에 커서를 이동하여 채우기 하는 영역 내에 클릭한다.

2) [Paint] 대화상자가 표시되면 속성을 설정하고, [OK] 버튼을 클릭한다.

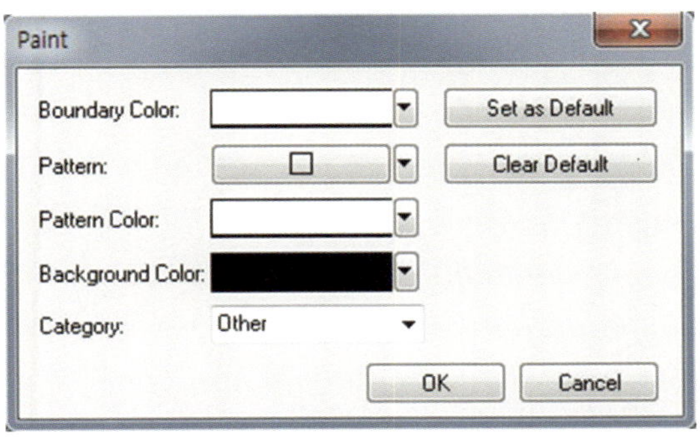

|그림 5-52| 채우기 속성 설정창

3 주의사항

1) 채우기 하는 영역의 경계선에 조금이라도 틈새가 있으면 채우기 하는 영역을 벗어나 채우기 된다.

2) 배경과 같은 색의 선색으로 작화한 도형은 채우기를 할 수 없다.

3) 채우기 영역이 패턴으로 채워져 있는 상태에서 패턴색 또는 패턴 배경색이 경계색과 같이 않으면 채워지지 않는 경우가 있다.

4) 채우기 하는 도형은 채우기보다 앞면에 배치한다. 도형이 채우기보다 뒷면에 배치되어 있으면, 도형내의 영역을 채우기 할 수 없다.

5) 채우기 하는 범위를 실선으로 둘러싼다.

6) 채우기 하는 범위의 경계선은 같은 색으로 한다.

04 터치 스위치

01 : 스위치 설정

1. [Object] → [Switch] → [Switch]를 선택한다.
2. 배치하고자 하는 위치에서 마우스를 클릭하면, 스위치의 배치가 완료된다.
3. 배치한 스위치를 더블클릭하면 |그림 5-53|과 같이 스위치 기능 설정 대화창이 나타난다.

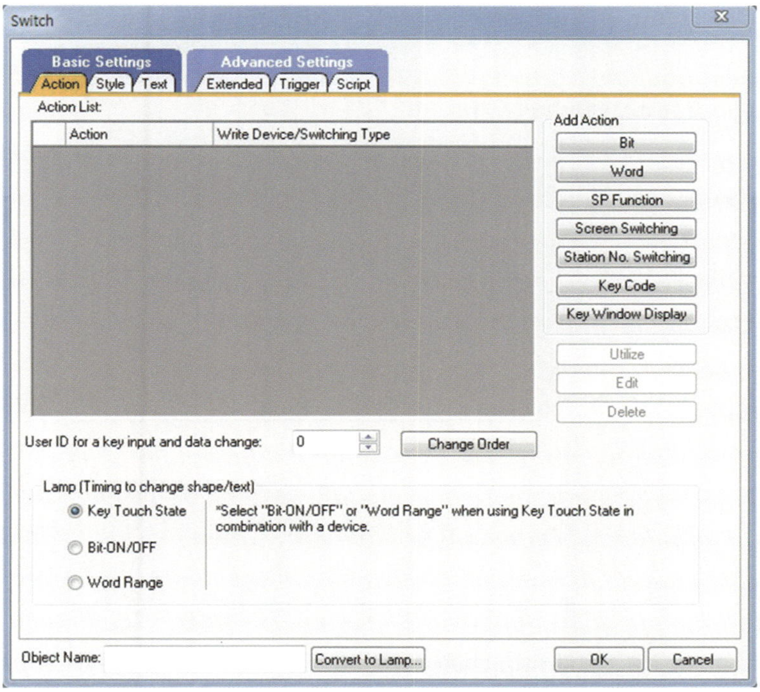

|그림 5-53| 스위치 기능 설정창

02 : Action 탭

1 Action List : 설정된 동작이 일람으로 표시된다.

2 Add Action

1) [Bit] : 비트 디바이스의 ON/OFF를 스위치로 설정할 수 있다.

2) [Word] : 워드 디바이스의 변경을 스위치로 설정할 수 있다.

3) [SP Function] : 유틸리티, 확장 기능, 옵션 기능 등의 화면으로의 변경을 스위치로 설정할 수 있다.

4) [Screen Switching] : 화면 전환 기능을 스위치로 설정할 수 있다.

5) [Station No. Switching] : 국번 전환 기능을 스위치로 설정할 수 있다.

6) [Key Code] : 오브젝트에 입력할 키의 키코드를 설정할 수 있다.

7) [Key Window Display] : 키 윈도우 표시를 스위치로 설정할 수 있다.

8) [Utilize] : 유용하는 항목을 [Action List]에서 선택하고, [Utilize]버튼을 클릭하면 선택된 항목을 복사해 [Action List]에 추가한다.

9) [Edit] : 편집할 항목을 [Action List]에서 선택하고, [Edit] 버튼을 클릭하면 설정된 내용을 수정할 수 있다.

10) [Delete] : 삭제할 항목을 [Action List]에서 선택하고, [Delete] 버튼을 클릭하면, 설정된 내용이 삭제된다.

11) User ID for a key input and data change : 키코드의 입력 대상이 되는 오브젝트를 지정하는 ID를 설정한다.(0~65535)

12) [Change Order] : 동작순서를 변경할 수 있다.

13) Lamp → Key : 터치 스위치를 터치하고 있을 때 ON도형을 표시하고, 터치하고 있지 않을 때에는 OFF도형을 표시한다.

14) Lamp → Bit : [Device]에서 설정한 비트 디바이스의 ON/OFF 상태에 따라 ON/OFF 도형을 표시한다.

15) Lamp → Word : [Device]로 지정된 워드 디바이스의 [On/Off Range]에 따라 ON/OFF 도형을 표시한다.

16) Object Name : 설정되어 있는 오브젝트의 명칭을 사용 용도에 맞는 명칭으로 변경할 수 있다.

3 비트

1) 비트 디바이스의 ON/OFF 동작을 스위치로 설정하는 경우에 아래의 동작을 설정한다.

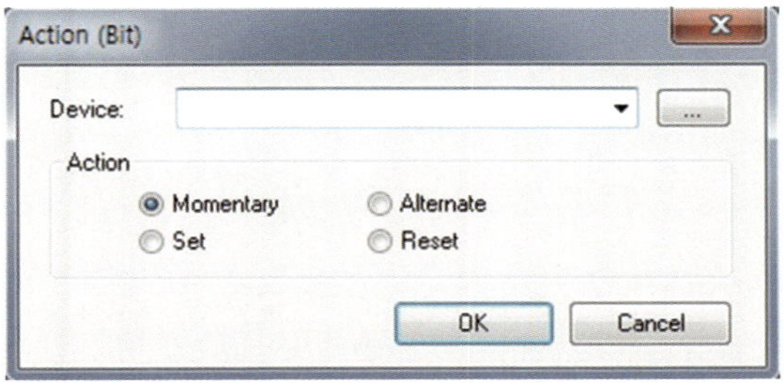

|그림 5-54| 비트 디바이스 스위치 설정창

2) Device : 쓰기 위치의 디바이스를 설정한다.

3) Action : 터치하였을 때 쓰기 위치의 비트 디바이스에 대하여 어느 기능을 실행할 것인지를 선택한다.

- Momentary : 터치되어 있을 때만 비트를 ON한다.
- Alternate : 터치할 때 마다 비트의 ON/OFF를 전환한다.
- Set : 터치하였을 때 비트를 ON한다.
- Reset : 터치하였을 때 비트를 OFF한다.

4 워드

1) 워드 디바이스값의 변경을 스위치로 설정하는 경우에 **|그림 5-55|**의 워드 디바이스 스위치 설정창을 설정한다.

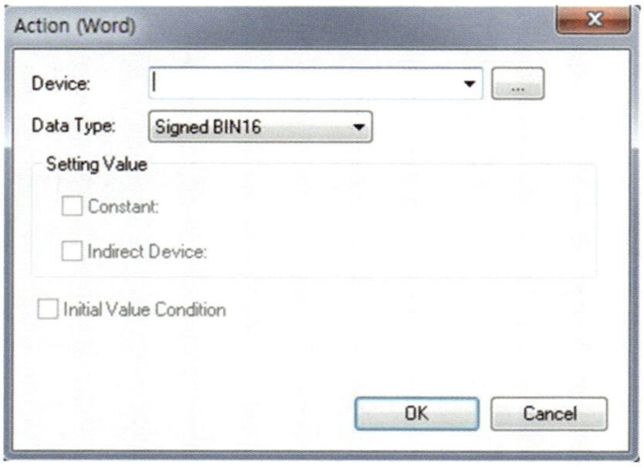

|그림 5-55| 워드 디바이스 스위치 설정창

2) Device : 쓰기 위치의 디바이스를 설정한다.

3) Data Type : [Setting Value], [Initial Value Condition]에서 설정하는 값의 데이터 형식을 선택한다.

4) Setting Value : 설정된 디바이스에 쓸 값을 선택한다. 반드시 1개 이상 설정한다.
   - Constant : 체크 표시를 하면, 쓰기 위치 워드 디바이스에 상수를 설정할 수 있다.(−32768~32767)
   - Indirect Device : 체크 표시를 하면, 쓰기 위치 워드 디바이스에 간접 디바이스를 설정할 수 있다.
   - 상수와 간접 디바이스 모두에 체크 표시를 하면, 상수+간접 디바이스가 워드 디바이스에 쓰여진다.

5) Initial Value Condition : [Setting Value]의 [Constant]와 [Indirect Device]를 설정하면 활성화된다. 워드 디바이스로 설정하는 값과 [Condition Value]에서 설정한 값이 같아졌을 때, [Reset Value]에서 설정한 값이 워드 디바이스에 쓰여진다.
   - Condition Value : 리셋값을 지정 워드 디바이스에 쓰기 위한 조건이 되는 값을 설정한다.
   - Reset Value : 조건값을 만족한 경우에 워드 디바이스에 쓰는 값을 설정한다.

5 화면전환

1) 화면의 전환을 스위치로 설정하는 경우에 |그림 5-56|의 스위치 화면전환 설정창을 설정한다.

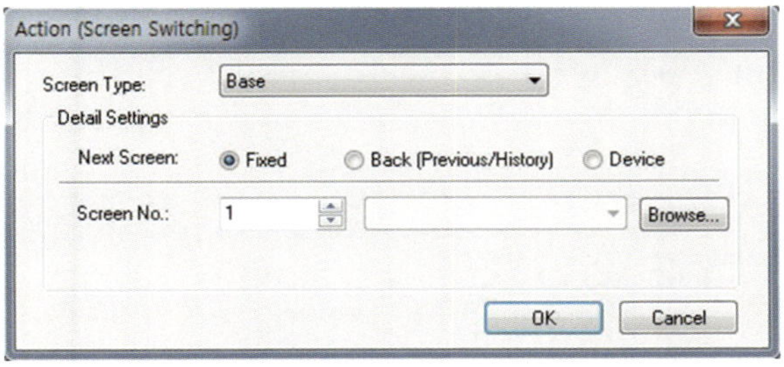

|그림 5-56| 스위치 화면전환 설정창

2) Screen Type : 전환하는 화면의 종류를 선택한다.

3) Next Screen : 화면 전환 시의 동작을 선택한다.

- Fixed : 지정된 베이스/윈도우 화면 번호의 화면으로 전환하는 경우에 선택한다. 선택 후 전환 위치의 베이스/윈도우 화면 번호를 설정한다. [Browse] 버튼을 클릭하여 화면 이미지 대화상자가 표시되면, 화면의 이미지를 확인하여 설정할 수 있다.
- Back(Previous/History) : 이전에 표시된 베이스 화면 번호의 화면으로 전환하는 경우에 선택한다. 전환하는 화면이 베이스 화면일 때만 선택할 수 있다. 현재까지 표시되어 있는 베이스화면 번호를 GOT가 기억하고 있으므로, 이력에 따라 10화면까지 베이스 화면을 전환할 수 있다.
- Device : 지정 디바이스의 ON/OFF 상태/현재값에 의해 지정 화면번호의 베이스/윈도우 화면으로 전환하는 경우에 선택한다. 디바이스를 설정하기 전에 모니터하고자 하는 디바이스의 데이터 형식을 선택한다.(Bit/Signed BIN16/BCD16) 디바이스 설정 후 [Detail Setting] 버튼을 클릭하여 동작을 설정한다.
- Screen No. : 화면 전환 시 대상이 되는 화면번호를 지정한다. 전환하는 화면이 베이스 화면일 때만 선택할 수 있다.

03 : Style 탭(|그림 5-57|)

❶ **미리 보기 일람 :** ON/OFF시의 상태를 표시한다.

❷ **Shape :** 터치스위치의 도형을 설정한다.

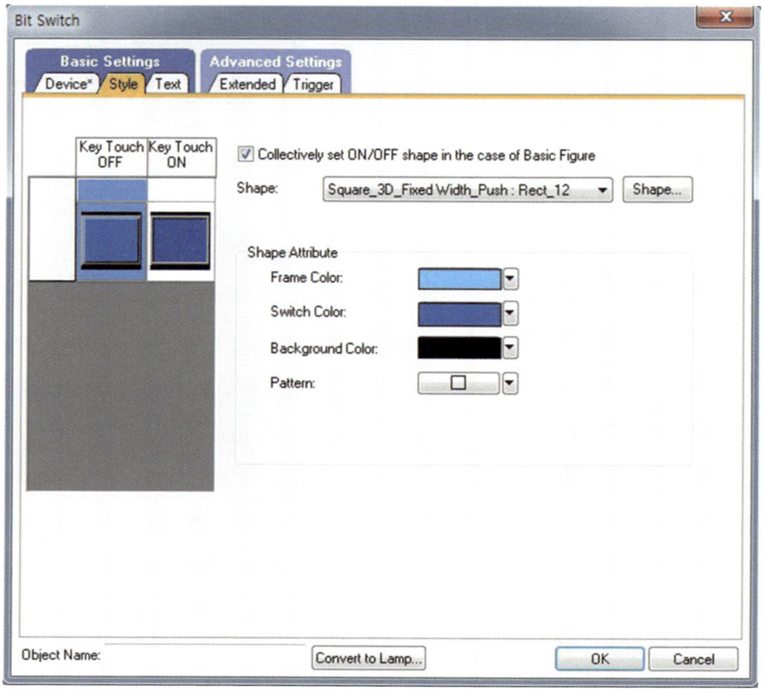

|그림 5-57| 스위치 스타일 스정창

❸ **Shape Attribute**

1) Frame Color : 터치스위치 도형의 테두리색을 선택한다.

2) Switch Color : 터치스위치 도형의 램프색을 선택한다.

3) Background Color, Pattern : 터치스위치 도형의 배경색과 패턴을 선택한다. 배경색 위에 패턴 모양이 스위치 색으로 표시된다.

04: Text 탭([그림 5-58])

1 터치스위치에서는 명판 종류를 선택하여 기본코멘트, 코멘트 그룹에서 설정한 코멘트를 명판으로 사용할 수 있다.

2 **Text Type** : 명판 종류를 나타낸다.

1) Text : 표시되는 문자를 직접 입력하여 설정한다.

2) Indirect Text(Basic Comment) : 표시되는 명판에 기본 코멘트를 설정한다.

3) Comment Group : 명판에 코멘트 그룹에서 설정한 코멘트를 설정한다.

3 **직접 명판**

1) 미리보기 일람 : ON/OFF시의 상태를 표시한다.

2) OFF=ON : 체크 표시를 하면, ON과 OFF를 같은 설정으로 한다.

3) Copy Range : 복사 범위를 설정한다.

- All Settings : 문자 설정을 모두 복사한다.
- Text Only : 문자만을 복사한다.

4) OFF → ON[Copy]/ ON → OFF[Copy] : 문자의 설정 내용을 복사한다.

- OFF → ON[Copy] : OFF시의 설정을 ON시에 복사한다.
- ON → OFF[Copy] : ON시의 설정을 OFF시에 복사한다.

5) Common settings of Display Position

- Font : 표시되는 문자의 글꼴을 선택한다.
- Text Size : 표시되는 문자의 크기를 설정한다.
- Script : 지정된 글꼴로 이용할 수 있는 문자의 설정을 선택한다.
- Text Color : 표시하고자 하는 문자의 표시색을 선택한다.
- **B** : 문자의 표시 형식을 굵은 문자로 한다.
- **S** : 문자의 표시 형식을 그림자로 한다.
- **R** : 문자의 표시 형식을 조각으로 한다.
- Solid Color : 문자의 표시 형식에 버튼 또는 버튼을 선택한 경우의 그림자색을 설정한다.

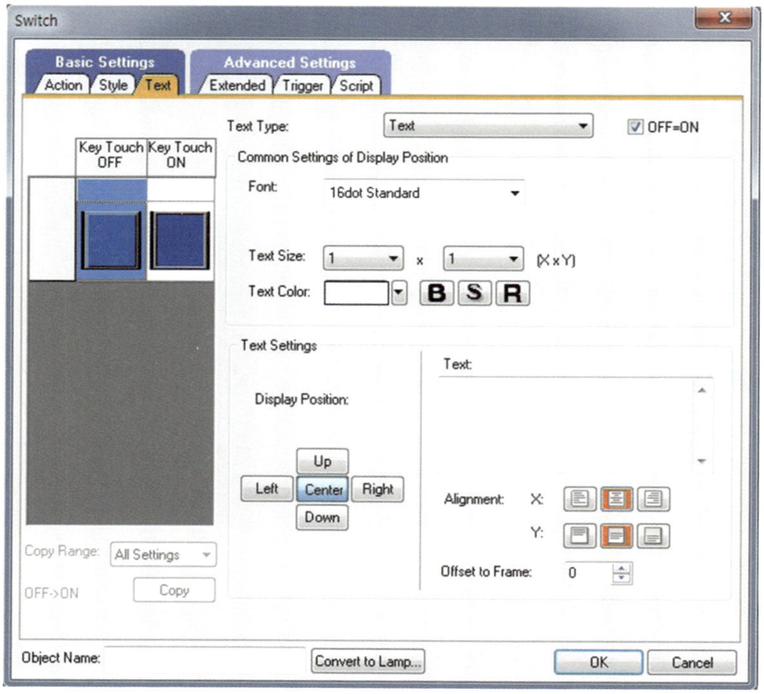

|그림 5-58| 스위치 텍스트 직접 명판 설정창

6) Text Settings

- Display Position : 오브젝트의 어느 위치에 문자를 표시할 것인지를 선택한다.(중/상/하/좌/우)
- Text : 표시하고자 하는 문자를 입력한다. 전각, 반각에 관계없이 32문자까지 입력할 수 있다. 문자를 복수행으로 표시하고자 하는 경우, 1행의 문자의 마지막에 [Enter]키를 입력한다.(행 바꾸기한 경우, 행 바꾸기용으로 2문자를 점유한다.)
- Alignment : 문자의 위치를 선택한다.
- Offset to Frame : 오브젝트의 테두리와 문자의 간격을 설정한다.(0~100, 단위 : 도트)

05 램프

01 : 비트 램프 설정

1. [Object] → [Lamp] → [Bit Lamp]를 선택한다.
2. 배치하고자 하는 위치에서 마우스를 클릭하면, 비트 램프의 배치가 완료된다.
3. 배치한 비트 램프를 더블 클릭하면, 설정 대화상자가 표시된다.
4. **Device/Style 탭(|그림 5-59|)**

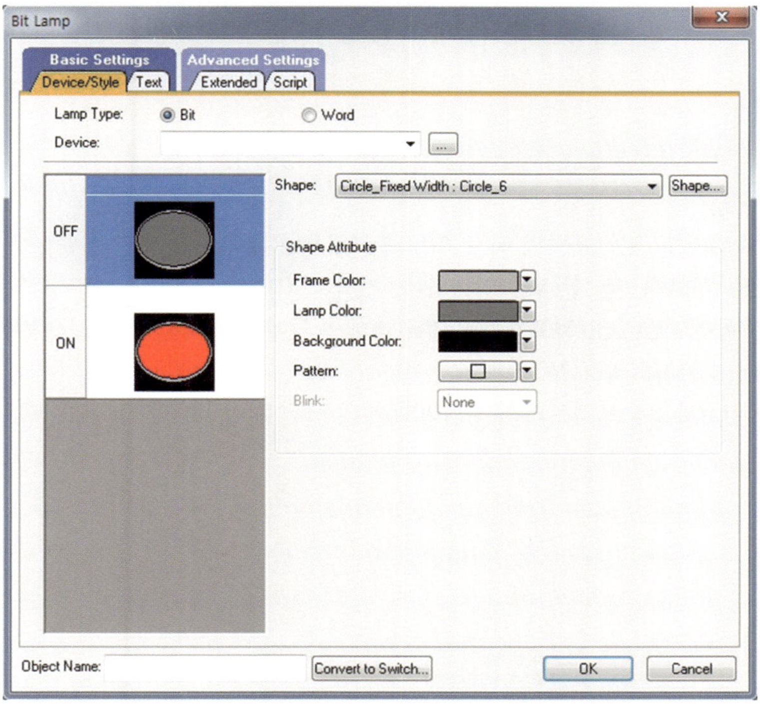

|그림 5-59| 비트램프 디바이스탭 설정창

1) 모니터 디바이스 ON시/OFF시의 램프도형(모양, 색)을 설정한다.

2) Lamp Type : 램프의 종류를 선택한다.(비트/워드)

3) Shape : 램프 도형을 설정한다.

4) Use Image Transparent : 램프 도형으로 설정된 이미지 데이터의 투과색 설정을 유효하게 하고자 하는 경우에 체크 표시를 한다. 체크 표시를 하지 않으면, 투과색 설정은 무효가 된다. 램프도형에 부품이나 라이브러리의 도형을 설정한 경우에만 체크표시를 한다.

5) Shape Attribute

- Frame Color : 램프 도형의 테두리색을 선택한다.
- Lamp Color : 램프 도형의 램프색을 선택한다. [Shape]에서 라이브러리(즐겨찾기 이외)의 도형을 선택한 경우, 램프색을 변경하여 설정된 도형을 다른 색상의 도형으로 변경할 수 있다.
- Background Color, Pattern : 램프 도형의 배경색과 패턴을 선택한다. 배경색 위에 패턴 모양이 램프색으로 표시된다.
- Blink : 램프의 블링크 방법을 선택한다.(None, Low, Medium, High)

5 Text 탭([그림 5-60])

1) 비트 램프에서는 명판 종류를 선택하여 직접 입력하는 문자 또는 코멘트 그룹 명판으로 설정된 코멘트를 명판으로 사용할 수 있다.

2) 직접명판(Text) : 표시되는 문자를 직접 입력하여 설정한다.

- Text Settings
- ● Display Position : 오브젝트의 어느 위치에 문자를 표시할 것인지를 선택한다.(중/상/하/좌/우)
- ● Text : 표시하고자하는 문자를 입력한다. 전각, 반각에 관계없이 32문자까지 입력할 수 있다. 문자를 복수행으로 표시하고자하는 경우, 1행의 문자의 마지막에 [Enter] 키를 누른다.
- ● Alignment : 문자의 위치를 선택한다.
- ● Offset to Frame : 오브젝트의 테두리와 문자의 간격을 설정한다.(0~100, 단위 : 도트)

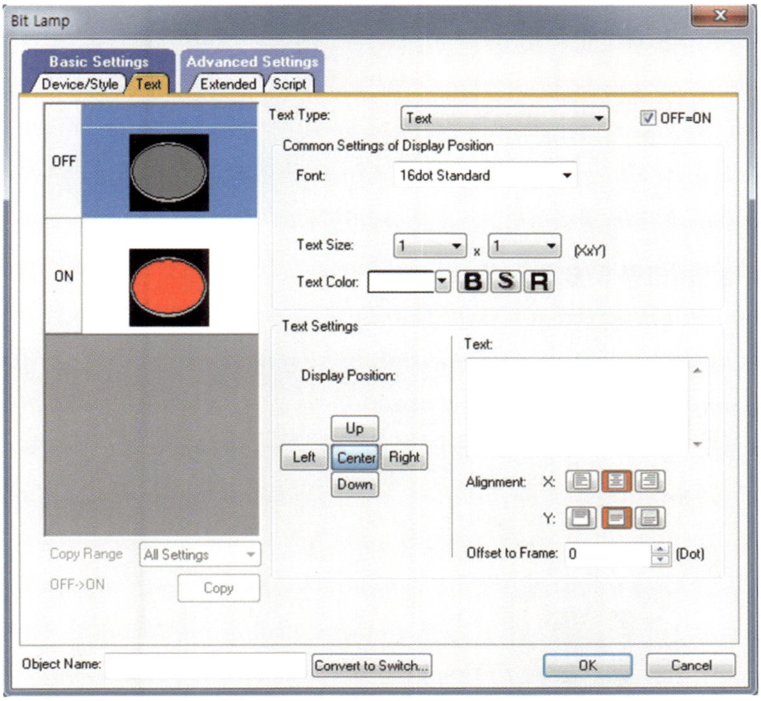

|그림 5-60| 비트램프 텍스트탭 직접명판 설정창

02 : 워드 램프 설정

1. [Object] → [Lamp] → [Word Lamp]를 선택한다.
2. 워드 램프를 배치하고자 하는 위치에서 클릭하면, 워드 램프의 배치가 완료된다.
3. 배치한 워드 램프를 더블 클릭하면, 설정 대화상자가 표시된다.
4. **Device/Style 탭(|그림 5-61|)**

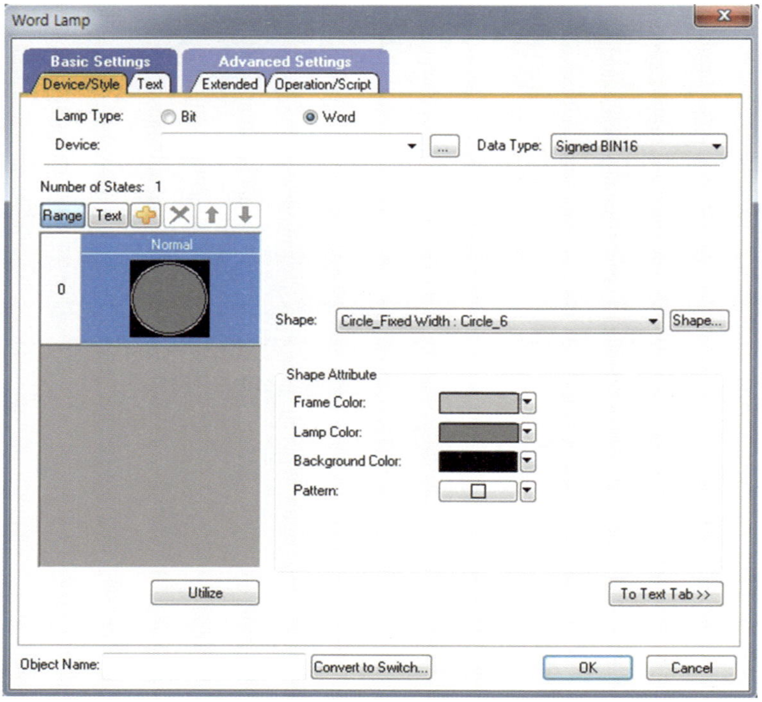

|그림 5-61| 워드램프 디바이스탭 설정창

1) 모니터 디바이스 값에 대응하는 램프 도형(모양, 색)을 설정한다.

2) Data Type : 모니터할 워드 디바이스의 데이터 형식을 선택한다.

3) Range : 미리 보기일람의 표시 형식을 범위로 한다.

4) Text : 미리 보기일람의 표시 형식을 문자로 한다.

5)  : 조건을 새로 만든다.

6)  : 조건을 삭제한다.

7)  /  : 미리 보기일람 내의 조건의 우선 순위를 변경한다.

8) [Utilize] : 선택된 조건의 설정 내용을 유용하여 조건을 새로 만든다.

9) Trigger Type

- Bit, Range : 표시속성을 변경하는 조건을 설정한다. 워드 디바이스 값을 조건으로 하는 경우, [Range] 버튼을 클릭하여 [Edit Range] 대화상자에서 조건식을 설정한다.

10) Shape : 램프 도형을 설정한다. [Shape] 버튼을 클릭하면, 리스트 상자 이외의 도형이나 라이브러리의 도형을 선택할 수 있다.

11) Use Image Transparent : 램프 도형으로 설정된 이미지 데이터의 투과색 설정을 유효하게 하고자 하는 경우에 체크 표시를 한다. 체크표시를 하지 않으면, 투과색 설정은 무효가 된다. [Shape]에서 [Parts]/[Library]의 도형을 선택한 경우에만 체크할 수 있다.

4 Text 탭(|그림 5-62|)

1) 워드 램프에서는 명판 종류를 선택하여 직접 입력한 문자 또는 코멘트 그룹 명판으로 설정된 코멘트를 명판으로 사용할 수 있다.

2) 직접 명판

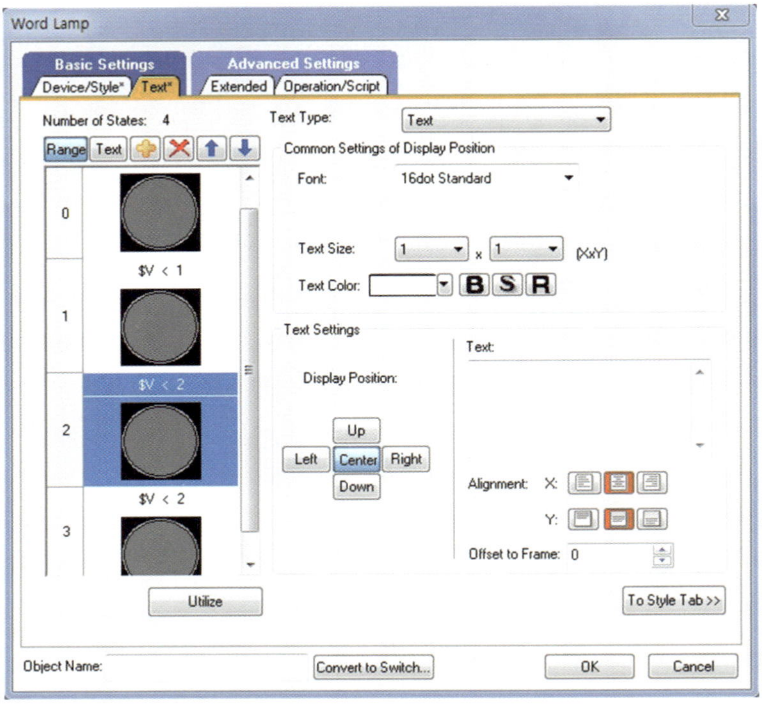

|그림 5-62| 워드램프 텍스트탭 직접명판 설정창

– Text Settings

- Select Position to Edit Text : 오브젝트의 어느 위치에 문자를 표시할 것인지를 선택한다.(중/상/하/좌/우)
- Text Input Area : 표시하고자하는 문자를 입력한다. 전각, 반각에 관계없이 32문자까지 입력할 수 있다. 문자를 복수행으로 표시하고자하는 경우, 1행의 문자의 마지막에 [Enter]키를 누른다.(행바꾸기 한 경우, 행을 바꿀 때마다 2문자를 점유한다.)
- Alignment : 문자의 위치를 선택한다.
- Offset to Frame : 오브젝트의 테두리와 문자의 간격을 설정한다.(0~100, 단위 : 도트)
- [To Style Tab] : [Device/Style] 탭으로 이행한다.

06 수치 표시/수치 입력

01 : 수치 표시 설정

1. [Object] → [Numerical Display/Input] → [Numerical Display] 메뉴를 선택한다.
2. 배치하고자 하는 위치에서 마우스를 클릭하면 수치 표시의 배치가 완료된다.
3. 배치한 수치 표시를 더블클릭하면, 설정 대화상자가 표시된다.
4. **Device/Style 탭(|그림 5-63|)**

1) Type : 사용하는 기능을 선택한다.(수치표시/수치입력)

2) Device : 모니터디바이스를 설정한다.

3) Data Type : [Device]에서 설정하는 값의 데이터 형식을 선택한다.

4) Display Format

- Format : 모니터 디바이스값을 표시하는 형식을 선택한다. 디폴트에서는 디바이스 값을 Signed BIN 데이터로 취급한다. 다른 데이터 형식으로 디바이스값을 모니터하는 경우, [Data Type]에서의 설정 내용을 변경한다.
- Font : 표시되는 수치의 글꼴을 선택한다.
- Number Size : 표시되는 수치의 크기를 선택한다.
- Display the numerical value to be shown on the screen with asterisk : 화면에 표시되는 수치를 별표로 표시하는 경우에 체크한다.

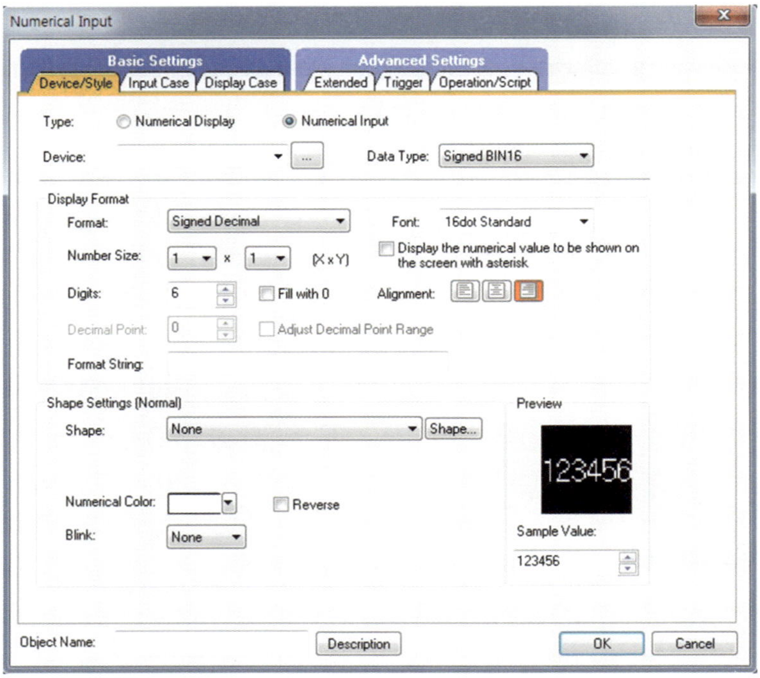

|그림 5-63| 수치 표시 디바이스 설정탭

- Digits : 수치를 몇 자리로 표시할 것인지를 설정한다. [Display Format]에 따라 설정할 수 있는 자리가 다르다.
- Fill with 0 : 수치의 앞에 0을 표시하고자 하는 경우에 체크표시를 한다.
- Alignment : 문자의 위치를 선택한다.
- Decimal Point : [Display Format]에서 실수 선택 시, 소수부를 몇 자리(1~32자리)까지 표시할 것인지를 설정한다. 설정된 자리보다 하위의 값이 있는 경우, 반올림하여 표시한다. 0으로 설정된 경우, 소수점 이하 1번째 자리를 반올림한 값으로 표시한다.
- Adjust Decimal Point Range : [Display Format]에서 실수 선택 시, 상수(2진 부동소수 이외의 값을 모니터 대상 기기 중에서 있는 경우)의 디바이스값을 기억하고 소수점 포함 수치로 하여 표시하는 경우에 체크한다.
- Format String : 디바이스값을 표시할 때, 문자(영숫자, 한자, 기호 등)도 표시하고자 하는 경우에 설정한다.

● 수치를 표시하고자 하는 부분에 반각의 #를 입력한다. 서식 문자열로 설정한 #는 디바이스값으로 바뀌어 표시된다.

● 표시되는 수치는 1의 자리부터 할당된다.

● 디바이스값에 포함되는 부호도 수치와 같이 취급된다.

5) Shape Settings(Normal)

- Shape : 오브젝트에 도형을 설정합니다. [None]을 선택하면 도형이 표시되지 않는다. [Shape] 버튼을 클릭하면, 리스트 상자 이외의 도형을 선택할 수 있다. 표시되는 문자가 테두리 도형 영역과

중첩되어 있는 경우, 갱신 시 테두리 도형영역과 중첩된 문자를 올바르게 표시할 수 없다. 표시하는 문자와 테두리 도형 영역은 중복되지 않게 설정한다.

- Frame Color, Plate Color : 도형의 테두리색/플레이트색을 선택한다.
- Numerical Color : 표시되는 수치의 색을 선택한다.
- Reverse : 수치를 반전 표시하는 경우에 체크한다.
- Blink : 수치, 도형의 블링크 방법을 선택한다.(None, Low, Medium, High)
- Blink Scope : 블링크하는 부분을 설정한다.(수치/수치+플레이트)

6) Preview

- Sample Value : 미리보기 도형상에 표시하는 수치를 설정한다.

7) Description : 설정되어있는 오브젝트의 명칭을 사용 용도에 맞는 명칭으로 변경할 수 있다. 변경된 오브젝트 명칭은 GT Designer3(데이터 일람, 속성시트 등)이나 조작로그에 표시한다. 오브젝트 명칭의 항목은 [Device/Style] 탭 이외에도 표시된다.

02 : 수치 입력 설정

1 [Object] → [Numerical Display/Input] → [Numerical Input] 메뉴를 선택한다.

2 배치하고자 하는 위치에서 마우스를 클릭하면 수치 입력의 배치가 완료된다.

3 배치한 수치 입력을 더블클릭하면, 설정 대화상자가 표시된다.

4 **Device/Style 탭(|그림 5-64|)**

1) Type : 사용하는 기능을 선택한다.(수치표시/수치입력)

2) Device : 모니터 디바이스를 설정한다.

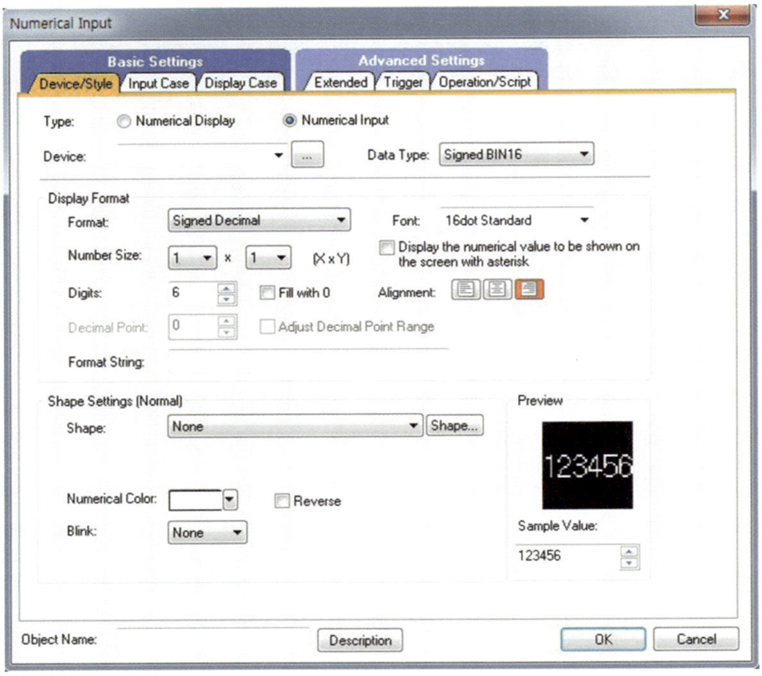

|그림 5-64| 수치 입력 디바이스 설정탭

3) Data Type : [Device]에서 설정하는 값의 데이터 형식을 선택한다.

4) Display Format

- Format : 모니터 디바이스값을 표시하는 형식을 선택한다. 디폴트에서는 디바이스 값을 Signed BIN 데이터로 취급한다. 다른 데이터 형식으로 디바이스값을 모니터하는 경우, [Data Type]에서의 설정 내용을 변경한다.
- Font : 표시되는 수치의 글꼴을 선택한다.

- Number Size : 표시되는 수치의 크기를 선택한다.
- Display the numerical value to be shown on the screen with asterisk : 화면에 표시되는 수치를 별표로 표시하는 경우에 체크한다.
- Digits : 수치를 몇 자리로 표시할 것인지를 설정한다. [Display Format]에 따라 설정할 수 있는 자리가 다르다.
- Fill with 0 : 수치의 앞에 0을 표시하고자 하는 경우에 체크표시를 한다.
- Alignment : 문자의 위치를 선택한다.
- Decimal Point : [Display Format]에서 실수 선택 시, 소수부를 몇 자리(1~32자리)까지 표시할 것인지를 설정한다. 설정된 자리보다 하위의 값이 있는 경우, 반올림하여 표시한다. 0으로 설정된 경우, 소수점 이하 1번째 자리를 반올림한 값으로 표시한다.
- Adjust Decimal Point Range : [Display Format]에서 실수 선택 시, 상수(2진 부동소수 이외의 값을 모니터 대상 기기 중에서 있는 경우)의 디바이스값을 소수점이 포함된 값으로 하여 표시하는 경우에 체크한다.
- Format String : 디바이스값을 표시할 때, 문자(영숫자, 한자, 기호 등)도 표시하고자 하는 경우에 설정한다.
  - 수치를 표시하고자 하는 부분에 반각의 #를 입력한다. 서식 문자열로 설정한 #는 디바이스값으로 바뀌어 표시된다.
  - 표시되는 수치는 1의 자리부터 할당된다.
  - 디바이스값에 포함되는 부호도 수치와 같이 취급된다.

5) Shape Settings(Normal)

- Shape : 오브젝트에 도형을 설정한다. [None]을 선택하면 도형이 표시되지 않는다. [Shape] 버튼을 클릭하면, 리스트 상자 이외의 도형을 선택할 수 있다. 표시되는 문자가 테두리 도형 영역과 중첩되어 있는 경우, 갱신 시 테두리 도형영역과 중첩된 문자를 올바르게 표시할 수 없다. 표시하는 문자와 테두리 도형 영역은 중복되지 않게 설정한다.
- Frame Color, Plate Color : 도형의 테두리색/ 플레이트색을 선택한다.
- Numerical Color : 표시되는 수치의 색을 선택한다.
- Reverse : 수치를 반전 표시하는 경우에 체크한다.
- Blink : 수치, 도형의 블링크 방법을 선택한다.(None, Low, Medium, High)
- Blink Scope : 블링크하는 부분을 설정한다.(수치/수치+플레이트)

6) Preview

- Sample Value : 미리보기 도형상에 표시하는 수치를 설정한다.

7) Description : 설정되어있는 오브젝트의 명칭을 사용 용도에 맞는 명칭으로 변경할 수 있다. 변경된 오브젝트 명칭은 GT Designer3(데이터 일람, 속성시트 등)이나 조작로그에 표시된다. 오브젝트 명칭의 항목은 [Device/Style] 탭 이외에도 표시된다.

07 날짜 표시/시간 표시

01 : 날짜 표시 설정

1 [Object] → [Date/Time Display] → [Date Display] 메뉴를 선택한다.

2 배치하고자 하는 위치에서 마우스를 클릭하면 날짜 표시의 배치가 완료된다.

3 배치한 날짜표시를 더블 클릭하면, 설정 대화상자가 표시된다.

4 **Date Setting 탭(|그림 5-65|)**

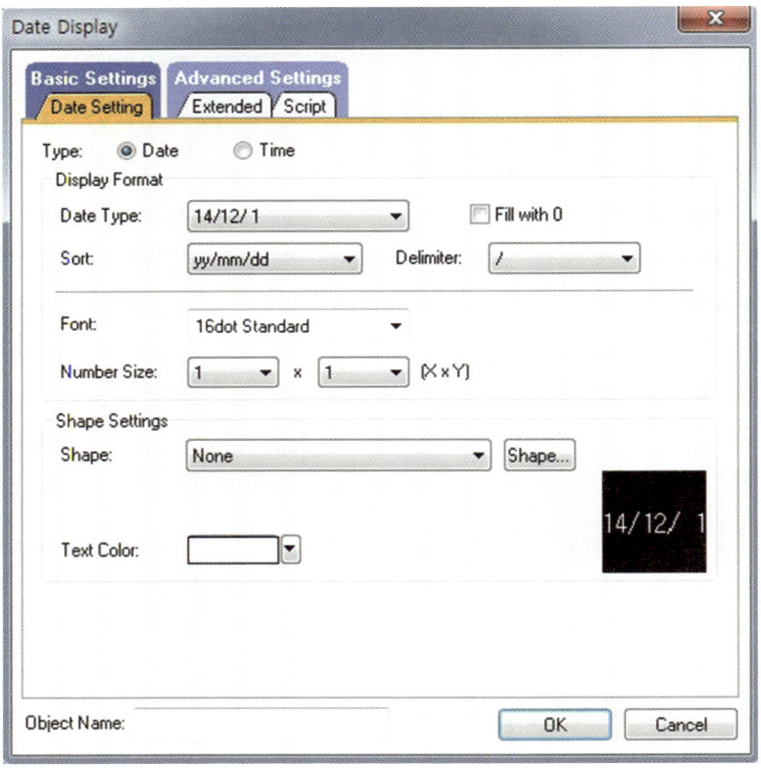

|그림 5-65| 날짜 표시 디바이스 설정탭

1) 표시항목(날짜/시간)과 표시 포맷을 설정한다.

2) Type : 날짜를 표시할 것인지, 시간을 표시할 것인지를 선택한다.

- Date : 년, 월, 일을 표시한다.
- Time : 시간을 표시한다.

3) Display Format

- Date Type : 날짜의 표시를 선택한다. [Display Format]의 [Sort], [Font]에서 선택한 내용에 따라 [Display Format]에서 선택할 수 있는 항목이 다르다.
- Fill with 0 : 월, 일의 앞에 0을 표시하고자 하는 경우에 체크표시를 한다.
- Sort : 년, 월, 일의 배열을 설정한다.
- Delimiter : 년, 월, 일을 구분하는 문자를 설정한다.
- Font : 표시되는 수치의 글꼴을 선택한다.
- Size : 표시되는 수치의 크기를 선택한다.

4) Shape Settings

- Shape : 오브젝트에 도형을 설정합니다. [None]을 선택하면 도형이 표시되지 않는다. [Shape] 버튼을 클릭하면, 리스트 상자 이외의 도형을 선택할 수 있다. 표시되는 문자가 테두리도형 영역과 중첩되어 있는 경우, 갱신할 때 테두리도형 영역과 중첩된 문자는 올바르게 표시할 수 없다. 표시되는 문자와 테두리도형 영역은 중복되지 않게 설정한다.
- Frame Color, Plate Color : 도형의 테두리색/플레이트색을 선택한다.
- Text Color : 표시하고자 하는 수치색을 설정한다.

5) Object Name : 설정되어 있는 오브젝트의 명칭을 사용 용도에 맞는 명칭으로 변경할 수 있다. 변경된 오브젝트 명칭은 GT Designer3(데이터일람, 속성시트 등)이나 조작 로그에 표시된다. 오브젝트 명칭의 항목은[Date Setting] 탭 이외에도 표시된다.

02 : 시간 표시 설정

1 [Object] → [Date/Time Display] → [Time Display] 메뉴를 선택한다.

2 배치하고자 하는 위치에서 마우스를 클릭하면 시간 표시의 배치가 완료된다.

3 배치한 시간표시를 더블 클릭하면, 설정 대화상자가 표시된다.

4 **Time Setting 탭(|그림 5-66|)**

1) 표시항목(날짜/시간)과 표시 포맷을 설정한다.

- Date : 년, 월, 일을 표시한다.
- Time : 시간을 표시한다.

2) Display Format

- Time Type : 시간의 표시를 선택한다. [Display Format]의 [Sort], [Font]에서 선택한 내용에 따라 [Display Format]에서 선택할 수 있는 항목이 다르다.
- Fill with 0 : 월, 일의 앞에 0을 표시하고자 하는 경우에 체크표시를 한다.
- Font : 표시되는 수치의 글꼴을 선택한다.

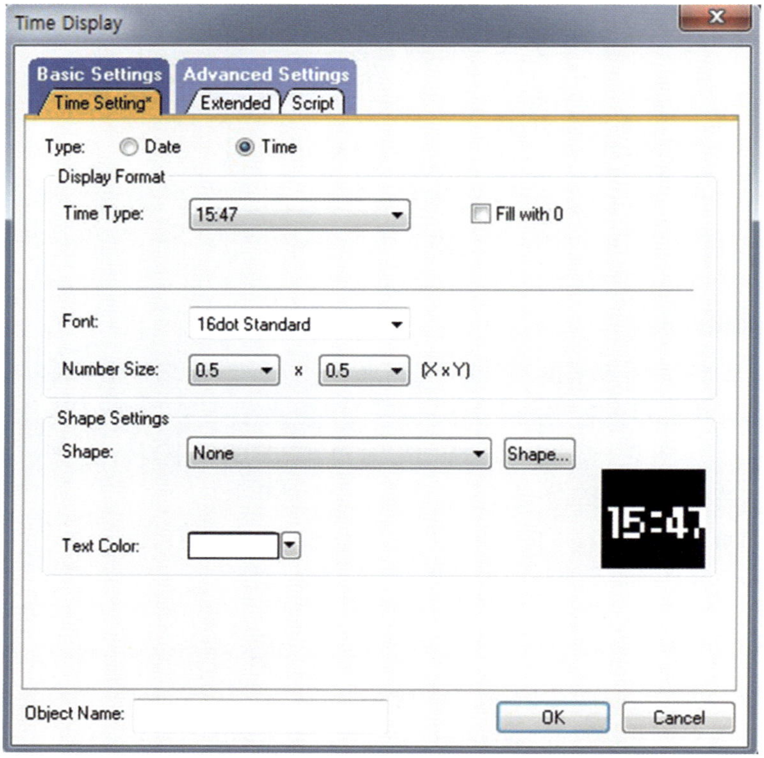

[그림 5-66] 시간 표시 디바이스 설정탭

- Number Size : 표시되는 수치의 크기를 선택한다.

3) Shape Settings

- Shape : 오브젝트에 도형을 설정한다. [None]을 선택하면 도형이 표시되지 않는다. [Shape] 버튼을 클릭하면, 리스트 상자 이외의 도형을 선택할 수 있다. 표시되는 문자가 테두리 도형 영역과 중첩되어 있는 경우, 갱신할 때 테두리도형 영역과 중첩된 문자는 올바르게 표시할 수 없다. 표시되는 문자와 테두리도형 영역은 중복되지 않게 설정한다.
- Frame Color, Plate Color : 도형의 테두리색/ 플레이트색을 선택한다.
- Text Color : 표시하고자 하는 수치색을 설정한다.

4) Object Name : 설정되어 있는 오브젝트의 명칭을 사용 용도에 맞는 명칭으로 변경할 수 있다. 변경된 오브젝트 명칭은 GT Designer3(데이터일람, 속성시트 등)이나 조작 로그에 표시된다. 오브젝트 명칭의 항목은[Date Setting] 탭 이외에도 표시된다.

08 GT Designer3 활용

01 : 스위치 작성

1 |그림 5-67|과 같이 [Object] → [Switch] → [Bit Switch]를 선택한다.

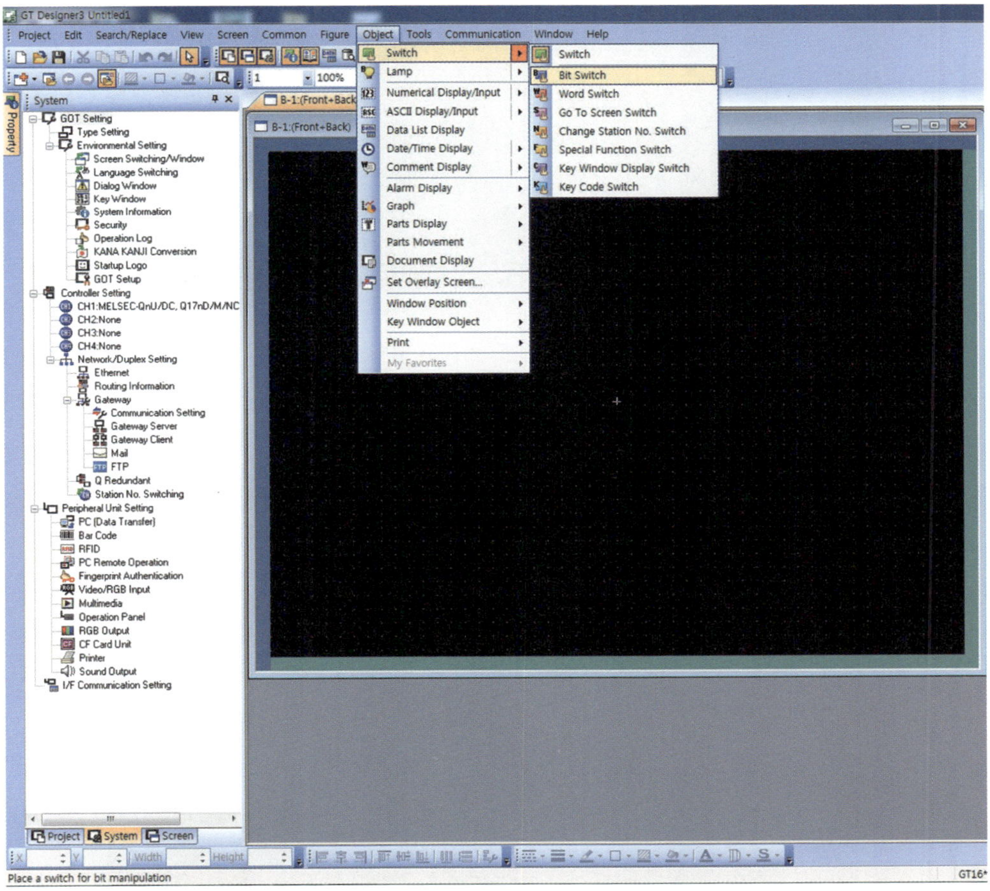

|그림 5-67| 비트 스위치 선택창

2 |그림 5-68|과 같이 선택한 스위치를 위치하고자 하는 곳에 마우스를 이동한 후 클릭하고, 드래그 앤드 드롭 방식으로 임의의 크기로 스위치를 배치하면 |그림 5-69|와 같이 스위치가 나타난다.

❸ **|그림 5-69|**의 스위치를 더블 클릭하면 **|그림 5-70|**과 같은 비트 스위치 디바이스 설정창이 나타난다.

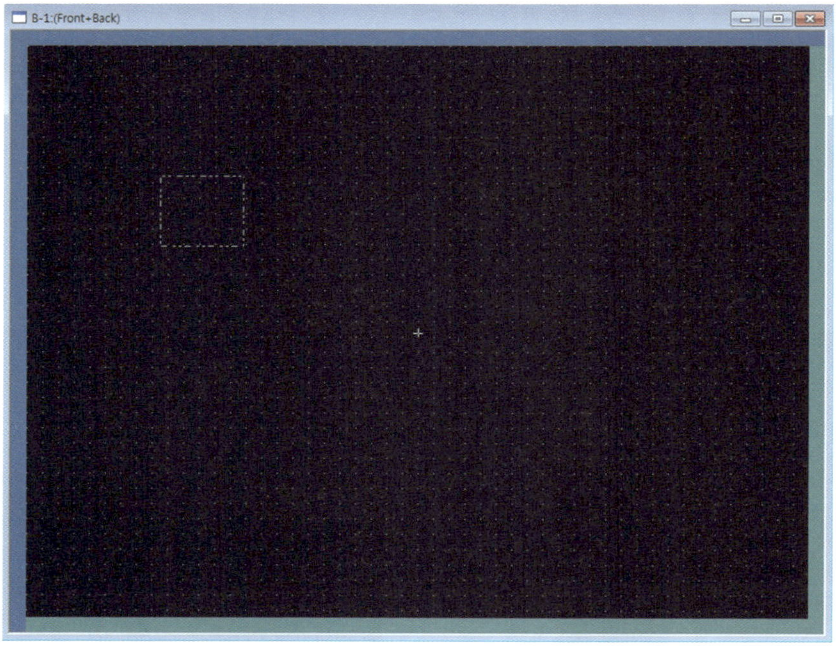

|그림 5-68| 비트 스위치 위치 선택

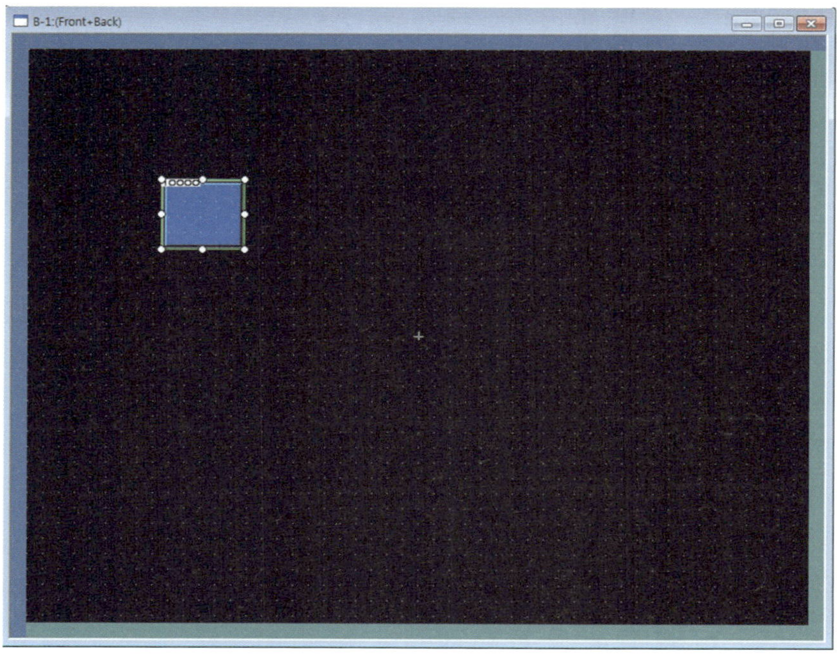

|그림 5-69| 비트 스위치 크기 선택

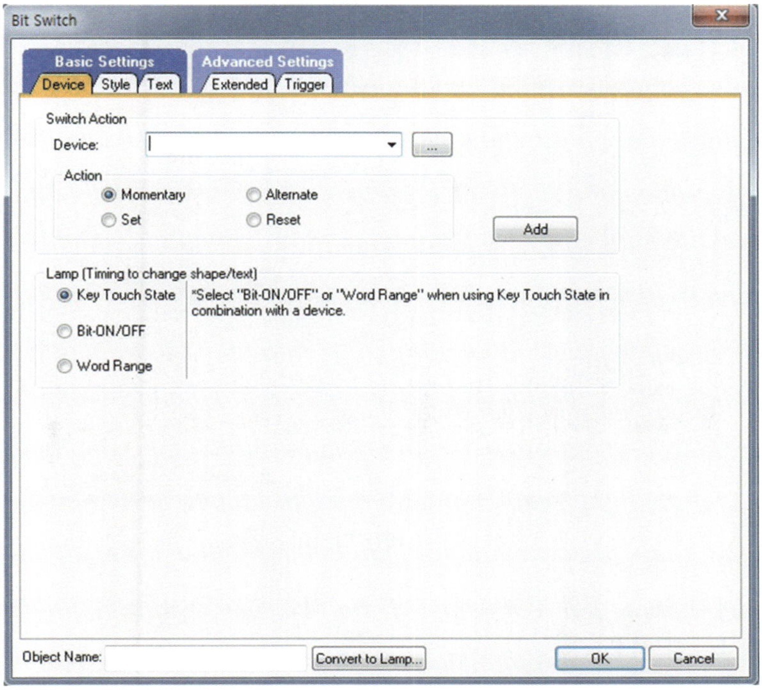

|그림 5-70| 비트 스위치 디바이스 설정창

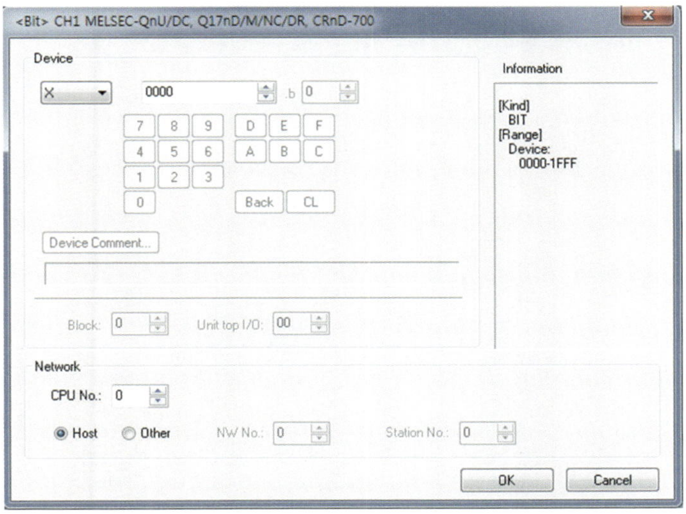

|그림 5-71| 비트 스위치 디바이스 선택창

4 디바이스에서 [...]을 클릭하면 **|**그림 6-71**|**과 같이 선택할 디바이스 일람이 나타난다.

5 **|**그림 5-72**|**와 같이 디바이스 M을 선택하고 디바이스 번호 0을 쓰고 [OK] 버튼을 클릭한다.

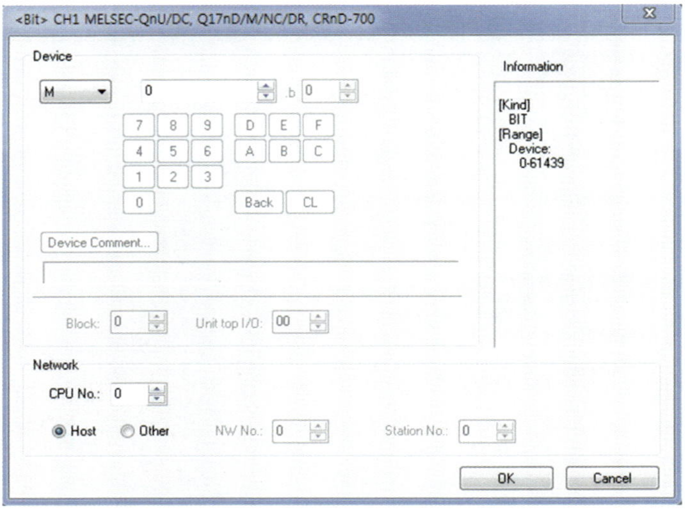

|그림 5-72| 비트 디바이스 선택

6 |그림 5-73|에서 Style 탭을 선택하면 |그림 5-74|와 같이 비트 스위치의 스타일을 설정할 수 있는 설정창이 나타난다.

7 |그림 5-74|에서 Key Touch ON을 선택하고, Frame Color 버튼을 클릭하면 |그림 5-75|와 같이 비트 스위치의 Frame Color를 선택할 수 있는 선택창이 나타난다.

8 |그림 5-75|에서 암녹색을 선택하고, Switch Color 버튼을 클릭하면, |그림 5-76|과 같이 Switch Color를 선택할 수 있는 선택창이 나타난다.

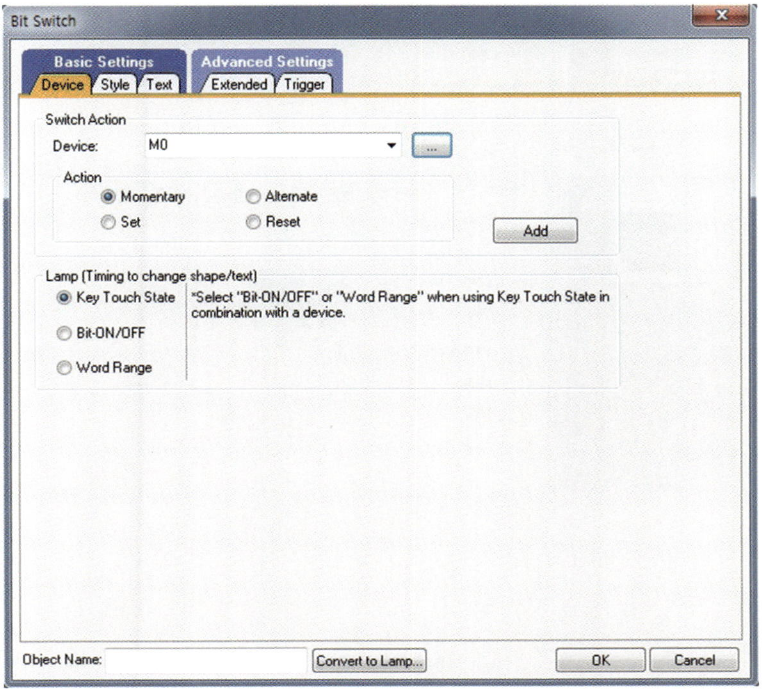

|그림 5-73| 비트 디바이스 선택 완료창

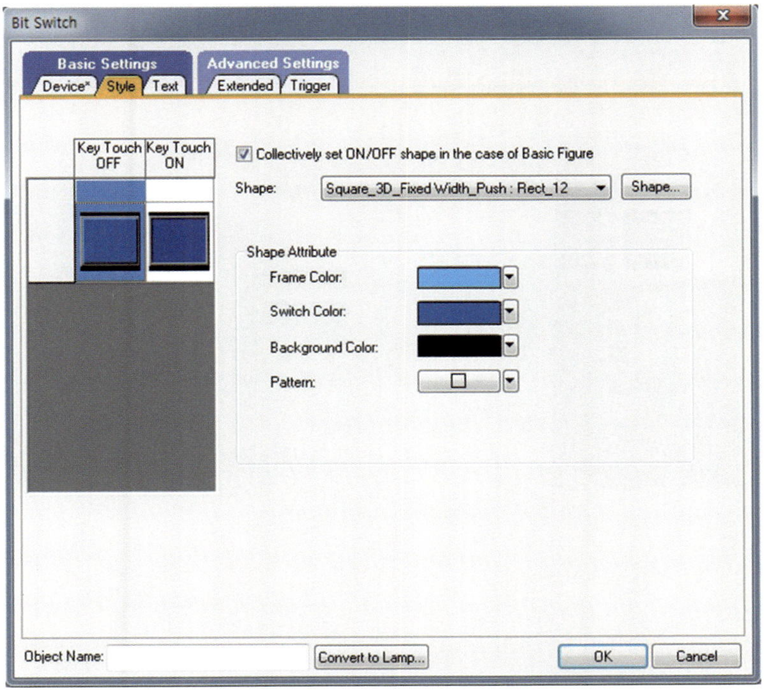

|그림 5-74| 비트 스위치 스타일탭 설정창

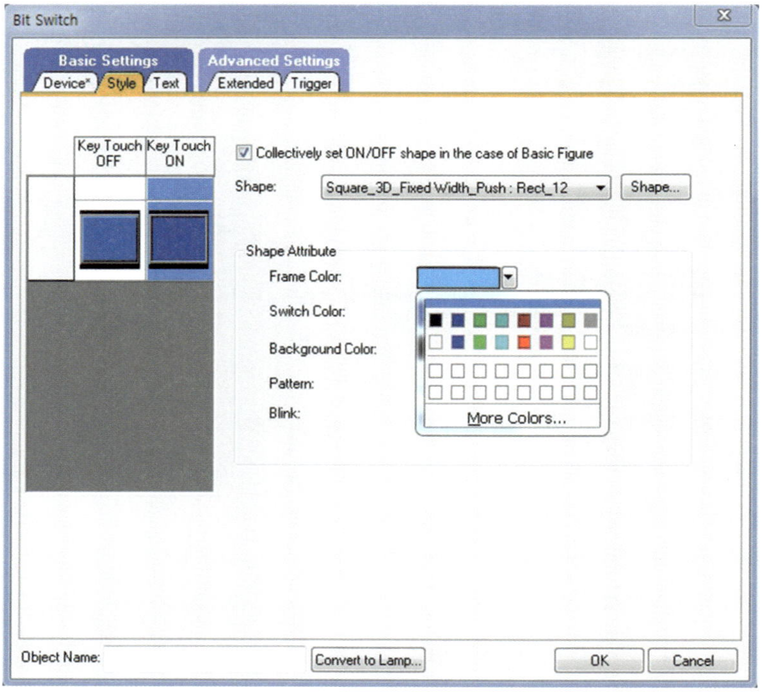

|그림 5-75| 비트 스위치 frame color 선택창

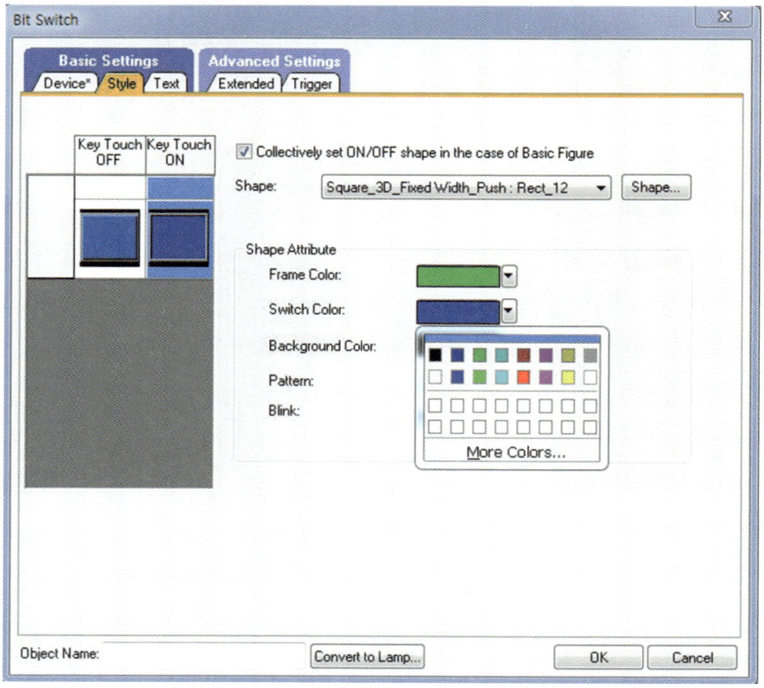

|그림 5-76| 비트 스위치 switch color 선택창

9 |그림 5-76|에서 녹색을 선택하고, Text탭을 클릭하면 |그림 5-77|과 같이 비트 스위치의 Text탭을 설정할 수 있는 설정창이 나타난다.

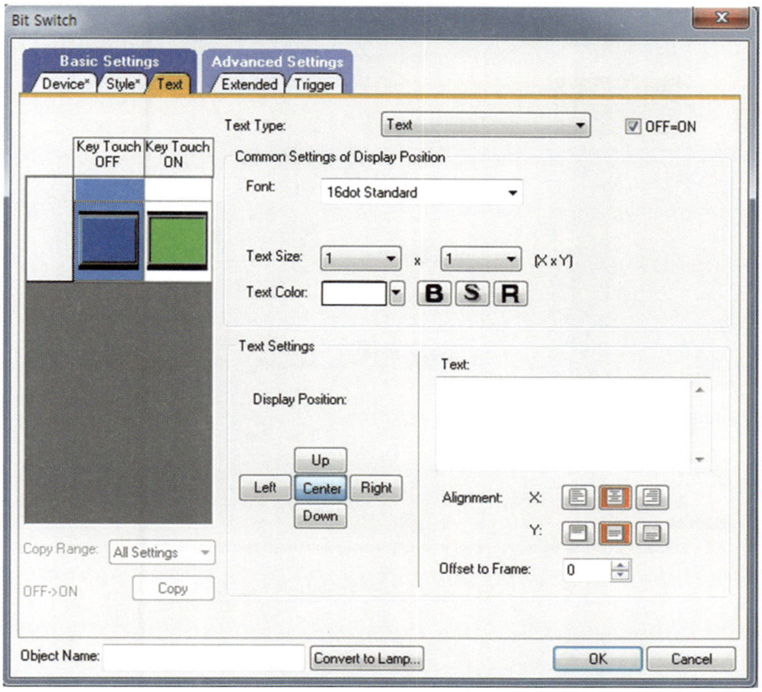

|그림 5-77| 비트 스위치 Text탭 설정창

10 |그림 5-77|에서 Text Size의 버튼을 클릭하면 |그림 5-78|과 같이 문자의 크기를 선택할 수 있는 선택창이 나타난다.

11 |그림 5-78|에서 Text Size를 2×2로 선택하고, 텍스트 상자를 클릭한다. 텍스트 상자에서 "운전"을 입력하고 [OK]버튼을 클릭하면 |그림 5-79|와 같이 운전 스위치의 설정이 종료된다.

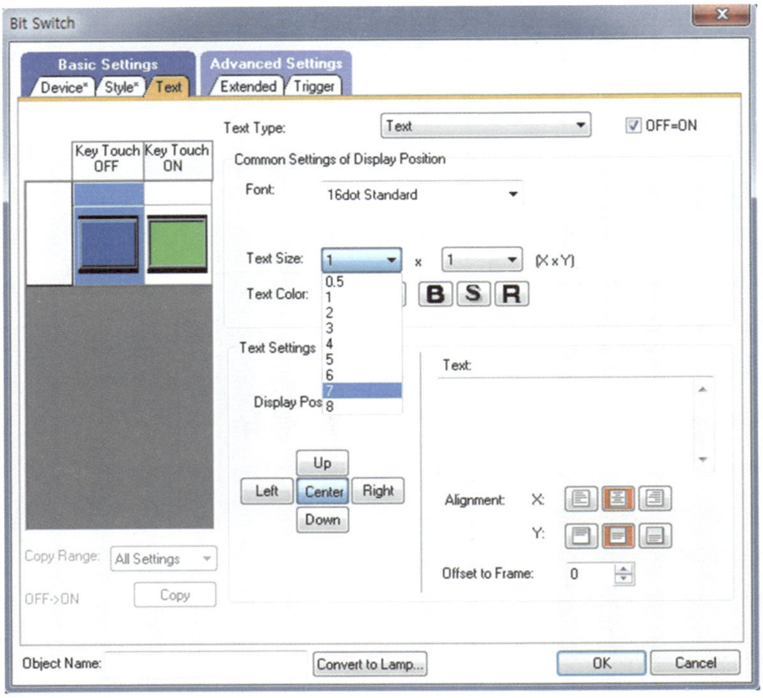

|그림 5-78| 비트 스위치 Text Size 선택창

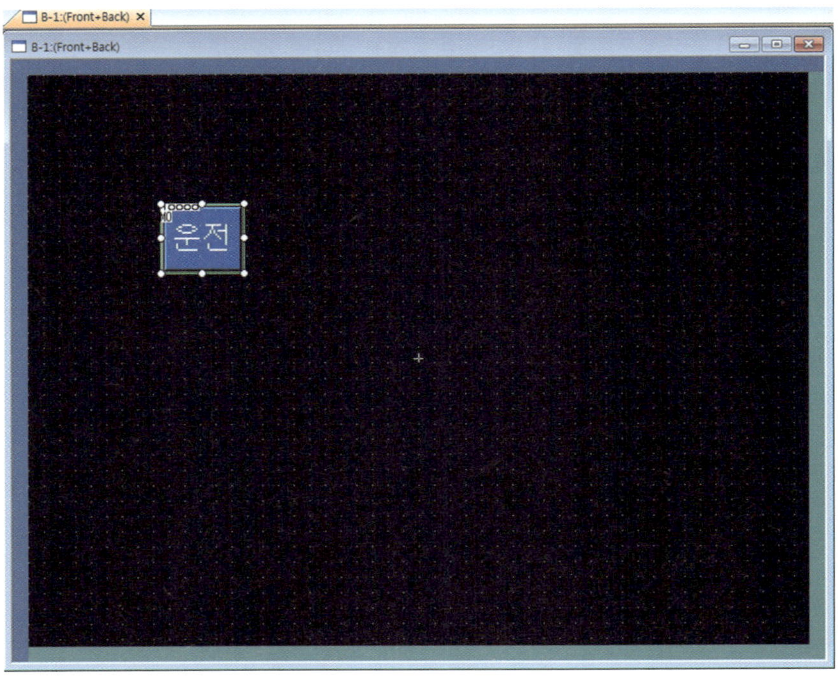

|그림 5-79| 비트 스위치 설정 종료

12 **|그림 5-79|**에서 Ctrl키를 누르면서 운전 스위치를 클릭하고 드래그 앤드 드롭하여 **|그림 5-80|**과 같이 임의의 위치에 운전스위치를 배치한다.

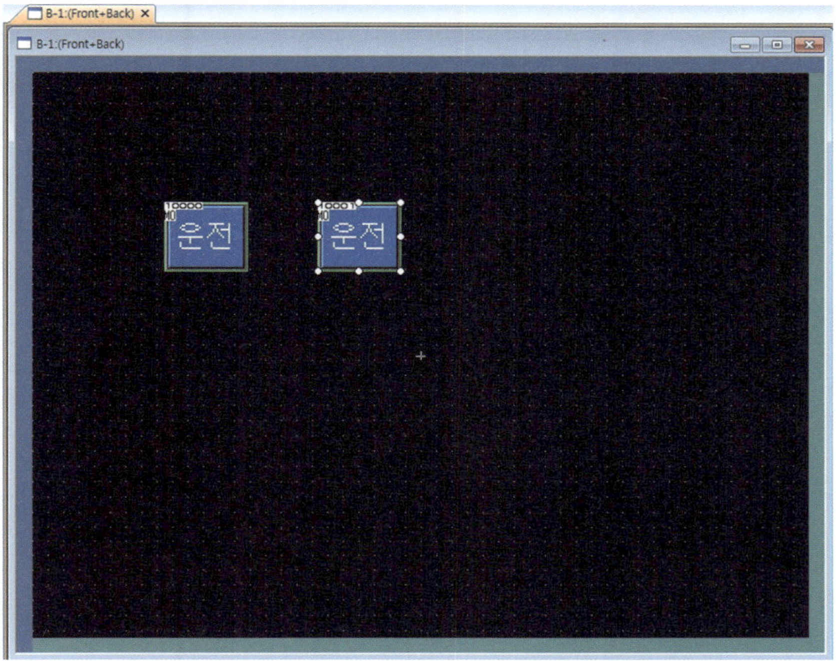

|그림 5-80| 비트 스위치 복사

13 **|그림 5-80|**에서 복사한 운전스위치를 더블 클릭하고, **|그림 5-81|**과 같이 디바이스 번호를 M0에서 M1로 변경한다.

14 **|그림 5-81|**에서 Style탭을 클릭하고, **|그림 5-82|**과 같이 Frame Color를 빨강으로, Swich Color를 진한 빨강으로 선택한다.

15 **|그림 5-82|**에서 Key Touch On을 선택하고, **|그림 5-83|**과 같이 Frame Color를 진한 하늘색으로, Swich Color를 하늘색으로 선택한다.

16 **|그림 5-83|**에서 Text탭을 클릭하고, Text상자에서 "운전"을 "정지"로 변경하면 **|그림 5-84|**와 같이 정지스위치 설정이 완료된다.

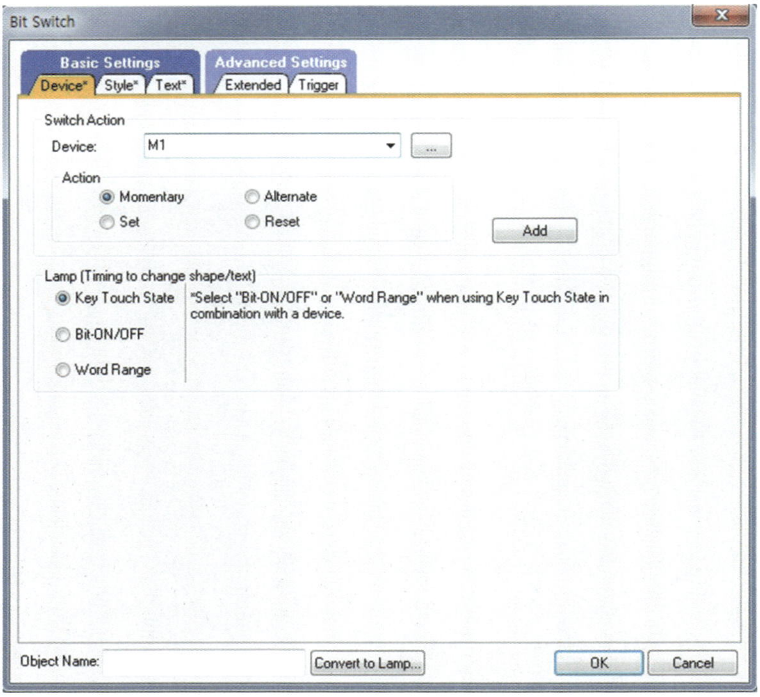

|그림 5-81| 비트 디바이스 번호 변경

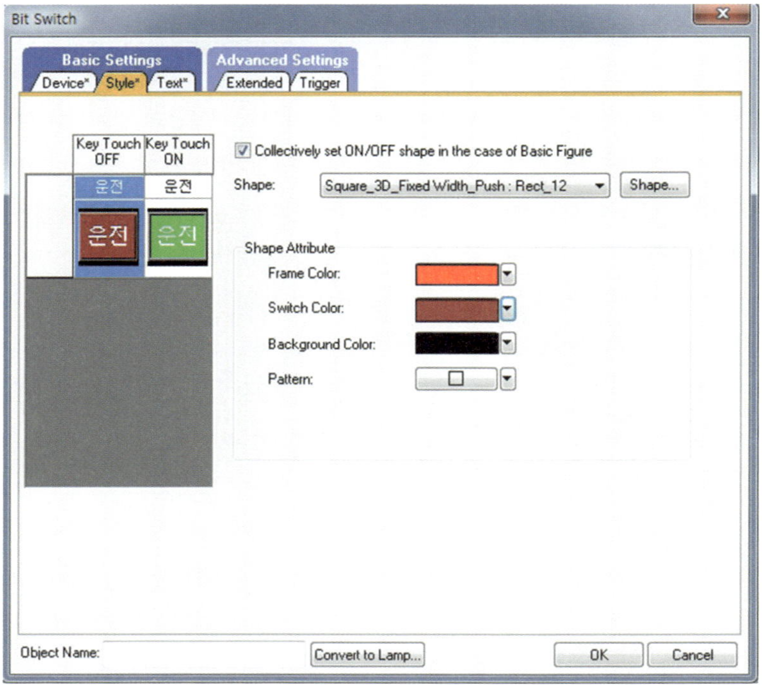

|그림 5-82| 비트 디바이스 OFF 색상 변경

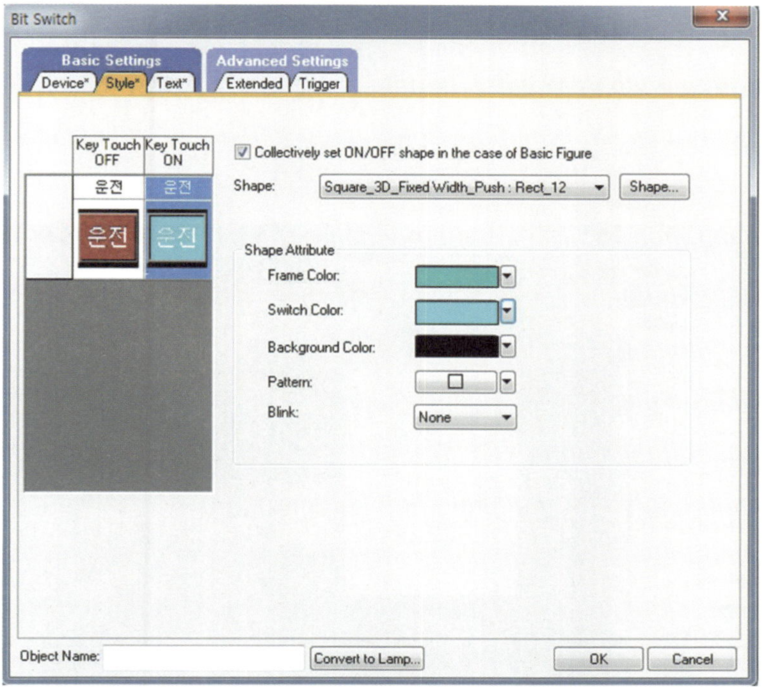

|그림 5-83| 비트 디바이스 ON 색상 변경

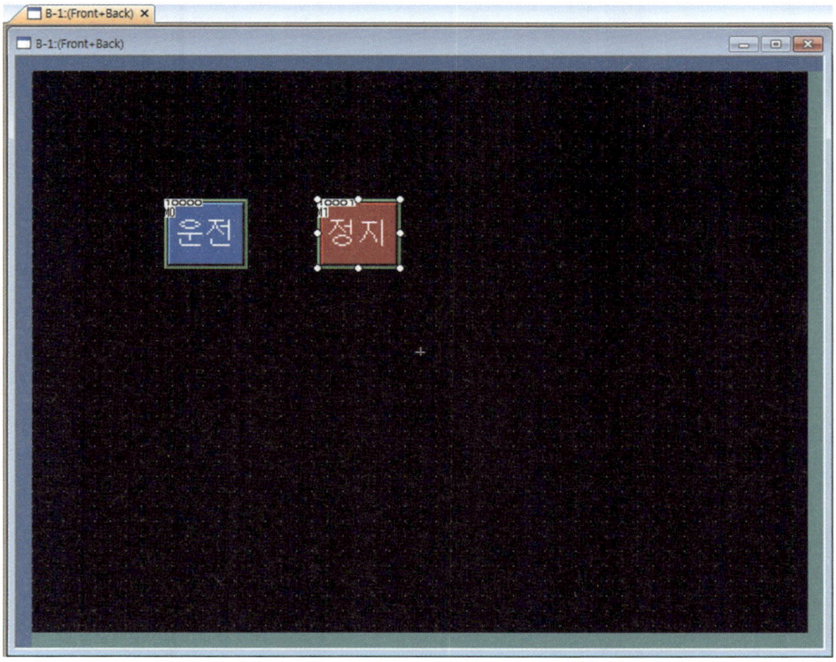

|그림 5-84| 정지 스위치 설정 종료창

02 : 램프 작성

1 |그림 5-85|와 같이 [Object] → [Lamp] → [Bit Lamp]를 선택한다.

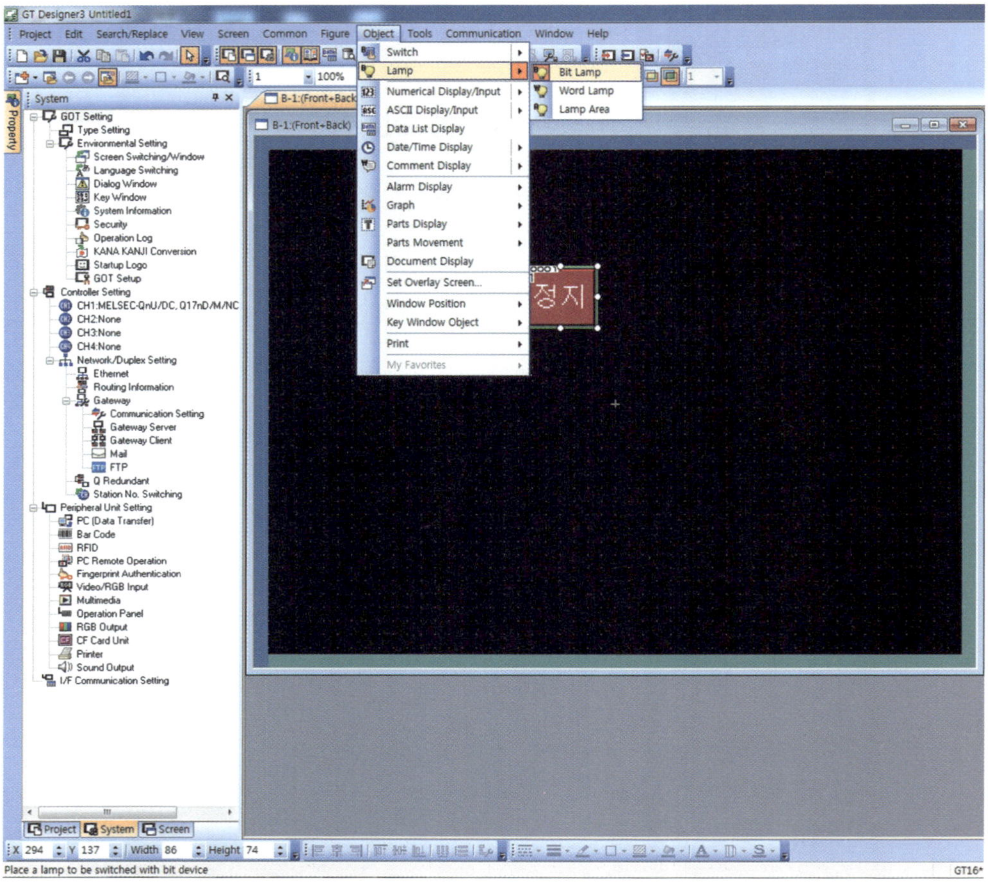

|그림 5-85| 비트 램프 선택창

2 램프를 위치하고자 하는 곳에 마우스를 이동한 후 클릭하고, 드래그 앤드 드롭 방식으로 임의의 크기의 램프를 배치하면 |그림 5-86|과 같이 램프가 나타난다.

3 |그림 5-86|의 램프를 더블 클릭하면 |그림 5-87|과 같은 비트 램프 디바이스 설정창이 나타난다.

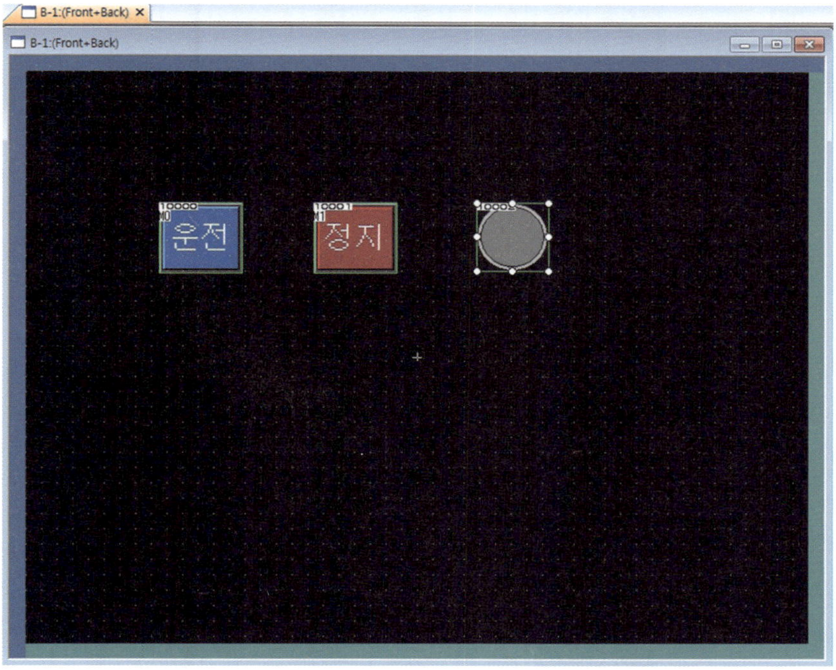

|그림 5-86| 비트 램프 위치 선택

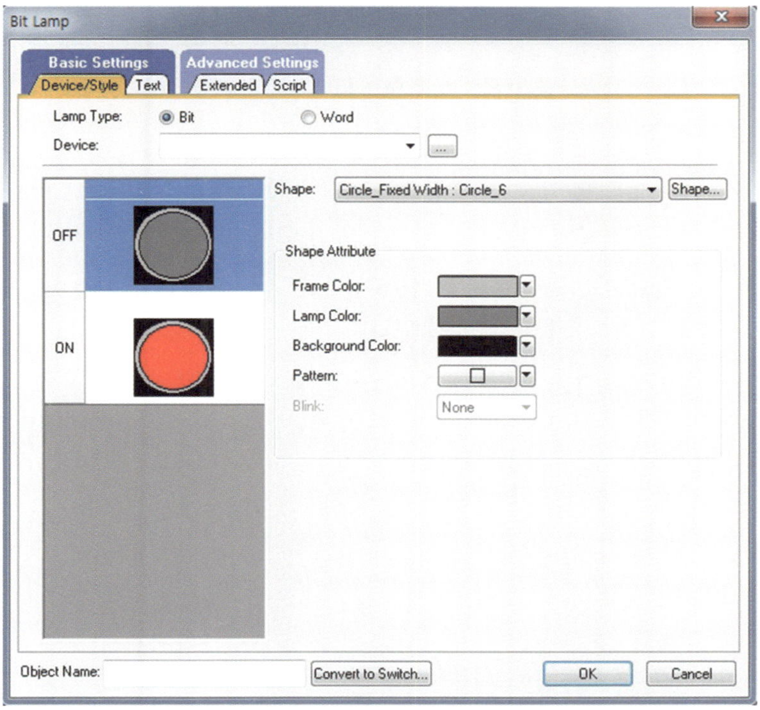

|그림 5-87| 비트 램프 디바이스 설정창

4 **|그림 5-87|**에서 Device를 Y0020으로 선택하면 **|그림 5-88|**과 같이 비트 디바이스 번호가 선택되어진 화면이 나타난다.

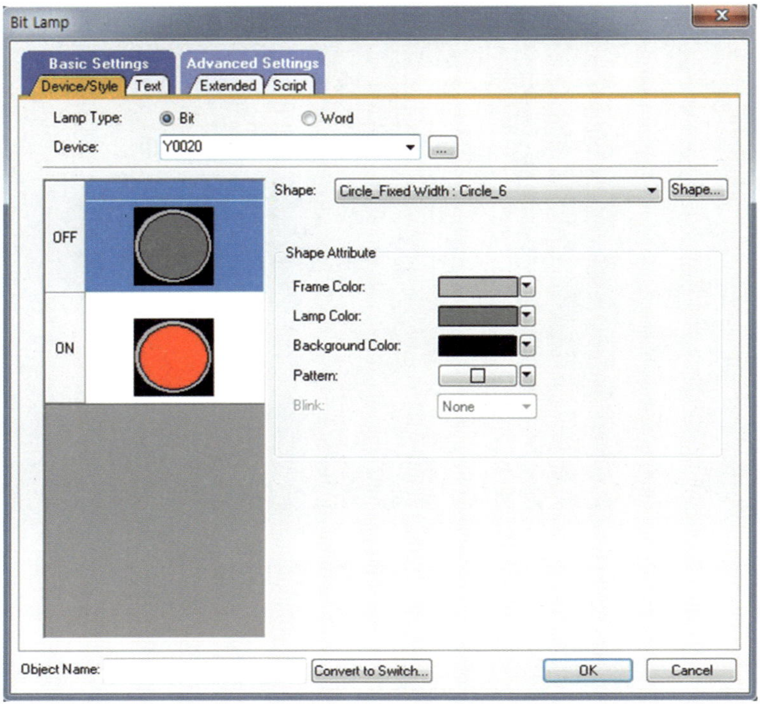

|그림 5-88| 비트 램프 디바이스 번호 선택

5 **|그림 5-88|**에서 Lamp Color를 진한 빨강으로 한다. 램프 ON을 선택하고 Lamp Color를 녹색으로 선택하면 **|그림 5-89|**와 같이 비트 디바이스 색상이 선택되어진 화면이 나타난다.

6 **|그림 5-89|**에서 Text탭을 클릭하고 **|그림 5-90|**과 같이 Font를 "12dot Standard"을 선택한다. Text Size를 2×2로 선택하고 **|그림 5-91|**과 같이 Text 상자에 "정지중"을 입력한다.

7 **|그림 5-92|**와 같이 Text Type 뒤쪽의 OFF=ON의 체크 상자를 해제하고 램프 ON을 선택한다. **|그림 5-93|**과 같이 Text 상자에서 "정지중"을 "운전중"으로 변경하고 [OK]버튼을 클릭하면 **|그림 5-94|**와 같이 비트 램프 설정이 완료된다.

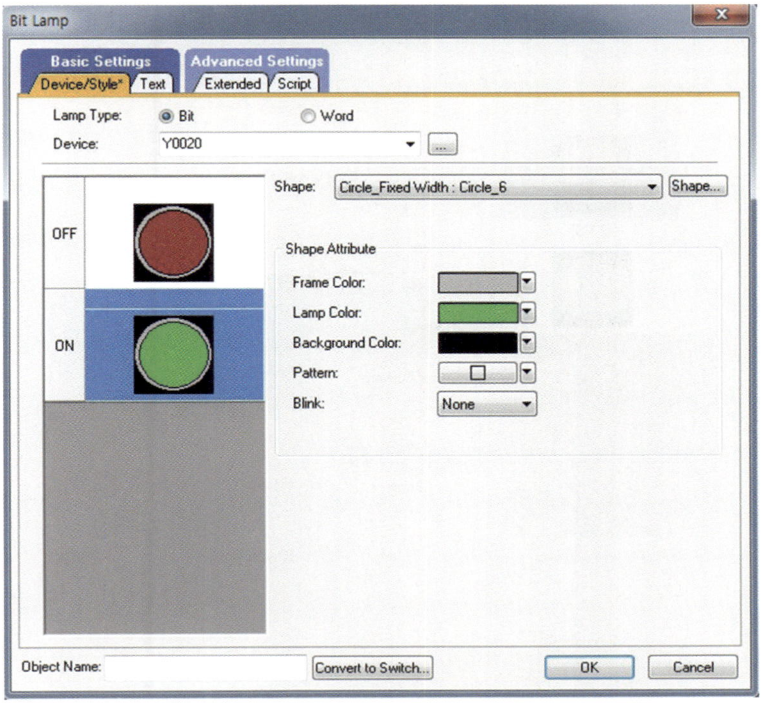

|그림 5-89| 비트 램프 색상 선택

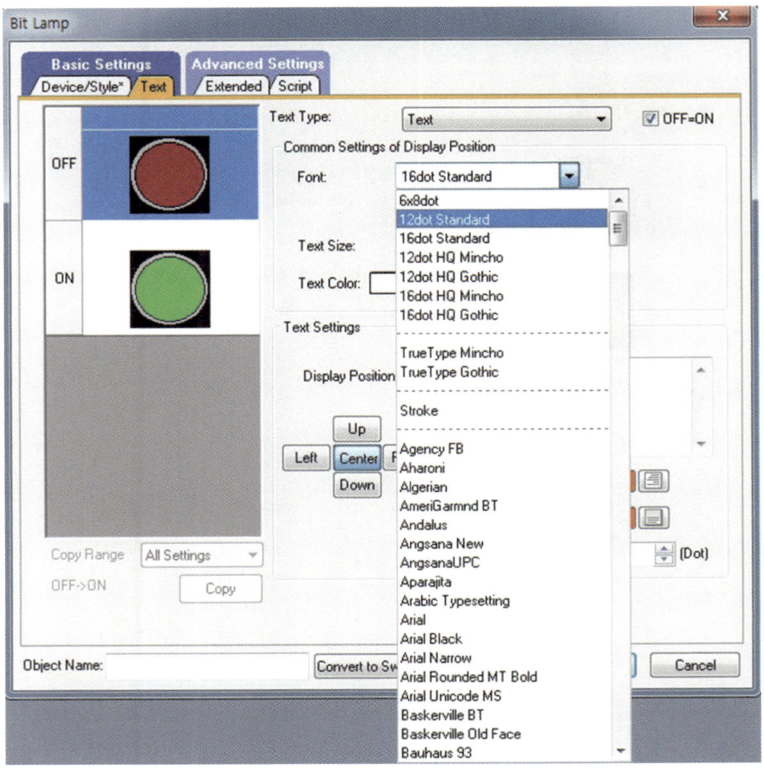

|그림 5-90| 비트 램프 Text Font 선택

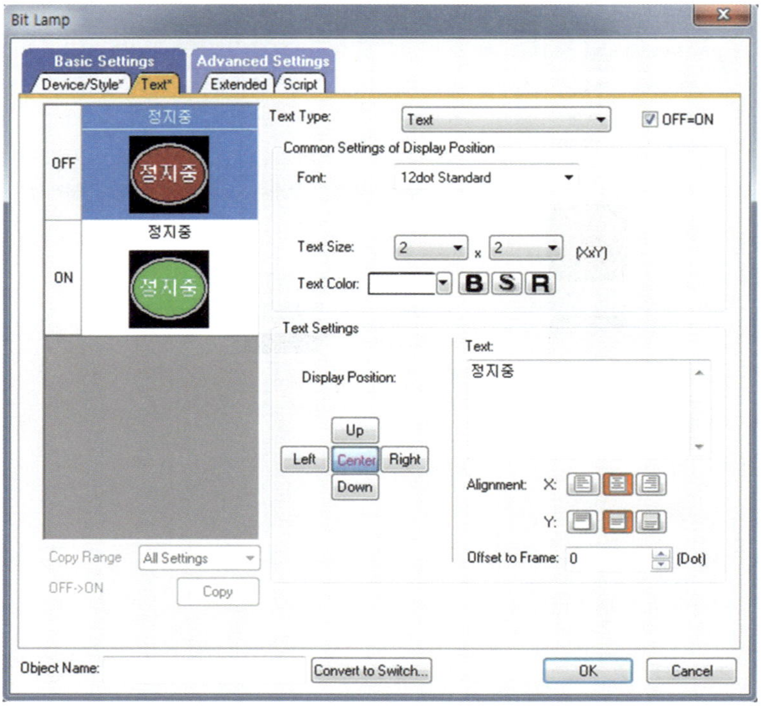

|그림 5-91| 비트 램프 Text 입력

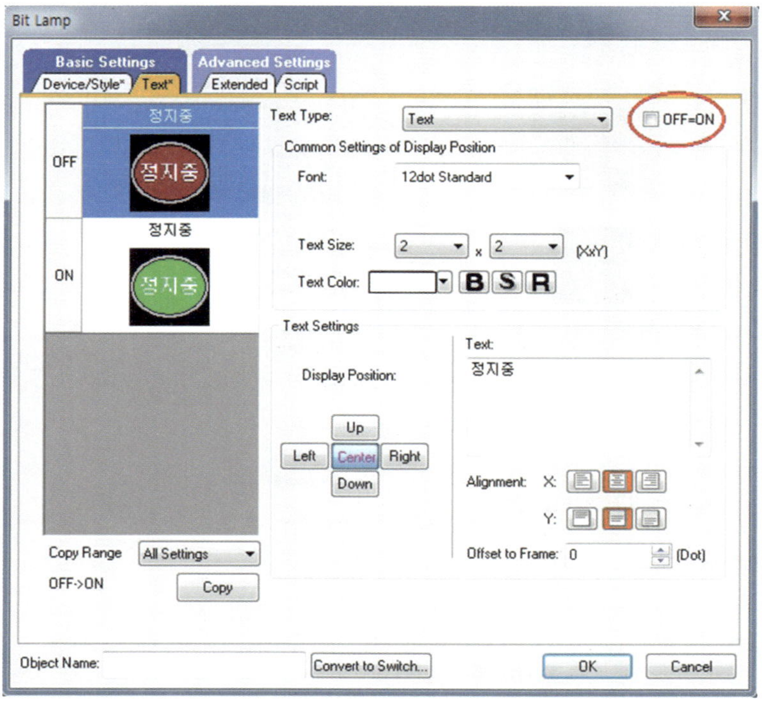

|그림 5-92| 비트 램프 OFF=ON 해제

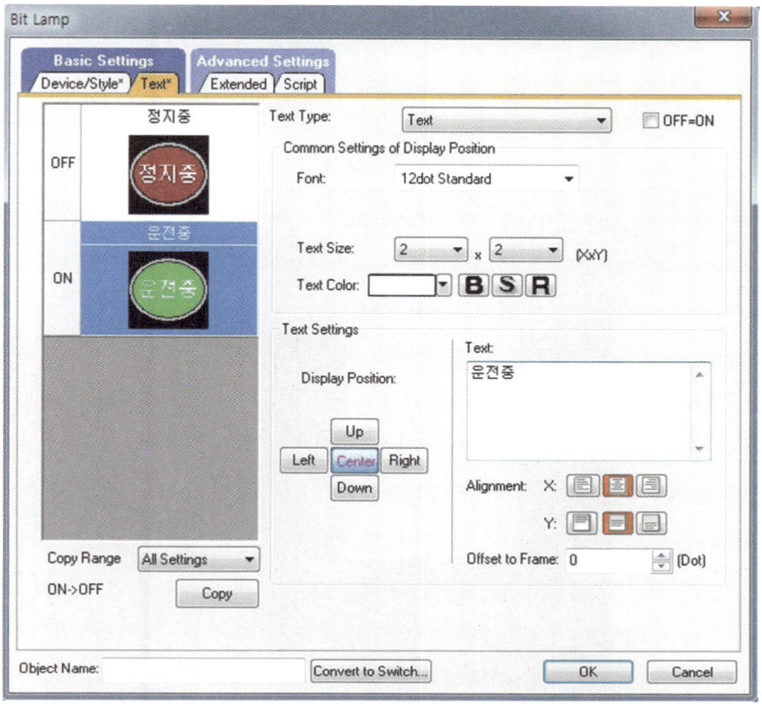

|그림 5-93| 비트 램프 ON 설정

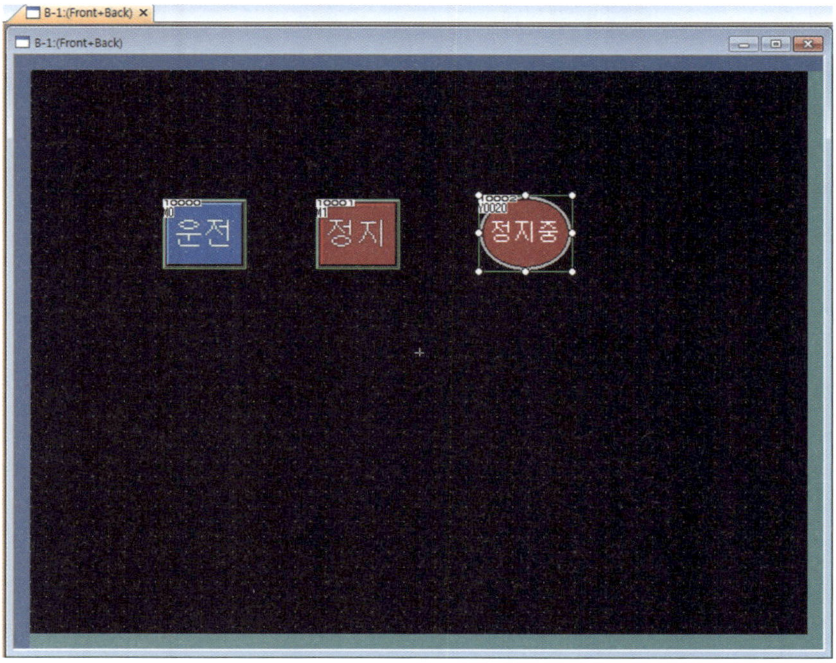

|그림 5-94| 비트 램프 설정 종료창

03 : 수치 표시 작성

❶ |그림 5-95|와 같이 [Object] → [Numerical Display/Input] → [Numerical Display]를 선택한다.

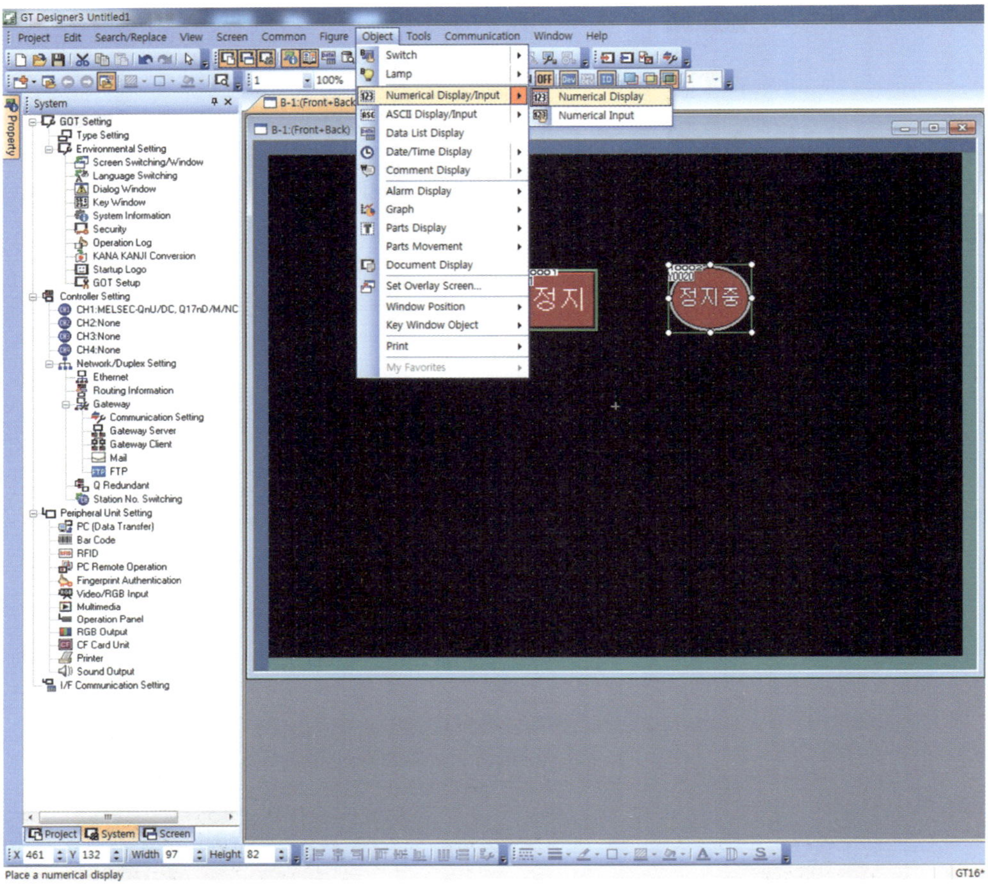

|그림 5-95| 수치 표시 선택창

❷ 수치 표시를 위치하고자 하는 곳에 마우스를 이동한 후 클릭하고, 드래그 앤드 드롭 방식으로 임의의 크기의 수치 표시를 배치하면 |그림 5-96|과 같이 수치 표시가 나타난다.

❸ |그림 5-96|의 램프를 더블 클릭하면 |그림 5-97|과 같은 수치 표시 디바이스 설정창이 나타난다.

|그림 5-96| 수치 표시 위치 선택

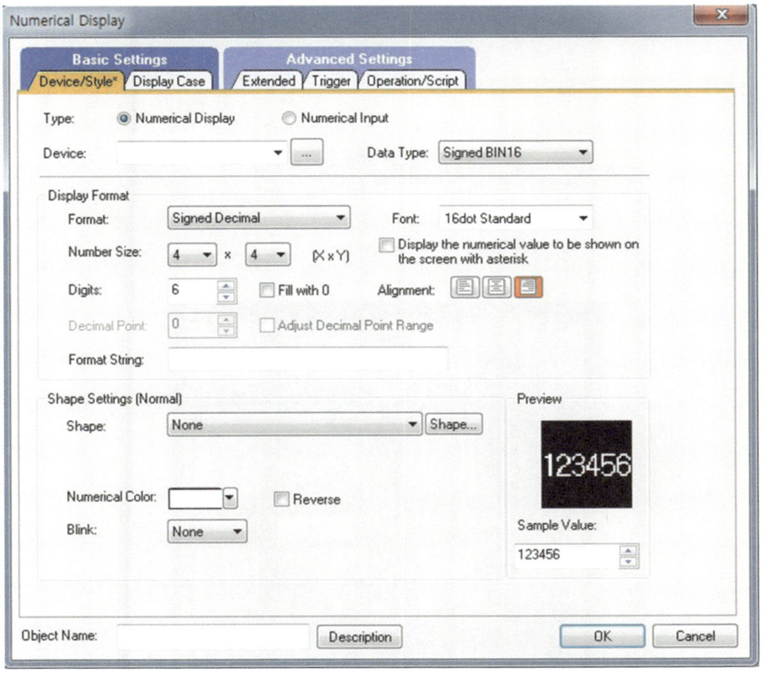

|그림 5-97| 수치 표시 설정창

4 **|그림 5-97|**에서 Device를 D10으로 선택하면 **|그림 5-98|**과 같이 워드 디바이스 번호가 선택되어진 화면이 나타난다.

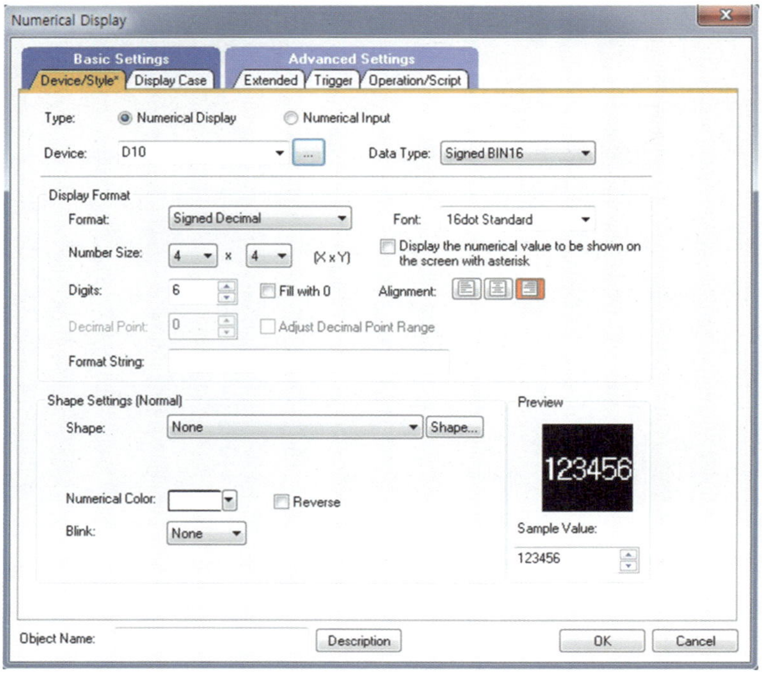

|그림 5-98| 수치 표시 디바이스 번호 선택

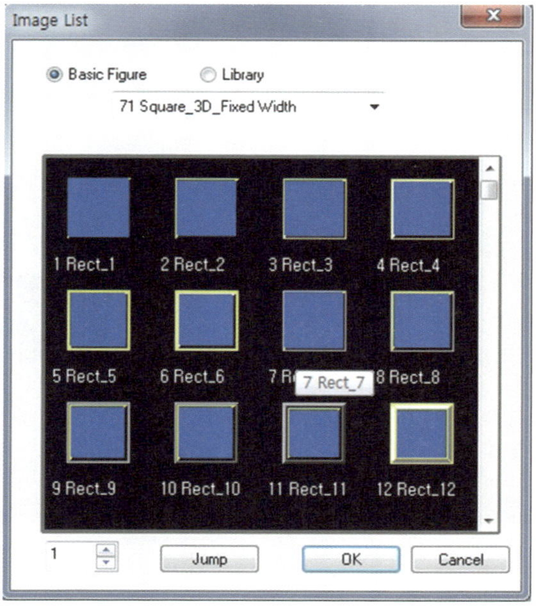

|그림 5-99| 수치 표시 도형 선택

5 **|그림 5-98|**에서 Shape을 선택하면 **|그림 5-99|**와 같이 수치 표시 도형 일람이 나타난다.

6 **|그림 5-99|**에서 "12 Rect_12"를 선택하면 **|그림 5-100|**과 같이 Shape이 선택되어진다. **|그림 5-100|**에서 Frame Color와 Numerical Color를 진한 보라로 선택하고 [OK]버튼을 클릭하면 **|그림 5-101|**과 같이 수치 표시가 완료된다.

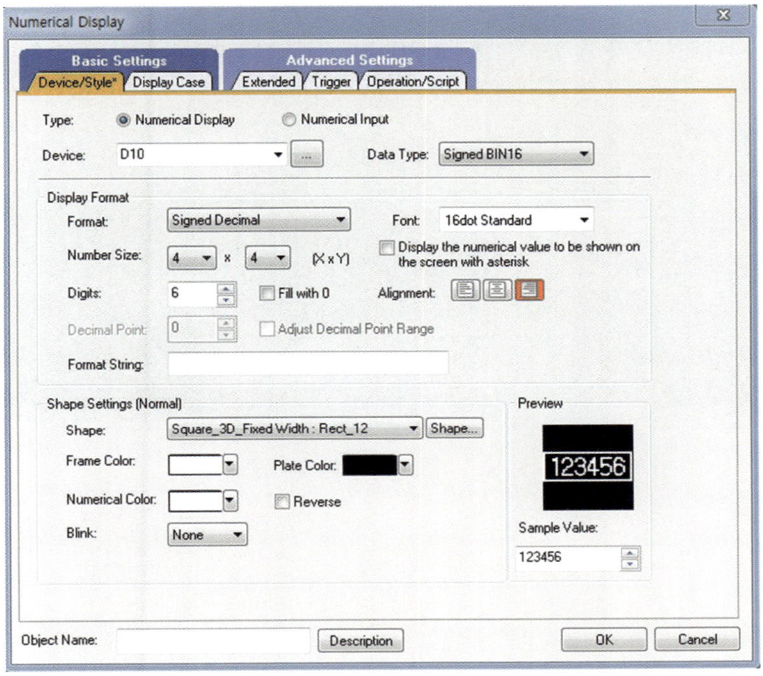

|그림 5-100| 수치 표시 도형 선택

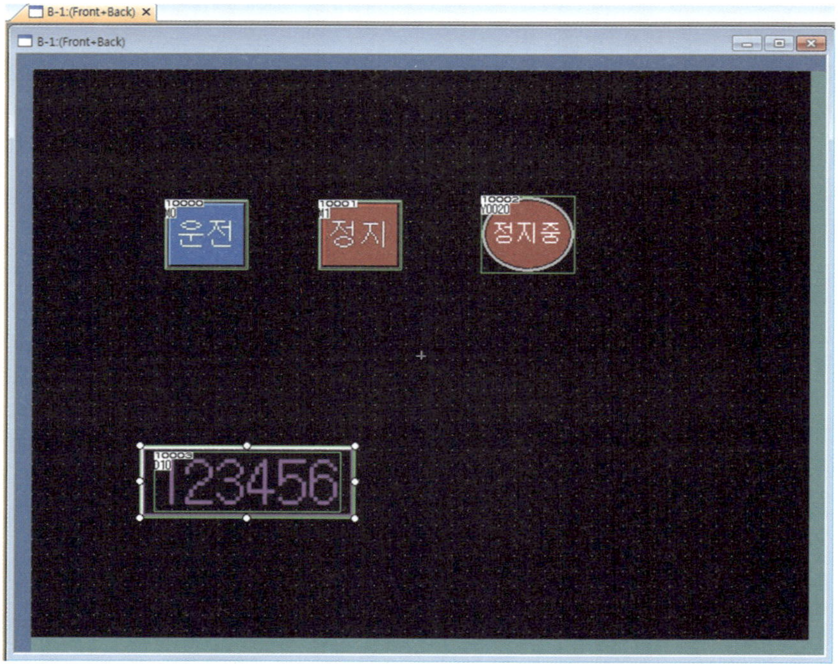

|그림 5-101| 수치 표시 설정 종료창

04: 문자열 표시 작성

1. |그림 5-102|와 같이 [Figure] → [Text]를 선택한다.

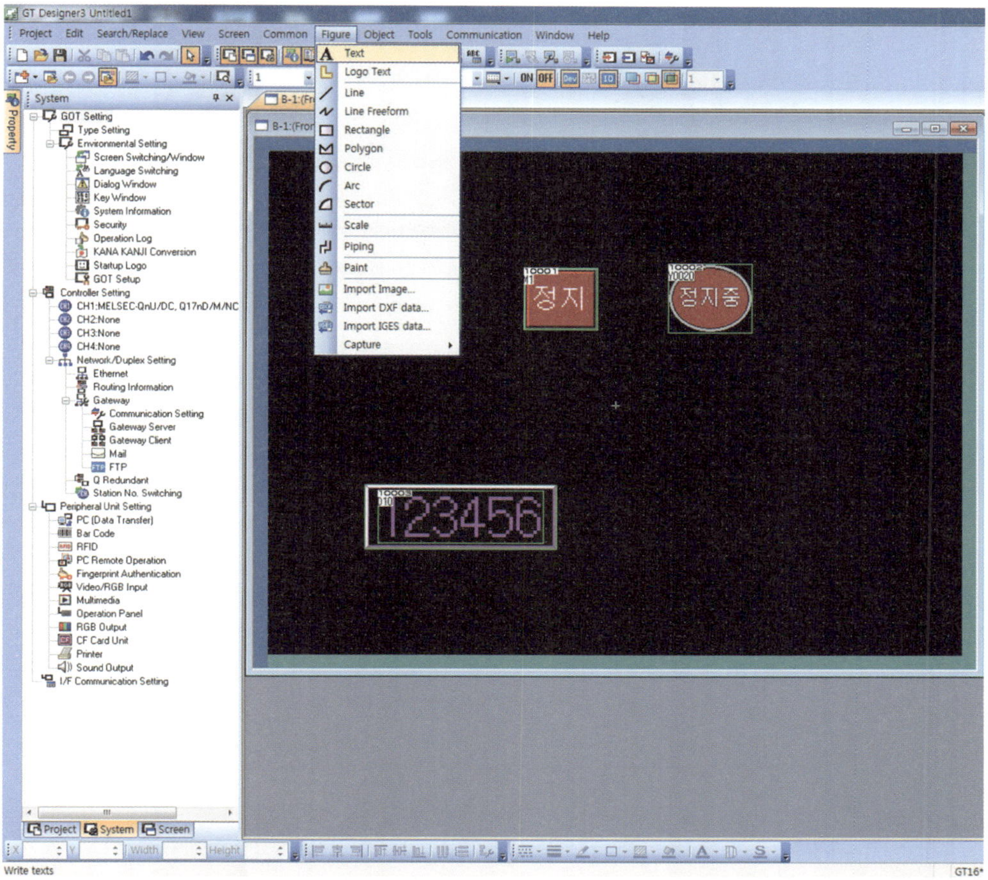

|그림 5-102| 문자열 표시 선택창

2. 문자를 위치하고자 하는 곳에 마우스를 이동한 후 클릭하면 |그림 5-103|과 같이 Text를 입력할 수 있는 Text 상자가 나타난다.

3. |그림 5-103|의 텍스트 상자에 |그림 5-104|와 같이 "운전조작반"을 입력하고 Font를 "16dot HQ Mincho", Text Size를 4×4로 선택한다. [OK]버튼을 클릭하면 |그림 5-105|와 같이 문자열이 입력이 완료된다.

4. 같은 방법으로 |그림 5-106|과 같이 "운전스위치", "정지스위치", "운전중 표시램프", "데이터 1"을 Font를 "16dot HQ Mincho", Text Size를 2×2로 선택하여 입력한다.

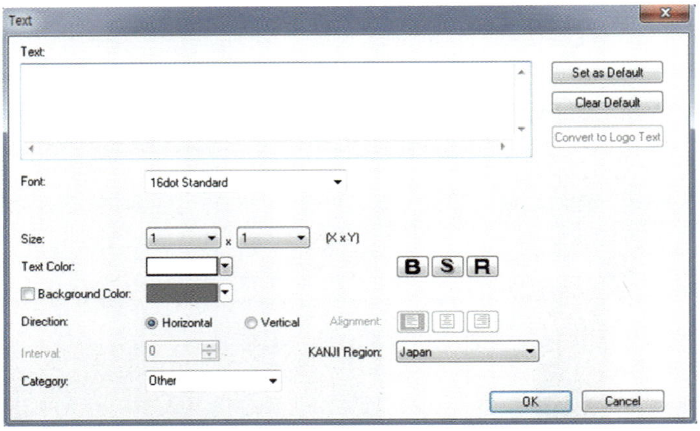

|그림 5-103| 문자열 표시 설정창

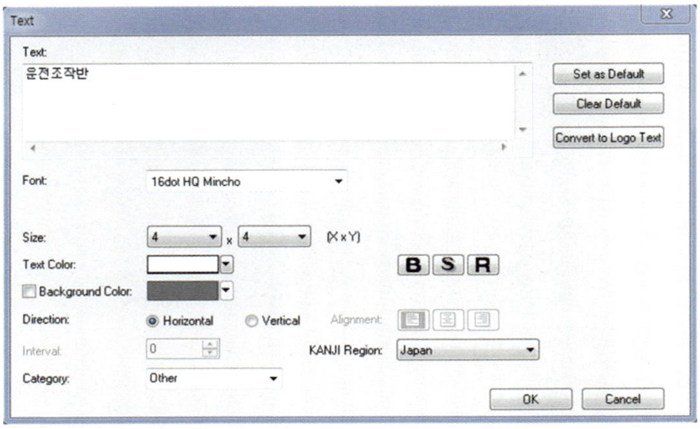

|그림 5-104| 문자열 입력

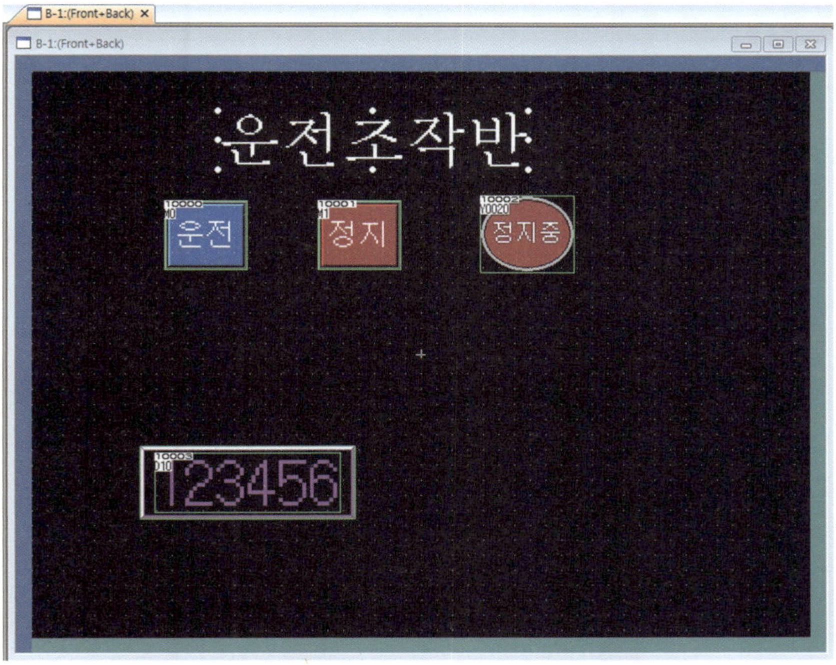

|그림 5-105| 문자열 입력 종료창

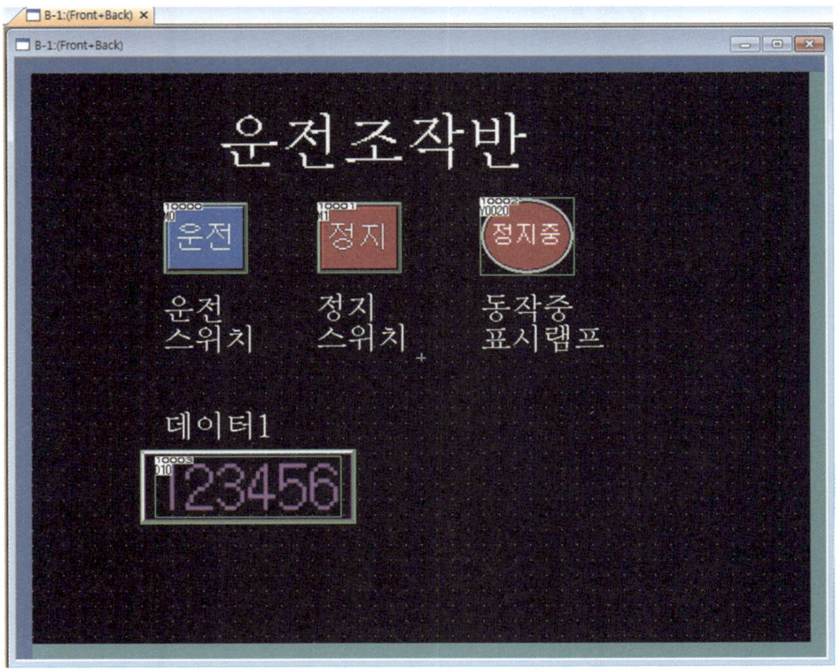

|그림 5-106| 전체 문자열 입력 종료창

05 : GOT 쓰기

1 |그림 5-107|과 같이 [Communication] → [Write to GOT...]를 선택하면 |그림 5-108|과 같은 통신 설정창이 나타난다.

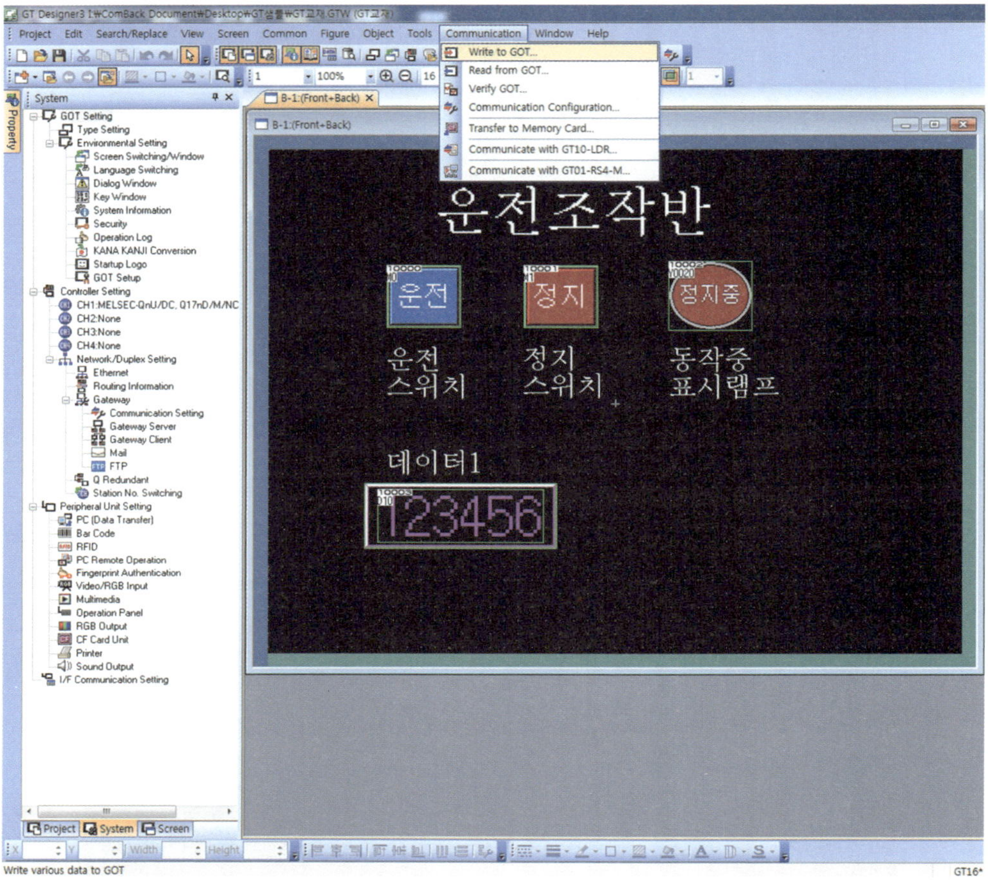

|그림 5-107| GOT 쓰기 선택창

2 |그림 5-108|에서 GOT와 연결된 통신을 선택한다. 본 실험에서는 Ethernet 방식으로 연결되어 있으므로 Ethernet을 선택하면 |그림 5-109|와 같이 연결할 GOT의 IP 주소를 입력할 창이 나타난다.

3 |그림 5-109|의 GOT IP 주소를 입력하고 [OK]버튼을 누르면 |그림 5-110|과 같이 GOT에 쓸 부분을 선택하는 창이 나타난다.

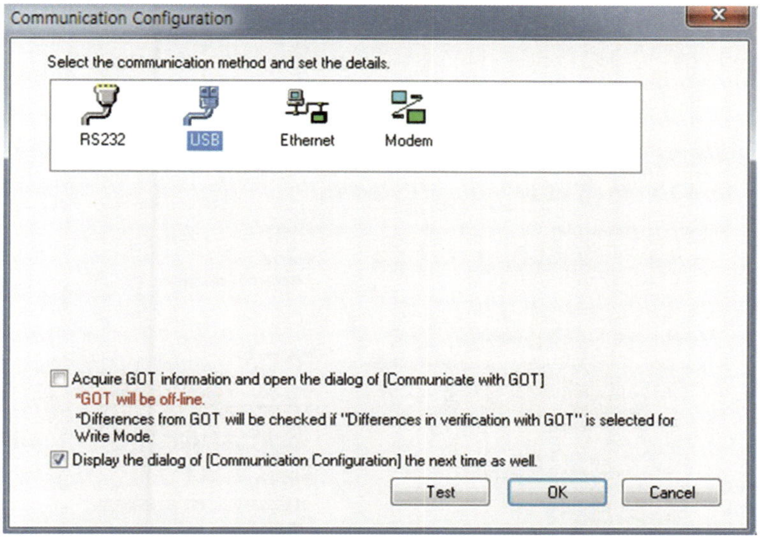

|그림 5-108| 통신 설정창

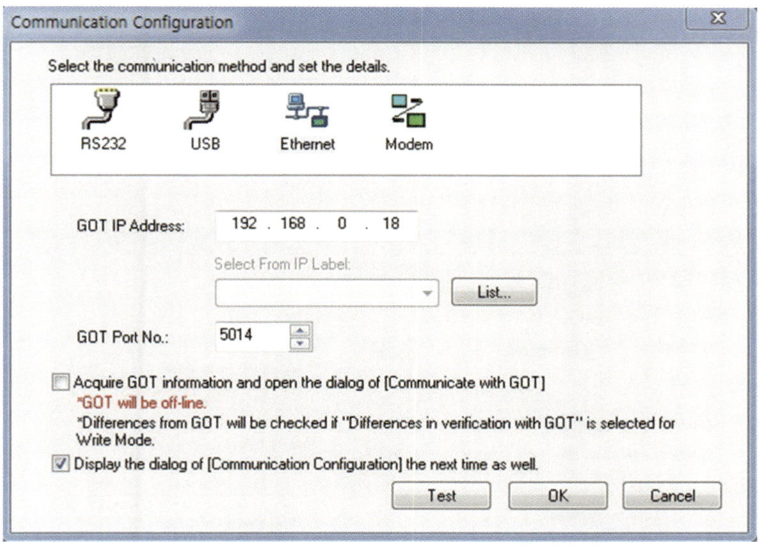

|그림 5-109| GOT IP 주소 입력창

4 **|그림 5-110|**에서 "Base Screen"과 "HQ Font" 체크하면 **|그림 5-111|**과 같이 "Base Screen", "Common Settings" 및 "HQ Font"가 체크된다.

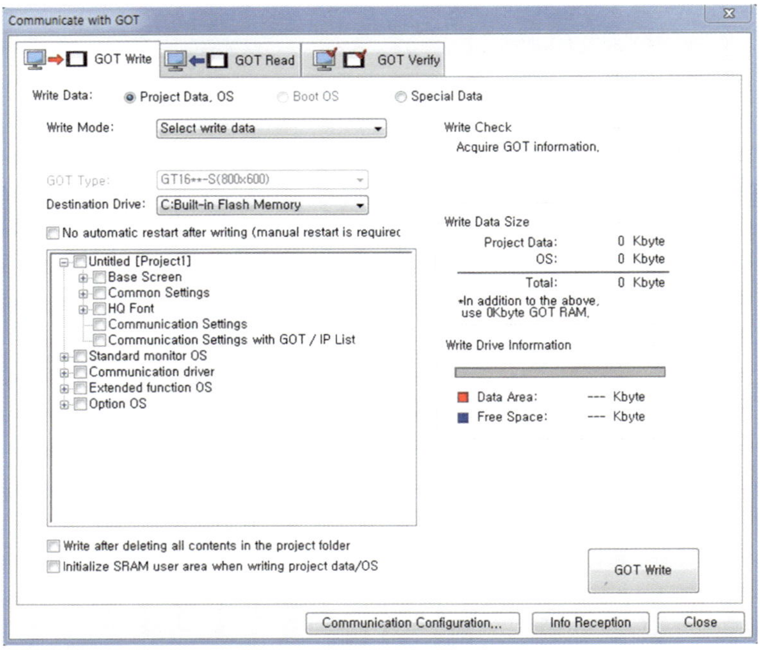

|그림 5-110| GOT IP 주소 입력

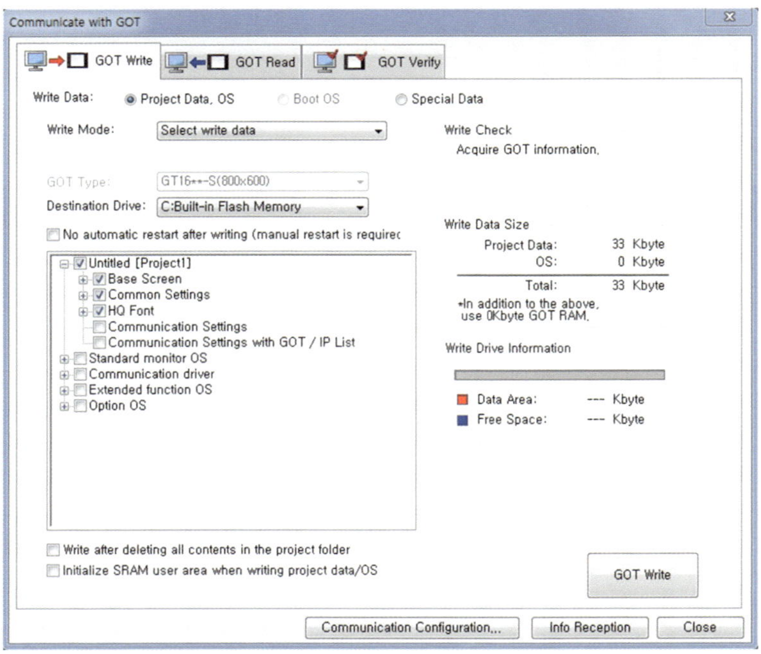

|그림 5-111| GOT 쓰기 리스트 선택

5 **|**그림 5-110**|**에서 통신 설정은 GOT IP를 처음 세팅할 때에만 체크하고 나머지에서는 체크를 하지 않는다. GT Designer3를 시작하면서 GOT IP를 정확하게 설정하고 시작하면 이상이 없으나 GOT IP를 설정하지 않거나 잘못 설정한 경우에 통신설정을 체크하고 쓰기를 하면 GOT IP가 변경되어 다음에 GOT 쓰기가 되지 않는 에러가 발생한다. 그러므로 될수 있는 한 통신설정은 체크를 하지 않고 나머지 부분만 체크한다. **|**그림 5-111**|**에서 [GOT Write]를 클릭하고 계속해서 [예] 버튼을 클릭하면 GOT 쓰기가 완료된다.

참고문헌

1. GX Work2 오퍼레이팅 매뉴얼 공통편 / MITSUBISHI
2. GX Work2 오퍼레이팅 매뉴얼 심플프로젝트편 / MITSUBISHI
3. QnUCPU 사용자 매뉴얼 내장 Ethernet 포트 통신편 / MITSUBISHI
4. I/O Module Type Building Block 사용자 매뉴얼 / MITSUBISHI
5. MELSEC-Q/L 프로그래밍 매뉴얼, 공통명령편 1 / 2 / MITSUBISHI
6. QnUCPU 사용자 매뉴얼 기능 해설 · 프로그램 기초편 / MITSUBISHI
7. GT Designer3 Version1, 화면 설계 매뉴얼 작화편 1 / 2 / MITSUBISHI
8. GOT1000 시리즈 접속 매뉴얼 1 / 3 / MITSUBISHI
9. PLC 이론과 프로그래밍 / 일진사 / 이광만 / 2002

Q03UDE, GX Work2, GT Designer3를 이용한

멜섹 PLC 기초실습

2015년 3월 2일 초 판 인쇄
2015년 3월 5일 초 판 발행
2017년 9월 5일 개정1판 1쇄 발행
2018년 8월 25일 개정1판 2쇄 발행
2019년 3월 15일 개정1판 3쇄 발행
2024년 3월 30일 개정2판 1쇄 발행

저자 조철수
발행인 조규백
발행처 도서출판 구민사
(07293) 서울특별시 영등포구 문래북로 116, 604호(문래동3가 46, 트리플렉스)

전화 (02) 701-7421(~2)
팩스 (02) 3273-9642
홈페이지 www.kuhminsa.co.kr

신고번호 제2012-000055호 (1980년 2월 4일)
ISBN 979-11-6875-372-3 (13000)

값 29,000원